"十三五"国家重点出版物出版规划项目

名校名家基础学科系列

Textbooks of Base Disciplines from Top Universities and Experts

线性代数

主　编：李　升　陈宝琴
副主编：吴延科　李　志
参　编：江　如　梅　端
何健庆　石雄辉

U0340651

机械工业出版社

本书是面向理工科大学非数学专业本、专科学生编写的线性代数教材，主要特点是从求解线性方程组出发，引入可用于解决大部分计算问题的矩阵行化简方法；同时引入数学实验，便于有需要的读者学习掌握借助数学软件解决线性代数中常见的计算问题的方法. 全书分为 6 章，内容包括：线性方程组、矩阵、行列式、特征值与特征向量、二次型、线性空间与线性变换. 每章都配有适量的习题并附有简单的提示以及相应的数学实验.

本书适合应用型本、专科各专业使用，也可作为高等教育自学考试教材及考研参考书.

图书在版编目（CIP）数据

线性代数/李升，陈宝琴主编. —北京：机械工业出版社，2019. 9
“十三五”国家重点出版物出版规划项目. 名校名家基础学科系列
ISBN 978-7-111-62646-6

Ⅰ. ①线… Ⅱ. ①李…②陈… Ⅲ. ①线性代数-高等学校-教材 Ⅳ. ①O151. 2

中国版本图书馆 CIP 数据核字（2019）第 083784 号

机械工业出版社（北京市百万庄大街 22 号 邮政编码 100037）
策划编辑：汤 嘉 责任编辑：汤 嘉 李 乐
责任校对：樊钟英 封面设计：张 静
责任印制：孙 炜
天津翔远印刷有限公司印刷
2019 年 8 月第 1 版第 1 次印刷
184mm×260mm · 16. 5 印张 · 293 千字
标准书号：ISBN 978-7-111-62646-6
定价：39. 80 元

电话服务　　　　　　网络服务
客服电话：010-88361066　　机 工 官 网：www. cmpbook. com
010-88379833　　机 工 官 博：weibo. com/cmp1952
010-68326294　　金 书 网：www. golden-book. com
封底无防伪标均为盗版　　机工教育服务网：www. cmpedu. com

序　言

线性代数是理工科大学生最重要的数学基础课之一,也是自然科学和工程技术领域广泛应用的数学工具。随着现代科学技术的迅速发展和计算机技术的广泛应用,它在理论和应用上的重要性更加突出。同时,该课程对于培养学生的逻辑推理能力、抽象思维能力以及空间想象能力具有重要作用。因此,对线性代数的教学内容从深度和广度上提出了更高的要求。

李升和陈宝琴同志主编的这本教材,是根据他们多年来讲授线性代数的教学经验和体会编写的,内容丰富、理论严谨、通俗易懂。本教材具有如下特点:

1. 结构合理。全书从线性方程组理论讲起,继而介绍矩阵理论、行列式、特征值和特征向量、二次型、线性空间与线性变换等线性代数的核心内容,循序渐进,一气呵成。

2. 详略得当。本书系统地讲解了线性代数的基本理论和方法。对于书中涉及的基本概念和主要定理,一般都给出了准确地叙述和严格的证明。为了保证本书基本理论的完整性、系统性和科学性,对于一些超出教学大纲但在理论上又十分重要的内容,如拉普拉斯定理、实二次型化为规范型等定理也写进了教材。

3. 便于自学。为了帮助学生加深对基本概念的理解和基本理论和方法的掌握,书中配有典型的例题。每章后附有较多的精选习题,并且给出了解答,便于初学者自学。在每章习题中,引入部分数学实验习题,学生可以通过应用 MATLAB 等数学软件解题,学会了新的解题方法,开阔了他们的眼界。

本书是一本非常优秀的线性代数教材,对于学生掌握必要的线性代数知识,开展该课程的教学内容和教学方法改革,都是非常有益的。

北京航空航天大学　高宗升

2019-08-15

前　言

随着社会经济的飞速发展以及计算机功能的日益增强,线性代数在实际应用中发挥着越来越重要的作用.线性代数作为理工科大学本、专科学生的一门重要的数学基础课,也因此承载着越来越重要的使命.

本书是根据教育部关于线性代数教学内容的要求,充分考虑应用型本、专科学生的学习需求,在广泛借鉴了国内外优秀线性代数教材的基础上编写的.在不失严谨的前提下,本书力求通俗易懂,简单易学:概念的引入自然、容易接受;例子的求解简捷,旨在说明思想方法;定理的证明严谨,并配有相关的例子或练习来帮助学生加深理解.本书的主要特色如下:

1. 从初等数学中常见的线性方程组的求解问题出发,给出矩阵的概念,并结合消元法自然引入矩阵行化简方法.学生在熟练掌握矩阵行化简这一重要方法后,不仅可以求解线性方程组,还可以将该法应用于研究向量组的线性相关性、向量组的秩、矩阵的秩和逆、行列式的计算、矩阵的特征值和特征向量、矩阵的相似对角化、二次型以及线性空间和线性变换.

2. 在教学内容中引入了数学实验.在每章的最后,编写了与本章重难点相应的数学实验题目,并提供详细的程序解答(扫描书中二维码获取).通过引导有需要的学生学习这部分内容,可以让他们学习掌握借助数学软件解决线性代数中常见的计算问题的方法.

3. 为更好引导学生参与课程学习,书中部分例题留有空白,用下划线“____”表示,由学生填写.

此外,为帮助初学者更好地理解基本概念、基本理论和掌握基本的数学思想方法,本书配有大量的典型例题.每章的后面精选了难度适中的习题并附有较详细的提示,以便学生自学和检查学习效果.

全书分为6章,内容包括:线性方程组、矩阵、行列式、特征值与特征向量、二次型、线性空间与线性变换.学时安排:仅讲授主要内容,讲授前3章大约需要24学时,讲授前5章大约需要40学时,讲授完全书大约需要48学时;详细讲授每一部分内容,则每章大约增加2学时.数学实验的相关内容讲授大约需要12学时,建议引导学生进行自学.

本书前3章由李升执笔,后3章由陈宝琴执笔,数学实验及相关程序等内容由李志完成,课件由吴延科制作.李升、陈宝琴、吴延科、江如、梅端、何健庆和石雄辉参与了习题的编写.本书的编写得到了广东海洋大学数学与计算机学院有关领导的关心和支持,在此表示衷心的感谢.

由于编者水平有限,书中疏漏与不足之处在所难免,恳请广大读者、专家和同行批评指正.

编　者

目　　录

第 1 章

线性方程组

线性方程组是线性代数的核心．大量的社会经济问题、科学技术问题的处理都需要借助线性方程组的求解．本章的核心内容是求解线性方程组，并应用于研究向量组的线性相关性．为此，我们将介绍一个求解线性方程组的通用方法．同时，还将引入一些与此密切相关的重要概念，如矩阵、线性相关性、向量组和矩阵的秩等，并对其进行初步的探讨.

1.1 节介绍线性方程组并引入矩阵的概念.

1.2 节介绍消元法和矩阵行化简．其中，消元法早在我国古代的数学著作《九章算术》中就已经有了比较完整的论述．其本质就是对方程组的增广矩阵进行初等行变换消去未知量的方法，即高斯消元法（高斯在 1800 年前后提出）．矩阵行化简是消元法的矩阵表示，形式更简洁、实用.

1.3 节利用矩阵行化简，得到了线性方程组解的存在性和唯一性，以及解的结构，即求解线性方程组的一般方法.

1.4 节引入向量的概念，将线性方程组、向量方程和矩阵方程紧密联系起来；初步利用线性方程组研究了一个向量能否被给定的向量组线性表示的问题.

1.5 节主要研究给定的向量组是否存在某些向量可以被其余向量线性表示的问题，即向量组内部的线性关系；特别地，给出了利用线性方程组讨论向量组线性相关性的方法.

1.6 节首先引入向量组和矩阵的秩的概念；然后给出了更简洁的线性方程组解的表达式，并进一步探讨了线性方程组解的存在性和唯一性；最后利用矩阵行化简探讨了两个向量组的线性相关性．

1.1 线性方程组与矩阵

1.1.1 线性方程组的定义

称形如

$$a_1x_1+a_2x_2+\cdots+a_nx_n=b$$

的方程为关于变量 $x_1,x_2,\cdots,x_n$ 的**线性方程**．其中，常数 b 和系数 $a_1,a_2,\cdots,a_n$ 为实数或复数（本书如无特别说明，默认为实数），n 为正整数．当 $n=1(n=2)$ 时，对应的线性方程表示我们熟知的直线（平面）．

线性方程组是由一个或几个包含相同变量 $x_1,x_2,\cdots,x_n$ 的线性方程组成的方程组．

例如，

$$\begin{cases}x_1+x_2=1,\\ x_1-x_2=1\end{cases}\tag{1}$$

就是关于变量 x_1,x_2 的线性方程组．而

$$\begin{cases}a_{11}x_1+a_{12}x_2+\cdots+a_{1n}x_n=b_1,\\ a_{21}x_1+a_{22}x_2+\cdots+a_{2n}x_n=b_2,\\ \qquad\vdots\\ a_{m1}x_1+a_{m2}x_2+\cdots+a_{mn}x_n=b_m\end{cases}$$

则是关于变量 $x_1,x_2,\cdots,x_n$ 的线性方程组．

线性方程组的一组解是满足方程组的一组数 $(x_1,x_2,\cdots,x_n)$．例如，$(1,0)$ 就是方程组（1）的一组解．称由方程组的所有可能解组成的集合为线性方程组的**解集**．若两个线性方程组的解集相同，则称这两个**线性方程组等价**．

求解由包含两个（三个）变量的两个（三个）线性方程组成的线性方程组，等价于求解两条直线（三个平面）相交的问题．牢记这一点和后文中反复出现的例子，有助于学习和理解本书的许多知识点．

例 1 以下三个线性方程组表示的三组直线

$$(1)\begin{cases}x_1+x_2=0,\\ x_1-x_2=0;\end{cases}\qquad (2)\begin{cases}x_1-x_2=1,\\ -x_1+x_2=-1;\end{cases}\qquad (3)\begin{cases}x_1+x_2=1,\\ x_1+x_2=2\end{cases}$$

分别相交于一个点，相交于无穷多个点（重合）和不相交（平行）．

例 1 表明线性方程组满足以下三种情况之一：（1）有唯一解；（2）有无穷多个解；（3）无解．我们将在 1.3 节给出更一般化的结果．在后文中，若线性方程组有唯一解或无穷多个解，则称它是相容的；否则，称它是**不相容**的．

1.1.2 矩阵

线性方程组的主要信息可以由它的系数反映．而在实际应用中,一个方程组中变量的个数和方程的个数可能有很多．因此,使用以下特殊形式的数表来研究线性方程组是合理且必要的.

定义 1.1.1 由 $m\times n$ 个数 $a_{ij}(i=1,2,\cdots,m;j=1,2,\cdots,n)$ 排成 m 行 n 列的数表

$$\begin{matrix} a_{11} & a_{12} & \cdots & a_{1n} \\ a_{21} & a_{22} & \cdots & a_{2n} \\ \vdots & \vdots & & \vdots \\ a_{m1} & a_{m2} & \cdots & a_{mn} \end{matrix}$$

称为 m 行 n 列矩阵,或简称 $m\times n$ 矩阵,通常用大写的英文字母 $\boldsymbol{A}$、$\boldsymbol{B}$、$\boldsymbol{C}$…表示,并记作

$$\boldsymbol{A}=\begin{pmatrix} a_{11} & a_{12} & \cdots & a_{1n} \\ a_{21} & a_{22} & \cdots & a_{2n} \\ \vdots & \vdots & & \vdots \\ a_{m1} & a_{m2} & \cdots & a_{mn} \end{pmatrix},$$

其中,矩阵两边加括弧表示矩阵是一个整体,构成矩阵的 $m\times n$ 个数称为矩阵的**元素**．称 a_{ij} 为矩阵 $\boldsymbol{A}$ 的**第 i 行第 j 列的元素**,i 为该元素的**行标**$(1\leqslant i\leqslant m)$,$j$ 为该元素的**列标**$(1\leqslant j\leqslant n)$,矩阵的行数为 m,列数为 n,这时矩阵可简记为 $\boldsymbol{A}=(a_{ij})$ 或 $\boldsymbol{A}=(a_{ij})_{m\times n}$.

元素是复数的矩阵称为**复矩阵**,元素都是实数的矩阵称为**实矩阵**．本书中的矩阵除特别说明外,都是实矩阵．这里给出的矩阵的定义,已经基本满足本章的需要．如果希望马上了解矩阵的更多概念和性质,可以提前翻阅第 2 章.

对给定的线性方程组,将每一个变量的系数写在对齐的一列中,就可以得到其**系数矩阵**,通常记为 $\boldsymbol{A}$. 方程组的**增广矩阵**是指在系数矩阵中最右侧添加一列后所得的新矩阵,其中添加的这一列由方程组右边的常数组成,通常记为 $\boldsymbol{B}=(\boldsymbol{A},\boldsymbol{b})$. 当增广矩阵最后一列的所有元素都是 0 时(即每个方程中的常数项都是 0),我们称对应的线性方程组为**齐次**的;否则,称对应的线性方程组为**非齐次**的.

例 2 例 1 中的三个线性方程组所对应的系数矩阵和增广矩阵分别为

(1) $\boldsymbol{A}=\begin{pmatrix} 1 & 1 \\ 1 & -1 \end{pmatrix}$, $\boldsymbol{B}=\begin{pmatrix} 1 & 1 & 0 \\ 1 & -1 & 0 \end{pmatrix}$;

(2) $\boldsymbol{A}=\begin{pmatrix} 1 & -1 \\ -1 & 1 \end{pmatrix}$, $\boldsymbol{B}=\begin{pmatrix} 1 & -1 & 1 \\ -1 & 1 & -1 \end{pmatrix}$;

(3)$\boldsymbol{A}=\begin{pmatrix}1&1\\1&1\end{pmatrix}$,$\boldsymbol{B}=\begin{pmatrix}1&1&1\\1&1&2\end{pmatrix}$.

显然方程组(1)是齐次的,后两个方程组(2)和(3)是非齐次的.

例 3 要得到线性方程组

$$\begin{cases} x_2+x_3-1=0,\\ x_1+x_2+2x_3=0,\\ x_1+3x_2+x_3-2=0\end{cases}$$

的系数矩阵和增广矩阵,只需将每一个变量的系数写在对齐的一列中,并将常数都移项到方程的右边,得到如下新形式:

$$\begin{cases} x_2+x_3=1,\\ x_1+x_2+2x_3=0,\\ x_1+3x_2+x_3=2,\end{cases}$$

即可得到对应的系数矩阵和增广矩阵

$$\boldsymbol{A}=\begin{pmatrix}0&1&1\\1&1&2\\1&3&1\end{pmatrix},\boldsymbol{B}=\begin{pmatrix}0&1&1&\_\_\\1&1&2&\_\_\\1&\_\_&1&\_\_\end{pmatrix}.$$

注:将每一个变量的系数写在对齐的一列,是为了在找对应的系数矩阵和增广矩阵时不容易出错,并不是必要步骤. 对齐次方程组,只需要考虑系数矩阵.

1.2 消元法与矩阵的行化简

本节将介绍求解线性方程组的一般方法. 具体做法是将方程组转化为一个更容易求解的等价方程组(即解集相同). 这与初等数学中求解线性方程组时使用的消元法的思路是一致的.

一般地,利用消元法求解线性方程组的具体做法如下:由方程组的第一个方程中含 x_1 的项,消去其他方程中含 x_1 的项,然后由方程组的第二个方程中含 x_2 的项,消去其他方程中含 x_2 的项,以此类推,就可以得到一个简单的等价方程组. 需要说明的是,如果原方程组的第一个方程中 x_1 的系数为 0,就需要通过互换方程的位置,使得新方程组的第一个方程 x_1 的系数不为 0. 这种处理方法适用于处理后续步骤中可能会遇到类似的情况.

显然,每次应用消元法后得到的线性方程组都有与之对应的系数矩阵和增广矩阵. 下面的例子将初步展现如何利用矩阵求解线性方程组的一般方法.

例 1 求解 1.1 节例 3 中的方程,即

$$\begin{cases} x_2+x_3-1=0, \\ x_1+x_2+2x_3=0, \\ x_1+3x_2+x_3-2=0. \end{cases}$$

解　为方便比较，下面将同时呈现利用消元法后得到的线性方程组和与之对应的增广矩阵．先将每个方程中的常数项移到右边，得到

$$\begin{cases} x_2+x_3=1, \\ x_1+x_2+2x_3=0, \\ x_1+3x_2+x_3=2, \end{cases} \qquad \begin{pmatrix} 0 & 1 & 1 & 1 \\ 1 & 1 & 2 & 0 \\ 1 & 3 & 1 & 2 \end{pmatrix}.$$

互换第 1 个和第 2 个方程的位置，可得

$$\begin{cases} x_1+x_2+2x_3=0, \\ x_2+x_3=1, \\ x_1+3x_2+x_3=2, \end{cases} \qquad \begin{pmatrix} 1 & 1 & 2 & 0 \\ 0 & 1 & 1 & 1 \\ 1 & 3 & 1 & 2 \end{pmatrix}.$$

将第 1 个方程乘以-1，加到第 3 个方程，得到

$$\begin{cases} x_1+x_2+2x_3=0, \\ x_2+x_3=1, \\ 2x_2-x_3=2, \end{cases} \qquad \begin{pmatrix} 1 & 1 & 2 & 0 \\ 0 & 1 & 1 & 1 \\ 0 & 2 & -1 & 2 \end{pmatrix}.$$

将第 2 个方程乘以-2，加到第 3 个方程，得到

$$\begin{cases} x_1+x_2+2x_3=0, \\ x_2+x_3=1, \\ -3x_3=0, \end{cases} \qquad \begin{pmatrix} 1 & 1 & 2 & 0 \\ 0 & 1 & 1 & 1 \\ 0 & 0 & -3 & 0 \end{pmatrix}.$$

将第 2 个方程乘以-1，加到第 1 个方程，得到

$$\begin{cases} x_1+x_3=-1, \\ x_2+x_3=1, \\ -3x_3=0, \end{cases} \qquad \begin{pmatrix} 1 & 0 & 1 & -1 \\ 0 & 1 & 1 & 1 \\ 0 & 0 & -3 & 0 \end{pmatrix}.$$

将第 3 个方程乘以$-1/3$，得到

$$\begin{cases} x_1+x_3=-1, \\ x_2+x_3=1, \\ x_3=0, \end{cases} \qquad \begin{pmatrix} 1 & 0 & 1 & -1 \\ 0 & 1 & 1 & 1 \\ 0 & 0 & 1 & 0 \end{pmatrix}.$$

将第 3 个方程乘以-1，依次加到第 1 个和第 2 个方程，得到

$$\begin{cases} x_1=-1, \\ x_2=1, \\ x_3=0, \end{cases} \qquad \begin{pmatrix} 1 & 0 & 0 & -1 \\ 0 & 1 & 0 & 1 \\ 0 & 0 & 1 & 0 \end{pmatrix}.$$

至此就得到了最后结果，即原方程组有唯一一组解$(-1,1,0)$．事实上，解$(-1,1,0)$对应于方程组中的三个平面的交点．

在例 1 中，使用消元法时出现了以下三种基本变换：

(1)互换某两个方程的位置;

(2)用非零常数 k 乘某个方程;

(3)把某个方程的 k 倍加到另一个方程上去.

与之对应的是对增广矩阵进行了以下三种基本变换,即后文中反复出现的**初等行变换**.

定义 1.2.1 称以下三种基本变换为矩阵的**初等行变换**:

(1)互换某两行的位置(第 i,j 两行互换,记作 $r_i \leftrightarrow r_j$);

(2)用非零常数乘某一行的所有元素(用 $k \neq 0$ 乘第 i 行,记作 $r_i \times k$);

(3)把某一行的所有元素 k 倍加到另一行对应的元素上去(第 j 行的 k 倍加到第 i 行上去,记作 $r_i + kr_j$).

注意到无论是消元法的基本变换,还是矩阵的初等行变换,都是可逆的. 也就是说,通过消元法得到的新方程与原方程同解,即等价.

定义 1.2.2 若矩阵 $\boldsymbol{A}$ 经过有限次初等行变换变成 $\boldsymbol{B}$,则称矩阵 $\boldsymbol{A}$ 与 $\boldsymbol{B}$ **行等价**,记作 $\boldsymbol{A} \overset{r}{\sim} \boldsymbol{B}$.

例 2 利用矩阵行初等变换和矩阵行等价的记号,可以将例 1 的求解过程简化如下:

$$\begin{pmatrix} 0 & 1 & 1 & 1 \\ 1 & 1 & 2 & 0 \\ 1 & 3 & 1 & 2 \end{pmatrix} \underset{\sim}{r_1 \leftrightarrow r_2} \begin{pmatrix} 1 & 1 & 2 & 0 \\ 0 & 1 & 1 & 1 \\ 1 & 3 & 1 & 2 \end{pmatrix} \underset{\sim}{r_3 - r_1} \begin{pmatrix} 1 & 1 & 2 & 0 \\ 0 & 1 & 1 & 1 \\ 0 & 2 & -1 & 2 \end{pmatrix}$$

$$\underset{\sim}{r_3 - 2r_2} \begin{pmatrix} 1 & 1 & 2 & 0 \\ 0 & 1 & 1 & 1 \\ 0 & 0 & -3 & 0 \end{pmatrix} \underset{\sim}{r_1 - r_2} \begin{pmatrix} 1 & 0 & 1 & -1 \\ 0 & 1 & 1 & 1 \\ 0 & 0 & -3 & 0 \end{pmatrix}$$

$$\underset{\sim}{-\frac{1}{3} r_3} \begin{pmatrix} 1 & 0 & 1 & -1 \\ 0 & 1 & 1 & 1 \\ 0 & 0 & 1 & 0 \end{pmatrix} \underset{\sim}{\substack{r_1 - r_3 \\ r_2 - r_3}} \begin{pmatrix} 1 & 0 & 0 & -1 \\ 0 & 1 & 0 & 1 \\ 0 & 0 & 1 & 0 \end{pmatrix}.$$

注:有时候,在进行化简时,我们也使用"→"代替"~".

例 1 和例 2 旨在说明思想方法,并没有充分体现利用矩阵行初等变换和矩阵行等价的记号求解线性方程组的优势. 但是可以预见,随着方程组的变量和方程数目的增加,其优势会越来越明显. 此外,**这个思想方法将贯穿全书,务必熟练掌握**.

下面对上述方法进一步精细化. 对比例 2 中前 3 个矩阵和后 4 个矩阵可以发现,后者的左下侧是一个由 0 组成的"三角形". 这种形式的矩阵将在后文中扮演极其重要的角色.

定义 1.2.3 称满足以下条件的矩阵为**行阶梯形矩阵**:

(1)除最后一行外,其余每行的第 1 个非零元所在列下方元素均为 0;

(2)所有的非零行(即包含非零元的行)均在零行(即所有元均为 0 的行)上方.

特别地,若行阶梯形矩阵除最后一行外,其余每行的第 1 个非零元是 1,且为所在列唯一的非零元素,则称它为**标准行阶梯形矩阵**,又称为**行最简形矩阵**.

在增广矩阵对应的标准行阶梯形矩阵中,除最后一行外,每行第 1 个非零元所对应的变量称为原方程组的**基本变量**,除基本变量外的变量称为原方程组的**自由变量**. 在学习完下一节例 1 之后,读者将会更深刻地理解这两个概念,

线性代数中的大量的计算都可以转化为求行阶梯形矩阵或标准行阶梯形矩阵,即对矩阵进行行化简. 例如本节的例 2,就是对例 1 中的线性方程组的增广矩阵进行行化简. 而在完成行化简后,求解原线性方程组就变得简单了. 为了更好地帮助我们掌握这些重要概念和方法,下面再举三个例子.

例 3　例 2 中前 3 个矩阵都不是行阶梯形矩阵,后 4 个矩阵都是行阶梯形矩阵,但仅有最后 2 个矩阵是标准行阶梯形矩阵.

例 4　下列矩阵都是行阶梯形矩阵,其中 • 可以是任意非零的常数, * 可以是任意常数:

$$\begin{pmatrix} \bullet & * & * & * \\ 0 & \bullet & * & * \\ 0 & 0 & \bullet & * \\ 0 & 0 & 0 & 0 \end{pmatrix}, \begin{pmatrix} \bullet & * & * & * \\ 0 & * & * & * \\ 0 & 0 & 0 & * \\ 0 & 0 & 0 & 0 \end{pmatrix},$$

$$\begin{pmatrix} 0 & \bullet & * & * & * & * & * & * \\ 0 & 0 & \bullet & * & * & * & * & * \\ 0 & 0 & 0 & \bullet & * & * & * & * \\ 0 & 0 & 0 & 0 & \bullet & * & * & * \\ 0 & 0 & 0 & 0 & 0 & 0 & \bullet & * \end{pmatrix}.$$

下列矩阵都是标准行阶梯形矩阵:

$$\begin{pmatrix} 1 & 0 & 0 & 0 \\ 0 & 1 & 0 & 0 \\ 0 & 0 & 1 & 0 \\ 0 & 0 & 0 & 1 \end{pmatrix}, \begin{pmatrix} 1 & 0 & 0 & * \\ 0 & 1 & 0 & * \\ 0 & 0 & 1 & * \\ 0 & 0 & 0 & 0 \end{pmatrix}, \begin{pmatrix} 1 & 0 & * & * \\ 0 & 1 & * & * \\ 0 & 0 & 0 & 0 \\ 0 & 0 & 0 & 0 \end{pmatrix},$$

$$\begin{pmatrix} 1 & * & 0 & 0 & 0 & 0 & 0 & 0 \\ 0 & 0 & 1 & 0 & 0 & 0 & 0 & 0 \\ 0 & 0 & 0 & 1 & 0 & 0 & 0 & 0 \\ 0 & 0 & 0 & 0 & 1 & * & 0 & 0 \\ 0 & 0 & 0 & 0 & 0 & 0 & 1 & * \end{pmatrix}, \begin{pmatrix} 1 & 0 & * & 0 & 0 & * & 0 & * \\ 0 & 1 & * & 0 & 0 & * & 0 & * \\ 0 & 0 & 0 & 1 & 0 & * & 0 & * \\ 0 & 0 & 0 & 0 & 1 & * & 0 & * \\ 0 & 0 & 0 & 0 & 0 & 0 & 1 & * \end{pmatrix}.$$

例 5　求下列线性方程组所对应的增广矩阵并求与它等价的

标准行阶梯形矩阵.

$$\begin{cases}-2x_1+x_2+x_3=0,\\ x_1-x_2+x_3=3,\\ x_1-2x_3=-3.\end{cases}$$

解 该方程所对应的增广矩阵及行化简过程如下：

$$\boldsymbol{B}=(\boldsymbol{A},\boldsymbol{b})=\begin{pmatrix}-2&1&1&0\\1&-1&1&3\\1&0&-2&-3\end{pmatrix}\xrightarrow{r_1\leftrightarrow r_2}\begin{pmatrix}1&-1&1&3\\-2&1&1&0\\1&0&-2&-3\end{pmatrix}$$

$$\xrightarrow[r_3-r_1]{r_2+2r_1}\begin{pmatrix}1&-1&1&3\\0&-1&3&6\\0&1&-3&-6\end{pmatrix}\xrightarrow[r_2\times(-1)]{r_3+r_2}\begin{pmatrix}1&-1&1&3\\0&1&-3&-6\\0&0&0&0\end{pmatrix}$$

$$\xrightarrow{r_1+r_2}\begin{pmatrix}1&0&-2&-3\\0&1&-3&-6\\0&0&0&0\end{pmatrix}.$$

即原方程组的增广矩阵为 $\boldsymbol{B}$，上面最后一个矩阵是与它等价的标准行阶梯形矩阵.

注：例 5 的第 1 步交换第 1 行和第 2 行是由于第 2 行的第 1 个元素是 1，且含有的 1 较多. 一般地，将含有较多 1 的行作为第 1 行，有利于行化简，是一种很常规的处理方法.

1.3 线性方程组的解

本节将在前两节的基础上，进一步阐述线性方程组的求解过程并探讨它的解集. 下面从求解 1.2 节例 5 中的方程组开始我们的讨论.

例 1 1.2 节例 5 中的方程组的增广矩阵等价的标准行阶梯形矩阵为

$$\begin{pmatrix}1&0&-2&-3\\0&1&-3&-6\\0&0&0&0\end{pmatrix}.$$

与该矩阵对应的线性方程组是

$$\begin{cases}x_1-2x_3=-3,\\ x_2-3x_3=-6,\\ 0=0.\end{cases}$$

现在令 $x_3=c$，其中，c 为任意常数，我们就得到方程组的**通解**

$$\begin{cases}x_1=-3+2c,\\ x_2=-6+3c,\\ x_3=c,\end{cases}\text{其中 } c \text{ 为任意常数}.$$

这表明该线性方程组有无穷多个解.

注:在此需要强调,在例 1 中,我们让 x_3 可以取任意值,即自由变化(也就是 1.2 节所说的自由变量),是因为 x_1, x_2 的取值可以由 x_3 的取值完全确定,且可以分别由方程组的第 1 和第 2 个方程得到(当然,也可以选取 x_1 或 x_2 作为自由变量,但具体计算后可以发现,此时在确定剩余两个变量时,计算要复杂得多).

例 2　回顾 1.2 节例 1,可知线性方程组

$$\begin{cases} x_2+x_3=1, \\ x_1+x_2+2x_3=0, \\ x_1+3x_2+x_3=2 \end{cases}$$

的增广矩阵等价的标准行阶梯形矩阵为

$$\begin{pmatrix} 1 & 0 & 0 & -1 \\ 0 & 1 & 0 & 1 \\ 0 & 0 & 1 & 0 \end{pmatrix}.$$

与之对应的线性方程组为

$$\begin{cases} x_1=-1, \\ x_2=1, \\ x_3=0. \end{cases}$$

该方程组不包含自由变量,仅存在上式所示的唯一解.

例 3　求解非齐次线性方程组

$$\begin{cases} x_1-2x_2+3x_3-x_4=1, \\ 3x_1-x_2+5x_3-3x_4=0, \\ 2x_1+x_2+2x_3-2x_4=0. \end{cases}$$

解　利用行化简方法先将增广矩阵化成标准行阶梯形矩阵:

$$\begin{pmatrix} 1 & -2 & 3 & -1 & 1 \\ 3 & -1 & 5 & -3 & 0 \\ 2 & 1 & 2 & -2 & 0 \end{pmatrix} \xrightarrow[r_3-2r_1]{r_2-3r_1} \begin{pmatrix} 1 & -2 & 3 & -1 & 1 \\ 0 & 5 & -4 & 0 & -3 \\ 0 & 5 & -4 & 0 & -2 \end{pmatrix}$$

$$\xrightarrow{r_3-r_2} \begin{pmatrix} 1 & -2 & 3 & -1 & 1 \\ 0 & 5 & -4 & 0 & -3 \\ 0 & 0 & 0 & 0 & 1 \end{pmatrix}.$$

由最后一个矩阵的第 3 行,得到它对应的方程为一个矛盾式 $0=1$. 因此不需要后续的矩阵简化,就可以直接断言该线性方程组无解.

从例 1~例 3,可以总结出以下关于线性方程组解的存在性和唯一性定理.

定理 1.3.1　线性方程组是相容的当且仅当**增广矩阵**对应的标准行阶梯形矩阵不包含形如 $(0,0,\cdots,0,b)$ $(b\neq 0)$ 这样的行. 进一步地,若线性方程组是相容的,则

(1)当不存在自由变量时,有唯一解;

(2)当存在自由变量时,有无穷多个解.

由定理 1.3.1 可知,线性方程组无解的情况仅可能在增广矩阵的最后一列含有非零元素的情况下出现．下面将分情况进行讨论.

显然,齐次线性方程组至少有一组解(0,0,…,0). 这个解称为它的**平凡解**．非齐次的线性方程组不存在平凡解．下面主要关注线性方程组是否有非平凡解和解的结构．借用 1.4 节介绍的“向量”的记号,再由定理 1.3.1 可得:

定理 1.3.2 齐次线性方程组有非平凡解当且仅当方程至少有一个自由变量．特别地,如果齐次线性方程组的系数矩阵等价于以下形式的标准行阶梯形矩阵

$$\begin{pmatrix} 1 & 0 & \cdots & 0 & b_{11} & \cdots & b_{1,n-r-1} & b_{1,n-r} \\ 0 & 1 & \cdots & 0 & b_{21} & \cdots & b_{2,n-r-1} & b_{2,n-r} \\ \vdots & \vdots & & \vdots & \vdots & & \vdots & \vdots \\ 0 & 0 & \cdots & 1 & b_{r1} & \cdots & b_{r,n-r-1} & b_{r,n-r} \\ 0 & 0 & \cdots & 0 & 0 & \cdots & 0 & 0 \\ 0 & 0 & \cdots & 0 & 0 & \cdots & 0 & 0 \\ \vdots & \vdots & & \vdots & \vdots & & \vdots & \vdots \\ 0 & 0 & \cdots & 0 & 0 & \cdots & 0 & 0 \end{pmatrix}, \tag{1}$$

其中 $r<n$,则方程组的通解为

$$\begin{pmatrix} x_1 \\ x_2 \\ \vdots \\ x_r \\ x_{r+1} \\ \vdots \\ x_n \end{pmatrix} = \begin{pmatrix} -b_{11}c_1-\cdots-b_{1,n-r}c_{n-r} \\ -b_{21}c_1-\cdots-b_{2,n-r}c_{n-r} \\ \vdots \\ -b_{r1}c_1-\cdots-b_{r,n-r}c_{n-r} \\ c_1 \\ \vdots \\ c_{n-r} \end{pmatrix}$$

通常又记为

$$\begin{pmatrix} x_1 \\ x_2 \\ \vdots \\ x_r \\ x_{r+1} \\ \vdots \\ x_n \end{pmatrix} = c_1\begin{pmatrix} -b_{11} \\ -b_{21} \\ \vdots \\ -b_{r1} \\ 1 \\ \vdots \\ 0 \end{pmatrix} + \cdots + c_{n-r}\begin{pmatrix} -b_{1,n-r} \\ -b_{2,n-r} \\ \vdots \\ -b_{r,n-r} \\ 0 \\ \vdots \\ 1 \end{pmatrix}, c_1,\cdots,c_{n-r}\in \mathbf{R}.$$

其中,

$$\boldsymbol{\alpha}_1=\begin{pmatrix}-b_{11}\\-b_{21}\\\vdots\\-b_{r1}\\1\\0\\\vdots\\0\end{pmatrix},\boldsymbol{\alpha}_2=\begin{pmatrix}-b_{12}\\-b_{22}\\\vdots\\-b_{r2}\\0\\1\\\vdots\\0\end{pmatrix},\cdots,\boldsymbol{\alpha}_{n-r}=\begin{pmatrix}-b_{1,n-r}\\-b_{2,n-r}\\\vdots\\-b_{r,n-r}\\0\\0\\\vdots\\1\end{pmatrix}$$

称为该齐次线性方程组的**基础解系**．方程组的所有解都可以由基础解系线性表示.

定理 1.3.3　如果非齐次线性方程组的增广矩阵等价于以下形式的标准行阶梯形矩阵

$$\begin{pmatrix}1&0&\cdots&0&b_{11}&\cdots&b_{1,n-r}&d_1\\0&1&\cdots&0&b_{21}&\cdots&b_{2,n-r}&d_2\\\vdots&\vdots&&\vdots&\vdots&&\vdots&\vdots\\0&0&\cdots&1&b_{r1}&\cdots&b_{r,n-r}&d_r\\0&0&\cdots&0&0&\cdots&0&0\\0&0&\cdots&0&0&\cdots&0&0\\\vdots&\vdots&&\vdots&\vdots&&\vdots&\vdots\\0&0&\cdots&0&0&\cdots&0&0\end{pmatrix}$$

其中 $r<n$，则方程组的通解为

$$\begin{pmatrix}x_1\\x_2\\\vdots\\x_r\\x_{r+1}\\\vdots\\x_n\end{pmatrix}=\begin{pmatrix}-b_{11}c_1-\cdots-b_{1,n-r}c_{n-r}+d_1\\-b_{21}c_1-\cdots-b_{2,n-r}c_{n-r}+d_2\\\vdots\\-b_{r1}c_1-\cdots-b_{r,n-r}c_{n-r}+d_r\\c_1\\\vdots\\c_{n-r}\end{pmatrix}.$$

通常又记为以下形式

$$\begin{pmatrix}x_1\\x_2\\\vdots\\x_r\\x_{r+1}\\\vdots\\x_n\end{pmatrix}=c_1\begin{pmatrix}-b_{11}\\-b_{21}\\\vdots\\-b_{r1}\\1\\\vdots\\0\end{pmatrix}+\cdots+c_{n-r}\begin{pmatrix}-b_{1,n-r}\\-b_{2,n-r}\\\vdots\\-b_{r,n-r}\\0\\\vdots\\1\end{pmatrix}+\begin{pmatrix}d_1\\d_2\\\vdots\\d_r\\0\\\vdots\\0\end{pmatrix},c_1,\cdots,c_{n-r}\in\mathbf{R}.$$

这里，称

$$\begin{pmatrix} d_1 \\ d_2 \\ \vdots \\ d_r \\ 0 \\ \vdots \\ 0 \end{pmatrix}$$

为非齐次线性方程组的**特解**.

注 1:事实上,在定理 1.3.2 中,标准行阶梯形矩阵(1)对应的线性方程组是

$$\begin{cases} x_1 = -b_{11}x_{r+1} - \cdots - b_{1,n-r}x_n, \\ \quad\vdots \\ x_r = -b_{r1}x_{r+1} - \cdots - b_{r,n-r}x_n, \end{cases} \tag{2}$$

它的自由变量为 $x_{r+1},\cdots,x_n$. 依次取下列 $n-r$ 组数

$$\begin{pmatrix} x_{r+1} \\ x_{r+2} \\ \vdots \\ x_n \end{pmatrix} = \begin{pmatrix} 1 \\ 0 \\ \vdots \\ 0 \end{pmatrix}, \begin{pmatrix} 0 \\ 1 \\ \vdots \\ 0 \end{pmatrix}, \cdots, \begin{pmatrix} 0 \\ 0 \\ \vdots \\ 1 \end{pmatrix},$$

则由方程组(2),$x_1,\cdots,x_r$依次取下列 $n-r$ 组数

$$\begin{pmatrix} x_1 \\ \vdots \\ x_r \end{pmatrix} = \begin{pmatrix} -b_{11} \\ \vdots \\ -b_{r1} \end{pmatrix}, \begin{pmatrix} -b_{12} \\ \vdots \\ -b_{r2} \end{pmatrix}, \cdots, \begin{pmatrix} -b_{1,n-r} \\ \vdots \\ -b_{r,n-r} \end{pmatrix},$$

就可得到线性方程组的一个解. 再引入 $c_1,\cdots,c_{n-r}$,即可得到基础解系和通解. 定理 1.3.3 的结论类似可得.

注 2:对比定理 1.3.2 和定理 1.3.3 可以发现:**非齐次线性方程组的通解可由它对应的齐次线性方程组的通解和一个特解给出**. 这一事实将在下面的例子中得到体现,并留作习题由读者学完本章内容后自行给出证明.

注 3:需要强调的是,在实际求解方程组时,最终得到的行标准形矩阵不一定具有定理 1.3.2 和定理 1.3.3 中所给的形式. 因此,希望读者认真学习以下几个例子,深刻理解注 1 中的思想方法,而不是刻意记住这两个定理的结论.

注 4:1.6 节将给出解的更简单的形式. 但习惯上,常用的形式就如定理 1.3.2 和定理 1.3.3 所示.

例 4 线性方程组

$$\begin{cases} -2x_1 + x_2 + x_3 = 0, \\ x_1 - x_2 + x_3 = 0, \\ x_1 \quad - 2x_3 = 0 \end{cases}$$

是一个**齐次线性方程组**．由 1.2 节例 5，它的**系数矩阵**的标准行阶梯形矩阵为

$$A=\begin{pmatrix}-2&1&1\\1&-1&1\\1&0&-2\end{pmatrix}\overset{r}{\sim}\begin{pmatrix}\_\_&\_\_&\_\_\\0&1&-3\\0&0&0\end{pmatrix}.$$

此时，标准行阶梯形矩阵满足定理 1.3.3 的形式，可以直接写出基础解系和通解：

$$\begin{pmatrix}2\\3\\1\end{pmatrix},\begin{pmatrix}x_1\\x_2\\x_3\end{pmatrix}=c\begin{pmatrix}2\\3\\1\end{pmatrix},c\text{ 为任意常数}.$$

另一方面，由上面的注 1，自由变量是 x_3，取 $x_3=1$，则

$$\begin{pmatrix}x_1\\x_2\end{pmatrix}=\begin{pmatrix}\_\_\\3\end{pmatrix},$$

由此也可得到基础解系及通解.

类似地，由于**非齐次线性方程组**

$$\begin{cases}-2x_1+x_2+x_3=0,\\x_1-x_2+x_3=3,\\x_1\quad-2x_3=-3\end{cases}$$

的**增广矩阵**的行标准形矩阵为

$$\begin{pmatrix}1&0&-2&-3\\0&1&-3&-6\\0&0&0&0\end{pmatrix},$$

故其通解是

$$\begin{pmatrix}x_1\\x_2\\x_3\end{pmatrix}=c\begin{pmatrix}2\\3\\1\end{pmatrix}+\begin{pmatrix}-3\\-6\\0\end{pmatrix},c\text{ 为任意常数}.$$

例 5　齐次线性方程组

$$\begin{cases}x_1-x_2-x_3+2x_4+4x_5=0,\\2x_1-2x_2-3x_3\qquad+2x_5=0,\\4x_1-4x_2-7x_3-4x_4-2x_5=0\end{cases}$$

的系数矩阵可化为行标准矩阵

$$A=\begin{pmatrix}1&-1&-1&2&4\\2&-2&-3&0&2\\4&-4&-7&-4&-2\end{pmatrix}\xrightarrow[r_3-4r_1]{r_2-2r_1}\begin{pmatrix}1&-1&-1&2&4\\0&0&-1&-4&-6\\0&0&-3&-12&-18\end{pmatrix}$$

$$\xrightarrow[r_1+r_2]{r_3-3r_2-r_2}\begin{pmatrix}1&-1&0&6&10\\0&0&1&4&6\\0&0&0&0&0\end{pmatrix}.$$

显然,此时不能直接应用定理 1.3.2 得到原方程组的基础解系和通解. 但按自由变量的定义,可知自由变量为 x_2, x_4, x_5. 为简单起见,依次取下列 5-2=3 组数

$$\begin{pmatrix} x_2 \\ x_4 \\ x_5 \end{pmatrix} = \begin{pmatrix} 1 \\ 0 \\ 0 \end{pmatrix}, \begin{pmatrix} 0 \\ 1 \\ 0 \end{pmatrix}, \begin{pmatrix} 0 \\ 0 \\ 1 \end{pmatrix},$$

即可得到方程组的基础解系

$$\begin{pmatrix} 1 \\ 1 \\ 0 \\ 0 \\ 0 \end{pmatrix}, \begin{pmatrix} 0 \\ 0 \\ \underline{\quad} \\ 1 \\ 0 \end{pmatrix}, \begin{pmatrix} 0 \\ 0 \\ \underline{\quad} \\ 0 \\ 1 \end{pmatrix},$$

和通解

$$\begin{pmatrix} x_1 \\ x_2 \\ x_3 \\ x_4 \\ x_5 \end{pmatrix} = c_1 \begin{pmatrix} 1 \\ 1 \\ 0 \\ 0 \\ 0 \end{pmatrix} + c_2 \begin{pmatrix} 0 \\ 0 \\ \underline{\quad} \\ 1 \\ 0 \end{pmatrix} + c_3 \begin{pmatrix} 0 \\ 0 \\ \underline{\quad} \\ 0 \\ 1 \end{pmatrix}, c_1, c_2, c_3 \text{为任意常数}.$$

例 6 讨论非齐次线性方程组 $\begin{cases} x_1 + x_2 + x_3 + x_4 + x_5 = 2, \\ 3x_1 + x_2 + 2x_3 + x_4 - 3x_5 = 7, \\ 2x_2 + x_3 + 2x_4 + ax_5 = b \end{cases}$ 解的存在性和唯一性.如果有无穷多解,试求它的通解.

解 由于

$$(\boldsymbol{A}, \boldsymbol{b}) = \begin{pmatrix} 1 & 1 & 1 & 1 & 1 & 2 \\ 3 & 1 & 2 & 1 & -3 & 7 \\ 0 & 2 & 1 & 2 & a & b \end{pmatrix} \sim \begin{pmatrix} 1 & 1 & 1 & 1 & 1 & 2 \\ 0 & -2 & -1 & -2 & -6 & 1 \\ 0 & 2 & 1 & 2 & a & b \end{pmatrix}$$

$$\sim \begin{pmatrix} 1 & 0 & \frac{1}{2} & 0 & -2 & \frac{5}{2} \\ 0 & 1 & \frac{1}{2} & 1 & 3 & -\frac{1}{2} \\ 0 & 0 & 0 & 0 & a-6 & b+1 \end{pmatrix},$$

故由定理 1.3.1 可知:

(1) 当 $a-6=0$ 且 $b+1 \neq 0$,即 $a=6$ 且 $b \neq -1$ 时,方程组无解.

(2) 当 $a-6 \neq 0$ 时,显然方程组总存在自由变量,即方程组必存在无穷多个解. 此时,

$$(\boldsymbol{A},\boldsymbol{b})\sim\begin{pmatrix}1&0&\frac{1}{2}&0&-2&\frac{5}{2}\\0&1&\frac{1}{2}&1&3&-\frac{1}{2}\\0&0&0&0&a-6&b+1\end{pmatrix}\sim\begin{pmatrix}1&0&\frac{1}{2}&0&0&\frac{5}{2}+2c\\0&1&\frac{1}{2}&1&0&-\frac{1}{2}-3c\\0&0&0&0&1&c\end{pmatrix},$$

其中 $c=\dfrac{b+1}{a-6}$,

由定理 1.3.3 可得该方程组的通解为

$$\begin{pmatrix}x_1\\x_2\\x_3\\x_4\\x_5\end{pmatrix}=c_1\begin{pmatrix}-\frac{1}{2}\\-\frac{1}{2}\\1\\0\\0\end{pmatrix}+c_2\begin{pmatrix}0\\1\\0\\1\\0\end{pmatrix}+\begin{pmatrix}\frac{5}{2}+2c\\-\frac{1}{2}-3c\\0\\0\\c\end{pmatrix},c_1,c_2\text{为任意常数}.$$

在这里,为避免出现分数,也可以将方程组的通解写成以下简单形式(为什么?):

$$\begin{pmatrix}x_1\\x_2\\x_3\\x_4\\x_5\end{pmatrix}=c_1\begin{pmatrix}-1\\-1\\2\\0\\0\end{pmatrix}+c_2\begin{pmatrix}0\\1\\0\\1\\0\end{pmatrix}+\begin{pmatrix}\frac{5}{2}+2c\\-\frac{1}{2}-3c\\0\\0\\c\end{pmatrix},c_1,c_2\text{为任意常数}.$$

思考:为什么例 6 中的非齐次线性方程组要么无解,要么有无穷多个解?

1.4 向量、向量方程与矩阵方程

1.4.1 n 维向量的定义

“向量”的概念早在初等数学就已经出现. 在此给出一般的 n 维向量的定义如下:

定义 1.4.1 由 n 个数 $a_1,a_2,\cdots,a_n$ 所组成的有序数组称为 n **维向量**,其中第 i 个数 a_i 称为这个向量的第 i 个**分量**($i=1,2,\cdots,n$).

分量全为实数的向量称为**实向量**,分量为复数的向量称为**复向量**. 若无特别说明,后文中的向量默认为实向量. n 维实向量的全体记为 $\mathbf{R}^n$.

由 $a_1,a_2,\cdots,a_n$所组成的 n 维向量可以写成一行，即$(a_1,a_2,\cdots,a_n)$，称为**行向量**，也可以写成一列，即$\begin{pmatrix} a_1 \\ a_2 \\ \vdots \\ a_n \end{pmatrix}$，称为**列向量**．为方便书写，通常将列向量记为$(a_1,a_2,\cdots,a_n)^{\mathrm{T}}$．在不致混淆时，用 $\mathbf{0}$ 或 $\boldsymbol{o}$ 表示每个元素都是零的向量.

注意到，由定义 1.1.1，行向量和列向量分别是只有 1 行的矩阵和只有 1 列的矩阵，即 2.1 节中定义的行矩阵和列矩阵．因此，用两种不同形式表示的 n 维向量总看作是两个不同的向量（虽然仅按定义 1..4.1，它们表示同一个向量）．若无特别说明，后文中所讨论的向量默认为列向量．一般用黑体小写字母 $\boldsymbol{a},\boldsymbol{b},\boldsymbol{\alpha},\boldsymbol{\beta}$ 等表示列向量．当 $\boldsymbol{\alpha}$ 是行向量时，用 $\boldsymbol{\alpha}^{\mathrm{T}}$表示它对应的列向量．反之，当 $\boldsymbol{\alpha}$ 是列向量时，用 $\boldsymbol{\alpha}^{\mathrm{T}}$表示它对应的行向量.

当 $n\leqslant 3$ 时，n 维向量有直观的几何意义，在解析几何中用有向线段表示它的几何图形．当 $n>3$ 时，n 维向量不再有直观的几何意义，但仍在形式上沿用一些几何术语.

1.4.2 向量组的线性组合

定义 1.4.2 称由若干个同维数的列向量（或行向量）所组成的集合为**向量组**.

例如，一个 $m\times n$ 矩阵

$$\boldsymbol{A}=\begin{pmatrix} a_{11} & a_{12} & \cdots & a_{1n} \\ a_{21} & a_{22} & \cdots & a_{2n} \\ \vdots & \vdots & & \vdots \\ a_{m1} & a_{m2} & \cdots & a_{mn} \end{pmatrix}$$

的每一列

$$\boldsymbol{\alpha}_j=\begin{pmatrix} a_{1j} \\ a_{2j} \\ \vdots \\ a_{mj} \end{pmatrix}(j=1,2,\cdots n)$$

组成的向量组 $\boldsymbol{\alpha}_1,\boldsymbol{\alpha}_2,\cdots,\boldsymbol{\alpha}_n$ 称为矩阵 $\boldsymbol{A}$ 的列向量组，而由矩阵 $\boldsymbol{A}$ 的每一行

$$\boldsymbol{\beta}_i=(a_{i1},a_{i2},\cdots,a_{in})(i=1,2,\cdots,m)$$

组成的向量组$(\boldsymbol{\beta}_1,\boldsymbol{\beta}_2,\cdots,\boldsymbol{\beta}_n)$称为矩阵 $\boldsymbol{A}$ 的行向量组．也就是说，可以记矩阵 $\boldsymbol{A}$ 为

$$A=(\boldsymbol{\alpha}_1,\boldsymbol{\alpha}_2,\cdots,\boldsymbol{\alpha}_n) \text{ 或 } A=\begin{pmatrix}\boldsymbol{\beta}_1\\ \boldsymbol{\beta}_2\\ \vdots\\ \boldsymbol{\beta}_n\end{pmatrix}.$$

这样,矩阵 $\boldsymbol{A}$ 就与其列向量组或行向量组之间建立了一一对应关系. 这个关系在后面经常用到.

下面考虑向量的运算.

定义 1.4.3　两个 n 维向量 $\boldsymbol{\alpha}=(a_1,a_2,\cdots,a_n)$ 与 $\boldsymbol{\beta}=(b_1,b_2,\cdots,b_n)$ 的各对应分量之和组成的向量,称为向量 $\boldsymbol{\alpha}$ 与 $\boldsymbol{\beta}$ 的和,记为 $\boldsymbol{\alpha}+\boldsymbol{\beta}$,即

$$\boldsymbol{\alpha}+\boldsymbol{\beta}=(a_1+b_1,a_2+b_2,\cdots,a_n+b_n).$$

由加法和负向量的定义,可定义向量的减法:

$$\boldsymbol{\alpha}-\boldsymbol{\beta}=\boldsymbol{\alpha}+(-\boldsymbol{\beta})=(a_1-b_1,a_2-b_2,\cdots,a_n-b_n).$$

定义 1.4.4　n 维向量 $\boldsymbol{\alpha}=(a_1,a_2,\cdots,a_n)$ 的各个分量都乘以实数 k 所组成的向量,称为数 k 与向量 $\boldsymbol{\alpha}$ 的乘积(又简称为数乘),记为 $k\boldsymbol{\alpha}$,即

$$k\boldsymbol{\alpha}=(ka_1,ka_2,\cdots,ka_n).$$

向量的加法和数乘运算统称为**向量的线性运算**.

注:向量的线性运算与行(列)矩阵的运算规律相同,满足下列运算规律:对 n 维向量 $\boldsymbol{\alpha},\boldsymbol{\beta},\boldsymbol{\gamma}$ 和实数 k,l,有

(1) $\boldsymbol{\alpha}+\boldsymbol{\beta}=\boldsymbol{\beta}+\boldsymbol{\alpha}$;

(2) $(\boldsymbol{\alpha}+\boldsymbol{\beta})+\boldsymbol{\gamma}=\boldsymbol{\alpha}+(\boldsymbol{\beta}+\boldsymbol{\gamma})$;

(3) $\boldsymbol{\alpha}+\boldsymbol{o}=\boldsymbol{\alpha}$;

(4) $\boldsymbol{\alpha}+(-\boldsymbol{\alpha})=\boldsymbol{o}$;

(5) $1\boldsymbol{\alpha}=\boldsymbol{\alpha}$;

(6) $k(l\boldsymbol{\alpha})=(kl)\boldsymbol{\alpha}$;

(7) $k(\boldsymbol{\alpha}+\boldsymbol{\beta})=k\boldsymbol{\alpha}+k\boldsymbol{\beta}$;

(8) $(k+l)\boldsymbol{\alpha}=k\boldsymbol{\alpha}+l\boldsymbol{\alpha}$.

定义 1.4.5　给定向量组 A:$\boldsymbol{\alpha}_1,\boldsymbol{\alpha}_2,\cdots,\boldsymbol{\alpha}_s$,对于任何一组实数 $k_1,k_2,\cdots,k_s$,表达式

$$k_1\boldsymbol{\alpha}_1+k_2\boldsymbol{\alpha}_2+\cdots+k_s\boldsymbol{\alpha}_s$$

称为向量组 A 的一个**线性组合**,$k_1,k_2,\cdots,k_s$ 称为这个线性组合的系数.

例 1　设 $\boldsymbol{\alpha}_1=(1,2,3)$,$\boldsymbol{\alpha}_2=(0,1,1)$,$\boldsymbol{\alpha}_3=(1,0,2)$ 和 $\boldsymbol{\beta}=(0,4,3)$. 由于 $\boldsymbol{\beta}=\boldsymbol{\alpha}_1+2\boldsymbol{\alpha}_2-\boldsymbol{\alpha}_3$,因此 $\boldsymbol{\beta}$ 是 $\boldsymbol{\alpha}_1,\boldsymbol{\alpha}_2,\boldsymbol{\alpha}_3$ 的线性组合. 例 4 将进一步说明如何得到这个线性组合的系数.

例 2　设 $\boldsymbol{\alpha}=(2,0,-1,3)^{\mathrm{T}}$,$\boldsymbol{\beta}=(1,7,4,-2)^{\mathrm{T}}$,$\boldsymbol{\gamma}=(0,1,0,1)^{\mathrm{T}}$.

(1)求 $2\boldsymbol{\alpha}+\boldsymbol{\beta}-3\boldsymbol{\gamma}$;(2)若有 $\boldsymbol{x}$,满足 $3\boldsymbol{\alpha}-\boldsymbol{\beta}+5\boldsymbol{\gamma}+2\boldsymbol{x}=\boldsymbol{0}$,求 $\boldsymbol{x}$.

解 (1)$2\boldsymbol{\alpha}+\boldsymbol{\beta}-3\boldsymbol{\gamma}=$

$$2(2,0,-1,3)^{\mathrm{T}}+(1,7,4,-2)^{\mathrm{T}}-3(0,1,0,1)^{\mathrm{T}}=(5,4,2,1)^{\mathrm{T}}.$$

(2)由 $3\boldsymbol{\alpha}-\boldsymbol{\beta}+5\boldsymbol{\gamma}+2\boldsymbol{x}=\boldsymbol{0}$,得

$$\boldsymbol{x}=\frac{1}{2}(-3\boldsymbol{\alpha}+\boldsymbol{\beta}-5\boldsymbol{\gamma})=$$

$$\frac{1}{2}[-3(2,0,-1,3)^{\mathrm{T}}+(1,7,4,-2)^{\mathrm{T}}-5(0,1,0,1)^{\mathrm{T}}]=(-\frac{5}{2},1,\frac{7}{2},-8)^{\mathrm{T}}.$$

1.4.3 向量方程与矩阵方程

将向量的线性组合看成矩阵与向量的乘积,是线性代数研究中的一个重要的思想方法. 为此先给出以下定义:

定义 1.4.6 设 $\boldsymbol{A}$ 为 $m\times n$ 矩阵,它的各列为 $\boldsymbol{\alpha}_1,\boldsymbol{\alpha}_2,\cdots,\boldsymbol{\alpha}_n$,$\boldsymbol{x}$ 为 n 维向量,定义 $\boldsymbol{A}$ 与 $\boldsymbol{x}$ 的乘积为

$$\boldsymbol{A}\boldsymbol{x}=(\boldsymbol{\alpha}_1,\boldsymbol{\alpha}_2,\cdots,\boldsymbol{\alpha}_n)\begin{pmatrix}x_1\\x_2\\\vdots\\x_n\end{pmatrix}=\boldsymbol{\alpha}_1x_1+\boldsymbol{\alpha}_2x_2+\cdots+\boldsymbol{\alpha}_nx_n.$$

例 3 对于线性组合 $2\boldsymbol{\alpha}_1-\boldsymbol{\alpha}_2+\boldsymbol{\alpha}_3$,将 $\boldsymbol{\alpha}_1,\boldsymbol{\alpha}_2,\boldsymbol{\alpha}_3$ 排列组成矩阵 $\boldsymbol{A}$,把数 2,-1,1 排列组成向量 $\boldsymbol{x}$,就得到和它对应的矩阵和向量的乘积,即

$$2\boldsymbol{\alpha}_1-\boldsymbol{\alpha}_2+\boldsymbol{\alpha}_3=(\boldsymbol{\alpha}_1,\boldsymbol{\alpha}_2,\boldsymbol{\alpha}_3)\begin{pmatrix}2\\-1\\1\end{pmatrix}=\boldsymbol{A}\boldsymbol{x}.$$

下面考虑线性方程组

$$\begin{cases}a_{11}x_1+a_{12}x_2+\cdots+a_{1n}x_n=b_1,\\a_{21}x_1+a_{22}x_2+\cdots+a_{2n}x_n=b_2,\\\qquad\vdots\\a_{m1}x_1+a_{m2}x_2+\cdots+a_{mn}x_n=b_m.\end{cases}\tag{1}$$

令

$$\boldsymbol{\alpha}_j=\begin{pmatrix}a_{1j}\\a_{2j}\\\vdots\\a_{mj}\end{pmatrix}(j=1,2,\cdots,n),\boldsymbol{\beta}=\begin{pmatrix}b_1\\b_2\\\vdots\\b_m\end{pmatrix},$$

则一方面,线性方程组(1)等价于**矩阵方程**

$$\boldsymbol{A}\boldsymbol{x}=\boldsymbol{\beta},\tag{2}$$

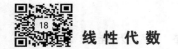

其中，$A:\boldsymbol{\alpha}_1,\boldsymbol{\alpha}_2,\cdots,\boldsymbol{\alpha}_n$为方程组(1)的系数矩阵，$\boldsymbol{x}=\begin{pmatrix}x_1\\x_2\\\vdots\\x_n\end{pmatrix}$.

另一方面，线性方程组(1)又可表为如下**向量方程**的形式：

$$\boldsymbol{\alpha}_1x_1+\boldsymbol{\alpha}_2x_2+\cdots+\boldsymbol{\alpha}_nx_n=\boldsymbol{\beta}. \tag{3}$$

于是，线性方程组(1)是否有解，等价于矩阵方程(2)或向量方程(3)是否有解，即是否存在一组数 $k_1,k_2,\cdots,k_n$ 使得下列线性关系式成立：

$$\boldsymbol{\beta}=k_1\boldsymbol{\alpha}_1+k_2\boldsymbol{\alpha}_2+\cdots+k_n\boldsymbol{\alpha}_n.$$

更确切地说，有以下结果：

定理 1.4.1　若矩阵 $\boldsymbol{A}=\boldsymbol{A}_{m\times n}$ 的列向量为 $\boldsymbol{\alpha}_1,\boldsymbol{\alpha}_2,\cdots,\boldsymbol{\alpha}_n$，$\boldsymbol{\beta}$ 是 n 维向量，则矩阵方程 $\boldsymbol{Ax}=\boldsymbol{\beta}$ 和向量方程 $\boldsymbol{\alpha}_1\boldsymbol{x}_1+\boldsymbol{\alpha}_2\boldsymbol{x}_2+\cdots+\boldsymbol{\alpha}_n\boldsymbol{x}_n=\boldsymbol{\beta}$ 有相同的解集．特别地，它们与增广矩阵$(\boldsymbol{\alpha}_1,\boldsymbol{\alpha}_2,\cdots,\boldsymbol{\alpha}_n,\boldsymbol{\beta})$的线性方程组有相同的解集.

有了定理 1.4.1，我们就可以在后文中将不加说明地利用矩阵方程或向量方程表示相应的线性方程组．更重要的是，我们可以利用前两节介绍的矩阵行化简的方法求解矩阵方程、向量方程和线性方程组.

定义 1.4.7　给定向量组 $A:\boldsymbol{\alpha}_1,\boldsymbol{\alpha}_2,\cdots,\boldsymbol{\alpha}_s$和向量 $\boldsymbol{\beta}$，若存在一组数 $k_1,k_2,\cdots,k_s$，使得

$$\boldsymbol{\beta}=k_1\boldsymbol{\alpha}_1+k_2\boldsymbol{\alpha}_2+\cdots+k_s\boldsymbol{\alpha}_s,$$

则称向量 $\boldsymbol{\beta}$ 是向量组 A 的线性组合，又称向量 $\boldsymbol{\beta}$ 能由向量组 A **线性表示**(或**线性表出**)．称 $k_1,k_2,\cdots,k_s$为这个线性组合的**系数**.

注：由定理 1.4.1 可知给定的 $\boldsymbol{\beta}$ 能否由向量组 $A:\boldsymbol{\alpha}_1,\boldsymbol{\alpha}_2,\cdots,\boldsymbol{\alpha}_s$线性表示，由它们对应的线性方程组的解集完全确定，即

(1)$\boldsymbol{\beta}$ 能由向量组 $A:\boldsymbol{\alpha}_1,\boldsymbol{\alpha}_2,\cdots,\boldsymbol{\alpha}_s$唯一线性表示的充分必要条件是与它们对应的线性方程组 $\boldsymbol{Ax}=\boldsymbol{\beta}$ 有唯一解；

(2)$\boldsymbol{\beta}$ 能由向量组 $A:\boldsymbol{\alpha}_1,\boldsymbol{\alpha}_2,\cdots,\boldsymbol{\alpha}_s$线性表示且表示不唯一的充分必要条件是与它们对应的线性方程组 $\boldsymbol{Ax}=\boldsymbol{\beta}$ 有无穷多个解；

(3)$\boldsymbol{\beta}$ 不能由向量组 $A:\boldsymbol{\alpha}_1,\boldsymbol{\alpha}_2,\cdots,\boldsymbol{\alpha}_s$线性表示的充分必要条件是与它们对应的线性方程组 $\boldsymbol{Ax}=\boldsymbol{\beta}$ 无解.

例 4　证明向量 $\boldsymbol{\beta}=(0,4,3)$ 是向量 $\boldsymbol{\alpha}_1=(1,2,3)$，$\boldsymbol{\alpha}_2=(0,1,1)$，$\boldsymbol{\alpha}_3=(1,0,2)$的线性组合，并将 $\boldsymbol{\beta}$ 用 $\boldsymbol{\alpha}_1,\boldsymbol{\alpha}_2,\boldsymbol{\alpha}_3$表示出来.

证明　(所给的向量为行向量，似乎不能直接利用定理 1.4.1)我们不妨先尝试用其他方法．假设 $\boldsymbol{\beta}=\lambda_1\boldsymbol{\alpha}_1+\lambda_2\boldsymbol{\alpha}_2+\lambda_3\boldsymbol{\alpha}_3$，其中 $\lambda_1,\lambda_2,\lambda_3$为待定常数，则

$$
\begin{aligned}
(0,4,3) &= \lambda_1(1,2,3)+\lambda_2(0,1,1)+\lambda_3(1,0,2) \\
&= (\lambda_1,2\lambda_1,3\lambda_1)+(0,\lambda_2,\lambda_2)+(\lambda_3,0,2\lambda_3) \\
&= (\lambda_1+\lambda_3,2\lambda_1+\lambda_2,3\lambda_1+\lambda_2+2\lambda_3)
\end{aligned}
$$

因此可得线性方程组

$$
\begin{cases}
\lambda_1 \quad + \lambda_3 = \_\_, \\
2\lambda_1+\lambda_2 \quad = \_\_, \\
3\lambda_1+\lambda_2+2\lambda_3 = \_\_.
\end{cases}
$$

求解可得

$$
\begin{cases}
\lambda_1 = 1, \\
\lambda_2 = 2, \\
\lambda_3 = -1.
\end{cases}
$$

于是 $\boldsymbol{\beta}$ 可以表示为 $\boldsymbol{\alpha}_1,\boldsymbol{\alpha}_2,\boldsymbol{\alpha}_3$ 的线性组合，它的表示式为 $\boldsymbol{\beta}=\boldsymbol{\alpha}_1+2\boldsymbol{\alpha}_2-\boldsymbol{\alpha}_3$.

现在回过头仔细观察例 4 中的线性方程组，它的增广矩阵

$$
\begin{aligned}
\boldsymbol{B} &= (\boldsymbol{\alpha}_1^{\mathrm{T}},\boldsymbol{\alpha}_2^{\mathrm{T}},\boldsymbol{\alpha}_3^{\mathrm{T}},\boldsymbol{\beta}^{\mathrm{T}}) \\
&= \begin{pmatrix} 1 & 0 & 1 & 0 \\ 2 & 1 & 0 & 4 \\ 3 & 1 & 2 & 3 \end{pmatrix} \underset{\sim}{\overset{r_2-2r_1}{r_3-3r_1}} \begin{pmatrix} 1 & 0 & 1 & 0 \\ 0 & 1 & -2 & 4 \\ 0 & 1 & -1 & 3 \end{pmatrix} \\
&\underset{\sim}{r_3-r_2} \begin{pmatrix} 1 & 0 & 1 & 0 \\ 0 & 1 & -2 & 4 \\ 0 & 0 & 1 & -1 \end{pmatrix} \underset{\sim}{\overset{r_1-r_3}{r_2+2r_3}} \begin{pmatrix} 1 & 0 & 0 & 1 \\ 0 & 1 & 0 & 2 \\ 0 & 0 & 1 & -1 \end{pmatrix},
\end{aligned}
$$

因此这个线性方程组有唯一一组解．特别需要指出的是，$\boldsymbol{\beta}=\boldsymbol{\alpha}_1+2\boldsymbol{\alpha}_2-\boldsymbol{\alpha}_3$ 的组合系数 1,2,−1 由增广矩阵的行标准阶梯形矩阵的最后一列给出．这提示我们，不妨跳过前面的过程，视给定的向量为列向量，直接构造“增广矩阵”进行求解．显然，这种方法不仅适用于讨论列向量的线性关系，还可以在“有解”的情况下直接给出它们之间的关系式.

例 5　判断向量 $\boldsymbol{\beta}=(4,3,-1,11)$ 是否为向量组 $\boldsymbol{\alpha}_1=(1,2,-1,5)$，$\boldsymbol{\alpha}_2=(2,-1,1,1)$ 的线性组合．若是，写出表示式.

解　设 $k_1\boldsymbol{\alpha}_1+k_2\boldsymbol{\alpha}_2=\boldsymbol{\beta}$ 对矩阵 $(\boldsymbol{\alpha}_1^{\mathrm{T}},\boldsymbol{\alpha}_2^{\mathrm{T}},\boldsymbol{\beta}^{\mathrm{T}})$ 施以初等行变换：

$$
\begin{aligned}
(\boldsymbol{\alpha}_1^{\mathrm{T}},\boldsymbol{\alpha}_2^{\mathrm{T}},\boldsymbol{\beta}^{\mathrm{T}}) &= \begin{pmatrix} 1 & 2 & 4 \\ 2 & -1 & 3 \\ -1 & 1 & -1 \\ 5 & 1 & 11 \end{pmatrix} \sim \begin{pmatrix} 1 & 2 & 4 \\ 0 & -5 & -5 \\ 0 & 3 & 3 \\ 0 & -9 & -9 \end{pmatrix} \\
&\sim \begin{pmatrix} 1 & 2 & 4 \\ 0 & 1 & 1 \\ 0 & 0 & 0 \\ 0 & 0 & 0 \end{pmatrix} \sim \begin{pmatrix} 1 & 0 & 2 \\ 0 & 1 & 1 \\ 0 & 0 & 0 \\ 0 & 0 & 0 \end{pmatrix},
\end{aligned}
$$

故方程组 $k_1\boldsymbol{\alpha}_1+k_2\boldsymbol{\alpha}_2=\boldsymbol{\beta}$ 有解，即 $\boldsymbol{\beta}$ 可由 $\boldsymbol{\alpha}_1,\boldsymbol{\alpha}_2$ 线性表示，且 $\boldsymbol{\beta}=$__$\boldsymbol{\alpha}_1+$__$\boldsymbol{\alpha}_2+$__$\boldsymbol{\alpha}_3$.

例 6　判断向量 $\boldsymbol{\beta}=(1,2,3)$ 是否为向量组 $\boldsymbol{\alpha}_1=(1,1,0)$，$\boldsymbol{\alpha}_2=(0,1,1)$ 的线性组合．若是，写出表示式.

解　由于

$$(\boldsymbol{\alpha}_1^{\mathrm{T}},\boldsymbol{\alpha}_2^{\mathrm{T}},\boldsymbol{\beta}^{\mathrm{T}})=\begin{pmatrix}1&0&1\\1&1&2\\0&1&3\end{pmatrix}\sim\begin{pmatrix}1&0&0\\0&1&0\\0&0&1\end{pmatrix}$$

故方程组 $k_1\boldsymbol{\alpha}_1+k_2\boldsymbol{\alpha}_2=\boldsymbol{\beta}$ 无解，即 $\boldsymbol{\beta}$ 不能由 $\boldsymbol{\alpha}_1,\boldsymbol{\alpha}_2$ 线性表示.

1.5　线性相关性

本节在上一节的基础上，考虑给定的向量组 $A:\boldsymbol{\alpha}_1,\boldsymbol{\alpha}_2,\cdots,\boldsymbol{\alpha}_n$ 是否存在某些向量可以被其余向量线性表示的问题，即向量组内部的线性关系.

定义 1.5.1　对给定向量组 $A:\boldsymbol{\alpha}_1,\boldsymbol{\alpha}_2,\cdots,\boldsymbol{\alpha}_n$，若存在**不全为零**的数 $k_1,k_2,\cdots,k_n$，使得 $k_1\boldsymbol{\alpha}_1+k_2\boldsymbol{\alpha}_2+\cdots+k_n\boldsymbol{\alpha}_n=\mathbf{0}$，则称向量组 A **线性相关**．若上式当且仅当 $k_1,k_2,\cdots,k_n$ 全为 0 时成立，则称向量组 A **线性无关**.

当 $n=1$ 时，向量组只含一个向量 $\boldsymbol{\alpha}$，由定义知，当 $\boldsymbol{\alpha}=\mathbf{0}$ 时，线性相关，当 $\boldsymbol{\alpha}\neq\mathbf{0}$ 时，线性无关.

当 $n=2$ 时，向量组含两个向量 $\boldsymbol{\alpha}_1,\boldsymbol{\alpha}_2$，由定义知，$\boldsymbol{\alpha}_1,\boldsymbol{\alpha}_2$ 线性相关的充分必要条件是 $\boldsymbol{\alpha}_1,\boldsymbol{\alpha}_2$ 的分量对应成比例.

当 $n\geqslant 2$ 时，若向量组 $A:\boldsymbol{\alpha}_1,\boldsymbol{\alpha}_2,\cdots,\boldsymbol{\alpha}_n$ 线性相关，则存在不全为零的数 $k_1,k_2,\cdots,k_n$，使 $k_1\boldsymbol{\alpha}_1+k_2\boldsymbol{\alpha}_2+\cdots+k_n\boldsymbol{\alpha}_n=\mathbf{0}$．不妨设 $k_1\neq 0$，于是有

$$\boldsymbol{\alpha}_1=-\frac{k_2}{k_1}\boldsymbol{\alpha}_2-\cdots-\frac{k_n}{k_1}\boldsymbol{\alpha}_n,$$

即 $\boldsymbol{\alpha}_1$ 能由其余向量 $\boldsymbol{\alpha}_2,\cdots,\boldsymbol{\alpha}_n$ 线性表示.

反之，若向量组 A 中有某个向量能由其余的 $n-1$ 个向量线性表示，不妨设 $\boldsymbol{\alpha}_n$ 能由 $\boldsymbol{\alpha}_1,\cdots,\boldsymbol{\alpha}_{n-1}$ 线性表示，即存在一组数 $\lambda_1,\cdots,\lambda_{n-1}$，使 $\boldsymbol{\alpha}_n=\lambda_1\boldsymbol{\alpha}_1+\cdots+\lambda_{n-1}\boldsymbol{\alpha}_{n-1}$，从而

$$\lambda_1\boldsymbol{\alpha}_1+\cdots+\lambda_{n-1}\boldsymbol{\alpha}_{n-1}+(-1)\boldsymbol{\alpha}_n=\mathbf{0},$$

因为 $\lambda_1,\cdots,\lambda_{n-1},-1$ 这 n 个数不全为零(至少 $-1\neq 0$)，则向量组 A 线性相关.

结合上述讨论和上一节的知识，可得：

定理 1.5.1　以下三个命题等价：

(1) 向量组 $A:\boldsymbol{\alpha}_1,\boldsymbol{\alpha}_2,\cdots,\boldsymbol{\alpha}_n$ 线性相关；

(2)向量组 $A:\boldsymbol{\alpha}_1,\boldsymbol{\alpha}_2,\cdots,\boldsymbol{\alpha}_n$ 中至少有一个向量能由其余的向量线性表示;

(3)n 元齐次线性方程组 $\boldsymbol{Ax}=\boldsymbol{0}$ 有非平凡解.

定理 1.5.1 提示我们可以利用线性方程组求解向量组的线性关系.

例 1 向量组 $A:\boldsymbol{\alpha}_1=(1,0,0,\cdots,0)^{\mathrm{T}},\boldsymbol{\alpha}_2=(0,1,0,\cdots,0)^{\mathrm{T}},\boldsymbol{\alpha}_3=(0,0,1,\cdots,0)^{\mathrm{T}},\cdots,\boldsymbol{\alpha}_n=(0,0,0,\cdots,1)^{\mathrm{T}}$对应的矩阵

$$\boldsymbol{A}=(\boldsymbol{\alpha}_1,\boldsymbol{\alpha}_2,\boldsymbol{\alpha}_3,\cdots,\boldsymbol{\alpha}_n)=\begin{pmatrix}1&0&0&\cdots&0\\0&1&0&\cdots&0\\0&0&1&\cdots&0\\\vdots&\vdots&\vdots&&\vdots\\0&0&0&\cdots&1\end{pmatrix},$$

故与此对应的线性方程组 $\boldsymbol{Ax}=\boldsymbol{0}$ 只有平凡解,从而向量组 $A:\boldsymbol{\alpha}_1,\boldsymbol{\alpha}_2,\cdots,\boldsymbol{\alpha}_n$线性无关.

特别地,向量组 $A:\boldsymbol{\varepsilon}_1=(1,0,0,\cdots,0)^{\mathrm{T}},\boldsymbol{\varepsilon}_2=(0,1,0,\cdots,0)^{\mathrm{T}},\cdots,\boldsymbol{\varepsilon}_n=(0,0,0,\cdots,1)^{\mathrm{T}}$线性无关. 其中 $\boldsymbol{\varepsilon}_1,\boldsymbol{\varepsilon}_2,\cdots,\boldsymbol{\varepsilon}_n$称为 **$n$ 维基本单位向量**,将在后文中经常出现.

例 2 设向量 $\boldsymbol{\alpha}_1=(1,1,1)^{\mathrm{T}},\boldsymbol{\alpha}_2=(0,2,5)^{\mathrm{T}},\boldsymbol{\alpha}_3=(2,4,7)^{\mathrm{T}}$,讨论向量组 $\boldsymbol{\alpha}_1,\boldsymbol{\alpha}_2,\boldsymbol{\alpha}_3$及向量组 $\boldsymbol{\alpha}_1,\boldsymbol{\alpha}_2$的线性相关性.

解 将矩阵$(\boldsymbol{\alpha}_1,\boldsymbol{\alpha}_2,\boldsymbol{\alpha}_3)$化成标准阶梯形矩阵

$$(\boldsymbol{\alpha}_1,\boldsymbol{\alpha}_2,\boldsymbol{\alpha}_3)=\begin{pmatrix}1&0&2\\1&2&4\\1&5&7\end{pmatrix}\overset{r}{\sim}\begin{pmatrix}1&0&2\\0&1&1\\0&0&0\end{pmatrix},$$

对应的线性方程组的解集为

$$\begin{cases}k_1=-2k_3,\\k_2=-k_3,\end{cases}k_3\in\mathbf{R}.$$

显然 $\boldsymbol{\alpha}_1,\boldsymbol{\alpha}_2,\boldsymbol{\alpha}_3$线性相关. 特别地,取 $k_3=-1$,可得 $\boldsymbol{\alpha}_3=2\boldsymbol{\alpha}_1+\boldsymbol{\alpha}_2$. 再由上述标准阶梯形矩阵的前两列,可知向量组 $\boldsymbol{\alpha}_1,\boldsymbol{\alpha}_2$对应的线性方程组的解集为

$$\begin{cases}k_1=0,\\k_2=0,\end{cases}$$

故向量组 $\boldsymbol{\alpha}_1,\boldsymbol{\alpha}_2$线性无关.

同上一节例 5 一样,$\boldsymbol{\alpha}_3=2\boldsymbol{\alpha}_1+\boldsymbol{\alpha}_2$的组合系数(2,1)由标准阶梯形矩阵 $\boldsymbol{\alpha}_3$所对应的列给出. 事实上,这是一个普遍适用的方法. 后文还介绍了很多方法可以判断向量组的线性相关性. 但是就给出线性表示式而言,构造相应的矩阵并进行行化简,从而快速得到组合系数,是最简单且值得学习掌握的方法.

例 3 已知向量组 $\boldsymbol{\alpha}_1=(1,2,-1,5),\boldsymbol{\alpha}_2=(2,-1,1,1),\boldsymbol{\alpha}_3=$

$(4,3,-1,11)$，$\boldsymbol{\alpha}_4=(1,2,1,5)$，讨论向量组 $\boldsymbol{\alpha}_1,\boldsymbol{\alpha}_2,\boldsymbol{\alpha}_3$ 及向量组 $\boldsymbol{\alpha}_1,\boldsymbol{\alpha}_2,\boldsymbol{\alpha}_4$ 的线性相关性．若线性相关，将其中一个向量用其余的向量线性表示.

解　对矩阵 $(\boldsymbol{\alpha}_1^{\mathrm{T}},\boldsymbol{\alpha}_2^{\mathrm{T}},\boldsymbol{\alpha}_3^{\mathrm{T}},\boldsymbol{\alpha}_4^{\mathrm{T}})$ 进行行化简：

$$(\boldsymbol{\alpha}_1^{\mathrm{T}},\boldsymbol{\alpha}_2^{\mathrm{T}},\boldsymbol{\alpha}_3^{\mathrm{T}},\boldsymbol{\alpha}_4^{\mathrm{T}})=\begin{pmatrix}1&2&4&1\\2&-1&3&2\\-1&1&-1&1\\5&1&11&5\end{pmatrix}\sim\begin{pmatrix}1&0&2&0\\0&1&1&0\\0&0&0&1\\0&0&0&0\end{pmatrix}$$

观察所得标准行阶梯形矩阵的前 3 列，可知 $\boldsymbol{\alpha}_1,\boldsymbol{\alpha}_2,\boldsymbol{\alpha}_3$ 线性相关，且 $\boldsymbol{\alpha}_3=2\boldsymbol{\alpha}_1+\boldsymbol{\alpha}_2$，而由它的第 1,2,4 列可知 $\boldsymbol{\alpha}_1,\boldsymbol{\alpha}_2,\boldsymbol{\alpha}_4$ 线性无关.

思考： 向量组 $\boldsymbol{\alpha}_1,\boldsymbol{\alpha}_2,\boldsymbol{\alpha}_3,\boldsymbol{\alpha}_4$，向量组 $\boldsymbol{\alpha}_1,\boldsymbol{\alpha}_3,\boldsymbol{\alpha}_4$ 和向量组 $\boldsymbol{\alpha}_2,\boldsymbol{\alpha}_3,\boldsymbol{\alpha}_4$ 是否线性相关？

例 4　已知向量组 $\boldsymbol{\alpha}_1=(1,1,1,2)$，$\boldsymbol{\alpha}_2=(3,1,3,2)$，$\boldsymbol{\alpha}_3=(1,2,t,3)$，$\boldsymbol{\alpha}_4=(2,3,1,4)$ 线性无关，求常数 t 的取值范围.

解　对矩阵 $(\boldsymbol{\alpha}_1^{\mathrm{T}},\boldsymbol{\alpha}_2^{\mathrm{T}},\boldsymbol{\alpha}_3^{\mathrm{T}},\boldsymbol{\alpha}_4^{\mathrm{T}})$ 进行行化简：

$$\boldsymbol{A}=(\boldsymbol{\alpha}_1^{\mathrm{T}},\boldsymbol{\alpha}_2^{\mathrm{T}},\boldsymbol{\alpha}_3^{\mathrm{T}},\boldsymbol{\alpha}_4^{\mathrm{T}})=\begin{pmatrix}1&3&1&2\\1&1&2&3\\1&3&t&1\\2&2&3&4\end{pmatrix}\sim\begin{pmatrix}1&3&1&2\\0&-2&1&1\\0&0&t-1&-1\\0&-4&1&0\end{pmatrix}$$

$$\sim\begin{pmatrix}1&3&1&2\\0&-2&1&1\\0&0&t-1&-1\\0&0&-1&-2\end{pmatrix},$$

由向量组线性无关及定理 1.5.1 可知 $\boldsymbol{Ax}=\boldsymbol{0}$ 无平凡解，从而 $\dfrac{t-1}{-1}\neq\dfrac{-1}{-2}$，即 $t\neq\dfrac{1}{2}$.

线性相关性是向量组的重要性质，下面是与之有关的一些重要结论，证明留作练习.

定理 1.5.2　(1) 若向量组 A：$\boldsymbol{\alpha}_1,\boldsymbol{\alpha}_2,\cdots,\boldsymbol{\alpha}_n$ 线性相关，则向量组 B：$\boldsymbol{\alpha}_1,\boldsymbol{\alpha}_2,\cdots,\boldsymbol{\alpha}_n,\boldsymbol{\alpha}_{n+1}$ 也线性相关．反之，若向量组 B 线性无关，则向量组 A 也线性无关.

(2) n 个 m 维向量组成的向量组，当个数 n 大于维数 m 时，一定线性相关．特别地，$n+1$ 个 n 维向量必线性相关.

(3) 若向量组 A：$\boldsymbol{\alpha}_1,\boldsymbol{\alpha}_2,\cdots,\boldsymbol{\alpha}_n$ 线性无关，而向量组 B：$\boldsymbol{\alpha}_1,\boldsymbol{\alpha}_2,\cdots,\boldsymbol{\alpha}_n,\boldsymbol{\beta}$ 线性相关，则向量 $\boldsymbol{\beta}$ 一定能由向量组 A 线性表示，且表示式唯一.

例 4 中证明**线性无关的向量组增加分量**后仍线性无关.

证明 设向量组 $A:\boldsymbol{\alpha}_i=(a_{1i},a_{2i},\cdots,a_{ri})^{\mathrm{T}}(i=1,2,\cdots,m)$ 线性无关,则由定理 1.5.1 可知齐次线性方程组 $\boldsymbol{Ax}=\boldsymbol{0}$ 只有零解. 注意到与向量组 $B:\boldsymbol{\alpha}_i=(a_{1i},a_{2i},\cdots,a_{ri},a_{r+1,i})^{\mathrm{T}}$对应的齐次线性方程组 $\boldsymbol{Bx}=\boldsymbol{0}$ 的前 r 个方程恰好构成线性方程组 $\boldsymbol{Ax}=\boldsymbol{0}$,故 $\boldsymbol{Bx}=\boldsymbol{0}$ 只有零解. 再由定理 1.5.1 可知向量组 $B:\boldsymbol{\alpha}_i=(a_{1i},a_{2i},\cdots,a_{ri},a_{r+1,i})^{\mathrm{T}}(i=1,2,\cdots,m)$ 线性无关.

注:线性相关的向量组增加分量后可能变成线性无关,反之线性无关的向量组减少分量后可能变成线性相关. 例如,向量组 $\boldsymbol{\alpha}_1=(1,0,0)^{\mathrm{T}},\boldsymbol{\alpha}_2=(1,1,0)^{\mathrm{T}},\boldsymbol{\alpha}_3=(1,1,1)^{\mathrm{T}}$线性无关,减少最后一个分量后线性相关. 利用例 4 的结论和反证法可以证明**线性相关的向量组减少分量后仍线性相关**. 具体见习题 19.

1.6 向量组和矩阵的秩

前两节我们利用线性方程组,确切地说是通过构建矩阵,讨论了有限的向量组的线性相关性. 为了进一步研究向量组,并把关于有限的向量组的一些重要结论推广到包含无穷多个向量组上去,下面在向量组中引入极大线性无关组和秩的概念.

1.6.1 极大线性无关组

定义 1.6.1 若在向量组 A 中有一个含 r 个向量的部分组 A_0: $\boldsymbol{\alpha}_1,\boldsymbol{\alpha}_2,\cdots,\boldsymbol{\alpha}_r$线性无关,且 A 中任意 $r+1$ 个向量(如果有的话)都线性相关,则称部分组 A_0是向量组 A 的一个**极大线性无关组**(简称**极大无关组**),A_0所含向量个数 r 称为**向量组 A 的秩**,记作 $r=R(A)$.

特别地,由于只含零向量的向量组没有极大无关组,故规定它的秩为 0.

注:(1)一个线性无关组的极大无关组就是其自身. 例如,向量组

$A:\boldsymbol{\varepsilon}_1=(1,0,0,\cdots,0)^{\mathrm{T}},\boldsymbol{\varepsilon}_2=(0,1,0,\cdots,0)^{\mathrm{T}},\cdots,\boldsymbol{\varepsilon}_n=(0,0,0,\cdots,1)^{\mathrm{T}}$

线性无关,它就是本身的极大无关组.

(2)向量组的任意元素都可以由它的一个极大无关组线性表示. 这可以利用反证法证明.

例 1 对向量组 $\boldsymbol{\alpha}_1=(1,2,-1,5),\boldsymbol{\alpha}_2=(2,-1,1,1),\boldsymbol{\alpha}_3=(4,3,-1,11),\boldsymbol{\alpha}_4=(1,2,1,5)$,由上一节例 3 及思考题可知向量组 $\boldsymbol{\alpha}_1,\boldsymbol{\alpha}_2,\boldsymbol{\alpha}_3,\boldsymbol{\alpha}_4$线性相关,向量组 $\boldsymbol{\alpha}_1,\boldsymbol{\alpha}_2,\boldsymbol{\alpha}_4$及向量组 $\boldsymbol{\alpha}_1,\boldsymbol{\alpha}_3,\boldsymbol{\alpha}_4$线性无关,都是向量组 $\boldsymbol{\alpha}_1,\boldsymbol{\alpha}_2,\boldsymbol{\alpha}_3,\boldsymbol{\alpha}_4$的极大线性无关组. 这个例子表明给定的向量组可能有多个极大线性无关组.

下一小节将详细地介绍如何利用线性方程组求给定向量组的极

大线性无关组,并将剩余向量线性表出的方法.

1.6.2 矩阵的秩

定义 1.6.2　称**矩阵 $\boldsymbol{A}$ 的秩**为 r 当且仅当它的行阶梯形矩阵的非零行数为 r.

注:显然矩阵的秩是唯一的.不少线性代数的教材利用行列式来定义矩阵的秩.在此给出定义 1.6.2,是希望更早地将线性方程组、矩阵和向量结合起来,便于理解它们之间的密切联系.

由定理 1.3.1 及定义 1.6.2,可以给出线性方程组解的存在性和唯一性定理的第二种表述:

定理 1.6.1　n 元线性方程组 $\boldsymbol{Ax}=\boldsymbol{b}$

(1)无解的充分必要条件是 $R(\boldsymbol{A})<R(\boldsymbol{A},\boldsymbol{b})$;

(2)有唯一解的充分必要条件是 $R(\boldsymbol{A})=R(\boldsymbol{A},\boldsymbol{b})=n$;

(3)有无穷多个解的充分必要条件是 $R(\boldsymbol{A})=R(\boldsymbol{A},\boldsymbol{b})<n$.

回顾定理 1.3.2 和定理 1.3.3,我们还可得到:

定理 1.6.2　(1)若 n 元齐次线性方程组 $\boldsymbol{Ax}=\boldsymbol{0}$ 系数矩阵的标准行阶梯形矩阵为

$$\begin{pmatrix} 1 & 0 & \cdots & 0 & b_{11} & \cdots & b_{1,n-r-1} & b_{1,n-r} \\ 0 & 1 & \cdots & 0 & b_{21} & \cdots & b_{2,n-r-1} & b_{2,n-r} \\ \vdots & \vdots & & \vdots & \vdots & & \vdots & \vdots \\ 0 & 0 & \cdots & 1 & b_{r1} & \cdots & b_{r,n-r-1} & b_{r,n-r} \\ 0 & 0 & \cdots & 0 & 0 & \cdots & 0 & 0 \\ 0 & 0 & \cdots & 0 & 0 & \cdots & 0 & 0 \\ \vdots & \vdots & & \vdots & \vdots & & \vdots & \vdots \\ 0 & 0 & \cdots & 0 & 0 & \cdots & 0 & 0 \end{pmatrix},$$

则它的通解为 $\boldsymbol{x}=c_1\boldsymbol{\xi}_1+\cdots+c_r\boldsymbol{\xi}_r, c_1,\cdots,c_r\in\mathbf{R}$,其中

$$\boldsymbol{\xi}_1=(-b_{11},-b_{21},\cdots,-b_{r1},1,\cdots,0)^{\mathrm{T}},\cdots,\qquad(1)$$
$$\boldsymbol{\xi}_r=(-b_{1r},-b_{2r},\cdots,-b_{rr},1,\cdots,0)^{\mathrm{T}};$$

(2)若 n 元非齐次线性方程组 $\boldsymbol{Ax}=\boldsymbol{b}$ 增广矩阵的标准行阶梯形矩阵为

$$\begin{pmatrix} 1 & 0 & \cdots & 0 & b_{11} & \cdots & b_{1,n-r-1} & d_1 \\ 0 & 1 & \cdots & 0 & b_{21} & \cdots & b_{2,n-r-1} & d_2 \\ \vdots & \vdots & & \vdots & \vdots & & \vdots & \vdots \\ 0 & 0 & \cdots & 1 & b_{r1} & \cdots & b_{r,n-r-1} & d_r \\ 0 & 0 & \cdots & 0 & 0 & \cdots & 0 & 0 \\ 0 & 0 & \cdots & 0 & 0 & \cdots & 0 & 0 \\ \vdots & \vdots & & \vdots & \vdots & & \vdots & \vdots \\ 0 & 0 & \cdots & 0 & 0 & \cdots & 0 & 0 \end{pmatrix},$$

则它的通解为 $\boldsymbol{x}=c_1\boldsymbol{\xi}_1+\cdots+c_r\boldsymbol{\xi}_r+\boldsymbol{\eta},c_1,\cdots,c_r\in\mathbf{R}$,其中 $\boldsymbol{\xi}_1,\cdots,\boldsymbol{\xi}_r$ 由式(1)给出,而

$$\boldsymbol{\eta}=(d_1,d_2,\cdots,d_r,0,\cdots,0)^{\mathrm{T}}.$$

注: 当标准行阶梯形矩阵不具有定理 1.6.2 所要求的形式时,处理的思想方法见 1.3 节的注 3. 借用 6.1 节介绍的向量空间的说法,由定理 1.6.2 可得:

推论 若 n 元线性方程组 $\boldsymbol{Ax}=\boldsymbol{b}$ 满足 $R(\boldsymbol{A})=R(\boldsymbol{A},\boldsymbol{b})=r<n$,则它的解空间的维数是 $n-r$.

关于向量组的秩和矩阵的秩,有以下结果:

定理 1.6.3 矩阵的秩等于它的列向量组的秩,也等于它的行向量组的秩.

定理 1.6.3 的证明留作第 3 章习题. 它说明,要求向量组的秩,既可以将其中的向量视为列向量,也可以视为行向量构造矩阵进行研究. 一般将它们视为列向量来处理. 它给出了一个确定向量组的秩的方法.

下面的例子将展示如何确定一个向量组的秩和极大无关组,并用该极大无关组把其余的向量线性表出的具体过程. 细心的读者会发现,其中的主要方法在前两节已经反复使用过.

例 2 设矩阵

$$\boldsymbol{A}=(\boldsymbol{a}_1,\boldsymbol{a}_2,\boldsymbol{a}_3,\boldsymbol{a}_4,\boldsymbol{a}_5)=\begin{pmatrix}1&1&-2&1&4\\2&3&-5&3&8\\4&-6&2&-2&4\\3&6&-9&7&9\end{pmatrix},$$

求:(1)矩阵 $\boldsymbol{A}$ 及其列向量组的秩;(2)列向量组的一个极大无关组;(3)用(2)中确定的极大无关组线性表示其余的列向量.

解 (1)对 $\boldsymbol{A}$ 进行行化简,可知它的行阶梯形矩阵

$$\boldsymbol{A}\sim\begin{pmatrix}1&1&-2&1&4\\0&1&-1&1&0\\0&-10&10&-6&-12\\0&3&-3&4&-3\end{pmatrix}\sim\begin{pmatrix}1&1&-2&1&4\\0&1&-1&1&0\\0&0&0&4&-12\\0&0&0&1&-3\end{pmatrix}$$

$$\sim\begin{pmatrix}1&1&-2&1&4\\0&1&-1&1&0\\0&0&0&1&-3\\0&0&0&0&0\end{pmatrix}$$

有 3 个非零行,故矩阵 $\boldsymbol{A}$ 和它的列向量组的秩都是 3.

(2)将 $\boldsymbol{A}$ 的行阶梯形矩阵的 3 个非零首元素所在的非零行第 1,2,4 列选取出来. 可知向量组 $\boldsymbol{a}_1,\boldsymbol{a}_2,\boldsymbol{a}_4$ 线性无关,故 $\boldsymbol{a}_1,\boldsymbol{a}_2,\boldsymbol{a}_4$ 是 $\boldsymbol{A}$ 的列向量组的一个极大无关组.

(3) 为了把余下的向量 $\boldsymbol{a}_3,\boldsymbol{a}_5$ 用极大无关组 $\boldsymbol{a}_1,\boldsymbol{a}_2,\boldsymbol{a}_4$ 线性表示，需将 $\boldsymbol{A}$ 的行阶梯形矩阵进一步化简为标准行阶梯形矩阵

$$\boldsymbol{A}\overset{r}{\sim}\begin{pmatrix}1&0&-1&0&4\\0&1&-1&0&3\\0&0&0&1&-3\\0&0&0&0&0\end{pmatrix}$$

可知，$\boldsymbol{a}_3,\boldsymbol{a}_5$ 关于极大无关组 $\boldsymbol{a}_1,\boldsymbol{a}_2,\boldsymbol{a}_4$ 的组合系数分别为 $(-1,-1,0,0),(4,3,-3,0)$，即 $\boldsymbol{a}_3=-\boldsymbol{a}_1-\boldsymbol{a}_2,\boldsymbol{a}_5=4\boldsymbol{a}_1+3\boldsymbol{a}_2-3\boldsymbol{a}_4$.

注：在例 2 中，仅在求解问题(3)时需要将 $\boldsymbol{A}$ 行化简为标准行阶梯形矩阵．当然，在本例中直接求出标准行阶梯形矩阵后，再统一求解问题(1)～(3)会简化整个书写的过程.

例 3　已知矩阵 $\boldsymbol{A}=\begin{pmatrix}1&1&1&0\\2&1&0&2\\2&-1&-4&-3\\0&2&4&-3\end{pmatrix}$，求矩阵 $\boldsymbol{A}$ 的列向量组的秩和一个极大线性无关组，并把其余向量用这个极大线性无关组表出.

解　直接进行行化简可得

$$(\boldsymbol{\alpha}_1,\boldsymbol{\alpha}_2,\boldsymbol{\alpha}_3,\boldsymbol{\alpha}_4)=\begin{pmatrix}1&1&1&0\\2&1&0&2\\2&-1&-4&-3\\0&2&4&-3\end{pmatrix}\sim\begin{pmatrix}1&1&1&0\\0&-1&-2&2\\0&0&0&-9\\0&0&0&1\end{pmatrix}$$

$$\sim\begin{pmatrix}1&1&1&0\\0&-1&-2&2\\0&0&0&1\\0&0&0&0\end{pmatrix}\sim\begin{pmatrix}1&0&-1&0\\0&1&2&0\\0&0&0&1\\0&0&0&0\end{pmatrix},$$

故 $R(\boldsymbol{A})=3$，取向量组的一个极大线性无关组为 $\boldsymbol{\alpha}_1,\boldsymbol{\alpha}_2,\boldsymbol{\alpha}_4$，则 $\boldsymbol{\alpha}_3=-\boldsymbol{\alpha}_1+2\boldsymbol{\alpha}_2$.

由定义 1.6.1 及定理 1.6.1 可得(证明留作习题)：

定理 1.6.4　向量 $\boldsymbol{\beta}$ 可由向量组 $\boldsymbol{\alpha}_1,\boldsymbol{\alpha}_2,\cdots,\boldsymbol{\alpha}_n$ 线性表出当且仅当

$$R(\boldsymbol{\alpha}_1,\boldsymbol{\alpha}_2,\cdots,\boldsymbol{\alpha}_n)=R(\boldsymbol{\alpha}_1,\boldsymbol{\alpha}_2,\cdots,\boldsymbol{\alpha}_n,\beta).$$

1.6.3　向量组的等价

借助定理 1.6.4，我们就可以简单探讨两个向量组的线性关系了.

定义 1.6.3　设有两向量组 A,B. 若向量组 B 中的每一个向量都能由向量组 A 线性表示，则称向量组 B 能由向量组 A 线性表示.

若向量组 A 与向量组 B 能相互线性表示，则称这两个**向量组等价**，记为 $A\sim B$.

等价向量组具有以下性质：

(1)反身性：每个向量组都和自身等价，即 $A\sim B$.

(2)对称性：若 $A\sim B$，则 $B\sim A$.

(3)传递性：若 $A\sim B$，$B\sim C$，则 $A\sim B$.

记 $A:\boldsymbol{\alpha}_1,\boldsymbol{\alpha}_2,\cdots,\boldsymbol{\alpha}_r$，$B:\boldsymbol{\beta}_1,\boldsymbol{\beta}_2,\cdots,\boldsymbol{\beta}_s$，则有以下结论.

定理 1.6.5 (1)向量组 B 可由向量组 A 线性表示的充分必要条件是 $R(\boldsymbol{A})=R(\boldsymbol{A},\boldsymbol{B})$.

(2)向量组 A 与向量组 B 等价的充分必要条件是 $R(\boldsymbol{A})=R(\boldsymbol{B})=R(\boldsymbol{A},\boldsymbol{B})$.

(3)若向量组 $A:\boldsymbol{\alpha}_1,\boldsymbol{\alpha}_2,\cdots,\boldsymbol{\alpha}_r$ 可由向量组 $B:\boldsymbol{\beta}_1,\boldsymbol{\beta}_2,\cdots,\boldsymbol{\beta}_s$ 线性表示，则当 $r>s$ 时，向量组 A 必线性相关.

(4)若向量组 $A:\boldsymbol{\alpha}_1,\boldsymbol{\alpha}_2,\cdots,\boldsymbol{\alpha}_r$ 可由向量组 $B:\boldsymbol{\beta}_1,\boldsymbol{\beta}_2,\cdots,\boldsymbol{\beta}_s$ 线性表示，且向量组 A 线性无关，则必有 $r\leqslant s$.

利用定理 1.6.5 可得：

定理 1.6.6 任意给定的一个 n 维线性无关向量组都可以扩充为一个恰好包含 n 个 n 维向量的线性无关组.

这两个定理的证明留作习题.

通过下面的例子，我们可以看到：要判断两个向量组的线性关系，可以从矩阵$(\boldsymbol{A},\boldsymbol{B})$进行行化简开始.

例 4 设

$A:\boldsymbol{\alpha}_1=(1,0,1)^{\mathrm{T}},\boldsymbol{\alpha}_2=(0,1,1)^{\mathrm{T}},\boldsymbol{\alpha}_3=(1,3,5)^{\mathrm{T}}$,

$B:\boldsymbol{\beta}_1=(1,1,1)^{\mathrm{T}},\boldsymbol{\beta}_2=(1,2,3)^{\mathrm{T}},\boldsymbol{\beta}_3=(3,4,a)^{\mathrm{T}}$.

则由

$$(\boldsymbol{A},\boldsymbol{B})=\left(\begin{array}{ccc:ccc}1&0&1&1&1&3\\0&1&3&1&2&4\\1&1&5&1&3&a\end{array}\right)\sim\left(\begin{array}{ccc:ccc}1&0&1&1&1&3\\0&1&3&1&2&4\\0&0&1&-1&0&a-7\end{array}\right)$$

$$\sim\left(\begin{array}{cccc:cc}1&0&0&2&1&10-a\\0&1&0&4&2&25-3a\\0&0&1&-1&0&a-7\end{array}\right),$$

可知 $R(\boldsymbol{A})=R(\boldsymbol{A},\boldsymbol{B})=3$，从而向量组 B 可由向量组 A 线性表示. 事实上，有

$$\boldsymbol{\beta}_1=2\boldsymbol{\alpha}_1+4\boldsymbol{\alpha}_2-\boldsymbol{\alpha}_3,\boldsymbol{\beta}_2=\_\_\boldsymbol{\alpha}_1+\_\_\boldsymbol{\alpha}_2,$$

$$\boldsymbol{\beta}_3=(10-a)\boldsymbol{\alpha}_1+(25-3a)\boldsymbol{\alpha}_2+(a-7)\boldsymbol{\alpha}_3.$$

另一方面，由

$$\boldsymbol{B}\sim\begin{pmatrix}2&1&10-a\\4&2&25-3a\\-1&0&a-7\end{pmatrix}\sim\begin{pmatrix}0&1&1\\0&0&5-a\\-1&0&a-7\end{pmatrix}\sim\begin{pmatrix}1&0&7-a\\0&1&1\\0&0&5-a\end{pmatrix}$$

可知：

当 $a\neq 5$ 时，$R(\boldsymbol{B})=3=R(\boldsymbol{A},\boldsymbol{B})=R(\boldsymbol{A})$，从而向量组 A 与向量组 B 等价.（思考：此时如何用向量组 B 将向量组 A 线性表出？）

当 $a=5$ 时，$R(\boldsymbol{B})=2<3=R(\boldsymbol{A})$，故向量组 A 不能由向量组 B 线性表出.

习题一

1. 求下列矩阵的标准行阶梯形矩阵并写出以它为增广矩阵的线性方程组的通解：

（1）$\begin{pmatrix}1&2&1&-1\\3&6&-1&-3\\5&10&1&-5\end{pmatrix}$；　　（2）$\begin{pmatrix}2&3&1&-3&-7\\1&2&0&-2&-4\\3&-2&8&2&0\\2&-3&7&4&3\end{pmatrix}$.

提示：（1）$\begin{pmatrix}1&2&1&-1\\3&6&-1&-3\\5&10&1&-5\end{pmatrix}\sim\begin{pmatrix}1&2&0&-1\\0&0&1&0\\0&0&0&0\end{pmatrix}$，通解为$\begin{cases}x_1=-1-2c,\\x_2=c,\\x_3=0,\end{cases}$

c 为任意常数.

（2）$\begin{pmatrix}2&3&1&-3&-7\\1&2&0&-2&-4\\3&-2&8&2&0\\2&-3&7&4&3\end{pmatrix}\sim\begin{pmatrix}1&0&2&0&0\\0&1&-1&0&0\\0&0&0&1&0\\0&0&0&0&1\end{pmatrix}$，对应的方程组无解.

2. 求下列齐次线性方程组的基础解系和通解：

（1）$\begin{cases}x_1+x_2-x_3=0,\\2x_1+4x_2-6x_3=0,\\3x_1+4x_2-4x_3=0;\end{cases}$　　（2）$\begin{cases}x_1+x_2-x_3+2x_4+x_5=0,\\x_3+3x_4-x_5=0,\\2x_3+x_4-2x_5=0.\end{cases}$

（3）$\begin{cases}3x_1+2x_2+x_3-2x_4=0,\\x_1+x_2+4x_3-4x_4=0,\\2x_1+x_2+x_3+2x_4=0;\end{cases}$　　（4）$\begin{cases}x_1-4x_2+2x_3+x_4=0,\\2x_1-8x_2+5x_3-x_4=0,\\3x_1-8x_2+6x_3+x_4=0;\end{cases}$

（5）$\begin{cases}x_1+x_2-x_3-x_4=0,\\2x_1-5x_2+3x_3+2x_4=0,\\7x_1-7x_2+3x_3+x_4=0;\end{cases}$　　（6）$\begin{cases}x_1+x_2+x_3+4x_4-3x_5=0,\\x_1-x_2+3x_3-2x_4-x_5=0,\\x_1+x_2+3x_3+5x_4-5x_5=0,\\x_1+x_2+5x_3+6x_4-7x_5=0.\end{cases}$

提示：利用行化简求行标准阶梯形矩阵，再由定理 1.3.2 可以求解.

（1）方程组只有零解；

(2)基础解系和通解分别是$\begin{pmatrix}-1\\1\\0\\0\\0\end{pmatrix},\begin{pmatrix}0\\0\\1\\0\\1\end{pmatrix}$和$\begin{pmatrix}x_1\\x_2\\x_3\\x_4\\x_5\end{pmatrix}=c_1\begin{pmatrix}-1\\1\\0\\0\\0\end{pmatrix}+c_2\begin{pmatrix}0\\0\\1\\0\\1\end{pmatrix}$,

c_1,c_2为任意常数；

(3)基础解系和通解分别是$\begin{pmatrix}-6\\10\\0\\1\end{pmatrix}$和$\begin{pmatrix}x_1\\x_2\\x_3\\x_4\end{pmatrix}=c\begin{pmatrix}-6\\10\\0\\1\end{pmatrix}$,$c$为任意常数；

(4)基础解系和通解分别是$\begin{pmatrix}-5\\\frac{1}{2}\\3\\1\end{pmatrix}$和$\begin{pmatrix}x_1\\x_2\\x_3\\x_4\end{pmatrix}=c\begin{pmatrix}-5\\\frac{1}{2}\\3\\1\end{pmatrix}$,$c$为任意常数；

(5)基础解系和通解分别是$\begin{pmatrix}2\\5\\7\\0\end{pmatrix},\begin{pmatrix}3\\4\\0\\7\end{pmatrix}$和$\begin{pmatrix}x_1\\x_2\\x_3\\x_4\end{pmatrix}=c_1\begin{pmatrix}2\\5\\7\\0\end{pmatrix}+c_2\begin{pmatrix}3\\4\\0\\7\end{pmatrix}$,$c_1,c_2$为任意常数；

(6)基础解系和通解分别是$\begin{pmatrix}0\\-7\\-1\\2\\0\end{pmatrix},\begin{pmatrix}0\\2\\1\\0\\1\end{pmatrix}$和$\begin{pmatrix}x_1\\x_2\\x_3\\x_4\\x_5\end{pmatrix}=c_1\begin{pmatrix}0\\-7\\-1\\2\\0\end{pmatrix}+c_2\begin{pmatrix}0\\2\\1\\0\\1\end{pmatrix}$,

c_1,c_2为任意常数.

3. 求解下列非齐次线性方程组的通解：

(1)$\begin{cases}x_1+x_2+2x_3=1,\\2x_1+3x_2-2x_3=3,\\5x_1+7x_2-2x_3=8;\end{cases}$ (2)$\begin{cases}x+2y-3z=3,\\4x+3y-2z=7,\\2x-y+4z=1;\end{cases}$

(3)$\begin{cases}x_1-x_2-2x_3-x_4=0,\\3x_1+4x_2-6x_3+2x_4=7,\\4x_1+17x_2-8x_3+11x_4=21;\end{cases}$ (4)$\begin{cases}x_1+x_2-3x_3-x_4=1,\\3x_1-x_2-3x_3+4x_4=4,\\x_1+5x_2-9x_3+8x_4=0;\end{cases}$

(5) $\begin{cases} x_1+x_2+x_3+x_4=0, \\ x_2+2x_3+2x_4=1, \\ -x_2-2x_3-2x_4=-1, \\ 3x_1+2x_2+x_3+x_4=-1; \end{cases}$　　(6) $\begin{cases} x_1+x_2-x_3-x_4=1, \\ 2x_1+x_2+x_3+x_4=4, \\ 4x_1+3x_2-x_3-x_4=6, \\ x_1+2x_2-4x_3-4x_4=-1. \end{cases}$

提示:利用行化简求行标准阶梯形矩阵,再由定理 1.3.3 可以求解.

(1)方程组无解;

(2)通解为 $\begin{pmatrix} x_1 \\ x_2 \\ x_3 \end{pmatrix}=c\begin{pmatrix} -1 \\ 2 \\ 1 \end{pmatrix}+\begin{pmatrix} 1 \\ 1 \\ 0 \end{pmatrix}$, c 为任意常数;

(3)通解为 $\begin{pmatrix} x_1 \\ x_2 \\ x_3 \\ x_4 \end{pmatrix}=c_1\begin{pmatrix} 2 \\ 0 \\ 1 \\ 0 \end{pmatrix}+c_2\begin{pmatrix} 2 \\ -5 \\ 0 \\ 7 \end{pmatrix}+\begin{pmatrix} 1 \\ 1 \\ 0 \\ 0 \end{pmatrix}$, c_1, c_2 为任意常数;

(4)通解为 $\begin{pmatrix} x_1 \\ x_2 \\ x_3 \\ x_4 \end{pmatrix}=c\begin{pmatrix} 3 \\ 3 \\ 2 \\ 0 \end{pmatrix}+\frac{1}{4}\begin{pmatrix} 5 \\ -1 \\ 0 \\ 0 \end{pmatrix}$, c 为任意常数;

(5)通解为 $\begin{pmatrix} x_1 \\ x_2 \\ x_3 \\ x_4 \end{pmatrix}=c_1\begin{pmatrix} 1 \\ -2 \\ 1 \\ 0 \end{pmatrix}+c_2\begin{pmatrix} 1 \\ -2 \\ 0 \\ 1 \end{pmatrix}+\begin{pmatrix} -1 \\ 1 \\ 0 \\ 0 \end{pmatrix}$, c_1, c_2 为任意常数;

(6)通解为 $\begin{pmatrix} x_1 \\ x_2 \\ x_3 \\ x_4 \end{pmatrix}=c_1\begin{pmatrix} -2 \\ 3 \\ 1 \\ 0 \end{pmatrix}+c_2\begin{pmatrix} -2 \\ 3 \\ 0 \\ 1 \end{pmatrix}+\begin{pmatrix} 3 \\ -2 \\ 0 \\ 0 \end{pmatrix}$, c_1, c_2 为任意常数.

4. 设非齐次线性方程组

$$\begin{cases} x_1+x_2-x_3=1, \\ x_1+ax_2+3x_3=2, \\ 2x_1+3x_2+ax_3=3, \end{cases}$$

试问 a 为何值时,方程组(1)无解?(2)有唯一解?(3)有无穷多解?在有无穷多解时,求它的通解.

提示:本题也可以结合第 3 章行列式的知识求解. 由

$$\begin{pmatrix} 1 & 1 & -1 & 1 \\ 1 & a & 3 & 2 \\ 2 & 3 & a & 3 \end{pmatrix} \sim \begin{pmatrix} 1 & 1 & -1 & 1 \\ 0 & 1 & a+2 & 1 \\ 0 & 0 & -(a+3)(a-2) & 2-a \end{pmatrix},$$

可知：(1)当$-(a+3)(a-2)=0$且$a-2\neq 0$，即$a=-3$时，方程组无解；

(2)当$-(a+3)(a-2)\neq 0$时，系数矩阵和增广矩阵的秩都是3，方程组有唯一解；

(3)当$-(a+3)(a-2)=0$且$a-2=0$，即$a=2$时，系数矩阵和增广矩阵的秩都是$2<3$，故方程组有无穷多个解．代入$a=2$，继续行化简得到行标准阶梯形矩阵后可得方程组的通解为$\begin{pmatrix}x_1\\x_2\\x_3\end{pmatrix}=c\begin{pmatrix}5\\-4\\1\end{pmatrix}+\begin{pmatrix}0\\1\\0\end{pmatrix}$，$c$为任意常数．

5. 设非齐次线性方程组

$$\begin{cases}(1+\lambda)x_1+x_2+x_3=0,\\ x_1+(1+\lambda)x_2+x_3=3,\\ x_1+x_2+(1+\lambda)x_3=\lambda,\end{cases}$$

试问λ为何值时，此方程组(1)有唯一解？(2)无解？(3)有无穷多解？并在有无穷多解时，求其通解．

提示：本题也可以结合第3章行列式的知识求解．由于

$$\begin{pmatrix}1+\lambda&1&1&0\\1&1+\lambda&1&3\\1&1&1+\lambda&\lambda\end{pmatrix}\sim\begin{pmatrix}1&1&1+\lambda&\lambda\\0&\lambda&-\lambda&3-\lambda\\0&0&-\lambda(3+\lambda)&(1-\lambda)(3+\lambda)\end{pmatrix},$$

则不难得到：

(1)当$\lambda(3+\lambda)\neq 0$时，即$\lambda\neq 0$且$\lambda\neq -3$时，方程组有唯一解；

(2)当$\lambda=0$时，方程组无解；

(3)当$\lambda=-3$时，方程组的通解$\begin{pmatrix}x_1\\x_2\\x_3\end{pmatrix}=c\begin{pmatrix}1\\1\\1\end{pmatrix}+\begin{pmatrix}-1\\-2\\0\end{pmatrix}c$为任意常数．

6. 求向量：

(1)已知$\boldsymbol{\beta}=(1,2,-2)^{\mathrm{T}}$，$2\boldsymbol{\alpha}-\boldsymbol{\beta}=(1,-2,2)^{\mathrm{T}}$，求$\boldsymbol{\alpha}$；

(2)已知$\boldsymbol{\alpha}-\boldsymbol{\beta}=(1,3,-3)^{\mathrm{T}}$，$2\boldsymbol{\alpha}+\boldsymbol{\beta}=(2,-3,3)^{\mathrm{T}}$，求$\boldsymbol{\alpha}$．

提示：(1)$(1,0,0)^{\mathrm{T}}$；(2)$(1,0,0)^{\mathrm{T}}$．

7. 给定向量组$\boldsymbol{\alpha}_1=(2,0,-1)^{\mathrm{T}}$，$\boldsymbol{\alpha}_2=(3,-2,1)^{\mathrm{T}}$，$\boldsymbol{\alpha}_3=(-5,6,-5)^{\mathrm{T}}$，试判断$\boldsymbol{\alpha}_3$是否为$\boldsymbol{\alpha}_1,\boldsymbol{\alpha}_2$的线性组合，若是，则求出组合系数．

提示：构造矩阵并进行行化简可得$\begin{pmatrix}2&3&-5\\0&-2&6\\-1&1&-5\end{pmatrix}\sim\begin{pmatrix}1&0&2\\0&1&-3\\0&0&0\end{pmatrix}$，故$\boldsymbol{\alpha}_3$是$\boldsymbol{\alpha}_1,\boldsymbol{\alpha}_2$的线性组合，且$\boldsymbol{\alpha}_3=2\boldsymbol{\alpha}_1-3\boldsymbol{\alpha}_2$．

8. 判断下列向量组的线性相关性，若相关，则将$\boldsymbol{\alpha}_1$用其他向量

表示出来：

(1) $\boldsymbol{\alpha}_1=(1,2,-1)^{\mathrm{T}},\boldsymbol{\alpha}_2=(2,-3,1)^{\mathrm{T}},\boldsymbol{\alpha}_3=(2,-3,-1)^{\mathrm{T}}$；

(2) $\boldsymbol{\alpha}_1=(2,2,1,-1),\boldsymbol{\alpha}_2=(3,-1,2,4),\boldsymbol{\alpha}_3=(1,1,3,1)$.

提示：构造矩阵并求行标准阶梯形矩阵可知：(1) $R(\boldsymbol{\alpha}_1,\boldsymbol{\alpha}_2,\boldsymbol{\alpha}_3)=3$，即 $\boldsymbol{\alpha}_1,\boldsymbol{\alpha}_2,\boldsymbol{\alpha}_3$ 线性无关；(2) 由 $\boldsymbol{\alpha}_1,\boldsymbol{\alpha}_2,\boldsymbol{\alpha}_3$ 的前三个分量构成的向量组线性无关，从而 $\boldsymbol{\alpha}_1,\boldsymbol{\alpha}_2,\boldsymbol{\alpha}_3$ 线性无关.

9. 若下列向量组：$\boldsymbol{\alpha}_1=(1,2,-3,4)^{\mathrm{T}},\boldsymbol{\alpha}_2=(1,0,5,8)^{\mathrm{T}},\boldsymbol{\alpha}_3=(-1,-1,3,6)^{\mathrm{T}},\boldsymbol{\alpha}_4=(1,3,x,2)^{\mathrm{T}}$ 线性相关．求 x 应满足的条件.

提示：由向量组线性相关，可知 $R(\boldsymbol{\alpha}_1,\boldsymbol{\alpha}_2,\boldsymbol{\alpha}_3,\boldsymbol{\alpha}_4)<4$，又

$$\begin{pmatrix}1&1&-1&1\\2&0&-1&3\\-3&5&3&x\\4&8&6&2\end{pmatrix}\sim\begin{pmatrix}1&1&-1&1\\0&-2&1&1\\0&0&4&x+7\\0&0&0&-3(x+7)\end{pmatrix}$$

故 $-3(x+7)=0$，即 $x=-7$. 本题也可以用第 3 章行列式的知识求解.

10. 求下列向量组的秩和一个极大无关组：

(1) $\boldsymbol{\alpha}_1=\begin{pmatrix}1\\0\\1\end{pmatrix},\boldsymbol{\alpha}_2=\begin{pmatrix}-2\\1\\0\end{pmatrix},\boldsymbol{\alpha}_3=\begin{pmatrix}3\\-1\\0\end{pmatrix},\boldsymbol{\alpha}_4=\begin{pmatrix}-4\\1\\1\end{pmatrix}$；

(2) $\boldsymbol{\alpha}_1=\begin{pmatrix}1\\2\\1\\3\end{pmatrix},\boldsymbol{\alpha}_2=\begin{pmatrix}4\\-1\\-5\\-6\end{pmatrix},\boldsymbol{\alpha}_3=\begin{pmatrix}1\\-3\\-4\\-7\end{pmatrix}$.

提示：构造矩阵不进行行化简（不必化为标准阶梯形）可知：(1) $R(\boldsymbol{\alpha}_1,\boldsymbol{\alpha}_2,\boldsymbol{\alpha}_3,\boldsymbol{\alpha}_4)=3$，且可取它的一个极大线性无关组为 $\boldsymbol{\alpha}_1,\boldsymbol{\alpha}_2,\boldsymbol{\alpha}_3$；(2) $R(\boldsymbol{\alpha}_1,\boldsymbol{\alpha}_2,\boldsymbol{\alpha}_3)=2$，且可取它的一个极大线性无关组为 $\boldsymbol{\alpha}_1,\boldsymbol{\alpha}_2$.

11. 设向量组 $\boldsymbol{\alpha}_1=(3,1,2,0)^{\mathrm{T}},\boldsymbol{\alpha}_2=(0,7,2,3)^{\mathrm{T}},\boldsymbol{\alpha}_3=(-1,2,0,1)^{\mathrm{T}},\boldsymbol{\alpha}_4=(6,9,7,3)^{\mathrm{T}}$. 求它的一个极大线性无关组，并将其余向量通过极大线性无关组表示出来.

提示：构造矩阵 $(\boldsymbol{\alpha}_1,\boldsymbol{\alpha}_2,\boldsymbol{\alpha}_3,\boldsymbol{\alpha}_4)$，得到行标准阶梯形矩阵为 $\begin{pmatrix}1&0&-\frac{1}{3}&0\\0&1&\frac{1}{3}&0\\0&0&0&1\\0&0&0&0\end{pmatrix}$，可知该向量组的秩为 3，取它的一个极大线性无关组为 $\boldsymbol{\alpha}_1,\boldsymbol{\alpha}_2,\boldsymbol{\alpha}_4$，则 $\boldsymbol{\alpha}_3=-\frac{1}{3}\boldsymbol{\alpha}_1+\frac{1}{3}\boldsymbol{\alpha}_2$.

12. 求下列矩阵的秩和列向量组的一个极大无关组，并把其余

列向量用所得的极大无关组线性表示：

(1) $A=\begin{pmatrix}1&1&1&1\\0&1&-1&2\\2&3&1&4\\3&5&1&8\end{pmatrix}$；　(2) $A=\begin{pmatrix}1&1&1&0\\2&1&0&2\\2&-1&-4&-3\\0&2&4&-3\end{pmatrix}$；

(3) $A=\begin{pmatrix}2&-1&-1&-1&8\\1&1&-2&1&4\\4&-6&2&-6&16\\3&6&-9&7&9\end{pmatrix}$；

(4) $A=\begin{pmatrix}1&3&0&2&-1&3\\0&3&2&-2&-1&0\\-1&0&2&5&3&4\\1&-3&-4&-3&-2&-4\end{pmatrix}$.

提示：利用行化简，依次得到(1)~(4)的行标准阶梯形矩阵分别为

$$\begin{pmatrix}1&0&2&0\\0&1&-1&0\\0&0&0&1\\0&0&0&0\end{pmatrix},\begin{pmatrix}1&0&-1&0\\0&1&2&0\\0&0&0&1\\0&0&0&0\end{pmatrix},$$

$$\begin{pmatrix}1&0&-1&0&4\\0&1&-1&0&3\\0&0&0&1&-3\\0&0&0&0&0\end{pmatrix},\begin{pmatrix}1&0&-2&0&-\frac{4}{3}&-\frac{1}{9}\\0&1&\frac{2}{3}&0&-\frac{1}{9}&\frac{14}{27}\\0&0&0&1&\frac{1}{3}&\frac{7}{9}\\0&0&0&0&0&0\end{pmatrix},$$

进而可得：(1)的一个极大线性无关组为 $\boldsymbol{\alpha}_1,\boldsymbol{\alpha}_2,\boldsymbol{\alpha}_4$，并且 $\boldsymbol{\alpha}_3=2\boldsymbol{\alpha}_1-\boldsymbol{\alpha}_2$；(2)的一个极大线性无关组为 $\boldsymbol{\alpha}_1,\boldsymbol{\alpha}_2,\boldsymbol{\alpha}_4$，并且 $\boldsymbol{\alpha}_3=-\boldsymbol{\alpha}_1+2\boldsymbol{\alpha}_2$；(3)的一个极大线性无关组为 $\boldsymbol{\alpha}_1,\boldsymbol{\alpha}_2,\boldsymbol{\alpha}_4$，并且 $\boldsymbol{\alpha}_3=-\boldsymbol{\alpha}_1-\boldsymbol{\alpha}_2,\boldsymbol{\alpha}_5=4\boldsymbol{\alpha}_1+3\boldsymbol{\alpha}_2-3\boldsymbol{\alpha}_4$；(4)的一个极大线性无关组为 $\boldsymbol{\alpha}_1,\boldsymbol{\alpha}_2,\boldsymbol{\alpha}_4$，并且

$$\boldsymbol{\alpha}_3=-2\boldsymbol{\alpha}_1+\frac{2}{3}\boldsymbol{\alpha}_2,\boldsymbol{\alpha}_5=-\frac{4}{3}\boldsymbol{\alpha}_1-\frac{1}{9}\boldsymbol{\alpha}_2+\frac{1}{3}\boldsymbol{\alpha}_4,\boldsymbol{\alpha}_6=-9\boldsymbol{\alpha}_1+\frac{14}{27}\boldsymbol{\alpha}_2+\frac{7}{9}\boldsymbol{\alpha}_4.$$

13. (1) 设向量组 $\boldsymbol{\alpha}_1=\begin{pmatrix}1\\2\\3\end{pmatrix},\boldsymbol{\alpha}_2=\begin{pmatrix}2\\1\\0\end{pmatrix},\boldsymbol{\alpha}_3=\begin{pmatrix}5\\a\\5\end{pmatrix}$ 的秩为2，求 a；

(2) 设向量组 $\boldsymbol{\alpha}_1=\begin{pmatrix}a\\3\\1\end{pmatrix},\boldsymbol{\alpha}_2=\begin{pmatrix}2\\b\\3\end{pmatrix},\boldsymbol{\alpha}_3=\begin{pmatrix}1\\4\\1\end{pmatrix},\boldsymbol{\alpha}_4=\begin{pmatrix}2\\5\\1\end{pmatrix}$ 的秩为2，求 a,b.

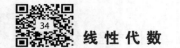

提示：(1) 由 $(\boldsymbol{\alpha}_1,\boldsymbol{\alpha}_2,\boldsymbol{\alpha}_3)\sim\begin{pmatrix}1&2&5\\0&-3&a-10\\0&-6&-10\end{pmatrix}$ 及秩为 2 可知 $\dfrac{-3}{-6}=\dfrac{a-10}{-10}$，故 $a=5$.

(2) 由 $(\boldsymbol{\alpha}_1,\boldsymbol{\alpha}_2,\boldsymbol{\alpha}_3,\boldsymbol{\alpha}_4)\sim\begin{pmatrix}0&2-3a&1-a&2-a\\0&b-9&-1&2\\1&3&1&1\end{pmatrix}$ 及秩为 2 可知 $\dfrac{2-3a}{b-9}=\dfrac{1-a}{1}=\dfrac{2-a}{2}$，故 $a=\dfrac{4}{3}$，$b=3$.

14. 设向量组 A：$\boldsymbol{\alpha}_1=\begin{pmatrix}a\\2\\3\end{pmatrix}$，$\boldsymbol{\alpha}_2=\begin{pmatrix}1\\1\\-1\end{pmatrix}$，$\boldsymbol{\alpha}_3=\begin{pmatrix}-1\\1\\4\end{pmatrix}$ 及向量 $\boldsymbol{\beta}=\begin{pmatrix}1\\b\\-1\end{pmatrix}$，问 a,b 为何值时，

(1) 向量组 A 线性相关?

(2) 向量组 A 线性无关?

(3) 向量 $\boldsymbol{\beta}$ 不能由向量组 A 线性表示?

(4) 向量 $\boldsymbol{\beta}$ 能由向量组 A 线性表示，且表示式唯一?

(5) 向量 $\boldsymbol{\beta}$ 能由向量组 A 线性表示，且表示式不唯一? 并求一般表示式.

提示：本题使用行列式更容易处理．也可先对以下矩阵做行化简

$$\begin{pmatrix}a&1&-1&1\\2&1&1&b\\3&-1&4&-1\end{pmatrix}\sim\begin{pmatrix}a&1&-1&1\\2+a&2&0&b+1\\3+4a&3&0&3\end{pmatrix}$$
$$\sim\begin{pmatrix}a&1&-1&1\\2+a&2&0&b+1\\\dfrac{5}{2}a&0&0&\dfrac{3}{2}(1-b)\end{pmatrix},$$

则可以得到

(1) 当 $a=0$ 时，向量组 A 线性相关；

(2) 当 $a\neq0$ 时，向量组 A 线性无关；

(3) 当 $a=0$ 且 $\dfrac{3}{2}(1-b)\neq0$，即 $a=0$ 且 $b\neq1$ 时，向量 $\boldsymbol{\beta}$ 不能由向量组 A 线性表示；

(4) 当 $a\neq0$ 且 $\dfrac{3}{2}(1-b)\neq0$，即 $a\neq0$ 且 $b\neq1$ 时，向量 $\boldsymbol{\beta}$ 能由向量组 A 线性表示，且表示式唯一；

(5) 当 $a=0$ 且 $\dfrac{3}{2}(1-b)=0$，即 $a=0$ 且 $b=1$ 时，向量 $\boldsymbol{\beta}$ 能由向量

组 A 线性表示，且表示式不唯一．此时，$\begin{pmatrix} a & 1 & -1 & 1 \\ 2 & 1 & 1 & b \\ 3 & -1 & 4 & -1 \end{pmatrix} \sim$

$\begin{pmatrix} 1 & 0 & 1 & 0 \\ 0 & 1 & -1 & 1 \\ 0 & 0 & 0 & 0 \end{pmatrix}$，故 $\boldsymbol{\beta}=\boldsymbol{\alpha}_2=\boldsymbol{\alpha}_1-\boldsymbol{\alpha}_3$.

15. 判断下列命题是否正确，如果不正确，请举出反例：

(1)若向量组：$\boldsymbol{\alpha},\boldsymbol{\beta},\boldsymbol{\gamma}$ 线性无关，则向量组：$\boldsymbol{\alpha},\boldsymbol{\beta}$ 线性无关.

(2)若向量组：$\boldsymbol{\alpha},\boldsymbol{\beta},\boldsymbol{\gamma}$ 线性相关，则向量组：$\boldsymbol{\alpha},2\boldsymbol{\beta},3\boldsymbol{\gamma}$ 线性相关.

(3)若向量组 $\boldsymbol{\alpha}_1,\boldsymbol{\alpha}_2,\cdots,\boldsymbol{\alpha}_m$ 线性相关，则 $\boldsymbol{\alpha}_1$ 可由 $\boldsymbol{\alpha}_2,\cdots,\boldsymbol{\alpha}_m$ 线性表示.

(4)若存在不全为 0 的数 $\lambda_1,\lambda_2,\cdots,\lambda_m$，使得等式

$$\lambda_1\boldsymbol{\alpha}_1+\lambda_2\boldsymbol{\alpha}_2+\cdots+\lambda_m\boldsymbol{\alpha}_m+\lambda_1\boldsymbol{\beta}_1+\lambda_2\boldsymbol{\beta}_2+\cdots+\lambda_m\boldsymbol{\beta}_m=\boldsymbol{0}$$

成立，则 $\boldsymbol{\alpha}_1,\boldsymbol{\alpha}_2,\cdots,\boldsymbol{\alpha}_m$ 线性相关，$\boldsymbol{\beta}_1,\boldsymbol{\beta}_2,\cdots,\boldsymbol{\beta}_m$ 也线性相关.

(5)若当且仅当 $\lambda_1,\lambda_2,\cdots,\lambda_m$ 全为 0 时，等式

$$\lambda_1\boldsymbol{\alpha}_1+\lambda_2\boldsymbol{\alpha}_2+\cdots+\lambda_m\boldsymbol{\alpha}_m+\lambda_1\boldsymbol{\beta}_1+\lambda_2\boldsymbol{\beta}_2+\cdots+\lambda_m\boldsymbol{\beta}_m=\boldsymbol{0}$$

成立，则 $\boldsymbol{\alpha}_1,\boldsymbol{\alpha}_2,\cdots,\boldsymbol{\alpha}_m$ 线性无关，$\boldsymbol{\beta}_1,\boldsymbol{\beta}_2,\cdots,\boldsymbol{\beta}_m$ 也线性无关.

(6)若 $\boldsymbol{\alpha}_1,\boldsymbol{\alpha}_2,\cdots,\boldsymbol{\alpha}_m$ 线性相关，$\boldsymbol{\beta}_1,\boldsymbol{\beta}_2,\cdots,\boldsymbol{\beta}_m$ 也线性相关，则有不全为 0 的数 $\lambda_1,\lambda_2,\cdots,\lambda_m$，使等式

$$\lambda_1\boldsymbol{\alpha}_1+\lambda_2\boldsymbol{\alpha}_2+\cdots+\lambda_m\boldsymbol{\alpha}_m=\boldsymbol{0},\lambda_1\boldsymbol{\beta}_1+\lambda_2\boldsymbol{\beta}_2+\cdots+\lambda_m\boldsymbol{\beta}_m=\boldsymbol{0}$$

同时成立.

提示：(1)正确（利用反证法可证）；(2)正确（利用定义构造法）；(3)错误，例如若向量组 $\boldsymbol{\alpha}_1=(1,0)$，$\boldsymbol{\alpha}_2=(1,1)$，$\boldsymbol{\alpha}_3=(1,1)$；(4)错误，例如 $\boldsymbol{\alpha}_1=\boldsymbol{\beta}_1=(1,0)$，$\boldsymbol{\alpha}_2=\boldsymbol{\beta}_2=(0,1)$；(5)正确（利用反证法可证）；(6)错误，例如 $\boldsymbol{\alpha}_1=\boldsymbol{\alpha}_2=\boldsymbol{\beta}_2=2\boldsymbol{\beta}_1=(1,0)$.

16. 设向量组 $\boldsymbol{\alpha}_1,\boldsymbol{\alpha}_2,\boldsymbol{\alpha}_3$ 线性相关，向量组 $\boldsymbol{\alpha}_2,\boldsymbol{\alpha}_3,\boldsymbol{\alpha}_4$ 线性无关，证明：

(1)$\boldsymbol{\alpha}_1$ 能由 $\boldsymbol{\alpha}_2,\boldsymbol{\alpha}_3$ 线性表示；

(2)$\boldsymbol{\alpha}_4$ 不能由 $\boldsymbol{\alpha}_1,\boldsymbol{\alpha}_2,\boldsymbol{\alpha}_3$ 线性表示.

提示：(1)由于 $\boldsymbol{\alpha}_2,\boldsymbol{\alpha}_3,\boldsymbol{\alpha}_4$ 线性无关，故 $\boldsymbol{\alpha}_2,\boldsymbol{\alpha}_3$ 线性无关．若 $\boldsymbol{\alpha}_1$ 不能由 $\boldsymbol{\alpha}_2,\boldsymbol{\alpha}_3$ 线性表示，则 $\boldsymbol{\alpha}_1,\boldsymbol{\alpha}_2,\boldsymbol{\alpha}_3$ 线性无关，与已知矛盾，即 $\boldsymbol{\alpha}_1$ 能由 $\boldsymbol{\alpha}_2,\boldsymbol{\alpha}_3$ 线性表示.

(2)若 $\boldsymbol{\alpha}_4$ 能由 $\boldsymbol{\alpha}_1,\boldsymbol{\alpha}_2,\boldsymbol{\alpha}_3$ 线性表示，则由已知可得

$$3=R(\boldsymbol{\alpha}_2,\boldsymbol{\alpha}_3,\boldsymbol{\alpha}_4)\leqslant R(\boldsymbol{\alpha}_1,\boldsymbol{\alpha}_2,\boldsymbol{\alpha}_3,\boldsymbol{\alpha}_4)=R(\boldsymbol{\alpha}_1,\boldsymbol{\alpha}_2,\boldsymbol{\alpha}_3)\leqslant 2.$$

矛盾！即证 $\boldsymbol{\alpha}_4$ 不能由 $\boldsymbol{\alpha}_1,\boldsymbol{\alpha}_2,\boldsymbol{\alpha}_3$ 线性表示.

17. 已知 $\boldsymbol{\alpha}_1,\boldsymbol{\alpha}_2,\boldsymbol{\alpha}_3$ 线性无关，$\boldsymbol{\beta}_1=\boldsymbol{\alpha}_1+\boldsymbol{\alpha}_2$，$\boldsymbol{\beta}_2=\boldsymbol{\alpha}_2+\boldsymbol{\alpha}_3$，$\boldsymbol{\beta}_3=\boldsymbol{\alpha}_3$，求证：$\boldsymbol{\beta}_1,\boldsymbol{\beta}_2,\boldsymbol{\beta}_3$ 线性无关.

提示：设 $k_1\boldsymbol{\beta}_1+k_2\boldsymbol{\beta}_2+k_3\boldsymbol{\beta}_3=\boldsymbol{0}$，即 $k_1(\boldsymbol{\alpha}_1+\boldsymbol{\alpha}_2)+k_2(\boldsymbol{\alpha}_2+\boldsymbol{\alpha}_3)+k_3\boldsymbol{\alpha}_3=\boldsymbol{0}$，也就是 $k_1\boldsymbol{\alpha}_1+(k_1+k_2)\boldsymbol{\alpha}_2+(k_2+k_3)\boldsymbol{\alpha}_3=\boldsymbol{0}$，由于 $\boldsymbol{\alpha}_1,\boldsymbol{\alpha}_2,\boldsymbol{\alpha}_3$ 线性无关，

故 $k_1=k_1+k_2=k_2+k_3=0$,从而 $k_1=k_2=k_3=0$,$\boldsymbol{\beta}_1$,$\boldsymbol{\beta}_2$,$\boldsymbol{\beta}_3$线性无关.

18. 证明定理 1.5.2.

提示:(1)利用定义 1.5.1 可证第一个结论．再利用反证法可证第二个结论.

(2)构造矩阵方程结合定理 1.3.1 和定理 1.5.1 可知结论成立.

(3)利用定义 1.5.1 和反证法可证 $\boldsymbol{\beta}$ 可由向量组 A 线性表示．利用反证法可证表示式的唯一性.

19. 求证:线性相关的向量组减少分量后仍线性相关.

提示:利用由 1.5 节例 4 及反证法可证.

20. 求证:若向量组的秩为 r,则向量组中任意 r 个线性无关的向量即为该向量组的一个极大无关组.

提示:只需证明这 r 个线性无关的向量可以线性表示该向量组中的任意向量.

21. 证明定理 1.6.4.

提示:利用定理 1.3.1 和定义 1.6.2 可证.

22. 证明定理 1.6.5.

提示:(1)必要性可由定理 1.6.4 证明,充分性由反证法证明;(2)由(1)可得;(3)利用反证法可证;(4)利用(3)和反证法可证.

23. 证明定理 1.6.6.

提示:注意到任意给定的 n 维向量都可以被 n 维基本单位向量组 $\boldsymbol{\varepsilon}_1,\boldsymbol{\varepsilon}_2,\cdots,\boldsymbol{\varepsilon}_n$线性表出,任取一个 n 维线性无关组 $A:\boldsymbol{\alpha}_1,\boldsymbol{\alpha}_2,\cdots,\boldsymbol{\alpha}_r$,利用数学归纳法将 $\boldsymbol{\varepsilon}_1,\boldsymbol{\varepsilon}_2,\cdots,\boldsymbol{\varepsilon}_n$中不能被 $A:\boldsymbol{\alpha}_1,\boldsymbol{\alpha}_2,\cdots,\boldsymbol{\alpha}_r$线性表示的向量逐步添加到 $A:\boldsymbol{\alpha}_1,\boldsymbol{\alpha}_2,\cdots,\boldsymbol{\alpha}_r$中.

数学实验一

目前,数学上的大量计算问题都是借助计算机完成的,有多种多样的数学软件可替代人工演算．掌握一两个数学软件,有助于对理论方法的理解,提高学习工作效率.

本教材中,选择 MATLAB 和 Octave 来实现线性代数的各种运算. 其中 MATLAB 是 Mathworks 公司的收费软件,其语法简单,功能强大,拥有众多的工具箱,是理工科最常用的编程工具. MATLAB 的底层运算是基于矩阵的,对向量、矩阵的表示非常简洁,使用习惯契合线性代数的运算规则,非常方便. 而 Octave 是 GNU 项目下的开源软件,安装包远小于 MATLAB. 虽然功能远不及 MATLAB,但它同样能很好地完成本教材中向量和矩阵的各种运算,语法也几乎与 MATLAB 一致,相当于免费轻量版的 MATLAB. 严谨编写的代码可同时在 MATLAB 及 Octave 上运行.

安装 MATLAB 可在 https://ww2.mathworks.cn/ 购买许可证或

下载试用版. Octave 可在 https://www.gnu.org/software/octave/下载相应的版本安装.

因为介绍 MATLAB 使用方法的资料非常丰富,所以在附录 A 中,我们只简单介绍 Octave 涉及本教材线性代数运算的部分. 这部分 Octave 的语法与 MATLAB 基本一致,购买了 MATLAB 的读者也可以作为参考. 代码已同时在 Windows 系统下的 MATLAB2015b 和 Octave4.4.1 环境中测试通过.

本书的数学实验练习题的提示和答案可以通过扫描二维码获取.

使用 Octave 或 MATLAB 完成下列各题:

1. 已知 $\boldsymbol{\alpha}=(2,0,-1,3)^{\mathrm{T}}$, $\boldsymbol{\beta}=(1,7,4,-2)^{\mathrm{T}}$, $\boldsymbol{\gamma}=(0,1,0,1)^{\mathrm{T}}$, 求 $2\boldsymbol{\alpha}+\boldsymbol{\beta}-3\boldsymbol{\gamma}$.

2. 用 Octave/MATLAB 的矩阵运算命令模拟方程组

$$\begin{cases} x_2+x_3-1=0, \\ x_1+x_2+2x_3=0, \\ x_1+3x_2+x_3-2=0 \end{cases}$$ 的增广矩阵的初等行变换的每一个步骤.

3. 求矩阵 $\begin{pmatrix} 1 & -2 & 3 & -1 & 1 \\ 3 & -1 & 5 & -3 & 0 \\ 2 & 1 & 2 & -2 & 0 \end{pmatrix}$ 的标准行阶梯形矩阵.

4. 求齐次线性方程组 $\begin{cases} -2x_1+x_2+x_3=0, \\ x_1-x_2+x_3=0, \\ x_1-2x_3=0 \end{cases}$ 的基础解系.

5. 求非齐次线性方程组 $\begin{cases} -2x_1+x_2+x_3=0, \\ x_1-x_2+x_3=3, \\ x_1-2x_3=-3 \end{cases}$ 的通解.

6. 判断向量 $\boldsymbol{\beta}=(0,4,3)$ 是否是向量 $\boldsymbol{\alpha}_1=(1,2,3)$, $\boldsymbol{\alpha}_2=(0,1,1)$, $\boldsymbol{\alpha}_3=(1,0,2)$ 的线性组合,若是,则将 $\boldsymbol{\beta}$ 用 $\boldsymbol{\alpha}_1,\boldsymbol{\alpha}_2,\boldsymbol{\alpha}_3$ 表示出来.

7. 已知向量组 $\boldsymbol{\alpha}_1=(1,2,-1,5)$, $\boldsymbol{\alpha}_2=(2,-1,1,1)$, $\boldsymbol{\alpha}_3=(4,3,-1,11)$, $\boldsymbol{\alpha}_4=(1,2,1,5)$, 讨论向量组 $\boldsymbol{\alpha}_1,\boldsymbol{\alpha}_2,\boldsymbol{\alpha}_3$ 及向量组 $\boldsymbol{\alpha}_1,\boldsymbol{\alpha}_2,\boldsymbol{\alpha}_4$ 的线性相关性. 并求向量组 $\boldsymbol{\alpha}_1,\boldsymbol{\alpha}_2,\boldsymbol{\alpha}_3,\boldsymbol{\alpha}_4$ 的秩和极大线性无关组.

8. 判断向量组 $\begin{pmatrix} 2 \\ 2 \\ 7 \\ -1 \end{pmatrix}, \begin{pmatrix} 3 \\ -1 \\ 2 \\ 4 \end{pmatrix}, \begin{pmatrix} 1 \\ 1 \\ 3 \\ 1 \end{pmatrix}$ 的线性相关性.

9. 设 $\boldsymbol{A}=(\boldsymbol{\alpha}_1,\boldsymbol{\alpha}_2,\boldsymbol{\alpha}_3,\boldsymbol{\alpha}_4,\boldsymbol{\alpha}_5)=\begin{pmatrix} 2 & -1 & -1 & 1 & 2 \\ 1 & 1 & -2 & 1 & 4 \\ 4 & -6 & 2 & -2 & 4 \\ 3 & 6 & -9 & 7 & 9 \end{pmatrix}$, 证明向量

组$(\boldsymbol{\alpha}_1,\boldsymbol{\alpha}_2,\boldsymbol{\alpha}_4)$和向量组$(\boldsymbol{\alpha}_1,\boldsymbol{\alpha}_3,\boldsymbol{\alpha}_5)$等价.

10. 工程计算上经常需要用到“插值”的方法来估算未知点的函数值．这一方法可简单表述为:求一个简单函数 $y=f(x)$,经过所有已知点．如果使用多项式作为插值函数,由平面上的 n 个已知点可唯一确定一个最高次数为 $n-1$ 次的多项式函数．现已知平面上 4 个点的坐标分别为:(0.25,0.50),(0.30,0.5477),(0.39,0.6245),(0.45,0.6708),求经过这 4 个点的三次多项式函数 $y=f(x)$,并由此估算 $f(0.41)$的值.

11. 实验室中有 2 种溶质和溶剂相同的溶液,3 种溶质 a、b、c 在两种溶液中的质量分数分别为 0.5%,1.5%,0.5%和 1.5%,1.0%,1.0%. 能否用这两种溶液配出溶质 a、b、c 的质量分数分别为 0.9%,1.3%,0.7%的另一种溶液?

第2章 矩阵

第1章引入的矩阵是数学中最重要的基本概念之一，是线性代数研究的主要对象．矩阵的出现，源于与某一问题关联的数据所组成的矩形数表．在对矩阵定义基本的代数运算并逐渐形成了完整的矩阵理论体系后，矩阵越来越成为数学研究及实际应用的重要理论工具．本章主要介绍矩阵的基本运算、逆矩阵、分块矩阵以及初等变换与初等矩阵．具体内容如下：

2.1节首先回顾了矩阵的基本概念并介绍几类重要的特殊矩阵，接着定义矩阵的基本运算、包括矩阵的线性运算、矩阵的乘法（特别地，将举例说明矩阵的乘法不满足交换律）、矩阵的幂以及矩阵的转置．

2.2节介绍了矩阵的逆，并给出了二阶方阵可逆的充要条件和计算方法．更一般的求解方法留在2.4节进行介绍．利用本节的结果，可以快速求解存在唯一解的二元线性方程组．

2.3节介绍矩阵的分块，包括分块的概念、基本运算以及初步应用：利用分块矩阵计算矩阵的乘积以及某些具有特殊形式的矩阵的逆．

2.4节首先介绍矩阵的初等变换和初等矩阵，接着探讨方阵可逆的充要条件，最后利用初等行变换求矩阵的逆和求解矩阵方程（线性方程组）．

2.1 矩阵的基本运算

在这一节中，我们首先在定义1.1.1的基础上，给出一些与矩阵的相关的概念（为方便起见，部分在第1章已经介绍过的概念也列举在其中）以及几类重要的特殊矩阵．接着将定义矩阵的基本运算．这些运算在数学研究和解决某些实际问题中都有所应用．

2.1.1 矩阵相等和几类特殊矩阵

如果两个矩阵的行数、列数分别相等,则称它们是**同型矩阵**.

如果两个矩阵是同型矩阵,且它们的对应元素相等,即

$\boldsymbol{A}=(a_{ij})_{m\times n}$, $\boldsymbol{B}=(b_{ij})_{m\times n}$, 且 $a_{ij}=b_{ij}\quad(i=1,2,\cdots,m;j=1,2,\cdots,n)$,

则称这两个**矩阵相等**,记作

$$\boldsymbol{A}=\boldsymbol{B}.$$

下面介绍几类特殊矩阵.

(1)零矩阵

元素都是零的矩阵称为**零矩阵**,记作 $\boldsymbol{O}_{m\times n}$,在不混淆时,简记为 $\boldsymbol{O}$.

(2)行矩阵和列矩阵

只有一行的矩阵称为**行矩阵**,也称为**行向量**,记作

$$\boldsymbol{A}=(a_1,a_2,\cdots,a_n).$$

只有一列的矩阵称为**列矩阵**,也称为**列向量**,记作

$$\boldsymbol{B}=\begin{pmatrix}\boldsymbol{b}_1\\\boldsymbol{b}_2\\\vdots\\\boldsymbol{b}_m\end{pmatrix}.$$

由一个数 a 构成的矩阵,就等于这个数 a,记作 $\boldsymbol{A}=(a)=a$.

(3) n 阶矩阵或 n 阶方阵

行数和列数都是 n 的矩阵称为 n 阶矩阵或 n 阶方阵,记作 $\boldsymbol{A}_n$,即

$$\boldsymbol{A}_n=\begin{pmatrix}a_{11}&a_{12}&\cdots&a_{1n}\\a_{21}&a_{22}&\cdots&a_{2n}\\\vdots&\vdots&&\vdots\\a_{n1}&a_{n2}&\cdots&a_{nn}\end{pmatrix}.$$

n 阶方阵从左上角到右下角的对角线称为**主对角线**,主对角线上的元素称为**主对角元**. 另一条对角线称为**副对角线**,副对角线上的元素称为**副对角元**.

(4)对角矩阵

除主对角元外,其余元素都是零的 n 阶方阵,即形如

$$\boldsymbol{\Lambda}=\begin{pmatrix}\lambda_1&0&\cdots&0\\0&\lambda_2&\cdots&0\\\vdots&\vdots&&\vdots\\0&0&\cdots&\lambda_n\end{pmatrix}$$

的 n 阶方阵称为 **n 阶对角矩阵**,又称为 **n 阶对角阵**,常记为 $\boldsymbol{\Lambda}$. 又简记为

$$\boldsymbol{\Lambda}=\mathrm{diag}(\lambda_1,\lambda_2,\cdots,\lambda_n).$$

特别地,主对角元相等,$\lambda_1=\lambda_2=\cdots=\lambda_n$的 n 阶对角矩阵称为 **n 阶数量矩阵**.

(5)单位矩阵

形如

$$\boldsymbol{E}_n=\begin{pmatrix}1&0&\cdots&0\\0&1&\cdots&0\\\vdots&\vdots&&\vdots\\0&0&\cdots&1\end{pmatrix}$$

的 n 阶对角矩阵(n 阶数量矩阵)称为 n 阶**单位矩阵**,或简称**单位阵**,也记作 $\boldsymbol{E}_n$,在不混淆时,也简记为 $\boldsymbol{E}$.

注:零矩阵和单位矩阵在下面的矩阵运算中,将起着类似于数 0 和数 1 在数的加法和乘法运算中的作用.

(6)三角矩阵

元素满足 $a_{ij}=0(i>j,i,j=1,2,\cdots,n)$,即形如

$$\begin{pmatrix}a_{11}&a_{12}&\cdots&a_{1n}\\0&a_{22}&\cdots&0\\\vdots&\vdots&&\vdots\\0&0&\cdots&a_{nn}\end{pmatrix}$$

的 n 阶方阵称为 **n 阶上三角矩阵**.

元素满足 $a_{ij}=0(i<j,i,j=1,2,\cdots,n)$,即形如

$$\begin{pmatrix}a_{11}&0&\cdots&0\\a_{21}&a_{22}&\cdots&0\\\vdots&\vdots&&\vdots\\a_{n1}&a_{n2}&\cdots&a_{nn}\end{pmatrix}$$

的 n 阶方阵称为 **n 阶下三角矩阵**.

2.1.2 矩阵的运算

(1)矩阵的线性运算

定义 2.1.1 设同型矩阵 $\boldsymbol{A}=(a_{ij})_{m\times n}$,$\boldsymbol{B}=(b_{ij})_{m\times n}$,则将这两个矩阵的对应元素相加而得到的矩阵称为矩阵 $\boldsymbol{A}$ 与 $\boldsymbol{B}$ 的和,记作 $\boldsymbol{A}+\boldsymbol{B}$,即

$$\boldsymbol{A}+\boldsymbol{B}=\begin{pmatrix}a_{11}+b_{11}&a_{12}+b_{12}&\cdots&a_{1n}+b_{1n}\\a_{21}+b_{21}&a_{22}+b_{22}&\cdots&a_{2n}+b_{2n}\\\vdots&\vdots&&\vdots\\a_{m1}+b_{m1}&a_{m2}+b_{m2}&\cdots&a_{mn}+b_{mn}\end{pmatrix}.$$

注意:显然,只有同型矩阵才能进行加法运算.

矩阵加法满足下列运算规律(设 $\boldsymbol{A}$,$\boldsymbol{B}$,$\boldsymbol{C}$ 都是同型矩阵):

(1)交换律 $A+B=B+A$;

(2)结合律 $(A+B)+C=A+(B+C)$.

设矩阵 $A=(a_{ij})_{m\times n}$,将这个矩阵的每个元素都取相反数而得到的矩阵称为矩阵 A 的负矩阵,记作 $-A$,即

$$-A=\begin{pmatrix}-a_{11} & -a_{12} & \cdots & -a_{1n}\\ -a_{21} & -a_{22} & \cdots & -a_{2n}\\ \vdots & \vdots & & \vdots\\ -a_{m1} & -a_{m2} & \cdots & -a_{mn}\end{pmatrix}.$$

显然,

$$A+(-A)=O.$$

利用负矩阵,可以定义矩阵的**减法**:同型矩阵 A 与 B 的差,记作 $A-B$,并规定

$$A-B=A+(-B)=\begin{pmatrix}a_{11}-b_{11} & a_{12}-b_{12} & \cdots & a_{1n}-b_{1n}\\ a_{21}-b_{21} & a_{22}-b_{22} & \cdots & a_{2n}-b_{2n}\\ \vdots & \vdots & & \vdots\\ a_{m1}-b_{m1} & a_{m2}-b_{m2} & \cdots & a_{mn}-b_{mn}\end{pmatrix}.$$

定义 2.1.2 用数 λ 乘以矩阵 $A=(a_{ij})_{m\times n}$ 的每一个元素而得到的矩阵称为 λ 与 A 的乘积,记作 λA 或 $A\lambda$,即

$$\lambda A=\begin{pmatrix}\lambda a_{11} & \lambda a_{12} & \cdots & \lambda a_{1n}\\ \lambda a_{21} & \lambda a_{22} & \cdots & \lambda a_{2n}\\ \vdots & \vdots & & \vdots\\ \lambda a_{m1} & \lambda a_{m2} & \cdots & \lambda a_{mn}\end{pmatrix}.$$

显然,当 $\lambda=1$ 时,$1A=A$. 当 $\lambda=-1$ 时,$(-1)A=-A$.

数乘矩阵满足下列运算规律(设 A,B 是同型矩阵,λ,μ 为数):

(1)结合律 $(\lambda\mu)A=\lambda(\mu A)$;

(2)分配律 $(\lambda+\mu)A=\lambda A+\mu A$,

$\lambda(A+B)=\lambda A+\lambda B$.

矩阵的加法、减法与数乘运算统称为矩阵的**线性运算**.

例 1 对 $A=\begin{pmatrix}1 & 0 & 3 & 1\\ 3 & 2 & 0 & 1\end{pmatrix}$,$B=\begin{pmatrix}1 & 1 & 1 & -1\\ 0 & 2 & 3 & 4\end{pmatrix}$,易得

$$2A=\begin{pmatrix}2 & 0 & 6 & 2\\ \_\_ & \_\_ & \_\_ & \_\_\end{pmatrix},\quad B-A=\begin{pmatrix}0 & 1 & -2 & -2\\ \_\_ & \_\_ & \_\_ & \_\_\end{pmatrix}.$$

在第 1 章的 1.4 节(定义 1.4.6)中,我们定义了矩阵和列向量(即列矩阵)的乘法. 这使得下面关于矩阵与矩阵的乘法显得非常自然.

(2)矩阵的乘法

定义 2.1.3 设矩阵 $A=(a_{ij})_{m\times s}$,$B=(b_{ij})_{s\times n}$,规定 A 与 B 的乘

积为 $m\times n$ 阶矩阵 $\boldsymbol{C}=(c_{ij})$，其中，$\boldsymbol{C}$ 的第 i 行第 j 列元素

$$c_{ij}=a_{i1}b_{1j}+a_{i2}b_{2j}+\cdots+a_{is}b_{sj}=\sum_{k=1}^{s}a_{ik}b_{kj}(i=1,2,\cdots,m;j=1,2,\cdots,n),$$

记作 $\boldsymbol{C}=\boldsymbol{AB}$.

注：在矩阵的乘法运算中，只有当左矩阵的列数等于右矩阵的行数时，矩阵的乘积才有意义．而且，所得的积矩阵的行数等于左矩阵的行数，列数等于右矩阵的列数，即定义 2.1.3 中，$\boldsymbol{C}$ 是 $m\times n$ 阶矩阵.

例 2 设矩阵 $\boldsymbol{A}=\begin{pmatrix}1&0&3&-1\\1&1&0&2\end{pmatrix}$，$\boldsymbol{B}=\begin{pmatrix}4&1&0\\-1&1&3\\2&0&1\\0&3&4\end{pmatrix}$，求 $\boldsymbol{AB}$.

解 由于 $\boldsymbol{A}$ 是 2×4 阶矩阵，$\boldsymbol{B}$ 是 4×3 阶矩阵，故 $\boldsymbol{AB}$ 有意义，且

$$\boldsymbol{AB}=\begin{pmatrix}1&0&3&-1\\1&1&0&2\end{pmatrix}\begin{pmatrix}4&1&0\\-1&1&3\\2&0&1\\0&3&4\end{pmatrix}=\begin{pmatrix}10&-2&-1\\3&8&11\end{pmatrix}.$$

反之，由于 $\boldsymbol{B}$ 的列数不等于 $\boldsymbol{A}$ 的行数，故 $\boldsymbol{BA}$ 没有意义.

例 3 设矩阵 $\boldsymbol{A}=(1,2,3)$，$\boldsymbol{B}=\begin{pmatrix}3\\2\\1\end{pmatrix}$，求 $\boldsymbol{AB}$，$\boldsymbol{BA}$.

解 由于 $\boldsymbol{A}$ 是 1×3 阶矩阵，$\boldsymbol{B}$ 是 3×1 阶矩阵，故 $\boldsymbol{AB}$ 与 $\boldsymbol{BA}$ 都有意义，但 $\boldsymbol{AB}$ 是 1×1 阶矩阵，即一阶方阵，$\boldsymbol{BA}$ 是 3×3 阶矩阵，即三阶方阵.

$$\boldsymbol{AB}=(1,2,3)\begin{pmatrix}3\\2\\1\end{pmatrix}=(\underline{\quad})=\underline{\quad},\boldsymbol{BA}=\begin{pmatrix}3\\2\\1\end{pmatrix}(1,2,3)=\begin{pmatrix}3&6&9\\\underline{\quad}&\underline{\quad}&\underline{\quad}\\1&2&3\end{pmatrix}.$$

注：由例 2 和例 3 可知，矩阵相乘一定要注意顺序，$\boldsymbol{AB}$ 有意义，$\boldsymbol{BA}$ 不一定有意义．即使 $\boldsymbol{AB}$ 与 $\boldsymbol{BA}$ 都有意义，$\boldsymbol{AB}$ 与 $\boldsymbol{BA}$ 也不一定相等．因此，一般地，**矩阵乘法不满足交换律**．当我们已经熟悉矩阵的乘法规则后，就不必每次都讨论参与运算的矩阵的行和列的关系了.

例 4 对矩阵 $\boldsymbol{A}=\begin{pmatrix}1&1\\-1&-1\end{pmatrix}$，$\boldsymbol{B}=\begin{pmatrix}-1&1\\1&-1\end{pmatrix}$，有

$$\boldsymbol{AB}=\begin{pmatrix}1&1\\-1&-1\end{pmatrix}\begin{pmatrix}-1&1\\1&-1\end{pmatrix}=\begin{pmatrix}0&0\\0&0\end{pmatrix},$$

$$\boldsymbol{BA}=\begin{pmatrix}-1&1\\1&-1\end{pmatrix}\begin{pmatrix}1&1\\-1&-1\end{pmatrix}=\begin{pmatrix}-2&-2\\2&2\end{pmatrix}.$$

显然，

$$\boldsymbol{AB}\neq\boldsymbol{BA}.$$

注：由例 4 可知，$\boldsymbol{A}$，$\boldsymbol{B}$ 都是非零矩阵，但 $\boldsymbol{AB}=\boldsymbol{O}$．因此，在矩阵乘

法中，由 $AB=O$ 不一定能得出 $A=O$ 或 $B=O$ 的结论．这再次表明不能将实数的乘法生搬硬套到矩阵的乘法中.

矩阵乘法虽然不满足交换律，但满足下列运算律(假设下列运算都有意义)：

(1)结合律　$(AB)C=A(BC)$，

$\lambda(AB)=(\lambda A)B=A(\lambda B)$(其中 λ 是数)；

(2)分配律　$A(B+C)=AB+AC$，

$(B+C)A=BA+CA$.

如果两个 n 阶方阵 A，B 满足 $AB=BA$，则称方阵 A 与 B 可交换.

对于单位阵 E，可证得

$$E_m A_{m\times n}=A_{m\times n}E_n=A_{m\times n}.$$

可见，单位阵 E 在矩阵的乘法运算中的作用相当于常数 1.

特别地，对于 n 阶单位阵 E 和 n 阶方阵 A，有

$$EA=AE=A,$$

表明 n 阶单位阵 E 与任何 n 阶方阵 A 可交换.

(3)矩阵的幂

由矩阵的乘法的定义，AA 只有当 A 是方阵时才有意义，由此我们可以定义方阵的**幂**：

设 A 是 n 阶方阵，定义

$$A^0=E,A^1=A,A^2=A^1A^1,\cdots,A^k=A^{k-1}A^1,$$

其中，k 为正整数.

可见，A^k就是 k 个 A 连乘.

方阵的幂满足下列运算律：

$$A^kA^l=A^{k+l},(A^k)^l=A^{kl}.$$

由于矩阵乘法不满足交换律，一般地，

$$(AB)^k\neq A^kB^k.$$

例 5　证明

$$\begin{pmatrix}\cos\theta & -\sin\theta\\ \sin\theta & \cos\theta\end{pmatrix}^n=\begin{pmatrix}\cos n\theta & -\sin n\theta\\ \sin n\theta & \cos n\theta\end{pmatrix}.$$

证明　对 n 使得用数学归纳法．当 $n=1$ 时，显然，等式成立．假设当 $n=k-1$ 时，等式成立，即

$$\begin{pmatrix}\cos\theta & -\sin\theta\\ \sin\theta & \cos\theta\end{pmatrix}^{k-1}=\begin{pmatrix}\cos(k-1)\theta & -\sin(k-1)\theta\\ \sin(k-1)\theta & \cos(k-1)\theta\end{pmatrix}.$$

则当 $n=k$ 时，由方阵的幂的定义，有

$$\begin{aligned}\begin{pmatrix}\cos\theta & -\sin\theta\\ \sin\theta & \cos\theta\end{pmatrix}^{k}&=\begin{pmatrix}\cos\theta & -\sin\theta\\ \sin\theta & \cos\theta\end{pmatrix}^{k-1}\begin{pmatrix}\cos\theta & -\sin\theta\\ \sin\theta & \cos\theta\end{pmatrix}^{1}\\&=\begin{pmatrix}\cos(k-1)\theta & -\sin(k-1)\theta\\ \sin(k-1)\theta & \cos(k-1)\theta\end{pmatrix}\begin{pmatrix}\cos\theta & -\sin\theta\\ \sin\theta & \cos\theta\end{pmatrix}\end{aligned}$$

$$=\begin{pmatrix}\cos k\theta & -\sin k\theta\\ \sin k\theta & \cos k\theta\end{pmatrix},$$

等式成立．故对任意的正整数 n，等式都成立．

(4)矩阵的转置

定义 2.1.4 设矩阵 $\boldsymbol{A}=(a_{ij})_{m\times n}$，将 $\boldsymbol{A}$ 的行变成同序数的列或列变成同序数的行而得到矩阵

$$\begin{pmatrix}a_{11} & a_{21} & \cdots & a_{m1}\\ a_{12} & a_{22} & \cdots & a_{m2}\\ \vdots & \vdots & & \vdots\\ a_{1n} & a_{2n} & \cdots & a_{mn}\end{pmatrix}$$

称为 $\boldsymbol{A}$ 的转置矩阵，记作 $\boldsymbol{A}^{\mathrm{T}}$.

例如，矩阵

$$\boldsymbol{A}=\begin{pmatrix}1 & 2 & 3\\ 4 & 5 & 6\end{pmatrix}$$

的转置矩阵为

$$\boldsymbol{A}^{\mathrm{T}}=\begin{pmatrix}1 & 4\\ 2 & 5\\ 3 & 6\end{pmatrix}.$$

矩阵的转置也是一种运算，它满足下列运算律(假设下列运算都有意义)：

(1) $(\boldsymbol{A}^{\mathrm{T}})^{\mathrm{T}}=\boldsymbol{A}$；

(2) $(\boldsymbol{A}+\boldsymbol{B})^{\mathrm{T}}=\boldsymbol{A}^{\mathrm{T}}+\boldsymbol{B}^{\mathrm{T}}$；

(3) $(\lambda\boldsymbol{A})^{\mathrm{T}}=\lambda\boldsymbol{A}^{\mathrm{T}}$；

(4) $(\boldsymbol{AB})^{\mathrm{T}}=\boldsymbol{B}^{\mathrm{T}}\boldsymbol{A}^{\mathrm{T}}$.

证明 仅证明结论(4)．设 $\boldsymbol{A}=(a_{ij})_{m\times s}$，$\boldsymbol{B}=(b_{ij})_{s\times n}$，则 $\boldsymbol{AB}=\boldsymbol{C}=(c_{ij})_{m\times n}$，从而 $(\boldsymbol{AB})^{\mathrm{T}}=\boldsymbol{C}^{\mathrm{T}}$，故 $(\boldsymbol{AB})^{\mathrm{T}}$ 是 $n\times m$ 阶矩阵，其中，第 i 行第 j 列元素 c'_{ij} 就是矩阵 $\boldsymbol{C}$ 的第 j 行第 i 列元素 c_{ji}，即

$$c'_{ij}=c_{ji}=a_{j1}b_{1i}+a_{j2}b_{2i}+\cdots+a_{js}b_{si}.$$

又令 $\boldsymbol{D}=\boldsymbol{B}^{\mathrm{T}}\boldsymbol{A}^{\mathrm{T}}$，则 $\boldsymbol{D}$ 也是 $n\times m$ 阶矩阵，且它的第 i 行第 j 列元素 d_{ij} 是 $\boldsymbol{B}^{\mathrm{T}}$ 的第 i 行元素与 $\boldsymbol{A}^{\mathrm{T}}$ 的第 j 列元素对应乘积之和，也就是 $\boldsymbol{B}$ 的第 i 列元素与 $\boldsymbol{A}$ 的第 j 行元素对应乘积之和，即

$$d_{ij}=b_{1i}a_{j1}+b_{2i}a_{j2}+\cdots+b_{si}a_{js}=a_{j1}b_{1i}+a_{j2}b_{2i}+\cdots+a_{js}b_{si},$$

故

$$c'_{ij}=d_{ij}\quad(i=1,2,\cdots,n;j=1,2,\cdots,m),$$

即得 $(\boldsymbol{AB})^{\mathrm{T}}=\boldsymbol{B}^{\mathrm{T}}\boldsymbol{A}^{\mathrm{T}}$.

例 6 设

$$\boldsymbol{A}=\begin{pmatrix}1 & 0 & 1\\ 1 & 2 & 0\\ 0 & 1 & 1\end{pmatrix},\boldsymbol{B}=\begin{pmatrix}1 & 1\\ 0 & 0\\ -1 & 1\end{pmatrix},$$

求$(\boldsymbol{AB})^{\mathrm{T}}$.

解法 1　由

$$\boldsymbol{AB}=\begin{pmatrix}1&0&1\\1&2&0\\0&1&1\end{pmatrix}\begin{pmatrix}1&1\\0&0\\-1&1\end{pmatrix}=\begin{pmatrix}0&2\\1&1\\-1&1\end{pmatrix},$$

得

$$(\boldsymbol{AB})^{\mathrm{T}}=\begin{pmatrix}0&1&-1\\2&1&1\end{pmatrix}.$$

解法 2

$$(\boldsymbol{AB})^{\mathrm{T}}=\boldsymbol{B}^{\mathrm{T}}\boldsymbol{A}^{\mathrm{T}}=\begin{pmatrix}1&0&-1\\1&0&1\end{pmatrix}\begin{pmatrix}1&\underline{\quad}&0\\0&\underline{\quad}&1\\1&\underline{\quad}&1\end{pmatrix}=\begin{pmatrix}0&1&-1\\2&1&1\end{pmatrix}.$$

定义 2.1.5　设 $\boldsymbol{A}$ 为 n 阶方阵,若 $\boldsymbol{A}^{\mathrm{T}}=\boldsymbol{A}$,即

$$a_{ij}=a_{ji}(i,j=1,2,\cdots,n),$$

则称 $\boldsymbol{A}$ 为**对称矩阵**,又称**对称阵**. 对称矩阵的特点是:它的元素以主对角线为对称轴对称相等. 若 $\boldsymbol{A}^{\mathrm{T}}=\boldsymbol{A}$,即

$$a_{ij}=-a_{ji}(i,j=1,2,\cdots,n),$$

则称 $\boldsymbol{A}$ 为**反对称矩阵**,又称**反对称阵**. 对称矩阵的特点是:它的元素以主对角线为对称轴对称相等.反对称矩阵的特点是:它的主对角线上的元素为 0.

例如,

$$\boldsymbol{A}=\begin{pmatrix}1&2&0\\2&3&5\\0&5&4\end{pmatrix},\boldsymbol{B}=\begin{pmatrix}0&2&0\\-2&0&5\\0&-5&0\end{pmatrix}$$

分别是三阶对称矩阵和反对称矩阵.

例 7　设列矩阵 $\boldsymbol{X}=(x_1,x_2,\cdots,x_n)^{\mathrm{T}}$满足 $\boldsymbol{X}^{\mathrm{T}}\boldsymbol{X}=\boldsymbol{E}$,$\boldsymbol{E}$ 是 n 阶单位阵,且 $\boldsymbol{H}=\boldsymbol{E}-2\boldsymbol{XX}^{\mathrm{T}}$,证明:$\boldsymbol{H}$ 是对称阵,且 $\boldsymbol{HH}^{T}=\boldsymbol{E}$.

证明　由于

$$\begin{aligned}\boldsymbol{H}^{\mathrm{T}}&=(\boldsymbol{E}-2\boldsymbol{XX}^{\mathrm{T}})^{\mathrm{T}}\\&=\boldsymbol{E}^{\mathrm{T}}-2(\boldsymbol{XX}^{\mathrm{T}})^{\mathrm{T}}\\&=\boldsymbol{E}-2\boldsymbol{XX}^{\mathrm{T}}=\boldsymbol{H},\end{aligned}$$

故 $\boldsymbol{H}$ 是对称矩阵.

于是

$$\begin{aligned}\boldsymbol{HH}^{\mathrm{T}}=\boldsymbol{H}^2&=(\boldsymbol{E}-2\boldsymbol{XX}^{\mathrm{T}})^2\\&=\boldsymbol{E}-4\boldsymbol{XX}^{\mathrm{T}}+4(\boldsymbol{XX}^{\mathrm{T}})(\boldsymbol{XX}^{\mathrm{T}})\\&=\boldsymbol{E}-4\boldsymbol{XX}^{\mathrm{T}}+4\boldsymbol{X}(\boldsymbol{X}^{\mathrm{T}}\boldsymbol{X})\boldsymbol{X}^{\mathrm{T}}\\&=\boldsymbol{E}-4\boldsymbol{XX}^{\mathrm{T}}+4\boldsymbol{XX}^{\mathrm{T}}=\boldsymbol{E}.\end{aligned}$$

2.2 矩阵的逆

我们已经知道任意给定矩阵 $\boldsymbol{A}$,都存在它的负矩阵 $-\boldsymbol{A}$. 这类似于任意给定的实数必有相反数. 而对一个非零的数 a 满足 $aa^{-1}=1$ 和 $a^{-1}a=1$. 将 a 和 1 分别看成矩阵 $\boldsymbol{A}$ 和 $\boldsymbol{E}$,就得到了 $\boldsymbol{AA}^{-1}=\boldsymbol{E}$ 和 $\boldsymbol{A}^{-1}\boldsymbol{A}=\boldsymbol{E}$,即此时 $\boldsymbol{A}$ 存在乘法逆. 一个自然的问题就是,什么样的矩阵可能存在乘法逆?注意到要使得 $\boldsymbol{AA}^{-1}=\boldsymbol{E}_n$ 和 $\boldsymbol{A}^{-1}\boldsymbol{A}=\boldsymbol{E}_n$ 都成立,$\boldsymbol{A}$ 和 $\boldsymbol{A}^{-1}$ 必须是 n 阶方阵. 下面给出逆矩阵的一般定义.

定义 2.2.1 设 $\boldsymbol{A}$ 为 n 阶方阵,如果存在 n 阶方阵 $\boldsymbol{B}$,使得

$$\boldsymbol{AB}=\boldsymbol{BA}=\boldsymbol{E},$$

则称方阵 $\boldsymbol{A}$ 是**可逆的**,并称 $\boldsymbol{B}$ 是 $\boldsymbol{A}$ 的**逆矩阵**,简称**逆**,记作 $\boldsymbol{B}=\boldsymbol{A}^{-1}$.

注: 可逆矩阵又称为**非奇异矩阵**,不可逆矩阵则称为**奇异矩阵**.

由定义可知,这时 $\boldsymbol{B}$ 也是可逆的,且 $\boldsymbol{A}$ 是 $\boldsymbol{B}$ 的逆,即 $\boldsymbol{A}$ 与 $\boldsymbol{B}$ 是互逆的.

如果方阵 $\boldsymbol{A}$ 是可逆的,则它的逆唯一.

事实上,如果方阵 $\boldsymbol{B},\boldsymbol{C}$ 都是 $\boldsymbol{A}$ 的逆,则 $\boldsymbol{AB}=\boldsymbol{BA}=\boldsymbol{E},\boldsymbol{AC}=\boldsymbol{CA}=\boldsymbol{E}$,于是

$$\boldsymbol{B}=\boldsymbol{BE}=\boldsymbol{B}(\boldsymbol{AC})=(\boldsymbol{BA})\boldsymbol{C}=\boldsymbol{EC}=\boldsymbol{C}.$$

例 1 对矩阵 $\boldsymbol{A}=\begin{pmatrix}1&2\\3&4\end{pmatrix}$ 与 $\boldsymbol{B}=\begin{pmatrix}-2&1\\\frac{3}{2}&-\frac{1}{2}\end{pmatrix}=-\frac{1}{2}\begin{pmatrix}4&-2\\-3&1\end{pmatrix}$,有

$$\boldsymbol{AB}=\begin{pmatrix}1&2\\3&4\end{pmatrix}\begin{pmatrix}-2&1\\\frac{3}{2}&-\frac{1}{2}\end{pmatrix}=\begin{pmatrix}1&0\\0&1\end{pmatrix},\boldsymbol{BA}=\begin{pmatrix}-2&1\\\frac{3}{2}&-\frac{1}{2}\end{pmatrix}\begin{pmatrix}1&2\\3&4\end{pmatrix}=\begin{pmatrix}1&0\\0&1\end{pmatrix},$$

故 $\boldsymbol{A}$ 和 $\boldsymbol{B}$ 互为逆矩阵.

事实上,直接验证可得到以下常用结论.

定理 2.2.1 若矩阵 $\boldsymbol{A}=\begin{pmatrix}a&b\\c&d\end{pmatrix}$ 满足 $ad-bc\neq0$,则 $\boldsymbol{A}$ 可逆,且

$$\boldsymbol{A}^{-1}=\frac{1}{ad-bc}\begin{pmatrix}d&-b\\-c&a\end{pmatrix}.$$

注: 对于 $n\geqslant3$ 阶方阵,即使已经知道它是可逆的,按定义求逆矩阵也是困难的. 例如,已知

$$\boldsymbol{A}=\begin{pmatrix}1&2&0\\2&4&1\\0&1&1\end{pmatrix}$$

可逆,我们固然可以假设它的逆矩阵是

$$B=\begin{pmatrix} b_{11} & b_{12} & b_{13} \\ b_{21} & b_{22} & b_{23} \\ b_{31} & b_{32} & b_{33} \end{pmatrix},$$

然后利用 $AB=BA=E$ 建立线性方程组并求解．但一般过程都是比较烦琐的．我们将在 2.4 节给出更简单的计算方法．我们还将在第 3 章介绍利用行列式求逆矩阵的方法.

求方阵的逆作为一种运算,它满足下列运算律:

(1)若 A 可逆,则 A^{-1} 也可逆,且 $(A^{-1})^{-1}=A$;

(2)若 A 可逆,数 $\lambda\neq 0$,则 λA 可逆,且 $(\lambda A)^{-1}=\frac{1}{\lambda}A^{-1}$;

(3)若 A,B 是同阶的可逆,则 AB 也可逆,且 $(AB)^{-1}=B^{-1}A^{-1}$;

(4)若 A 可逆,则 A^{T} 也可逆,且 $(A^{T})^{-1}=(A^{-1})^{T}$.

当 A 可逆时,方阵 A 的幂的定义可以扩充:

$$A^{-k}=(A^{-1})^{k},$$

其中 k 为正整数.

于是,当 A 可逆,λ,μ 为整数时,有

$$A^{\lambda}A^{\mu}=A^{\lambda+\mu},(A^{\lambda})^{\mu}=A^{\lambda\mu}.$$

例 2 利用逆求解线性方程组

$$\begin{cases} x_1+2x_2=1, \\ 3x_1+4x_2=3. \end{cases}$$

解 设方程组的系数矩阵 $A=\begin{pmatrix} 1 & 2 \\ 3 & 4 \end{pmatrix}$,未知数向量 $x=\begin{pmatrix} x_1 \\ x_2 \end{pmatrix}$,常

数项

向量 $b=\begin{pmatrix} 1 \\ 3 \end{pmatrix}$,由矩阵的乘法,该线性方程组可表示成向量方程

$Ax=b$. 由例 1 可知,方阵 A 可逆,用 A^{-1} 左乘等式 $Ax=b$,有

$$x=A^{-1}b=\begin{pmatrix} -2 & 1 \\ \underline{\quad} & \underline{\quad} \end{pmatrix}\begin{pmatrix} 1 \\ 3 \end{pmatrix}=\begin{pmatrix} \underline{\quad} \\ \underline{\quad} \end{pmatrix}.$$

例 3 已知 $A=\begin{pmatrix} 1 & 2 \\ 3 & 4 \end{pmatrix}$,$B=\begin{pmatrix} 1 & -1 \\ 1 & 0 \end{pmatrix}$,求矩阵 X,使得 $AX=B$.

解 由例 2 知,方阵 A 可逆,用 A^{-1} 左乘等式 $AX=B$,有

$$A^{-1}AX=A^{-1}B,$$

即

$$X=A^{-1}B.$$

从而

$$X=A^{-1}B=\begin{pmatrix} -2 & 1 \\ \underline{\quad} & \underline{\quad} \end{pmatrix}\begin{pmatrix} 1 & -1 \\ 1 & 0 \end{pmatrix}=\begin{pmatrix} -1 & 2 \\ 1 & \frac{3}{2} \end{pmatrix}.$$

例 4 设 $\boldsymbol{P}=\begin{pmatrix}1&2\\3&4\end{pmatrix}$, $\boldsymbol{\Lambda}=\begin{pmatrix}1&0\\0&2\end{pmatrix}$, 且 $\boldsymbol{AP}=\boldsymbol{P\Lambda}$, 求 $\boldsymbol{A}^n$.

解 由于 $1\times4-3\times2=-2\neq0$, 故方阵 $\boldsymbol{P}$ 可逆, 且

$$\boldsymbol{P}^{-1}=-\frac{1}{2}\begin{pmatrix}4&-2\\-3&1\end{pmatrix},$$

另一方面,

$$\boldsymbol{\Lambda}^2=\boldsymbol{\Lambda\Lambda}=\begin{pmatrix}1&0\\0&2\end{pmatrix}\begin{pmatrix}1&0\\0&2\end{pmatrix}=\begin{pmatrix}1&0\\0&2^2\end{pmatrix},\cdots,\boldsymbol{\Lambda}^n=\begin{pmatrix}1&0\\0&2^n\end{pmatrix}.$$

于是,

$$\boldsymbol{A}=\boldsymbol{P\Lambda P}^{-1},\boldsymbol{A}^2=\boldsymbol{P\Lambda P}^{-1}\boldsymbol{P\Lambda P}^{-1}=\boldsymbol{P\Lambda}^2\boldsymbol{P}^{-1},\cdots,\boldsymbol{A}^n=\boldsymbol{P\Lambda}^n\boldsymbol{P}^{-1}.$$

故

$$\boldsymbol{A}^n=-\frac{1}{2}\begin{pmatrix}1&2\\3&4\end{pmatrix}\begin{pmatrix}1&0\\0&2^n\end{pmatrix}\begin{pmatrix}4&-2\\-3&1\end{pmatrix}=-\frac{1}{2}\begin{pmatrix}1&2\cdot2^n\\3&4\cdot2^n\end{pmatrix}\begin{pmatrix}4&-2\\-3&1\end{pmatrix}$$

$$=-\frac{1}{2}\begin{pmatrix}4-6\cdot2^n&3\cdot2^n-3\\8\cdot(1-2^n)&4\cdot2^n-6\end{pmatrix}.$$

设 x 的 m 次多项式为 $\varphi(x)=a_0+a_1x+\cdots+a_mx^m\ (a_m\neq0)$, $\boldsymbol{A}$ 为 n 阶方阵, 令

$$\varphi(\boldsymbol{A})=a_0\boldsymbol{E}+a_1\boldsymbol{A}+\cdots+a_m\boldsymbol{A}^m\ (a_m\neq0),$$

称 $\varphi(\boldsymbol{A})$ 为**方阵 $\boldsymbol{A}$ 的 m 次多项式**.

由于方阵 $\boldsymbol{A}^k$, $\boldsymbol{A}^l$ 和 $\boldsymbol{E}$ 都是可交换的, 故方阵 $\boldsymbol{A}$ 的任意两个多项式 $\varphi(\boldsymbol{A})$ 和 $f(\boldsymbol{A})$ 都是可交换的, 即有

$$\varphi(\boldsymbol{A})f(\boldsymbol{A})=f(\boldsymbol{A})\varphi(\boldsymbol{A}),$$

因此, 方阵 $\boldsymbol{A}$ 的多项式可以像数 x 的多项式一样相乘或因式分解. 例如

$$(\boldsymbol{A}+\boldsymbol{E})(\boldsymbol{A}-2\boldsymbol{E})=\boldsymbol{A}^2-\boldsymbol{A}-2\boldsymbol{E},$$

$$(\boldsymbol{E}-\boldsymbol{A})(\boldsymbol{E}+\boldsymbol{A}+\boldsymbol{A}^2+\cdots+\boldsymbol{A}^{k-1})=\boldsymbol{E}-\boldsymbol{A}^k.$$

例 5 设方阵 $\boldsymbol{A}$ 满足 $\boldsymbol{A}^2-2\boldsymbol{A}-3\boldsymbol{E}=\boldsymbol{O}$, 求 $\boldsymbol{A}^{-1}$ 与 $(\boldsymbol{A}+2\boldsymbol{E})^{-1}$.

解 由等式 $\boldsymbol{A}^2-2\boldsymbol{A}-3\boldsymbol{E}=\boldsymbol{O}$, 得 $(\boldsymbol{A}-2\boldsymbol{E})\boldsymbol{A}=3\boldsymbol{E}$, 从而

$$\frac{1}{3}(\boldsymbol{A}-2\boldsymbol{E})\boldsymbol{A}=\boldsymbol{E},$$

由推论知, 方阵 $\boldsymbol{A}$ 可逆, 且 $\boldsymbol{A}^{-1}=\frac{1}{3}(\boldsymbol{A}-2\boldsymbol{E})$.

又由等式 $\boldsymbol{A}^2-2\boldsymbol{A}-3\boldsymbol{E}=\boldsymbol{O}$, 得 $(\boldsymbol{A}^2+2\boldsymbol{A})-(4\boldsymbol{A}+8\boldsymbol{E})+5\boldsymbol{E}=\boldsymbol{O}$, 从而有

$$\boldsymbol{A}(\boldsymbol{A}+2\boldsymbol{E})-4(\boldsymbol{A}+2\boldsymbol{E})=-5\boldsymbol{E},$$

即

$$-\frac{1}{5}(\boldsymbol{A}-4\boldsymbol{E})(\boldsymbol{A}+2\boldsymbol{E})=\boldsymbol{E},$$

由推论知，方阵 $\boldsymbol{A}+2\boldsymbol{E}$ 也可逆，且 $(\boldsymbol{A}+2\boldsymbol{E})^{-1}=-\frac{1}{5}(\boldsymbol{A}-4\boldsymbol{E})$.

2.3 分块矩阵

2.3.1 分块矩阵的定义

当矩阵的行数和列数都比较大时，直接运算比较麻烦．为此，往往需要采用矩阵的分块法，将大矩阵化成小矩阵进行运算，这是矩阵运算中的一个重要技巧．所谓**矩阵的分块法**，就是用水平线和竖直线将矩阵分成若干小矩阵的方法，其中每个小矩阵称为矩阵的**子块**，以子块为元素在形式上所表示的矩阵称为**分块矩阵**，又称**分块阵**.

例 1　矩阵

$$\boldsymbol{A}=\begin{pmatrix} a_{11} & a_{12} & a_{13} & a_{14} & a_{15} \\ a_{21} & a_{22} & a_{23} & a_{24} & a_{25} \\ a_{31} & a_{32} & a_{33} & a_{34} & a_{35} \end{pmatrix},$$

按下列四种方法分块，可以得到不同形式的分块矩阵：

(1) $$\boldsymbol{A}=\left(\begin{array}{cc|ccc} a_{11} & a_{12} & a_{13} & a_{14} & a_{15} \\ a_{21} & a_{22} & a_{23} & a_{24} & a_{25} \\ \hline a_{31} & a_{32} & a_{33} & a_{34} & a_{35} \end{array}\right)=\begin{pmatrix} \boldsymbol{A}_{11} & \boldsymbol{A}_{12} \\ \boldsymbol{A}_{21} & \boldsymbol{A}_{22} \end{pmatrix};$$

(2) $$\boldsymbol{A}=\left(\begin{array}{c|c|ccc} a_{11} & a_{12} & a_{13} & a_{14} & a_{15} \\ a_{21} & a_{22} & a_{23} & a_{24} & a_{25} \\ \hline a_{31} & a_{32} & a_{33} & a_{34} & a_{35} \end{array}\right)=\begin{pmatrix} \boldsymbol{A}_{11} & \boldsymbol{A}_{12} & \boldsymbol{A}_{13} \\ \boldsymbol{A}_{21} & \boldsymbol{A}_{22} & \boldsymbol{A}_{23} \end{pmatrix};$$

(3) $$\boldsymbol{A}=\left(\begin{array}{c|c|c|c|c} a_{11} & a_{12} & a_{13} & a_{14} & a_{15} \\ a_{21} & a_{22} & a_{23} & a_{24} & a_{25} \\ a_{31} & a_{32} & a_{33} & a_{34} & a_{35} \end{array}\right)=(\boldsymbol{\alpha}_1,\boldsymbol{\alpha}_2,\boldsymbol{\alpha}_3,\boldsymbol{\alpha}_4,\boldsymbol{\alpha}_5);$$

(4) $$\boldsymbol{A}=\left(\begin{array}{ccccc} a_{11} & a_{12} & a_{13} & a_{14} & a_{15} \\ \hline a_{21} & a_{22} & a_{23} & a_{24} & a_{25} \\ \hline a_{31} & a_{32} & a_{33} & a_{34} & a_{35} \end{array}\right)=\begin{pmatrix} \boldsymbol{\beta}_1^{\mathrm{T}} \\ \boldsymbol{\beta}_2^{\mathrm{T}} \\ \boldsymbol{\beta}_3^{\mathrm{T}} \end{pmatrix},$$

其中右端分块矩阵中的每个元素都是子块．如(1)中的 $\boldsymbol{A}_{11}=\begin{pmatrix} a_{11} & a_{12} \\ a_{21} & a_{22} \end{pmatrix}$，(2)中的 $\boldsymbol{A}_{11}=\begin{pmatrix} a_{11} \\ a_{21} \end{pmatrix}$．(3)、(4)分别是**按列分块**和**按行分块**，这是两种常用的分块法．试写出各种情况下其他的子块.

2.3.2 分块矩阵的运算

(1) 分块矩阵的加法

设矩阵 $\boldsymbol{A}$ 与 $\boldsymbol{B}$ 是同型矩阵，且采用相同的分块法，得

$$A=\begin{pmatrix}A_{11} & \cdots & A_{1r}\\ \vdots & & \vdots\\ A_{s1} & \cdots & A_{sr}\end{pmatrix},B=\begin{pmatrix}B_{11} & \cdots & B_{1r}\\ \vdots & & \vdots\\ B_{s1} & \cdots & B_{sr}\end{pmatrix},$$

其中,A_{ij}与B_{ij}是同型矩阵($i=1,2,\cdots,s;j=1,2,\cdots,r$),则

$$A+B=\begin{pmatrix}A_{11}+B_{11} & \cdots & A_{1r}+B_{1r}\\ \vdots & & \vdots\\ A_{s1}+B_{s1} & \cdots & A_{sr}+B_{sr}\end{pmatrix}.$$

(2)**数与分块矩阵相乘**

设分块矩阵 $A=\begin{pmatrix}A_{11} & \cdots & A_{1r}\\ \vdots & & \vdots\\ A_{s1} & \cdots & A_{sr}\end{pmatrix}$,$\lambda$ 为数,则

$$\lambda A=\begin{pmatrix}\lambda A_{11} & \cdots & \lambda A_{1r}\\ \vdots & & \vdots\\ \lambda A_{s1} & \cdots & \lambda A_{sr}\end{pmatrix}.$$

(3)**分块矩阵的乘法**

设 A 为 $m\times l$ 阶矩阵,B 为 $l\times n$ 阶矩阵,且对 A 的列的划分方法与对 B 的行的划分方法一致,得到分块矩阵

$$A=\begin{pmatrix}A_{11} & \cdots & A_{1t}\\ \vdots & & \vdots\\ A_{s1} & \cdots & A_{st}\end{pmatrix},B=\begin{pmatrix}B_{11} & \cdots & B_{1r}\\ \vdots & & \vdots\\ B_{t1} & \cdots & B_{tr}\end{pmatrix},$$

这时,$A_{i1},A_{i2},\cdots,A_{it}$的列数分别等于$B_{1j},B_{2j},\cdots,B_{tj}$的行数,则

$$AB=\begin{pmatrix}C_{11} & \cdots & C_{1r}\\ \vdots & & \vdots\\ C_{s1} & \cdots & C_{sr}\end{pmatrix},$$

其中,$C_{ij}=\sum_{k=1}^{t}A_{ik}B_{kj}(i=1,2,\cdots,s;j=1,2,\cdots,r)$.

这里,C_{ij}的表达式类似于矩阵乘法中的 c_{ij}. 但必须注意 $A_{ik}B_{kj}$是两个分块矩阵的乘积.

注:以下例子表明,利用分块矩阵简化计算时,合理的分块方法是得到尽可能多的数量矩阵,特别是零矩阵和单位阵.

例 2 设

$$A=\begin{pmatrix}1 & 0 & 0 & 0\\ 0 & 1 & 0 & 0\\ -1 & 0 & 2 & 0\\ 1 & 1 & 0 & 2\end{pmatrix},B=\begin{pmatrix}1 & 0 & 1 & 0\\ -1 & 2 & 0 & 1\\ 0 & 0 & 3 & 1\\ 0 & 0 & 2 & 4\end{pmatrix},$$

求 AB.

解 将矩阵 $\boldsymbol{A},\boldsymbol{B}$ 进行分块，得

$$\boldsymbol{A}=\left(\begin{array}{cc|cc}1&0&0&0\\0&1&0&0\\ \hline -1&0&2&0\\1&1&0&2\end{array}\right)=\begin{pmatrix}\boldsymbol{E}&\boldsymbol{O}\\\boldsymbol{A}_1&2\boldsymbol{E}\end{pmatrix},$$

$$\boldsymbol{B}=\left(\begin{array}{cc|cc}1&0&1&0\\-1&2&0&1\\ \hline 0&0&3&1\\0&0&0&4\end{array}\right)=\begin{pmatrix}\boldsymbol{B}_1&\boldsymbol{E}\\\boldsymbol{O}&\boldsymbol{B}_2\end{pmatrix},$$

于是，

$$\boldsymbol{AB}=\begin{pmatrix}\boldsymbol{E}&\boldsymbol{O}\\\boldsymbol{A}_1&2\boldsymbol{E}\end{pmatrix}\begin{pmatrix}\boldsymbol{B}_1&\boldsymbol{E}\\\boldsymbol{O}&\boldsymbol{B}_2\end{pmatrix}=\begin{pmatrix}\boldsymbol{B}_1&\boldsymbol{E}\\\boldsymbol{A}_1\boldsymbol{B}_1&\boldsymbol{A}_1+2\boldsymbol{B}_2\end{pmatrix},$$

其中，

$$\boldsymbol{A}_1\boldsymbol{B}_1=\begin{pmatrix}-1&0\\1&1\end{pmatrix}\begin{pmatrix}1&0\\-1&2\end{pmatrix}=\begin{pmatrix}-1&0\\0&2\end{pmatrix},$$

$$\boldsymbol{A}_1+2\boldsymbol{B}_2=\begin{pmatrix}-1&0\\1&1\end{pmatrix}+2\begin{pmatrix}3&1\\0&4\end{pmatrix}=\begin{pmatrix}-1&0\\1&1\end{pmatrix}+\begin{pmatrix}\underline{\quad}&\underline{\quad}\\\underline{\quad}&\underline{\quad}\end{pmatrix}=\begin{pmatrix}\underline{\quad}&\underline{\quad}\\\underline{\quad}&\underline{\quad}\end{pmatrix},$$

故

$$\boldsymbol{AB}=\begin{pmatrix}1&0&1&0\\-1&2&0&1\\-1&0&\underline{\quad}&\underline{\quad}\\0&2&\underline{\quad}&\underline{\quad}\end{pmatrix}.$$

(4) **分块矩阵的转置**

设分块矩阵 $\boldsymbol{A}=\begin{pmatrix}\boldsymbol{A}_{11}&\cdots&\boldsymbol{A}_{1r}\\\vdots&&\vdots\\\boldsymbol{A}_{s1}&\cdots&\boldsymbol{A}_{sr}\end{pmatrix}$，则

$$\boldsymbol{A}^{\mathrm{T}}=\begin{pmatrix}\boldsymbol{A}_{11}^{\mathrm{T}}&\cdots&\boldsymbol{A}_{s1}^{\mathrm{T}}\\\vdots&&\vdots\\\boldsymbol{A}_{1r}^{\mathrm{T}}&\cdots&\boldsymbol{A}_{sr}^{\mathrm{T}}\end{pmatrix}.$$

(5) **分块对角矩阵**

对于 n 阶方阵 $\boldsymbol{A}$，如果 $\boldsymbol{A}$ 的分块矩阵满足只有在对角线上有非零子块，其余子块都是零矩阵，且在对角线上的子块均为方阵，即

$$\boldsymbol{A}=\begin{pmatrix}\boldsymbol{A}_1&&&\\&\boldsymbol{A}_2&&\\&&\ddots&\\&&&\boldsymbol{A}_s\end{pmatrix}$$

其中，$\boldsymbol{A}_i(i=1,2,\cdots,s)$为方阵，则称 $\boldsymbol{A}$ 为**分块对角矩阵**.

分块对角矩阵具有下列重要性质：

若方阵 $\boldsymbol{A}_i(i=1,2,\cdots,s)$可逆，则 $\boldsymbol{A}$ 也可逆，且

$$\boldsymbol{A}^{-1}=\begin{pmatrix}\boldsymbol{A}_1^{-1} & & & \\ & \boldsymbol{A}_2^{-1} & & \\ & & \ddots & \\ & & & \boldsymbol{A}_s^{-1}\end{pmatrix}.$$

例 3 设 $\boldsymbol{A}=\begin{pmatrix}2 & 5 & 0\\ 1 & 3 & 0\\ 0 & 0 & 2\end{pmatrix}$，求 $\boldsymbol{A}^{-1}$.

解 $\boldsymbol{A}$ 可化成分块对角矩阵，得

$$\boldsymbol{A}=\left(\begin{array}{cc|c}2 & 5 & 0\\ 1 & 3 & 0\\ \hline 0 & 0 & 2\end{array}\right)=\begin{pmatrix}\boldsymbol{A}_1 & \boldsymbol{O}\\ \boldsymbol{O} & \boldsymbol{A}_2\end{pmatrix},$$

其中，$\boldsymbol{A}_1=\begin{pmatrix}2 & 5\\ 1 & 3\end{pmatrix}$可逆，且

$$\boldsymbol{A}_1^{-1}=\frac{1}{1}\begin{pmatrix}3 & -5\\ -1 & 2\end{pmatrix}=\begin{pmatrix}3 & -5\\ -1 & 2\end{pmatrix},$$

$\boldsymbol{A}_2=(2)$可逆，且 $\boldsymbol{A}_2^{-1}=\left(\dfrac{1}{2}\right)$，故 $\boldsymbol{A}$ 可逆，且

$$\boldsymbol{A}^{-1}=\begin{pmatrix}\boldsymbol{A}_1^{-1} & \boldsymbol{O}\\ \boldsymbol{O} & \boldsymbol{A}_2^{-1}\end{pmatrix}=\begin{pmatrix}\underline{\quad} & \underline{\quad} & 0\\ \underline{\quad} & \underline{\quad} & 0\\ 0 & 0 & \underline{\quad}\end{pmatrix}.$$

2.4 初等变换与初等矩阵

2.4.1 初等变换

在 1.2 节中，我们引入了矩阵的初等行变换．相应地，还可以定义矩阵的初等列变换.

定义 2.4.1 对矩阵进行下列三种变换：

(1)互换某两列(第 i,j 两列互换，记作 $c_i\leftrightarrow c_j$)；

(2)用非零常数乘某一列的所有元素(用 $k\neq0$ 乘第 i 列，记作 $c_i\times k$)；

(3)把某一列的所有元素的 k 倍加到另一列对应的元素上去(第 j 列的 k 倍加到第 i 列上去，记作 c_i+kc_j).

称上述三种变换为矩阵的**初等列变换**.

矩阵的初等行变换与初等列变换统称为矩阵的**初等变换**.

和方程组的三种同解变换一样,矩阵的三种初等变换也都是可逆的,其逆变换仍与其是同一类型的初等变换. 如变换 $r_i \leftrightarrow r_j$ 的逆变换仍为 $r_i \leftrightarrow r_j$;变换 $r_i \times k$ 的逆变换为 $r_i \times \dfrac{1}{k}$(或 $r_i \div k$);变换 $r_i + kr_j$ 的逆变换为 $r_i + (-k) r_j$(或 $r_i - kr_j$).

类似地,若矩阵 $\boldsymbol{A}$ 经过有限次初等列变换变成 $\boldsymbol{B}$,则称矩阵 $\boldsymbol{A}$ 与 $\boldsymbol{B}$ **列等价**,记作 $\boldsymbol{A} \overset{c}{\sim} \boldsymbol{B}$. 特别地,若矩阵 $\boldsymbol{A}$ 经过有限次初等变换变成 $\boldsymbol{B}$,则称矩阵 $\boldsymbol{A}$ 与 $\boldsymbol{B}$ **等价**,记作 $\boldsymbol{A} \sim \boldsymbol{B}$.

显然,由等价向量组的性质马上得到等价矩阵的性质如下:

(1)反身性　$\boldsymbol{A} \sim \boldsymbol{A}$;

(2)对称性　若 $\boldsymbol{A} \sim \boldsymbol{B}$,则 $\boldsymbol{B} \sim \boldsymbol{A}$;

(3)传递性　若 $\boldsymbol{A} \sim \boldsymbol{B}, \boldsymbol{B} \sim \boldsymbol{C}$,则 $\boldsymbol{A} \sim \boldsymbol{C}$.

我们已经知道,通过初等行变换,可以得到矩阵的标准行阶梯形矩阵. 事实上,对标准行阶梯形矩阵进行初等列变换,还可将矩阵变成更为简单的形式.如:

例 1　利用 1.2 节例 2 的结果可得

$$\boldsymbol{A} = \begin{pmatrix} 0 & 1 & 1 & 1 \\ 1 & 1 & 2 & 0 \\ 1 & 3 & 1 & 2 \end{pmatrix} \overset{r}{\sim} \begin{pmatrix} 1 & 0 & 0 & -1 \\ 0 & 1 & 0 & 1 \\ 0 & 0 & 1 & 0 \end{pmatrix} \underset{\sim}{\overset{c_4+c_1}{c_4-c_2}} \begin{pmatrix} 1 & 0 & 0 & 0 \\ 0 & 1 & 0 & 0 \\ 0 & 0 & 1 & 0 \end{pmatrix} = \boldsymbol{C}.$$

这里,称矩阵 $\boldsymbol{C}$ 为矩阵 $\boldsymbol{A}$ 的标准形,其特点是:它的左上角是一个单位阵,其他元素都为 0.

容易证明以下结论:

定理 2.4.1　任意非零矩阵 $\boldsymbol{A}_{m \times n}$ 都与它的标准形等价,即

$$\boldsymbol{A} \sim \begin{pmatrix} \boldsymbol{E}_r & \boldsymbol{O} \\ \boldsymbol{O} & \boldsymbol{O} \end{pmatrix}_{m \times n},$$

其中,$\boldsymbol{E}_r$ 是 r 阶单位矩阵,等于行阶梯形矩阵中非零行的行数,即 $\boldsymbol{A}_{m \times n}$ 的秩,满足 $r \leqslant \min\{m, n\}$.

2.4.2 初等矩阵

定义 2.4.2　由单位阵 $\boldsymbol{E}$ 经过一次初等变换所得到的矩阵称为**初等矩阵**.

三种初等变换对应于三种类型的初等矩阵:

(1)互换单位阵 $\boldsymbol{E}$ 的第 i, j 两行(或第 i, j 两列),得到初等矩阵

$$
\boldsymbol{E}(i,j)=\begin{pmatrix}
1 &&&&&&&&&& \\
& \ddots &&&&&&&&& \\
&& 1 &&&&&&&& \\
&&& 0 && \cdots && 1 &&& \\
&&&& 1 &&&&&& \\
&&& \vdots && \ddots && \vdots &&& \\
&&&&&& 1 &&&& \\
&&& 1 && \cdots && 0 &&& \\
&&&&&&&& 1 && \\
&&&&&&&&& \ddots & \\
&&&&&&&&&& 1
\end{pmatrix}
\begin{matrix} \\ \\ \\ \text{第} i \text{行} \\ \\ \\ \\ \text{第} j \text{行} \\ \\ \\ \\ \end{matrix}.
$$

(2)用 $k\neq0$ 乘单位阵 $\boldsymbol{E}$ 的第 i 行(或第 i 列),得到初等矩阵

$$
\boldsymbol{E}(i(k))=\begin{pmatrix}
1 &&&&& \\
& \ddots &&&& \\
&& 1 &&&& \\
&&& k &&& \\
&&&& 1 && \\
&&&&& \ddots & \\
&&&&&& 1
\end{pmatrix}
\begin{matrix} \\ \\ \\ \text{第} i \text{行}. \\ \\ \\ \\ \end{matrix}
$$

(3)用 k 乘单位阵 $\boldsymbol{E}$ 的第 j 行加到第 i 行上(或用 k 乘单位阵 $\boldsymbol{E}$ 的第 i 列加到第 j 列上),得到初等矩阵

$$
\boldsymbol{E}(ij(k))=\begin{pmatrix}
1 &&&&&& \\
& \ddots &&&&& \\
&& 1 & \cdots & k && \\
&&& \ddots & \vdots && \\
&&&& 1 && \\
&&&&& \ddots & \\
&&&&&& 1
\end{pmatrix}
\begin{matrix} \\ \\ \text{第} i \text{行} \\ \\ \text{第} j \text{行} \\ \\ \\ \end{matrix}.
$$

这三种初等矩阵都是可逆的,它们的逆阵是与其同一类型的初等矩阵,即

$$
\boldsymbol{E}(i,j)^{-1}=\boldsymbol{E}(i,j);\boldsymbol{E}(i(k))^{-1}=\boldsymbol{E}\left(i\left(\frac{1}{k}\right)\right);
$$

$$
\boldsymbol{E}(ij(k))^{-1}=\boldsymbol{E}(ij(-k)).
$$

对初等变换和初等矩阵有以下结论:

定理 2.4.2 设 $\boldsymbol{A}$ 是一个 $m\times n$ 阶矩阵,则对 $\boldsymbol{A}$ 进行一次初等行变换,相当于在 $\boldsymbol{A}$ 的左边乘以相应的 m 阶初等矩阵;对 $\boldsymbol{A}$ 进行一次初等列变换,相当于在 $\boldsymbol{A}$ 的右边乘以相应的 n 阶初等矩阵.

通过简单的计算即可证明上述结论. 例如,容易直接验证

$$
\boldsymbol{E}_m(i,j)\boldsymbol{A}=\begin{pmatrix} a_{11} & a_{12} & \cdots & a_{1n} \\ \vdots & \vdots & & \vdots \\ a_{j1} & a_{j2} & \cdots & a_{jn} \\ \vdots & \vdots & & \vdots \\ a_{i1} & a_{i2} & \cdots & a_{in} \\ \vdots & \vdots & & \vdots \\ a_{m1} & a_{m2} & \cdots & a_{mn} \end{pmatrix}\begin{matrix} \\ \\ \text{第 } i \text{ 行} \\ \\ \text{第 } j \text{ 行} \\ \\ \\ \end{matrix},
$$

即,在 $\boldsymbol{A}$ 的左边乘以 $\boldsymbol{E}_m(i,j)$ 得到矩阵,等于直接互换 $\boldsymbol{A}$ 的第 i,j 两行所得的矩阵;同理,$\boldsymbol{A}\boldsymbol{E}_n(i,j)$ 等于直接互换 $\boldsymbol{A}$ 的第 i,j 两列所得的矩阵. 用其他两类初等矩阵左乘或右乘 $\boldsymbol{A}$ 也有相应的结果.

定理 2.4.3 方阵 $\boldsymbol{A}$ 可逆的充分必要条件是存在有限个初等矩阵 $\boldsymbol{P}_1,\boldsymbol{P}_2,\cdots,\boldsymbol{P}_l$,使得 $\boldsymbol{A}=\boldsymbol{P}_1\boldsymbol{P}_2\cdots\boldsymbol{P}_l$.

证明 充分性. 若 $\boldsymbol{A}=\boldsymbol{P}_1\boldsymbol{P}_2\cdots\boldsymbol{P}_l$,由于初等矩阵 $\boldsymbol{P}_1,\boldsymbol{P}_2,\cdots,\boldsymbol{P}_l$ 都可逆,故它们的乘积 $\boldsymbol{P}_1\boldsymbol{P}_2\cdots\boldsymbol{P}_l$ 仍可逆,即 $\boldsymbol{A}$ 可逆.

必要性. 若 $\boldsymbol{A}$ 为 n 阶可逆矩阵,设 $\boldsymbol{A}$ 的标准形为

$$
\boldsymbol{B}=\begin{pmatrix} \boldsymbol{E}_r & \boldsymbol{O} \\ \boldsymbol{O} & \boldsymbol{O} \end{pmatrix}_{n\times n},
$$

则 $\boldsymbol{B}\sim\boldsymbol{A}$,即 $\boldsymbol{B}$ 经过有限次初等变换可化成 $\boldsymbol{A}$. 又由定理 2.4.2 知,存在有限个初等矩阵 $\boldsymbol{P}_1,\boldsymbol{P}_2,\cdots,\boldsymbol{P}_l$,使得

$$
\boldsymbol{A}=\boldsymbol{P}_1\cdots\boldsymbol{P}_s\boldsymbol{B}\boldsymbol{P}_{s+1}\cdots\boldsymbol{P}_l.
$$

由于 $\boldsymbol{A},\boldsymbol{P}_1,\boldsymbol{P}_2,\cdots,\boldsymbol{P}_l$ 都可逆,从而 $\boldsymbol{B}$ 可逆. 再由 $\boldsymbol{B}$ 的表示式可知,即 $\boldsymbol{B}=\boldsymbol{E}$,故

$$
\boldsymbol{A}=\boldsymbol{P}_1\boldsymbol{P}_2\cdots\boldsymbol{P}_l.
$$

由定理 2.4.2 和定理 2.4.3 可以证明以下重要结论.

定理 2.4.4 设 $\boldsymbol{A},\boldsymbol{B}$ 为 $m\times n$ 矩阵,则

(1) $\boldsymbol{A}\overset{r}{\sim}\boldsymbol{B}$ 的充分必要条件是存在 m 阶可逆矩阵 $\boldsymbol{P}$,使得 $\boldsymbol{P}\boldsymbol{A}=\boldsymbol{B}$;

(2) $\boldsymbol{A}\overset{c}{\sim}\boldsymbol{B}$ 的充分必要条件是存在 n 阶可逆矩阵 $\boldsymbol{Q}$,使得 $\boldsymbol{A}\boldsymbol{Q}=\boldsymbol{B}$;

(3) $\boldsymbol{A}\sim\boldsymbol{B}$ 的充分必要条件是分别存在 m 阶和 n 阶可逆矩阵 $\boldsymbol{P}$ 和 $\boldsymbol{Q}$,使得 $\boldsymbol{P}\boldsymbol{A}\boldsymbol{Q}=\boldsymbol{B}$.

证明 仅给出结论(2)的证明,其余证明留给读者. 由矩阵列等价的定义以及定理 2.4.2 可知

$\boldsymbol{A}\overset{c}{\sim}\boldsymbol{B}\Leftrightarrow$矩阵 $\boldsymbol{A}$ 经过有限次初等列变换变成 $\boldsymbol{B}$,

$\Leftrightarrow$存在有限个初等矩阵 $\boldsymbol{P}_1,\boldsymbol{P}_2,\cdots,\boldsymbol{P}_l$ 使得 $\boldsymbol{P}_1\boldsymbol{P}_2\cdots\boldsymbol{P}_l\boldsymbol{A}=\boldsymbol{B}$.

记 $\boldsymbol{P}=\boldsymbol{P}_1\boldsymbol{P}_2\cdots\boldsymbol{P}_l$,由定理 2.4.3 可知,$\boldsymbol{P}$ 可逆,故

$\boldsymbol{A}\overset{r}{\sim}\boldsymbol{B}\Leftrightarrow$存在 m 阶可逆矩阵 $\boldsymbol{P}$,使得 $\boldsymbol{P}\boldsymbol{A}=\boldsymbol{B}$.

推论 1 矩阵 $\boldsymbol{A}$ 的秩为 r 当且仅当

$$
\boldsymbol{A}\sim\begin{pmatrix} \boldsymbol{E}_r & \boldsymbol{O} \\ \boldsymbol{O} & \boldsymbol{O} \end{pmatrix}_{m\times n}.
$$

推论2 方阵 A 可逆的充分必要条件是 $A \overset{r}{\sim} E$.

证明 A 可逆⇔存在可逆阵 P,使得 $PA=E$. 又由定理2.4.4可知,$PA=E \Leftrightarrow A \overset{r}{\sim} E$. 故 A 可逆⇔$A \overset{r}{\sim} E$.

类似地,方阵 A 可逆的充分必要条件是 $A \overset{c}{\sim} E$.

由定理2.4.4,$A \overset{r}{\sim} B$⇔存在可逆矩阵 P,使得 $PA=B$,那么可逆矩阵 P 如何求得?

由 $PA=B \Leftrightarrow \begin{cases} PA=B, \\ PE=P \end{cases} \Leftrightarrow P(A,E)=(B,P) \Leftrightarrow (A,E) \overset{r}{\sim} (B,P)$,即对分块矩阵 (A,E) 做初等行变换,当子块 A 变成 B 时,单位阵 E 就变成了 P,从而得到所求的可逆矩阵 P.

2.4.3 利用初等行变换求逆矩阵

我们知道,若存在可逆矩阵 P,使得 $PA=E$,则 P 就是 A 的逆矩阵 A^{-1}. 由上述两小节的讨论可知,若对矩阵 (A,E) 做初等行变换,得到

$$P(A,E)=(PA,PE)=(E,P),$$

即 A 变成 E,则 A 可逆,同时子块 E 就变成 A^{-1}. 类似地,也可以对矩阵 $\begin{pmatrix} A \\ E \end{pmatrix}$ 做列变换,使得子块 A 变成 E,则 A 可逆,同时子块 E 就变成 A^{-1}. 这是一个应该熟练掌握的求逆矩阵的简单方法. 在实际操作时,我们往往不事先判断涉及的矩阵是否可逆,而直接做变换:若子块 A 确实可以变成 E,则可以直接得到结果,否则,就要考虑其他方法了.

例2 设 $A=\begin{pmatrix} 1 & -2 & 2 \\ 2 & 0 & -2 \\ -2 & 4 & -5 \end{pmatrix}$,求 A^{-1}.

解 对分块矩阵 (A,E) 做初等行变换,目的是将子块 A 变成单位阵 E,即

$$(A,E)=\left(\begin{array}{ccc:ccc} 1 & -2 & 2 & 1 & 0 & 0 \\ 2 & 0 & -2 & 0 & 1 & 0 \\ -2 & 4 & -5 & 0 & 0 & 1 \end{array}\right) \underset{r_3+2r_1}{\overset{r_2-2r_1}{\sim}} \left(\begin{array}{ccc:ccc} 1 & -2 & 1 & 1 & 0 & 0 \\ 0 & 4 & -6 & -2 & 1 & 0 \\ 0 & 0 & 1 & 2 & 0 & 1 \end{array}\right)$$

$$\underset{r_2+6r_3}{\overset{r_1-r_3}{\sim}} \left(\begin{array}{ccc:ccc} 1 & -2 & 0 & -1 & 0 & -1 \\ 0 & 4 & 0 & 10 & 1 & 6 \\ 0 & 0 & 1 & 2 & 0 & 1 \end{array}\right) \underset{r_1+2r_2}{\overset{\frac{1}{4}r_2}{\sim}} \left(\begin{array}{ccc:ccc} 1 & 0 & 0 & -6 & -\frac{1}{2} & -4 \\ 0 & 1 & 0 & \frac{5}{2} & \frac{1}{4} & \frac{3}{2} \\ 0 & 0 & 1 & 2 & 0 & 1 \end{array}\right),$$

故

$$\boldsymbol{A}^{-1}=\begin{pmatrix} \underline{\quad} & \underline{\quad} & \underline{\quad} \\ \underline{\quad} & \underline{\quad} & \underline{\quad} \\ \underline{\quad} & \underline{\quad} & \underline{\quad} \end{pmatrix}.$$

例 3 设 $\boldsymbol{A}=\begin{pmatrix} 0 & 3 & 3 \\ 1 & 1 & 0 \\ -1 & 2 & 3 \end{pmatrix}$，且 $\boldsymbol{AX}=\boldsymbol{A}+2\boldsymbol{X}$，求 $\boldsymbol{X}$.

解 由 $\boldsymbol{AX}=\boldsymbol{A}+2\boldsymbol{X}$，得 $(\boldsymbol{A}-2\boldsymbol{E})\boldsymbol{X}=\boldsymbol{A}$. 下面对分块矩阵 $(\boldsymbol{A}-2\boldsymbol{E},\boldsymbol{A})$ 做初等行变换

$$(\boldsymbol{A}-2\boldsymbol{E},\boldsymbol{A})=\left(\begin{array}{ccc:ccc} -2 & 3 & 3 & 0 & 3 & 3 \\ 1 & -1 & 0 & 1 & 1 & 0 \\ -1 & 2 & 1 & -1 & 2 & 3 \end{array}\right)\xrightarrow[\substack{r_2+2r_1 \\ r_3+r_1}]{r_1\leftrightarrow r_2}\left(\begin{array}{ccc:ccc} 1 & -1 & 0 & 1 & 1 & 0 \\ 0 & 1 & 3 & 2 & 5 & 3 \\ 0 & 1 & 1 & 0 & 3 & 3 \end{array}\right)$$

$$\xrightarrow[r_3-r_2]{r_1+r_2}\left(\begin{array}{ccc:ccc} 1 & 0 & 3 & 3 & 6 & 3 \\ 0 & 1 & 3 & 2 & 5 & 3 \\ 0 & 0 & -2 & -2 & -2 & 0 \end{array}\right)\xrightarrow[\substack{r_1-3r_3 \\ r_2-3r_3}]{r_3\div(-2)}\left(\begin{array}{ccc:ccc} 1 & 0 & 0 & 0 & 3 & 3 \\ 0 & 1 & 0 & -1 & 2 & 3 \\ 0 & 0 & 1 & 1 & 1 & 0 \end{array}\right),$$

由于 $\boldsymbol{A}-2\boldsymbol{E}\overset{r}{\sim}\boldsymbol{E}$，故 $\boldsymbol{A}-2\boldsymbol{E}$ 可逆，且

$$\boldsymbol{X}=(\boldsymbol{A}-2\boldsymbol{E})^{-1}\boldsymbol{A}=\begin{pmatrix} 0 & 3 & 3 \\ -1 & 2 & 3 \\ 1 & 1 & 0 \end{pmatrix}.$$

习题二

1. 已知 $\boldsymbol{A}=\begin{pmatrix} 1 & 2 & 3 & 0 \\ 0 & -1 & -2 & 1 \end{pmatrix}$，$\boldsymbol{B}=\begin{pmatrix} 0 & 1 & 1 & 0 \\ 1 & 0 & -2 & 4 \end{pmatrix}$，$\boldsymbol{C}=\begin{pmatrix} 2 & 1 \\ 1 & -1 \\ 2 & 0 \\ 0 & 3 \end{pmatrix}$，

(1) 计算 $\boldsymbol{A}+\boldsymbol{B}$，$\boldsymbol{A}-2\boldsymbol{B}$，$\boldsymbol{AC}$，$\boldsymbol{BC}$；

(2) 若 $(2\boldsymbol{A}+\boldsymbol{B})\boldsymbol{C}+3\boldsymbol{D}=\boldsymbol{O}$，求 $\boldsymbol{D}$；

(3) 若 $\boldsymbol{A}-2\boldsymbol{B}+\begin{pmatrix} 1 & 0 & a & 3 \\ 0 & 1 & b & c \end{pmatrix}=\begin{pmatrix} 2 & 0 & 1 & d \\ m & n & 0 & 0 \end{pmatrix}$，求 a,b,c,d,m,n.

提示：(1) $\boldsymbol{A}+\boldsymbol{B}=\begin{pmatrix} 1 & 3 & 4 & 0 \\ 1 & -1 & -4 & 5 \end{pmatrix}$；$\boldsymbol{A}-2\boldsymbol{B}=\begin{pmatrix} 1 & 0 & 1 & 0 \\ -2 & -1 & 2 & -7 \end{pmatrix}$，

$$\boldsymbol{AC}=\begin{pmatrix} 10 & -1 \\ -5 & 4 \end{pmatrix};\boldsymbol{BC}=\begin{pmatrix} 3 & -1 \\ -2 & 13 \end{pmatrix}.$$

(2) $\boldsymbol{D}=-\dfrac{1}{3}\begin{pmatrix} 23 & -3 \\ -12 & 21 \end{pmatrix}$.

(3) 由矩阵相等的定义，比较相同位置的元素可得 $a=0$，$b=-2$，$c=7$，$d=3$，$m=-2$，$n=0$.

2. 已知 $A=\begin{pmatrix}a&1&0\\0&a&1\\0&0&a\end{pmatrix}$,求 A^n.

提示:使用数学归纳法可得 $A^n=\begin{pmatrix}a^n&na^{n-1}&\frac{n(n-1)}{2}a^{n-2}\\0&a^n&na^{n-1}\\0&0&a^n\end{pmatrix}$.

3. 已知 $A=\begin{pmatrix}3&9&0&0\\0&3&0&0\\0&0&2&1\\0&0&0&2\end{pmatrix}$,用矩阵的幂的定义计算 A^{2018}.

提示:使用数学归纳法可得

$$A^{2018}=\begin{pmatrix}3^{2018}&2018\cdot 3^{2019}&0&0\\0&3^{2018}&0&0\\0&0&2^{2018}&2018\cdot 2^{2017}\\0&0&0&2^{2018}\end{pmatrix}.$$

4. 计算 $\begin{pmatrix}0&1&0\\1&0&0\\0&0&1\end{pmatrix}^{2018}\begin{pmatrix}1&2&3\\3&1&2\\2&3&1\end{pmatrix}\begin{pmatrix}0&1&0\\1&0&0\\0&0&1\end{pmatrix}^{2019}$.

提示:先计算左右两个矩阵的幂,可得 $\begin{pmatrix}2&1&3\\1&3&2\\3&2&1\end{pmatrix}$.

5. 已知矩阵 A,B,C 如第 1 题所示,试写出 A^T,B^T,C^T 并直接计算 C^TA^T,C^TB^T,再与 $(AC)^T,(BC)^T$ 比较.

提示:直接按转置矩阵的定义计算即可得到

$$A^T=\begin{pmatrix}1&0\\2&-1\\3&-2\\0&1\end{pmatrix},B^T=\begin{pmatrix}0&1\\1&0\\1&-2\\0&4\end{pmatrix},C^T=\begin{pmatrix}2&1&2&0\\1&-1&0&3\end{pmatrix}.$$

$$C^TA^T=\begin{pmatrix}10&-5\\-1&4\end{pmatrix}=(AC)^T,C^TB^T=\begin{pmatrix}3&-2\\-1&13\end{pmatrix}=(BC)^T.$$

6. 设 A 为 n 阶方阵,

(1) 试证明:$A+A^T$ 和 $A-A^T$ 分别是对称矩阵和反对称矩阵,从而证明:任意给定的 n 阶方阵都可以表示为一个对称矩阵和一个反对称矩阵之和;

(2) 若 A 为 n 阶对称矩阵,B 为 n 阶对称矩阵,则 $AB-BA$ 为反对称矩阵.

提示:考察 $A+A^T,A-A^T$ 和 $AB-BA$ 的转置.

7. 设$\boldsymbol{A}$为n阶矩阵，$\boldsymbol{B}$为n阶对称矩阵，证明：$\boldsymbol{ABA}^{\mathrm{T}}$是对称矩阵.

提示：考察$\boldsymbol{ABA}^{\mathrm{T}}$的转置.

8. 已知$\boldsymbol{A}=\begin{pmatrix}2&5\\1&3\end{pmatrix}$，求$\boldsymbol{A}^{-1}$，$(2\boldsymbol{A})^{-1}$.

提示：利用定理 2.2.1 可得$\boldsymbol{A}^{-1}=\begin{pmatrix}3&-5\\-1&2\end{pmatrix}$，$(2\boldsymbol{A})^{-1}=\dfrac{1}{2}\begin{pmatrix}3&-5\\-1&2\end{pmatrix}$.

9. 求解线性方程组$\begin{cases}2x_1+5x_2=1,\\x_1+3x_2=2.\end{cases}$

提示：类似 2.2 节建立矩阵方程并求解可得解$x=\begin{pmatrix}-7\\3\end{pmatrix}$.

10. 设方阵$\boldsymbol{A}$满足$\boldsymbol{A}^2-\boldsymbol{A}-2\boldsymbol{E}=\boldsymbol{O}$，求证：$\boldsymbol{A}$，$\boldsymbol{A}+2\boldsymbol{E}$都可逆，并求出它们的逆矩阵.

提示：由$\boldsymbol{A}^2-\boldsymbol{A}-2\boldsymbol{E}=\boldsymbol{O}$，可得$\boldsymbol{A}(\boldsymbol{A}-\boldsymbol{E})=2\boldsymbol{E}$以及$(\boldsymbol{A}+2\boldsymbol{E})(\boldsymbol{A}-3\boldsymbol{E})+4\boldsymbol{E}=\boldsymbol{O}$.

11. 已知$\boldsymbol{A}=\begin{pmatrix}2&5\\1&3\end{pmatrix}$，$\boldsymbol{B}=\begin{pmatrix}1&-1\\1&0\end{pmatrix}$，求矩阵$\boldsymbol{X}$，使得$\boldsymbol{AX}=\boldsymbol{B}$.

提示：$\boldsymbol{X}=\boldsymbol{A}^{-1}\boldsymbol{B}=\begin{pmatrix}-2&-3\\1&1\end{pmatrix}$.

12. 设$\boldsymbol{P}=\begin{pmatrix}1&2\\2&5\end{pmatrix}$，$\boldsymbol{\Lambda}=\begin{pmatrix}1&0\\0&2\end{pmatrix}$，且$\boldsymbol{AP}=\boldsymbol{P\Lambda}$，求$\boldsymbol{A}^n$.

提示：$\boldsymbol{\Lambda}^n=\begin{pmatrix}1&0\\0&2^n\end{pmatrix}$，所以$\boldsymbol{A}^n=\boldsymbol{P\Lambda}^n\boldsymbol{P}^{-1}=\begin{pmatrix}5-2^{n+2}&2^{n+1}-2\\10-5\cdot2^{n+1}&5\cdot2^n-4\end{pmatrix}$.

13. 利用分块矩阵计算第 3 题.

提示：记$\boldsymbol{A}=\begin{pmatrix}\boldsymbol{B}&\boldsymbol{O}\\\boldsymbol{O}&\boldsymbol{C}\end{pmatrix}$，$\boldsymbol{B}=\begin{pmatrix}3&9\\0&3\end{pmatrix}$，$\boldsymbol{C}=\begin{pmatrix}2&1\\0&2\end{pmatrix}$，则

$$\boldsymbol{A}^n=\begin{pmatrix}\boldsymbol{B}^n&\boldsymbol{O}\\\boldsymbol{O}&\boldsymbol{C}^n\end{pmatrix}=\begin{pmatrix}3^n&n\cdot3^{n+1}&0&0\\0&3^n&0&0\\0&0&2^n&n\cdot2^{n-1}\\0&0&0&2^n\end{pmatrix}.$$

14. 设方阵$\boldsymbol{A}$，$\boldsymbol{B}$都可逆，证明：

(1) 分块阵$\begin{pmatrix}\boldsymbol{O}&\boldsymbol{A}\\\boldsymbol{B}&\boldsymbol{O}\end{pmatrix}$可逆，且$\begin{pmatrix}\boldsymbol{O}&\boldsymbol{A}\\\boldsymbol{B}&\boldsymbol{O}\end{pmatrix}^{-1}=\begin{pmatrix}\boldsymbol{O}&\boldsymbol{B}^{-1}\\\boldsymbol{A}^{-1}&\boldsymbol{O}\end{pmatrix}$；

(2) 分块阵$\begin{pmatrix}\boldsymbol{A}&\boldsymbol{O}\\\boldsymbol{C}&\boldsymbol{B}\end{pmatrix}$可逆，且$\begin{pmatrix}\boldsymbol{A}&\boldsymbol{O}\\\boldsymbol{C}&\boldsymbol{B}\end{pmatrix}^{-1}=\begin{pmatrix}\boldsymbol{A}^{-1}&\boldsymbol{O}\\-\boldsymbol{B}^{-1}\boldsymbol{CA}^{-1}&\boldsymbol{B}^{-1}\end{pmatrix}$.

提示：直接利用矩阵可逆的定义和分块矩阵乘法可得.

15. 利用分块矩阵计算：

(1) $\begin{pmatrix}3&0&0&0\\0&3&0&0\\1&0&1&0\\1&-1&0&1\end{pmatrix}\begin{pmatrix}3&0&1&0\\1&4&0&1\\1&0&1&1\\0&1&2&1\end{pmatrix}$;　　(2) $\begin{pmatrix}1&2&0\\2&5&0\\0&0&2\end{pmatrix}^{-1}$;

(3) $\begin{pmatrix}3&2&0&0\\1&1&0&0\\0&0&1&1\\0&0&2&1\end{pmatrix}^{-1}$;

(4) $\begin{pmatrix}0&1&0&\cdots&0\\0&0&2&\cdots&0\\\vdots&\vdots&\vdots&&\vdots\\0&0&0&\cdots&n-1\\n&0&0&\cdots&0\end{pmatrix}^{-1}$.

提示:分块时应尽量得到更多的数量矩阵,由分块矩阵的性质和第 14 题的结论计算可得

(1) $\begin{pmatrix}9&0&3&0\\3&12&0&3\\4&0&2&1\\2&-3&3&0\end{pmatrix}$;　　(2) $\begin{pmatrix}5&-2&0\\-2&1&0\\0&0&\frac{1}{2}\end{pmatrix}$;

(3) $\begin{pmatrix}1&-2&0&0\\-1&3&0&0\\0&0&-1&1\\0&0&2&-1\end{pmatrix}$;

(4) $\begin{pmatrix}0&0&\cdots&0&n^{-1}\\1&0&\cdots&0&0\\0&2^{-1}&\cdots&0&0\\\vdots&\vdots&&\vdots&\vdots\\0&0&\cdots&(n-1)^{-1}&0\end{pmatrix}$.

16. 用初等行变换的思想求解第 4 题.

提示:注意到 $\begin{pmatrix}0&1&0\\1&0&0\\0&0&1\end{pmatrix}=\boldsymbol{E}(1,2)$ 左乘或右乘矩阵的意义即可得到第 4 题所得结果.

17. 利用初等变换求下列矩阵的逆:

(1) $\boldsymbol{A}=\begin{pmatrix}1&-1&0\\2&2&3\\-1&2&0\end{pmatrix}$;　　(2) $\boldsymbol{A}=\begin{pmatrix}1&2&3\\2&2&5\\3&6&3\end{pmatrix}$;

(3) $\begin{pmatrix}2&1&1&1\\1&2&1&1\\1&1&2&1\\1&1&1&2\end{pmatrix}$;　　(4) $\begin{pmatrix}2&3&2&2\\1&2&1&1\\4&6&5&1\\1&3&1&-2\end{pmatrix}$.

提示:利用初等行变换将(1)$(\boldsymbol{A},\boldsymbol{E})$ 化为$(\boldsymbol{E},\boldsymbol{A}^{-1})$ 即可得到

(1)$\boldsymbol{A}^{-1}=\begin{pmatrix}2&0&1\\1&0&1\\-2&\frac{1}{3}&-\frac{4}{3}\end{pmatrix}$;　　(2)$\boldsymbol{A}^{-1}=\begin{pmatrix}-2&1&\frac{1}{3}\\\frac{3}{4}&-\frac{1}{2}&\frac{1}{12}\\\frac{1}{2}&0&-\frac{1}{6}\end{pmatrix}$;

(3)$\boldsymbol{A}^{-1}=\begin{pmatrix}\frac{4}{5}&-\frac{1}{5}&-\frac{1}{5}&-\frac{1}{5}\\-\frac{1}{5}&\frac{4}{5}&-\frac{1}{5}&-\frac{1}{5}\\-\frac{1}{5}&-\frac{1}{5}&\frac{4}{5}&-\frac{1}{5}\\-\frac{1}{5}&-\frac{1}{5}&-\frac{1}{5}&\frac{4}{5}\end{pmatrix}$;

(4)$\boldsymbol{A}^{-1}=\begin{pmatrix}\frac{16}{3}&-7&-1&\frac{4}{3}\\-1&2&0&0\\-3&3&1&-1\\-\frac{1}{3}&1&0&-\frac{1}{3}\end{pmatrix}$.

18. 设 $\boldsymbol{A}=\begin{pmatrix}1&2&3\\2&2&1\\3&4&3\end{pmatrix}$,$\boldsymbol{B}=\begin{pmatrix}1&3\\2&1\\3&1\end{pmatrix}$,且满足 $\boldsymbol{AX}=\boldsymbol{B}$,求矩阵 $\boldsymbol{X}$.

提示:由$(\boldsymbol{A},\boldsymbol{B})\sim\begin{pmatrix}1&0&0&1&4\\0&1&0&0&-5\\0&0&1&0&3\end{pmatrix}$可知 $\boldsymbol{A}$ 可逆,故

$$\boldsymbol{X}=\boldsymbol{A}^{-1}\boldsymbol{B}=\begin{pmatrix}1&4\\0&-5\\0&3\end{pmatrix}.$$

19. 设 $\boldsymbol{A}=\begin{pmatrix}1&1&-1\\0&2&2\\1&-1&0\end{pmatrix}$,$\boldsymbol{B}=\begin{pmatrix}1&-1&1\\1&1&0\\2&1&1\end{pmatrix}$满足矩阵方程 $\boldsymbol{AX}=\boldsymbol{B}$,求矩阵 $\boldsymbol{X}$.

提示：由$(\boldsymbol{A},\boldsymbol{B}) \sim \begin{pmatrix} 1 & 0 & 0 & \frac{11}{6} & \frac{1}{2} & 1 \\ 0 & 1 & 0 & -\frac{1}{6} & -\frac{1}{2} & 0 \\ 0 & 0 & 1 & \frac{2}{3} & 1 & 0 \end{pmatrix}$可知$\boldsymbol{A}$可逆，故

$$\boldsymbol{X}=\boldsymbol{A}^{-1}\boldsymbol{B}=\begin{pmatrix} \frac{11}{6} & \frac{1}{2} & 1 \\ -\frac{1}{6} & -\frac{1}{2} & 0 \\ \frac{2}{3} & 1 & 0 \end{pmatrix}.$$

20. 设$\boldsymbol{A}=\begin{pmatrix} 1 & -1 & 1 \\ 0 & 1 & -1 \\ -1 & 0 & 1 \end{pmatrix}$，$\boldsymbol{AX}=2\boldsymbol{X}+\boldsymbol{A}$，求$\boldsymbol{X}$.

提示：由已知可得$(\boldsymbol{A}-2\boldsymbol{E})\boldsymbol{X}=\boldsymbol{A}$，再由

$$(\boldsymbol{A}-2\boldsymbol{E},\boldsymbol{A}) \sim \begin{pmatrix} 1 & 0 & 0 & \frac{1}{3} & \frac{2}{3} & -\frac{4}{3} \\ 0 & 1 & 0 & -\frac{2}{3} & -\frac{1}{3} & \frac{2}{3} \\ 0 & 0 & 1 & \frac{2}{3} & -\frac{2}{3} & \frac{1}{3} \end{pmatrix}$$

可知$\boldsymbol{A}-2\boldsymbol{E}$可逆，故$\boldsymbol{X}=(\boldsymbol{A}-2\boldsymbol{E})^{-1}\boldsymbol{A}=\begin{pmatrix} \frac{1}{3} & \frac{2}{3} & -\frac{4}{3} \\ -\frac{2}{3} & -\frac{1}{3} & \frac{2}{3} \\ \frac{2}{3} & -\frac{2}{3} & \frac{1}{3} \end{pmatrix}$.

数学实验二

使用 Octave 或 MATLAB 完成下列各题：

1. 设矩阵$\boldsymbol{A}=\begin{pmatrix} 1 & 0 & 3 & -1 \\ 1 & 1 & 0 & 2 \end{pmatrix}$，$\boldsymbol{B}=\begin{pmatrix} 4 & 1 & 0 \\ -1 & 1 & 3 \\ 2 & 0 & 1 \\ 0 & 3 & 4 \end{pmatrix}$，求$\boldsymbol{AB}$. 首先直接用 Octave/MATLAB 中矩阵乘法求解，然后自己按矩阵乘法的含义用循环实现.

2. 设矩阵 $\boldsymbol{A}=(1,2,3)$，$\boldsymbol{B}=\begin{pmatrix}3\\2\\1\end{pmatrix}$，求 $\boldsymbol{AB}$，$\boldsymbol{BA}$.

3. 已知 $\boldsymbol{A}=\begin{pmatrix}1&0&1\\1&1&0\\0&1&1\end{pmatrix}$，$\boldsymbol{B}=\begin{pmatrix}1&1\\0&0\\-1&1\end{pmatrix}$，分别求 $(\boldsymbol{AB})^{\mathrm{T}}$ 和 $\boldsymbol{B}^{\mathrm{T}}\boldsymbol{A}^{\mathrm{T}}$.

4. 已知 $\boldsymbol{P}=\begin{pmatrix}1&3\\2&4\end{pmatrix}$，$\boldsymbol{L}=\begin{pmatrix}1&0\\0&2\end{pmatrix}$，且 $\boldsymbol{AP}=\boldsymbol{PL}$，用两种方法求 $\boldsymbol{A}^{100}$ 的精确值.（提示：用符号运算）

5. 已知 $\boldsymbol{A}_1=\begin{pmatrix}3&1\\2&4\end{pmatrix}$，$\boldsymbol{A}_2=\begin{pmatrix}2&5\\1&3\end{pmatrix}$，又 $\boldsymbol{A}=\begin{pmatrix}\boldsymbol{A}_1&\boldsymbol{O}\\\boldsymbol{O}&\boldsymbol{A}_2\end{pmatrix}$，分别求逆矩阵 $\boldsymbol{A}_1^{-1}$，$\boldsymbol{A}_2^{-1}$ 和 $\boldsymbol{A}^{-1}$.

6. 已知 $\boldsymbol{A}=\begin{pmatrix}0&3&3\\1&1&0\\-1&2&3\end{pmatrix}$，用初等行变换分别求 $(\boldsymbol{A}-2\boldsymbol{E})^{-1}$ 及 $(\boldsymbol{A}-2\boldsymbol{E})^{-1}\boldsymbol{A}$.

第3章 行 列 式

行列式起源于求解线性方程组，通常表示一个数，由一些数字按一定的方式排列所得的方阵所确定．行列式是一个重要的数学工具，在解析几何和其他数学分支中都发挥着重要的作用.

本章将介绍 n 阶行列式的概念、性质及其常用的计算方法，并应用于计算矩阵乘积的行列式与秩，最后给出著名的克拉默法则，并在第 1 章的基础上，进一步讨论线性方程组的解．具体如下：

3.1 节首先介绍排列与逆序，这是行列式定义和计算的起点；接着从存在唯一解的二元和三元线性方程组出发，依次给出二阶和三阶行列式的定义；最后给出 n 阶行列式的概念.

3.2 节首先介绍一些行列式计算的基本性质；接着利用这些性质，举例说明如何利用行化简的思想方法计算行列式；最后介绍按行（列）展开计算行列式的方法.

3.3 节首先介绍拉普拉斯定理，即按“分块”的思想计算行列式的方法；接着应用该定理研究矩阵的秩和逆，给出了伴随矩阵的概念和新的求矩阵的逆的方法.

3.4 节主要介绍克拉默法则，即利用行列式求解存在唯一解的线性方程组的方法．此外，应用克拉默法则研究了线性方程组解的存在性和唯一性.

3.1 行列式的定义

3.1.1 排列与逆序

定义 3.1.1 由自然数 $1,2,\cdots,n$ 组成的一个有序数组称为一个 **n 阶排列**，记为 $j_1j_2\cdots j_n$.

例 1 自然数 1,2 可以构成 2！个不同的 2 阶排列：12、21；自然数 1,2,3 可以构成 3！个不同的 3 阶排列：123、231、312、132、213、321. 容易验证：**自然数 1,2,…,n 构成的所有排列共有 n！个.**

一般地，按数字的自然顺序从小到大的 n 阶排列称为**标准排列**或**自然排列**. 而对其他排列，我们需要关注它包含的"数字位置错乱"的情况.

定义 3.1.2　在一个排列 $j_1j_2\cdots j_n$ 中，若一个较大的数在一个较小的数前面，则称这两个数构成一个**逆序**. 排列中所有逆序的总个数称为这个排列的**逆序数**，记为 $\tau(j_1j_2\cdots j_n)$. 逆序数为偶数的排列称为**偶排列**，逆序数为奇数的排列称为**奇排列**.

例 2　2 阶排列 21 的逆序数是 1，为奇排列；在 3 阶排列 231 中，构成逆序的数对有 21、31，故其为偶排列，逆序数为 2. 类似地，可以求得 312 为偶排列，132、213、321 为奇排列，它们的逆序数分别是 2、1、1、3.

通过一一列举构成逆序的方法，固然可以求出排列的逆序数，但往往不够简便. 事实上，我们只要从排列的右边算起，计算出一共有多少个大数排列在小数的前面即可.

例 3　求排列 325164 的逆序数.

解　4 前面有 5、6 比 4 大；1 前面有 3、2、5 比 1 大；2 前面有 3 比 2 大，此外没有其余大数排在小数前面的情况，于是这个排列的逆序数为 $2+0+3+0+1=6$.

下面讨论对换以及它与排列的奇偶性的关系.

定义 3.1.3　互换排列中某两个数的位置，而保持其余的数位置不变，可以得到一个新排列. 这一过程称为排列的**对换**. 将相邻两个元素对换，称为**相邻对换**.

定理 3.1.1　每一个对换都改变排列的奇偶性一次.

证明　先证相邻对换的情形.

设排列为 $\cdots ik\cdots$，对换 j 与 k，变为 $\cdots ki\cdots$. 显然，i,k 以外的数彼此间的逆序情况在两个排列中是一样的，i,k 以外的数与 j 或 k 的逆序情况在两个排列中也是一样的. 若 $i<k$，则经对换后，逆序数增加 1，即后一排列的逆序数比前一排列多 1；若 $i>k$，则经对换后，逆序数减少 1，即后一排列的逆序数比前一排列少 1. 也就是说，无论哪种情形，都改变了排列的奇偶性.

再证一般对换的情形.

设排列为 $\cdots ij_s\cdots j_tk\cdots$，把它做 m 次相邻对换，可变成 $\cdots j_s\cdots j_tik\cdots$，则再做 $m+1$ 次相邻对换，可变成 $\cdots kj_s\cdots j_ti\cdots$，总之，经 $2m+1$ 次相邻对换，可以将排列 $\cdots ij_s\cdots j_tk\cdots$ 变成排列 $\cdots kj_s\cdots j_ti\cdots$，这两个排列的奇偶性相反.

推论　奇排列变成标准排列的对换次数为奇数，偶排列变成标准排列的对换次数为偶数.

证明 由定理 3.1.1 知对换的次数就是排列奇偶性的变化次数,而标准排列是偶排列,因此知推论成立.

3.1.2 二阶、三阶行列式

回顾利用消元法求解二元和三元线性方程组,即可给出二阶和三阶行列式的定义.

设二元线性方程组为

$$\begin{cases}a_{11}x_1+a_{12}x_2=b_1,\\ a_{21}x_1+a_{22}x_2=b_2.\end{cases}\tag{1}$$

用消元法可得

$$\begin{cases}(a_{11}a_{22}-a_{12}a_{21})x_1=b_1a_{22}-a_{12}b_2,\\ (a_{11}a_{22}-a_{12}a_{21})x_2=a_{11}b_2-b_1a_{21}.\end{cases}$$

故当 $a_{11}a_{22}-a_{12}a_{21}\neq 0$ 时,该方程组的解为

$$x_1=\frac{b_1a_{22}-a_{12}b_2}{a_{11}a_{22}-a_{12}a_{21}},x_2=\frac{a_{11}b_2-b_1a_{21}}{a_{11}a_{22}-a_{12}a_{21}}.$$

注意到,$a_{11}a_{22}-a_{12}a_{21}$,$b_1a_{22}-a_{12}b_2$,$a_{11}b_2-b_1a_{21}$ 具有相同的结构:它们分别是以下矩阵

$$\boldsymbol{A}=\begin{pmatrix}a_{11}&a_{12}\\a_{21}&a_{22}\end{pmatrix},\boldsymbol{A}_1=\begin{pmatrix}a_{11}&b_1\\a_{21}&b_2\end{pmatrix},\boldsymbol{A}_2=\begin{pmatrix}b_1&a_{12}\\b_2&a_{22}\end{pmatrix}$$

主对角线上元素的乘积减去副对角线上元素的乘积. 为此,我们给出以下定义:

定义 3.1.4 称 $a_{11}a_{22}-a_{12}a_{21}$ 为**二阶行列式**,并记作

$$\begin{vmatrix}a_{11}&a_{12}\\a_{21}&a_{22}\end{vmatrix}=a_{11}a_{22}-a_{12}a_{21}.\tag{2}$$

利用二阶行列式的概念,记

$$D=\begin{vmatrix}a_{11}&a_{12}\\a_{21}&a_{22}\end{vmatrix},D_1=\begin{vmatrix}b_1&a_{12}\\b_2&a_{22}\end{vmatrix},D_2=\begin{vmatrix}a_{11}&b_1\\a_{21}&b_2\end{vmatrix},$$

则当 $D\neq 0$ 时,方程组(1)的解可以写成便于记忆的形式

$$x_1=\frac{D_1}{D},x_2=\frac{D_2}{D}.$$

注:可以发现,D 是由方程组(1)的系数矩阵所确定的二阶行列式(称为**系数行列式**),D_1 和 D_2 分别是将 D 的第 1 列和第 2 列替换为 $(b_1,b_2)^{\mathrm{T}}$ 所得到的二阶行列式. 特别地,D 恰好是应用消元法消去 x_2 后所得方程中 x_1 的系数.

下面考虑三元线性方程组

$$\begin{cases} a_{11}x_1+a_{12}x_2+a_{13}x_3=b_1, \\ a_{21}x_1+a_{22}x_2+a_{23}x_3=b_2, \\ a_{31}x_1+a_{32}x_2+a_{33}x_3=b_3. \end{cases} \quad (3)$$

易知,应用消元法消去 x_2,x_3 后所得方程中 x_1 的系数为

$$a_{11}a_{22}a_{33}+a_{13}a_{21}a_{32}+a_{12}a_{23}a_{31}-a_{13}a_{22}a_{31}-a_{12}a_{21}a_{33}-a_{11}a_{23}a_{32}.$$

可以看到,方程组的系数矩阵 $\boldsymbol{A}$ 的每一个元素恰好在该系数的表达式中出现一次. 这就自然引出以下定义:

定义 3.1.5 称 $a_{11}a_{22}a_{33}+a_{13}a_{21}a_{32}+a_{12}a_{23}a_{31}-a_{13}a_{22}a_{31}-a_{12}a_{21}a_{33}-a_{11}a_{23}a_{32}$ 为**三阶行列式**,并记作

$$\begin{vmatrix} a_{11} & a_{12} & a_{13} \\ a_{21} & a_{22} & a_{23} \\ a_{31} & a_{32} & a_{33} \end{vmatrix} = a_{11}a_{22}a_{33}+a_{12}a_{23}a_{31}+a_{13}a_{21}a_{32} -a_{11}a_{23}a_{32}-a_{12}a_{21}a_{33}-a_{13}a_{22}a_{31}.$$

当 $D\neq 0$ 时,容易算出方程组(3)的解为

$$x_1=\frac{D_1}{D}, x_2=\frac{D_2}{D}, x_3=\frac{D_3}{D}.$$

其中,$D_j(j=1,2,3)$ 分别是将 D 的第 j 列替换为 $(b_1,b_2,b_3)^{\mathrm{T}}$ 所得到的三阶行列式.

3.1.3 *n* 阶行列式

在完成上一小节的学习后,一个自然的问题就是:能否用类似的方法定义 n 阶行列式,并应用于求解 n 元线性方程组? 答案是肯定的. 读者在学完本小节即可跳到本章最后一节,学习克拉默法则. 不过,我们建议适当放慢脚步. 仔细观察二阶和三阶行列式中各个元素的下标以及乘积式前的符号,可以发现以下规律:

(1) 二阶和三阶行列式分别包含 2! 和 3! 个乘积式,且每个乘积式中的元素都取自不同行和不同列,因此每个乘积式都可以按行指标自然排列表示出来;

(2) 当乘积式中的元素按行指标自然排列时,它前面的符号由列指标组成的排列的奇偶性决定:偶排列取正,奇排列取负.

也就是说,

$$\begin{vmatrix} a_{11} & a_{12} \\ a_{21} & a_{22} \end{vmatrix} = \sum_{j_1j_2} (-1)^{\tau(j_1j_2)} a_{1j_1}a_{2j_2},$$

$$\begin{vmatrix} a_{11} & a_{12} & a_{13} \\ a_{21} & a_{22} & a_{23} \\ a_{31} & a_{32} & a_{33} \end{vmatrix} = \sum_{j_1j_2j_3} (-1)^{\tau(j_1j_2j_3)} a_{1j_1}a_{2j_2}a_{3j_3},$$

其中,$\sum\limits_{j_1j_2}$ 和 $\sum\limits_{j_1j_2j_3}$ 分别表示对 1、2 和 1、2、3 的所有排列进行求和.

由此我们给出 n 阶行列式的定义.

定义 3.1.6 设方阵

$$A=\begin{pmatrix} a_{11} & a_{12} & \cdots & a_{1n} \\ a_{21} & a_{22} & \cdots & a_{2n} \\ \vdots & \vdots & & \vdots \\ a_{n1} & a_{n2} & \cdots & a_{nn} \end{pmatrix},$$

称

$$\begin{vmatrix} a_{11} & a_{12} & \cdots & a_{1n} \\ a_{21} & a_{22} & \cdots & a_{2n} \\ \vdots & \vdots & & \vdots \\ a_{n1} & a_{n2} & \cdots & a_{nn} \end{vmatrix} = \sum_{j_1j_2\cdots j_n} (-1)^{\tau(j_1j_2\cdots j_n)} a_{1j_1}a_{2j_2}\cdots a_{nj_n}$$

为方阵 $\boldsymbol{A}$ 的 $\boldsymbol{n}$ 阶行列式,通常记为 $\det\boldsymbol{A}$、$\det(a_{ij})$、$|\boldsymbol{A}|$或$|a_{ij}|$. 其中,$\sum\limits_{j_1j_2\cdots j_n}$ 表示对由 $1,2,\cdots,n$ 组成的所有排列 $j_1j_2\cdots j_n$ 求和.

容易证明:若将 $a_{1j_1}a_{2j_2}\cdots a_{nj_n}$ 按列指标 $j_1j_2\cdots j_n$ 重排得到 $a_{i_11}a_{i_22}\cdots a_{i_nn}$,则

$$(-1)^{\tau(j_1j_2\cdots j_n)}=(-1)^{\tau(i_1i_2\cdots i_n)},$$

故 $(-1)^{\tau(j_1j_2\cdots j_n)}a_{1j_1}a_{2j_2}\cdots a_{nj_n}=(-1)^{\tau(i_1i_2\cdots i_n)}a_{i_11}a_{i_22}\cdots a_{i_nn}$,从而

$$\begin{vmatrix} a_{11} & a_{12} & \cdots & a_{1n} \\ a_{21} & a_{22} & \cdots & a_{2n} \\ \vdots & \vdots & & \vdots \\ a_{n1} & a_{n2} & \cdots & a_{nn} \end{vmatrix} = \sum_{i_1i_2\cdots i_n} (-1)^{\tau(i_1i_2\cdots i_n)} a_{i_11}a_{i_22}\cdots a_{i_nn},$$

其中,$\sum\limits_{i_1i_2\cdots i_n}$ 表示对由 $1,2,\cdots,n$ 组成的所有排列 $i_1i_2\cdots i_n$ 求和.

注:行列式的记号与我们熟知的绝对值号一样,但是意义完全不同. 特别地,对任意实数 a,矩阵(a)的行列式$|a|=a$,而常数 a 的绝对值$|a|$由其符号决定.

显然,按定义求行列式时,只需要对非零的通项求和即可,换言之,不需要考虑包含元素为 0 的通项. 这一简单的想法,可以帮助我们简化行列式的计算.

例 4 在计算上三角矩阵

$$A=\begin{pmatrix} a_{11} & a_{12} & \cdots & a_{1n} \\ 0 & a_{22} & \cdots & 0 \\ \vdots & \vdots & & \vdots \\ 0 & 0 & \cdots & a_{nn} \end{pmatrix}$$

的行列式时,只考虑可能非零的通项. 注意到第 1 列可能不为 0 的元素只有 a_{11},所以只能选取 a_{11};此时,在第 2 列中可能不为 0 的元素只有 a_{12}、a_{22},只能选 a_{22}(为什么?);以此类推,第 i 列只能取 a_{ii}. 故

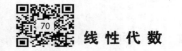

$$\det \boldsymbol{A}=(-1)^{\tau(12\cdots n)}a_{11}a_{22}\cdots a_{nn}.$$

同理可得

$$\begin{vmatrix} a_{11} & 0 & \cdots & 0 \\ a_{21} & a_{22} & \cdots & 0 \\ \vdots & \vdots & & \vdots \\ a_{n1} & a_{n2} & \cdots & a_{nn} \end{vmatrix}=a_{11}a_{22}\cdots a_{nn},$$

$$\begin{vmatrix} \lambda_1 & & & \\ & \lambda_2 & & \\ & & \ddots & \\ & & & \lambda_n \end{vmatrix}=\lambda_1\lambda_2\cdots\lambda_n.$$

注:由例4可知,三角矩阵的行列式等于主对角线上元素的乘积.

3.2 行列式的性质和计算

3.1节例4的经验告诉我们,尽管 n 阶行列式的表达式中包含 $n!$ 个通项,但当行列式中的元素有较多的0时,实际计算量并不会太大. 特别地,三角矩阵的行列式可以直接应用该例子结论得出. 再考虑到利用行化简可以将矩阵化简为三角矩阵,我们将尝试利用"矩阵行化简"的思想方法来计算行列式. 但在此之前,我们需要先介绍行列式的一些性质.

3.2.1 行列式的性质

定义 3.2.1 用 D 和 D^{T} 分别表示方阵 $\boldsymbol{A}$ 和它的转置 $\boldsymbol{A}^{\mathrm{T}}$ 的行列式,即

$$D=\begin{vmatrix} a_{11} & a_{12} & \cdots & a_{1n} \\ a_{21} & a_{22} & \cdots & a_{2n} \\ \vdots & \vdots & & \vdots \\ a_{n1} & a_{n2} & \cdots & a_{nn} \end{vmatrix},\ D^{\mathrm{T}}=\begin{vmatrix} a_{11} & a_{21} & \cdots & a_{n1} \\ a_{12} & a_{22} & \cdots & a_{n2} \\ \vdots & \vdots & & \vdots \\ a_{1n} & a_{2n} & \cdots & a_{nn} \end{vmatrix},$$

则称行列式 D^{T} 为行列式 D 的转置行列式.

性质1 行列式与它的转置行列式相等.

证明 记 $D=\det(a_{ij})$ 的转置行列式为 $D^{\mathrm{T}}=\det(b_{ij})$,则 $b_{ij}=a_{ji}(i,j=1,2,\cdots,n)$,按定义

$$\begin{aligned} D^{\mathrm{T}} &= \sum_{j_1j_2\cdots j_n}(-1)^{\tau(j_1j_2\cdots j_n)}b_{1j_1}b_{2j_2}\cdots b_{nj_n} \\ &= \sum_{j_1j_2\cdots j_n}(-1)^{\tau(j_1j_2\cdots j_n)}a_{1j_1}a_{2j_2}\cdots a_{nj_n}=D. \end{aligned}$$

由性质1可知,行列式的行与列具有同等的地位,行列式的性质

凡是对行成立的对列也同样成立,反之亦然. 因此,后文中相关的证明仅对行进行即可. 在下文中,将使用矩阵的初等变换的记号表示对行列式的行(列)的运算:

(1)交换 i,j 两行记作 $r_i \leftrightarrow r_j$,交换 i,j 两列记作 $c_i \leftrightarrow c_j$;

(2)第 i 行(或列)乘以 k,记作 $r_i \times k$(或 $c_i \times k$);

(3)数 k 乘第 j 行(或列)加到第 i 行(或列)上,记作 $r_i + kr_j$(或 $c_i + kc_j$).

性质 2 互换行列式的两行(列),行列式变号.

推论 若行列式中有两行(列)完全相同,则此行列式等于零.

证明 把这两行互换,有 $D=-D$,故 $D=0$.

性质 3 行列式的某一行(列)中所有元素都乘以同一个数 k,等于用数 k 乘此行列式.

推论 行列式中某一行(列)的所有元素的公因子可以提到行列式记号的外面.

注:(1) 第 i 行(列)提出公因子 $k \neq 0$,记作 $r_i \div k$ 或 $r_i \times \frac{1}{k}$($c_i \div k$ 或 $c_i \times \frac{1}{k}$).

(2) 由性质 3 可得以下关于 n 阶方阵的行列式的重要性质,注意它和性质 3 的区别:

$$|\lambda \boldsymbol{A}| = \lambda^n |\boldsymbol{A}|.$$

由性质 2 和性质 3 可得:

推论 若行列式中有两行(列)元素对应成比例,则该行列式等于零.

性质 4 若行列式的某一行(列)的元素都表示成两数之和,如 $a_{ij}=b_{ij}+c_{ij}$,则该行列式等于两个行列式之和,即

$$D = \begin{vmatrix} a_{11} & a_{12} & \cdots & a_{1n} \\ \vdots & \vdots & & \vdots \\ b_{i1}+c_{i1} & b_{i2}+c_{i2} & \cdots & b_{in}+c_{in} \\ \vdots & \vdots & & \vdots \\ a_{n1} & a_{n2} & \cdots & a_{nn} \end{vmatrix}$$

$$= \begin{vmatrix} a_{11} & a_{12} & \cdots & a_{1n} \\ \vdots & \vdots & & \vdots \\ b_{i1} & b_{i2} & \cdots & b_{in} \\ \vdots & \vdots & & \vdots \\ a_{n1} & a_{n2} & \cdots & a_{nn} \end{vmatrix} + \begin{vmatrix} a_{11} & a_{12} & \cdots & a_{1n} \\ \vdots & \vdots & & \vdots \\ c_{i1} & c_{i2} & \cdots & c_{in} \\ \vdots & \vdots & & \vdots \\ a_{n1} & a_{n2} & \cdots & a_{nn} \end{vmatrix}.$$

性质 5 把行列式的某一列(行)的各元素乘以同一个数然后

加到另一列(行)对应的元素上去,行列式不变.

例如,以数 k 乘第 j 列加到第 i 列上(记作 c_i+kc_j),有

$$\begin{vmatrix} a_{11} & \cdots & a_{1i} & \cdots & a_{1j} & \cdots & a_{1n} \\ a_{21} & \cdots & a_{2i} & \cdots & a_{2j} & \cdots & a_{2n} \\ \vdots & & \vdots & & \vdots & & \vdots \\ a_{n1} & \cdots & a_{ni} & \cdots & a_{nj} & \cdots & a_{nn} \end{vmatrix}$$

$$\underline{\underline{c_i+kc_j}} \begin{vmatrix} a_{11} & \cdots & (a_{1i}+ka_{1j}) & \cdots & a_{1j} & \cdots & a_{1n} \\ a_{21} & \cdots & (a_{2i}+ka_{2j}) & \cdots & a_{2j} & \cdots & a_{2n} \\ \vdots & & \vdots & & \vdots & & \vdots \\ a_{n1} & \cdots & (a_{ni}+ka_{nj}) & \cdots & a_{nj} & \cdots & a_{nn} \end{vmatrix} (i \neq j).$$

由上述性质,特别是性质 2、性质 3、性质 5,我们就可以着手利用"行化简"的思想,通过将原行列式转化为一个三角矩阵的行列式,简化行列式的计算. 当然,在实际计算中,我们往往还将结合列运算. 务必牢记:在这些运算中,只有互换行(列)的运算会改变行列式的符号.

例 1 计算

$$D=\begin{vmatrix} 3 & 1 & 1 & 1 \\ 1 & 3 & 1 & 1 \\ 1 & 1 & 3 & 1 \\ 1 & 1 & 1 & 3 \end{vmatrix}.$$

解法 1 直接进行行化简:

$$D=\begin{vmatrix} 3 & 1 & 1 & 1 \\ 1 & 3 & 1 & 1 \\ 1 & 1 & 3 & 1 \\ 1 & 1 & 1 & 3 \end{vmatrix} \underline{\underline{r_1 \leftrightarrow r_4}} - \begin{vmatrix} 1 & 1 & 1 & 3 \\ 1 & 3 & 1 & 1 \\ 1 & 1 & 3 & 1 \\ 3 & 1 & 1 & 1 \end{vmatrix}$$

$$\underline{\underline{\substack{r_2-r_1 \\ r_3-r_1 \\ r_4-3r_1}}} - \begin{vmatrix} 1 & 1 & 1 & 3 \\ 0 & 2 & 0 & -2 \\ 0 & 0 & 2 & -2 \\ 0 & -2 & -2 & -8 \end{vmatrix}$$

$$\underline{\underline{\substack{r_4+r_2 \\ r_4+r_3}}} - \begin{vmatrix} 1 & 1 & 1 & 3 \\ 0 & 2 & 0 & -2 \\ 0 & 0 & 2 & -2 \\ 0 & 0 & 0 & -12 \end{vmatrix} = 48.$$

解法 2 这个行列式的特点是各行 4 个数之和都是 6. 先把第 2,3,4 行都加到第 1 行,再提出公因子 6,然后各行减去第 1 行:

$$D \xlongequal{r_1+r_2+r_3+r_4} \begin{vmatrix} 6 & 6 & 6 & 6 \\ 1 & 3 & 1 & 1 \\ 1 & 1 & 3 & 1 \\ 1 & 1 & 1 & 3 \end{vmatrix} \xlongequal{r_1/6} 6 \begin{vmatrix} 1 & 1 & 1 & 1 \\ 1 & 3 & 1 & 1 \\ 1 & 1 & 3 & 1 \\ 1 & 1 & 1 & 3 \end{vmatrix}$$

$$\xlongequal[r_4-r_1]{\substack{r_2-r_1 \\ r_3-r_1}} 6 \begin{vmatrix} 1 & 1 & 1 & 1 \\ 0 & 2 & 0 & 0 \\ 0 & 0 & 2 & 0 \\ 0 & 0 & 0 & 2 \end{vmatrix} = 48.$$

注:当各行或列的和都等于非零常数 a 时,先对行或列进行求和并提取 a 能迅速得到元素“1”. 回想矩阵行化简时的处理就不难理解,这样的做法也是由于元素“1”对行列式的行化简有很大的帮助.

例 2 计算行列式

$$D = \begin{vmatrix} a & b & c & d \\ a & a+b & a+b+c & a+b+c+d \\ a & 2a+b & 3a+2b+c & 4a+3b+2c+d \\ a & 3a+b & 6a+3b+c & 10a+6b+3c+d \end{vmatrix}.$$

解 利用逐行化简

$$D \xlongequal[r_2-r_1]{\substack{r_4-r_3 \\ r_3-r_2}} \begin{vmatrix} a & b & c & d \\ 0 & a & a+b & a+b+c \\ 0 & a & 2a+b & 3a+2b+c \\ 0 & a & 3a+b & 6a+3b+c \end{vmatrix} \xlongequal[r_3-r_2]{r_4-r_3} \begin{vmatrix} a & b & c & d \\ 0 & a & a+b & a+b+c \\ 0 & 0 & a & 2a+b \\ 0 & 0 & a & 3a+b \end{vmatrix}$$

$$\xlongequal{r_4-r_3} \begin{vmatrix} a & b & c & d \\ 0 & a & a+b & a+b+c \\ 0 & 0 & a & 2a+b \\ 0 & 0 & 0 & a \end{vmatrix} = a^4.$$

3.2.2 行列式按行(列)的展开

一般说来,低阶行列式的计算比高阶行列式的计算要简便. 除了上一小节“行化简”的思想方法外,我们不妨进一步考虑如何把高阶行列式转化为低阶行列式的计算问题. 为此,先引进余子式和代数余子式的概念.

定义 3.2.2 在 n 阶行列式中,把元素 a_{ij} 所在的第 i 行和第 j 列划去后,称余下来的 $n-1$ 阶行列式为 a_{ij} 的**余子式**,记作 M_{ij};称

$$A_{ij} = (-1)^{i+j} M_{ij}$$

为 a_{ij} 的**代数余子式**.

例如,四阶行列式

$$D=\begin{vmatrix}1&2&3&4\\4&2&1&3\\4&2&1&2\\4&2&2&1\end{vmatrix}$$

的元素 a_{22}的余子式和代数余子式分别为

$$M_{22}=\begin{vmatrix}1&3&4\\4&1&2\\4&2&1\end{vmatrix}=\underline{\qquad}, \qquad A_{22}=(-1)^{2+2}M_{22}=\underline{\qquad}.$$

定理 3.2.1 行列式等于它的任一行(列)的各元素与其对应的代数余子式乘积之和,即

$$D=a_{i1}A_{i1}+a_{i2}A_{i2}+\cdots+a_{in}A_{in} \quad (i=1,2,\cdots,n),$$

或 $$D=a_{1j}A_{1j}+a_{2j}A_{2j}+\cdots+a_{nj}A_{nj} \quad (j=1,2,\cdots,n).$$

证明 先考虑第一行仅有 $a_{11}\neq 0$,其余元素均为零的情形,此时

$$D=\begin{vmatrix}a_{11}&0&\cdots&0\\a_{21}&a_{22}&\cdots&a_{2n}\\\vdots&\vdots&&\vdots\\a_{n1}&a_{n2}&\cdots&a_{nn}\end{vmatrix},$$

由行列式的定义

$$D=\begin{vmatrix}a_{11}&a_{12}&\cdots&a_{1n}\\a_{21}&a_{22}&\cdots&a_{2n}\\\vdots&\vdots&&\vdots\\a_{n1}&a_{n2}&\cdots&a_{nn}\end{vmatrix}=\sum_{i_1i_2\cdots i_n}(-1)^{\tau(i_1i_2\cdots i_n)}a_{i_11}a_{i_22}\cdots a_{i_nn}$$

$$=\sum_{1i_2\cdots i_n}(-1)^{\tau(1i_2\cdots i_n)}a_{11}a_{i_22}\cdots a_{i_nn}=a_{11}\sum_{i_2\cdots i_n}(-1)^{\tau(i_2\cdots i_n)}a_{i_22}\cdots a_{i_nn}$$

$$=a_{11}M_{11}=a_{11}(-1)^{1+1}M_{11}=a_{11}A_{11},$$

接着考虑第 i 行仅有 $a_{ij}\neq 0$,其余元素均为零的情形,此时

$$D=\begin{vmatrix}a_{11}&\cdots&a_{1j}&\cdots&a_{1n}\\\vdots&&\vdots&&\vdots\\0&\cdots&a_{ij}&\cdots&0\\\vdots&&\vdots&&\vdots\\a_{n1}&\cdots&a_{nj}&\cdots&a_{nn}\end{vmatrix}.$$

把第 i 行依次与第 $i-1$ 行、第 $i-2$ 行、…、第 1 行对调,这样把第 i 行移到第 1 行上,调换的次数为 $i-1$. 再把第 j 列依次与第 $j-1$ 列、第 $j-2$ 列、…、第 1 列对调,这样又作了 $j-1$ 次调换,最终将把 a_{ij}调到了第 1 行第 1 列,总共作了 $i+j-2$ 次调换,所得的行列式记为 D_1,则$D=(-1)^{i+j-2}D_1$,而 D_1 中 a_{ij}的余子式就是 D 中 a_{ij}的余子式 M_{ij}. 利用第一步所得的结果,得到

$$D=(-1)^{i+j-2}D_1=(-1)^{i+j}a_{ij}M_{ij}=a_{ij}A_{ij}.$$

最后考虑最一般的情形,此时将第 i 行改写一下形式,并应用性质 4 可得

$$D=\begin{vmatrix} a_{11} & a_{12} & \cdots & a_{1n} \\ \vdots & \vdots & & \vdots \\ a_{i1}+0+\cdots+0 & 0+a_{i2}+\cdots+0 & \cdots & 0+\cdots+0+a_{in} \\ \vdots & \vdots & & \vdots \\ a_{n1} & a_{n2} & \cdots & a_{nn} \end{vmatrix}$$

$$=\begin{vmatrix} a_{11} & a_{12} & \cdots & a_{1n} \\ \vdots & \vdots & & \vdots \\ a_{i1} & 0 & \cdots & 0 \\ \vdots & \vdots & & \vdots \\ a_{n1} & a_{n2} & \cdots & a_{nn} \end{vmatrix}+\begin{vmatrix} a_{11} & a_{12} & \cdots & a_{1n} \\ \vdots & \vdots & & \vdots \\ 0 & a_{i2} & \cdots & 0 \\ \vdots & \vdots & & \vdots \\ a_{n1} & a_{n2} & \cdots & a_{nn} \end{vmatrix}+\cdots$$

$$+\begin{vmatrix} a_{11} & a_{12} & \cdots & a_{1n} \\ \vdots & \vdots & & \vdots \\ 0 & 0 & \cdots & a_{in} \\ \vdots & \vdots & & \vdots \\ a_{n1} & a_{n2} & \cdots & a_{nn} \end{vmatrix}$$

$$=a_{i1}A_{i1}+a_{i2}A_{i2}+\cdots+a_{in}A_{in}\quad(i=1,2,\cdots,n).$$

类似地,若按列展开,可得

$$D=a_{1j}A_{1j}+a_{2j}A_{2j}+\cdots+a_{nj}A_{nj}(j=1,2,\cdots,n).$$

这个定理叫作行列式按行(列)的展开法则. 利用这一法则并结合行列式的性质,可以简化行列式的计算(此时只需要将对应矩阵化简到含有足够多"0"元素即可,不必强求化为三角矩阵).

例 3 利用行化简和行列式展开法则,

$$\begin{vmatrix} 1 & 2 & 3 & 4 \\ 4 & 2 & 1 & 3 \\ 4 & 2 & 1 & 2 \\ 4 & 2 & 2 & 1 \end{vmatrix} \xlongequal[r_4-r_3]{r_2-r_3} \begin{vmatrix} 1 & 2 & 3 & 4 \\ 0 & 0 & 0 & 1 \\ 4 & 2 & 1 & 2 \\ 0 & 0 & 1 & -1 \end{vmatrix}$$

$$=1\times(-1)^{2+4}\times\begin{vmatrix} 1 & 2 & 3 \\ 4 & 2 & 1 \\ 0 & 0 & 1 \end{vmatrix}=1\times1\times(-1)^{3+3}\begin{vmatrix} 1 & 2 \\ 4 & 2 \end{vmatrix}=\underline{\quad}.$$

由定理 3.2.1,还可得下述重要推论.

推论 行列式某一行(列)的元素与另一行(列)的对应元素的代数余子式乘积之和等于零. 即

$$a_{i1}A_{j1}+a_{i2}A_{j2}+\cdots+a_{in}A_{jn}=\sum_{k=1}^{n}a_{ik}A_{jk}=0,i\neq j,$$

$$a_{1i}A_{1j}+a_{2i}A_{2j}+\cdots+a_{ni}A_{nj}=\sum_{k=1}^{n}a_{ki}A_{kj}=0,\quad i\neq j.$$

证明 把行列式 $D=\det(a_{ij})$ 按第 j 行展开,有

$$a_{j1}A_{j1}+a_{j2}A_{j2}+\cdots+a_{jn}A_{jn}=\begin{vmatrix} a_{11} & \cdots & a_{1n} \\ \vdots & & \vdots \\ a_{i1} & \cdots & a_{in} \\ \vdots & & \vdots \\ a_{j1} & \cdots & a_{jn} \\ \vdots & & \vdots \\ a_{n1} & \cdots & a_{nn} \end{vmatrix},$$

在上式中把 a_{jk} 换成 $a_{ik}(k=1,\cdots,n)$,可得

$$a_{i1}A_{j1}+a_{i2}A_{j2}+\cdots+a_{in}A_{jn}=\begin{vmatrix} a_{11} & \cdots & a_{1n} \\ \vdots & & \vdots \\ a_{i1} & \cdots & a_{in} \\ \vdots & & \vdots \\ a_{i1} & \cdots & a_{in} \\ \vdots & & \vdots \\ a_{n1} & \cdots & a_{nn} \end{vmatrix}\begin{matrix} \\ \\ 第\,i\,行 \\ \\ 第\,j\,行 \\ \\ \\ \end{matrix},$$

当 $i\neq j$ 时,上式右端行列式中有两行对应元素相同,故行列式等于零,即得

$$a_{i1}A_{j1}+a_{i2}A_{j2}+\cdots+a_{in}A_{jn}=0\ (i\neq j).$$

类似可得关于列的结论也成立.

综合定理 3.2.1 及其推论,可得关于代数余子式的重要性质:

$$\sum_{k=1}^{n} a_{ik}A_{jk}=\begin{cases} D, i=j, \\ 0, i\neq j; \end{cases} \quad 或 \quad \sum_{k=1}^{n} a_{ki}A_{kj}=\begin{cases} D, i=j, \\ 0, i\neq j. \end{cases}$$

例 4 设

$$D=\begin{vmatrix} 1 & 1 & 2 & 1 \\ 1 & 2 & 0 & -5 \\ -1 & 3 & 1 & 2 \\ 2 & -7 & -1 & -5 \end{vmatrix},$$

求 $A_{11}+2A_{21}+3A_{31}-7A_{41}$.

解 由上面所述的代数余子式的性质即得

$$A_{11}+2A_{21}+3A_{31}-7A_{41}=\sum_{k=1}^{4} a_{k2}A_{k1}=0.$$

为更好地理解定理 3.2.1 的推论,在此给出具体的计算过程.由定理 3.2.1 可知,要计算 $A_{11}+2A_{21}+3A_{31}-7A_{41}$ 相当于求用 1,2,3,−7代替 D 的第 1 列所得的行列式,故

$$A_{11}+2A_{21}+3A_{31}-7A_{41}=\begin{vmatrix}1&1&2&1\\2&2&0&-5\\3&3&1&2\\-7&-7&-1&-5\end{vmatrix}=0.$$

例 5 设

$$D=\begin{vmatrix}3&-5&2&1\\1&1&0&-5\\-1&3&1&3\\2&-4&-1&-3\end{vmatrix},$$

求 $A_{11}+A_{12}+A_{13}+A_{14}$.

解 类似例 6,$A_{11}+A_{12}+A_{13}+A_{14}$等于用 1,1,1,1 代替 D 的第 1 行所得的行列式,即

$$A_{11}+A_{12}+A_{13}+A_{14}=\begin{vmatrix}1&1&1&1\\1&1&0&-5\\-1&3&1&3\\2&-4&-1&-3\end{vmatrix}\overset{r_4+r_3}{\underset{r_3-r_1}{=\!=\!=}}\begin{vmatrix}1&1&1&1\\1&1&0&-5\\-2&2&0&2\\1&-1&0&0\end{vmatrix}$$

$$=\begin{vmatrix}1&1&-5\\-2&2&2\\1&-1&0\end{vmatrix}\overset{c_2+c_1}{=\!=\!=}\begin{vmatrix}1&2&-5\\-2&0&2\\1&0&0\end{vmatrix}=\begin{vmatrix}2&-5\\0&2\end{vmatrix}=4.$$

注:事实上,行列式的计算方法和技巧还有很多,包括下面的例 8 所介绍的数学归纳法. 在此建议读者优先熟练掌握行化简和行列式展开法则. 其他方法可在后期的练习和自学中逐步学习掌握.

例 6 证明:**范德蒙德行列式**

$$D_n=\begin{vmatrix}1&1&\cdots&1\\x_1&x_2&\cdots&x_n\\x_1^2&x_2^2&\cdots&x_n^2\\\vdots&\vdots&&\vdots\\x_1^{n-1}&x_2^{n-1}&\cdots&x_n^{n-1}\end{vmatrix}=\prod_{1\leqslant j<i\leqslant n}(x_i-x_j),\qquad(1)$$

其中,记号"Π"表示全体同类因子的乘积.

证明 用数学归纳法. 因为

$$D_2=\begin{vmatrix}1&1\\x_1&x_2\end{vmatrix}=x_2-x_1=\prod_{1\leqslant j<i\leqslant 2}(x_i-x_j),$$

所以当 $n=2$ 时式(1)成立. 现假设式(1)对 $n-1$ 阶范德蒙德行列式成立,要证式(1)对 n 阶范德蒙德行列式也成立.

为此,设法把 D_n降阶:从第 n 行开始,后行减去前行的 x_1 倍,有

$$D_n=\begin{vmatrix}1 & 1 & 1 & \cdots & 1\\ 0 & x_2-x_1 & x_3-x_1 & \cdots & x_n-x_1\\ 0 & x_2(x_2-x_1) & x_3(x_3-x_1) & \cdots & x_n(x_n-x_1)\\ \vdots & \vdots & \vdots & & \vdots\\ 0 & x_2^{n-2}(x_2-x_1) & x_3^{n-2}(x_3-x_1) & \cdots & x_n^{n-2}(x_n-x_1)\end{vmatrix},$$

按第 1 列展开，并把每列的公因子(x_i-x_1)提出，就有

$$D_n=(x_2-x_1)(x_3-x_1)\cdots(x_n-x_1)\begin{vmatrix}1 & 1 & \cdots & 1\\ x_2 & x_3 & \cdots & x_n\\ \vdots & \vdots & & \vdots\\ x_2^{n-2} & x_3^{n-2} & \cdots & x_n^{n-2}\end{vmatrix},$$

上式右端的行列式是 $n-1$ 阶范德蒙德行列式，按归纳法假设，它等于所有(x_i-x_j)因子的乘积，其中 $n\geqslant i>j\geqslant 2$. 故

$$D_n=(x_2-x_1)(x_3-x_1)\cdots(x_n-x_1)\prod_{2\leqslant j<i\leqslant n}(x_i-x_j)=\prod_{1\leqslant j<i\leqslant n}(x_i-x_j).$$

注:范德蒙德行列式的特点是，各列为首项为 1 的等比数列；所有后列公比减去前列公比所得的因子的乘积就是它的值.

3.3 拉普拉斯定理与矩阵的秩和逆

3.2 节介绍了行列式按行(列)的展开法则. 本节将把它推广到更一般的情况，即行列式的拉普拉斯定理. 由此出发，我们将进一步研究矩阵的秩和逆. 在此之前，我们还需要做一些准备工作，并顺便介绍一些相关知识.

3.3.1 拉普拉斯定理

定义 3.3.1 在 n 阶行列式 D 中，任取 k 行与 k 列($1\leqslant k\leqslant n-1$，位于这些行列交叉处的元素，按原来的相对位置所组成的 k 阶行列式 N，称为 **D 的 k 阶子式**. 在行列式 D 中，去掉 k 阶行列式 N 所在行和列后，剩下的元素按原来的顺序构成一个 $n-k$ 阶行列式 M，称为 N 的余子式. 记 N 所在行的行序数是 $i_1i_2\cdots i_k$，所在列的列序数为 $j_1j_2\cdots j_k$，则称

$$A=(-1)^{i_1+\cdots+i_k+j_1+\cdots+j_k}M$$

为 N 的**代数余子式**.

注:类似地，可以定义 $m\times n$ 矩阵 $\boldsymbol{A}$ 的 k 阶子式：在矩阵 $\boldsymbol{A}$ 中任取 k 行与 k 列($k\leqslant\min\{m,n\}$)，位于这些行列交叉处的元素，按原来的相对位置所组成的 k 阶行列式，称为矩阵 $\boldsymbol{A}$ 的 k 阶子式. $m\times n$ 矩阵 $\boldsymbol{A}$ 的 k 阶子式一共有 $\mathrm{C}_m^k\mathrm{C}_n^k$ 个. n 阶方阵 $\boldsymbol{A}$ 的 k 阶子式一共有 $\mathrm{C}_n^k\mathrm{C}_n^k$ 个.

例 1 在五阶行列式

$$D=\begin{vmatrix}1&4&0&0&0\\2&3&4&0&0\\0&2&3&4&0\\0&0&2&3&4\\0&0&0&2&3\end{vmatrix}$$

中选取第 1,2 行和第 1,2 列,得到一个二阶子式

$$N=\begin{vmatrix}1&2\\2&3\end{vmatrix}=\underline{\qquad}$$

和它的三阶余子式

$$M=\begin{vmatrix}3&4&0\\2&4&4\\0&2&3\end{vmatrix}=\underline{\qquad}$$

以及三阶代数余子式

$$A=(-1)^{1+2+1+2}M=\begin{vmatrix}3&4&0\\2&4&4\\0&2&3\end{vmatrix}=\underline{\qquad}.$$

定理 3.3.1 设在行列式 $\boldsymbol{D}$ 中任意取 $k(1\leqslant k\leqslant n-1)$ 行(列),由这 k 行(列)元素所组成的一切 k 级子式 $N_1,N_2,\cdots,N_t$ 与它们对应的代数余子式分别为 $A_1,A_2,\cdots A_t$,则

$$D=N_1A_1+N_2A_2+\cdots+N_tA_t.$$

注:上述定理就是**拉普拉斯定理**. 它为行列式的计算提供了另一种思路. 但是由于可能要计算的子式有很多,所以直接应用拉普拉斯定理计算往往不是最简便的.

例 2 应用拉普拉斯定理计算

$$D=\begin{vmatrix}1&2&0&0&0\\2&3&4&0&0\\0&2&3&4&0\\0&0&2&3&4\\0&0&0&2&3\end{vmatrix}.$$

注意到第 1,2 行有较多的零元素,按第 1,2 行展开,此时这两行共有 $C_5^2=10$ 个二阶子式,其中只有 3 个不为 0,即

$$N_1=\begin{vmatrix}1&2\\2&3\end{vmatrix}=-1,N_2=\begin{vmatrix}1&0\\2&4\end{vmatrix}=4,N_3=\begin{vmatrix}2&0\\3&4\end{vmatrix}=8.$$

对应的代数余子式分别是

$$A_1=(-1)^{1+2+1+2}\begin{vmatrix}3&4&0\\2&3&4\\0&2&3\end{vmatrix}=-21,A_2=(-1)^{1+2+1+3}\begin{vmatrix}2&4&0\\0&3&4\\0&2&3\end{vmatrix}$$

$$=-2, A_3=(-1)^{1+2+2+3}\begin{vmatrix}0&4&0\\0&3&4\\0&2&3\end{vmatrix}=0,$$

故

$$D=N_1A_1+N_2A_2+N_3A_3=(-1)\times(-21)+4\times(-2)+8\times0=13.$$

直接计算过程参考如下:

$$D=\begin{vmatrix}1&2&0&0&0\\2&3&4&0&0\\0&2&3&4&0\\0&0&2&3&4\\0&0&0&2&3\end{vmatrix}\xlongequal[r_4-\frac{2}{11}r_2]{\substack{r_2-2r_1\\r_3+2r_2}}\begin{vmatrix}1&2&0&0&0\\0&-1&4&0&0\\0&0&11&4&0\\0&0&0&\frac{25}{11}&4\\0&0&0&2&3\end{vmatrix}$$

$$=1\times(-1)\times11\times\begin{vmatrix}\frac{25}{11}&4\\2&3\end{vmatrix}=13.$$

由拉普拉斯定理可得以下定理,证明留作习题.

定理 3.3.2 对任意 n 阶方阵 $\boldsymbol{A},\boldsymbol{B}$,有 $|\boldsymbol{AB}|=|\boldsymbol{A}||\boldsymbol{B}|$.

注: 显然,当 $\boldsymbol{A},\boldsymbol{B}$ 不是同阶方阵时,$|\boldsymbol{AB}|\neq|\boldsymbol{A}||\boldsymbol{B}|$.

3.3.2 矩阵的秩和逆

早在第 1 章,我们就介绍了矩阵的秩(见定义 1.6.2),并在 2.4 节中进一步探讨了矩阵的秩和逆. 本小节将利用行列式给出另一种求矩阵的秩和逆的方法.

定义 3.3.2 若 $m\times n$ 矩阵 $\boldsymbol{A}$ 存在某个 r 阶子式不等于 0,而所有的 $r+1$ 阶子式(如果存在)都等于 0,则称 r 为矩阵 $\boldsymbol{A}$ 的秩,记为 $r=R(\boldsymbol{A})$.

由定义 3.3.2 和定理 2.4.4 的推论 2 可得:

定理 3.3.3 n 阶方阵 $\boldsymbol{A}$ 可逆 $\Leftrightarrow R(\boldsymbol{A})=n\Leftrightarrow|\boldsymbol{A}|\neq0$.

注: 由定理 2.4.4 及其推论可知,定义 3.3.2 与定义 1.6.2 等价. 定义 3.3.2 给出了一种求矩阵的秩的新方法. 当然,这种方法往往也并不比我们之前使用的行化简方法简单.

例 3 求下列矩阵的秩:

$$\boldsymbol{A}=\begin{pmatrix}1&2&3&4\\1&2&2&4\\1&2&3&4\end{pmatrix}.$$

解法 1 易知

$$\begin{pmatrix}1&2&3&4\\1&2&2&4\\1&2&3&4\end{pmatrix}\overset{r}{\sim}\begin{pmatrix}1&2&3&4\\0&0&-&0\\0&0&0&0\end{pmatrix},$$

由定义 1.6.2 可知，$r=R(\boldsymbol{A})=$ __.

解法 2 因为 $\boldsymbol{A}$ 的二阶子式 $\begin{vmatrix}2&3\\2&2\end{vmatrix}=-2\neq0$，且 $\boldsymbol{A}$ 的三阶子式

$$\begin{vmatrix}1&2&3\\1&2&2\\1&2&3\end{vmatrix}=\begin{vmatrix}1&2&4\\1&2&4\\1&2&4\end{vmatrix}=\begin{vmatrix}1&3&4\\1&2&4\\1&3&4\end{vmatrix}=\begin{vmatrix}2&3&4\\2&2&4\\2&3&4\end{vmatrix}=0,$$

$\boldsymbol{A}$ 没有大于三阶的子式，故 $r=R(\boldsymbol{A})=$ __.

定义 3.3.3 设方阵 $\boldsymbol{A}$ 的行列式

$$|\boldsymbol{A}|=\begin{vmatrix}a_{11}&a_{12}&\cdots&a_{1n}\\a_{21}&a_{22}&\cdots&a_{2n}\\\vdots&\vdots&&\vdots\\a_{n1}&a_{n2}&\cdots&a_{nn}\end{vmatrix},$$

且由行列式 $|\boldsymbol{A}|$ 的所有元素的代数余子式 A_{ij} 所构成的矩阵为

$$\boldsymbol{A}^*=\begin{pmatrix}A_{11}&A_{21}&\cdots&A_{n1}\\A_{12}&A_{22}&\cdots&A_{n2}\\\vdots&\vdots&&\vdots\\A_{1n}&A_{2n}&\cdots&A_{nn}\end{pmatrix}.$$

称 $\boldsymbol{A}^*$ 为方阵 $\boldsymbol{A}$ 的**伴随矩阵**.

定理 3.3.4 设 $\boldsymbol{A}^*$ 为方阵 $\boldsymbol{A}$ 的**伴随矩阵**，则

$$\boldsymbol{A}\boldsymbol{A}^*=\boldsymbol{A}^*\boldsymbol{A}=|\boldsymbol{A}|\boldsymbol{E}.$$

证明 由伴随矩阵的定义可得

$$\boldsymbol{A}\boldsymbol{A}^*=\begin{pmatrix}a_{11}&a_{12}&\cdots&a_{1n}\\a_{21}&a_{22}&\cdots&a_{2n}\\\vdots&\vdots&&\vdots\\a_{n1}&a_{n2}&\cdots&a_{nn}\end{pmatrix}\begin{pmatrix}A_{11}&A_{21}&\cdots&A_{n1}\\A_{12}&A_{22}&\cdots&A_{n2}\\\vdots&\vdots&&\vdots\\A_{1n}&A_{2n}&\cdots&A_{nn}\end{pmatrix}$$

$$=\begin{pmatrix}|\boldsymbol{A}|&0&\cdots&0\\0&|\boldsymbol{A}|&\cdots&0\\\vdots&\vdots&&\vdots\\0&0&\cdots&|\boldsymbol{A}|\end{pmatrix}=|\boldsymbol{A}|\boldsymbol{E}.$$

类似地，

$$\boldsymbol{A}^*\boldsymbol{A}=|\boldsymbol{A}|\boldsymbol{E}.$$

显然，当 $|\boldsymbol{A}|\neq0$，即 $\boldsymbol{A}$ 可逆时，$\boldsymbol{A}^{-1}=\dfrac{1}{|\boldsymbol{A}|}\boldsymbol{A}^*$. 这为我们提供了一种计算矩阵的逆的新方法. 但这种方法的缺点在于往往需要计算大量的行列式.

例 4 若矩阵 $\boldsymbol{A}=\begin{pmatrix}a&b\\c&d\end{pmatrix}$ 的伴随矩阵为

$$\boldsymbol{A}^* = \begin{pmatrix} A_{11} & A_{21} \\ A_{12} & A_{22} \end{pmatrix} = \begin{pmatrix} d & -b \\ -c & a \end{pmatrix}.$$

若 $|\boldsymbol{A}| = ad-bc \neq 0$，则 $\boldsymbol{A}$ 可逆，且

$$\boldsymbol{A}^{-1} = \frac{1}{|\boldsymbol{A}|}\boldsymbol{A}^* = \frac{1}{ad-bc}\begin{pmatrix} d & -b \\ -c & a \end{pmatrix}.$$

这与定理 2.2.1 一致.

3.4 克拉默法则及其应用

行列式的应用是很广泛的，克拉默法则就是利用行列式给出线性方程组的解的法则.

n 元线性方程的方程组

$$\begin{cases} a_{11}x_1+a_{12}x_2+\cdots+a_{1n}x_n=b_1, \\ a_{21}x_1+a_{22}x_2+\cdots+a_{2n}x_n=b_2, \\ \qquad\qquad\vdots \\ a_{n1}x_1+a_{n2}x_2+\cdots+a_{nn}x_n=b_n, \end{cases} \tag{2}$$

与二、三元线性方程组相类似，它的解有时候也可以用 n 阶行列式表示，即

定理 3.4.1（克拉默法则） 如果线性方程组（2）的系数行列式不等于零，即

$$D = \begin{vmatrix} a_{11} & \cdots & a_{1n} \\ \vdots & & \vdots \\ a_{n1} & \cdots & a_{nn} \end{vmatrix} \neq 0,$$

那么，方程组（2）有唯一解

$$x_1 = \frac{D_1}{D}, x_2 = \frac{D_2}{D}, \cdots, x_n = \frac{D_n}{D}, \tag{3}$$

其中，$D_j(j=1,2,\cdots,n)$ 是把系数行列式 D 中第 j 列的元素用方程组右端的常数项代替后所得的 n 阶行列式，即

$$D_j = \begin{vmatrix} a_{11} & \cdots & a_{1,j-1} & b_1 & a_{1,j+1} & \cdots & a_{1n} \\ \vdots & & \vdots & \vdots & \vdots & & \vdots \\ a_{n1} & \cdots & a_{n,j-1} & b_n & a_{n,j+1} & \cdots & a_{nn} \end{vmatrix}.$$

证明 设方程组的系数矩阵为

$$\boldsymbol{A} = \begin{pmatrix} a_{11} & a_{12} & \cdots & a_{1n} \\ a_{21} & a_{22} & \cdots & a_{2n} \\ \vdots & \vdots & & \vdots \\ a_{n1} & a_{n2} & \cdots & a_{nn} \end{pmatrix},$$

未知数向量为 $\boldsymbol{x} = (x_1, x_2, \cdots, x_n)^{\mathrm{T}}$，常数项向量为 $\boldsymbol{b} = (b_1, b_2, \cdots, b_n)^{\mathrm{T}}$.

方程组(2)可表示成矩阵方程

$$\boldsymbol{Ax}=\boldsymbol{b}. \tag{4}$$

由 $|\boldsymbol{A}|=D\neq 0$, 可知 $\boldsymbol{A}$ 可逆. 令 $\boldsymbol{x}=\boldsymbol{A}^{-1}\boldsymbol{b}$, 将它代入方程(4)中, 得

$$\boldsymbol{Ax}=(\boldsymbol{AA}^{-1})\boldsymbol{b}=\boldsymbol{Eb}=\boldsymbol{b},$$

即 $\boldsymbol{x}=\boldsymbol{A}^{-1}\boldsymbol{b}$ 是方程(4)的解, 也就是方程组(2)的解向量, 说明方程组(2)的解存在.

如果 $\boldsymbol{x}_1$ 也是方程组(2)的解向量, 则有 $\boldsymbol{Ax}_1=\boldsymbol{b}$, 于是 $\boldsymbol{A}^{-1}\boldsymbol{Ax}_1=\boldsymbol{A}^{-1}\boldsymbol{b}$, 即 $\boldsymbol{x}_1=\boldsymbol{A}^{-1}\boldsymbol{b}$, 说明方程组(2)的解唯一.

由 $\boldsymbol{A}^{-1}=\dfrac{1}{|\boldsymbol{A}|}\boldsymbol{A}^*=\dfrac{1}{D}\boldsymbol{A}^*$, 得 $\boldsymbol{x}=\dfrac{1}{D}\boldsymbol{A}^*\boldsymbol{b}$, 即

$$\begin{pmatrix}x_1\\x_2\\\vdots\\x_n\end{pmatrix}=\frac{1}{D}\begin{pmatrix}A_{11}&A_{21}&\cdots&A_{n1}\\A_{12}&A_{22}&\cdots&A_{n2}\\\vdots&\vdots&&\vdots\\A_{1n}&A_{2n}&\cdots&A_{nn}\end{pmatrix}\begin{pmatrix}b_1\\b_2\\\vdots\\b_n\end{pmatrix}=\frac{1}{D}\begin{pmatrix}b_1A_{11}+b_2A_{21}+\cdots+b_nA_{n1}\\b_1A_{12}+b_2A_{22}+\cdots+b_nA_{n2}\\\vdots\\b_1A_{1n}+b_2A_{2n}+\cdots+b_nA_{nn}\end{pmatrix},$$

所以 $$x_j=\frac{1}{D}(b_1A_{1j}+b_2A_{2j}+\cdots+b_nA_{nj})=\frac{D_j}{D}\quad(j=1,2,\cdots,n).$$

例 1 解线性方程组

$$\begin{cases}x_1+x_2-x_3+x_4=1,\\x_1-3x_2-6x_4=1,\\2x_2-x_3+2x_4=2,\\x_1+x_2-x_3+2x_4=0.\end{cases}$$

解

$$D=\begin{vmatrix}1&1&-1&1\\1&-3&0&-6\\0&2&-1&2\\1&1&-1&2\end{vmatrix}\xlongequal[r_2-r_1]{r_4-r_1}\begin{vmatrix}1&1&-1&1\\0&-4&1&-7\\0&2&-1&2\\0&0&0&1\end{vmatrix}=2,$$

$$D_1=\begin{vmatrix}1&1&-1&1\\1&-3&0&-6\\2&2&-1&2\\0&1&-1&2\end{vmatrix}\xlongequal[r_3-2r_2]{r_1-r_2}\begin{vmatrix}0&4&-1&7\\1&-3&0&-6\\0&8&-1&14\\0&1&-1&2\end{vmatrix}$$

$$=-\begin{vmatrix}4&-1&7\\8&-1&14\\1&-1&2\end{vmatrix}\xlongequal[c_3+2c_2]{c_1+c_2}-\begin{vmatrix}3&-1&5\\7&-1&12\\0&-1&0\end{vmatrix}=\_\_\_\_,$$

$$D_2=\begin{vmatrix}1&1&-1&1\\1&1&0&-6\\0&2&-1&2\\1&0&-1&2\end{vmatrix}\xlongequal[c_4-2c_1]{c_3+c_1}\begin{vmatrix}1&1&0&-1\\1&1&1&-8\\0&2&-1&2\\1&0&0&0\end{vmatrix}$$

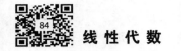

$$=-\begin{vmatrix}1&0&-1\\1&1&-8\\2&-1&2\end{vmatrix}\xlongequal[r_3-2r_1]{r_2-r_1}-\begin{vmatrix}1&0&-1\\0&1&-7\\0&-1&4\end{vmatrix}=\_\_\_\_,$$

$$D_3=\begin{vmatrix}1&1&1&1\\1&-3&1&-6\\0&2&2&2\\1&1&0&2\end{vmatrix}\xlongequal[c_4-2c_2]{r_1-\frac{1}{2}r_3}\begin{vmatrix}1&0&0&0\\1&-3&1&0\\0&2&2&-2\\1&1&0&0\end{vmatrix}=\_\_\_\_,$$

$$D_4=\begin{vmatrix}1&1&-1&1\\1&-3&0&1\\0&2&-1&2\\1&1&-1&0\end{vmatrix}\xlongequal[r_2-r_4]{r_1-r_4}\begin{vmatrix}0&0&0&1\\0&-4&1&1\\0&2&-1&2\\1&1&-1&0\end{vmatrix}=\_\_\_\_,$$

于是得 $x_1=\_\_\_\_,x_2=\_\_\_\_,x_3=\_\_\_\_,x_4=\_\_\_\_.$

注 使用克拉默法则解方程组，要计算 $n+1$ 个 n 阶行列式，当阶数较高时，计算量会很大．但它仍具有极为重要的理论价值．因此我们撇开它的计算公式，只取其理论价值，给出线性方程组解的存在性和唯一性定理的第三种表述.

定理 3.4.2 n 元非齐次线性方程组 $\boldsymbol{Ax}=\boldsymbol{b}$，

(1) 有唯一解的充分必要条件是 $|\boldsymbol{A}|\neq 0$；

(2) 有无穷多解的必要条件是 $|\boldsymbol{A}|=0$.

定理 3.4.3 n 元齐次线性方程组 $\boldsymbol{Ax}=\boldsymbol{0}$，

(1) 有唯一零解的充分必要条件是 $|\boldsymbol{A}|\neq 0$；

(2) 有无穷多解的必要条件是 $|\boldsymbol{A}|=0$.

注： $|\boldsymbol{A}|=0$ 只是 n 元非齐次线性方程组 $\boldsymbol{Ax}=\boldsymbol{b}$ 有无穷多解的必要条件．这因为 $|\boldsymbol{A}|=0$ 只能保证 $R(\boldsymbol{A},\boldsymbol{b})<n$，若此时 $R(\boldsymbol{A})<R(\boldsymbol{A},\boldsymbol{b})<n$，则该方程组无解.

例 2 问 λ 取何值时，齐次线性方程组 $\begin{cases}(1-\lambda)x+2y+2z=0,\\ 2x+\lambda y\qquad=0,\\ -2x\qquad+\lambda z=0\end{cases}$ 有非零解？

解 由定理 3.4.3 可知，若所给齐次线性方程组有非零解，则其系数行列式 $D=0$，令

$$D=\begin{vmatrix}1-\lambda&2&2\\2&\lambda&0\\-2&0&\lambda\end{vmatrix}=\lambda^2(1-\lambda)=0,$$

可得 $\lambda=0$ 或 $\lambda=1$. 不难验证，当 $\lambda=0$ 或 $\lambda=1$ 时，所给齐次线性方程组有非零解.

习题三

1. 求下列各排列的逆序数:

(1)543216;　　(2)987…21.

提示:(1)10;(2)36.

2. 写出四阶行列式中含有因子 $a_{14}a_{21}$ 的项.

提示:观察下标,可知有两项:$-a_{14}a_{21}a_{32}a_{43}$,$a_{14}a_{21}a_{33}a_{42}$.

3. 用对角线法则计算三阶行列式:

(1) $D_1=\begin{vmatrix}1&0&-3\\2&1&-1\\3&3&-4\end{vmatrix}$;　　(2) $D_2=\begin{vmatrix}a&b&c\\b&3&2\\5&4&b\end{vmatrix}$.

提示:(1)$D_1=-10$;(2)$D_2=3ab+10b+4bc-15c-8a-b^3$.

4. 计算下列行列式.

(1) $\begin{vmatrix}1&3&5\\2&-4&0\\6&0&0\end{vmatrix}$;　　(2) $\begin{vmatrix}a_{11}&\cdots&a_{1,n-1}&a_{1n}\\a_{21}&\cdots&a_{2,n-1}&0\\\vdots&&\vdots&\vdots\\a_{n1}&\cdots&0&0\end{vmatrix}$;

(3) $\begin{vmatrix}1&2&1&1\\1&1&2&1\\1&1&1&2\\2&1&1&1\end{vmatrix}$;　　(4) $\begin{vmatrix}2&2&1&4\\2&1&2&2\\2&1&0&0\\2&-3&5&1\end{vmatrix}$;

(5) $\begin{vmatrix}-2&2&-4&0\\4&-1&3&5\\3&1&-2&-3\\2&0&5&1\end{vmatrix}$;　　(6) $\begin{vmatrix}a&2&-4&0\\1&b&1&2\\0&1&1&-1\\0&0&-2&1\end{vmatrix}$.

提示:可利用3.1节例4的方法计算(1)和(2);利用3.2节例1的方法二计算(3);利用行化简的方法计算(3)~(6). 答案分别是:

(1)120;(2)$(-1)^{\frac{n(n-1)}{2}}a_{1n}a_{2,n-1}\cdots a_{n1}$;(3)$-5$;(4)32;(5)$-270$;(6)$-ab-5a-2$.

5. 求解下列 n 阶行列式.

(1) $\begin{vmatrix}2+a_1&a_2&a_3&\cdots&a_n\\a_1&2+a_2&a_3&\cdots&a_n\\a_1&a_2&2+a_3&\cdots&a_n\\\vdots&\vdots&\vdots&&\vdots\\a_1&a_2&a_3&\cdots&2+a_n\end{vmatrix}$;

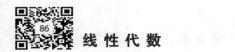

(2) $\begin{vmatrix} 1 & 1 & 1 & \cdots & 1 & 1 \\ -1 & 1 & 1 & \cdots & 1 & 1 \\ -2 & -2 & 1 & \cdots & 1 & 1 \\ \vdots & \vdots & \vdots & & \vdots & \vdots \\ -(n-1) & -(n-1) & -(n-1) & \cdots & -(n-1) & 1 \end{vmatrix}$.

提示:(1)注意到每列的和相等,利用 3.2 节例 1 的方法二可得 $2^{n-1}(2+a_1+a_2+\cdots+a_n)$;

(2)利用第 1 行进行行化简可得 $n!$.

6. 设行列式 $D=\begin{vmatrix} a_{11} & a_{12} & a_{13} \\ a_{21} & a_{22} & a_{23} \\ a_{31} & a_{32} & a_{33} \end{vmatrix}=2$,求

$D_1=\begin{vmatrix} a_{31} & a_{32} & a_{33} \\ a_{21}-2a_{11} & a_{22}-2a_{12} & a_{23}-2a_{13} \\ 2a_{11} & 2a_{12} & 2a_{13} \end{vmatrix}$.

提示:考虑如何可由 D 经过哪些变换得到 D_1,最后结果是:-4.

7. 设 $\begin{vmatrix} a & 1 & 1 \\ b & 0 & 1 \\ c & 2 & 2 \end{vmatrix}=4$,求 $\begin{vmatrix} a+2 & b+2 & c+4 \\ 2 & 1 & 4 \\ 1 & 1 & 2 \end{vmatrix}$.

提示:利用行列式的性质 4 可得答案:4.

8. 已知四阶行列式 D 中第 2 行元素依次为 $2,0,-2,1$,它们的余子式依次为 $-3,4,5,-2$,求 D.

提示:由按行展开的计算方法可得答案为 14.

9. 设 $D=\begin{vmatrix} 1 & -1 & 2 & 0 \\ 4 & -1 & 3 & 5 \\ 2 & 0 & 5 & 1 \\ 3 & 1 & -2 & -3 \end{vmatrix}$,求 $6A_{21}+2A_{22}-4A_{23}-6A_{24}$.

提示:$6A_{21}+2A_{22}-4A_{23}-6A_{24}$ 表示用系数向量$(6,2,-4,-6)$替换 D 的第 2 行所得的行列式,答案是 0.

10. 计算:

(1) $\begin{vmatrix} 1 & 1 & 1 & 1 \\ 4 & -3 & 5 & -2 \\ 16 & 9 & 25 & 4 \\ 64 & -27 & 125 & -8 \end{vmatrix}$;

(2) $\begin{vmatrix} a & b & 0 & \cdots & 0 & 0 \\ 0 & a & b & \cdots & 0 & 0 \\ \vdots & \vdots & \vdots & & \vdots & \vdots \\ 0 & 0 & 0 & \cdots & a & b \\ b & 0 & 0 & \cdots & 0 & a \end{vmatrix}$.

提示:(1)这是一个范德蒙德行列式,答案:-2352;

(2)按第1列展开 $D=a_{11}A_{11}+a_{n1}A_{n1}=a\times(-1)^{1+1}M_{11}+b\times(-1)^{n+1}M_{n1}=a^n+(-1)^{n+1}b^n$.

11. 试分别使用按行展开法和拉普拉斯定理计算

$$\begin{vmatrix} 2 & 6 & 0 & 0 & 0 \\ 1 & 5 & 6 & 0 & 0 \\ 0 & 0 & 4 & 6 & 0 \\ 0 & 0 & 0 & 4 & 6 \\ 0 & 0 & 0 & 1 & 5 \end{vmatrix}.$$

提示:224.

12. 用拉普拉斯定理证明 $2n$ 阶行列式:

$$\begin{vmatrix} a_{11} & a_{12} & \cdots & a_{1n} & 0 & 0 & \cdots & 0 \\ a_{21} & a_{22} & \cdots & a_{2n} & 0 & 0 & \cdots & 0 \\ \vdots & \vdots & & \vdots & \vdots & \vdots & & \vdots \\ a_{n1} & a_{n2} & \cdots & a_{nn} & 0 & 0 & \cdots & 0 \\ -1 & 0 & \cdots & 0 & b_{11} & b_{12} & \cdots & b_{1n} \\ 0 & -1 & \cdots & 0 & b_{21} & b_{22} & \cdots & b_{2n} \\ \vdots & \vdots & & \vdots & \vdots & \vdots & & \vdots \\ 0 & 0 & \cdots & -1 & b_{n1} & b_{n2} & \cdots & b_{nn} \end{vmatrix}$$

$$=\begin{vmatrix} a_{11} & \cdots & a_{1n} \\ \vdots & & \vdots \\ a_{n1} & \cdots & a_{nn} \end{vmatrix}\begin{vmatrix} b_{11} & \cdots & b_{1n} \\ \vdots & & \vdots \\ b_{n1} & \cdots & b_{nn} \end{vmatrix}.$$

提示:按前 n 行展开,不等于零的 n 阶子式只有一项:$N_1=\begin{vmatrix} a_{11} & \cdots & a_{1n} \\ \vdots & & \vdots \\ a_{n1} & \cdots & a_{nn} \end{vmatrix}$,其余的 n 阶子式都为0;而 N_1 对应的代数余子式为

$$A_1=(-1)^{1+2+\cdots+n+1+2+\cdots+n}\begin{vmatrix} b_{11} & \cdots & b_{1n} \\ \vdots & & \vdots \\ b_{n1} & \cdots & b_{nn} \end{vmatrix}=\begin{vmatrix} b_{11} & \cdots & b_{1n} \\ \vdots & & \vdots \\ b_{n1} & \cdots & b_{nn} \end{vmatrix}.$$

13. 假设 $\boldsymbol{A}=\begin{pmatrix} a_{11} & \cdots & a_{1n} \\ \vdots & & \vdots \\ a_{n1} & \cdots & a_{nn} \end{pmatrix}$,$\boldsymbol{B}=\begin{pmatrix} b_{11} & \cdots & b_{1n} \\ \vdots & & \vdots \\ b_{n1} & \cdots & b_{nn} \end{pmatrix}$,且 $\boldsymbol{AB}=\boldsymbol{C}$,证明:$|\boldsymbol{A}||\boldsymbol{B}|=|\boldsymbol{C}|$,即 $|\boldsymbol{A}||\boldsymbol{B}|=|\boldsymbol{AB}|$.

提示:构造第12题所给的矩阵并进行行化简得到

$$D=\begin{vmatrix} 0 & 0 & \cdots & 0 & c_{11} & c_{12} & \cdots & c_{1n} \\ 0 & 0 & \cdots & 0 & c_{21} & c_{22} & \cdots & c_{2n} \\ \vdots & \vdots & & \vdots & \vdots & \vdots & & \vdots \\ 0 & 0 & \cdots & 0 & c_{n1} & c_{n2} & \cdots & c_{nn} \\ -1 & 0 & \cdots & 0 & b_{11} & b_{12} & \cdots & b_{1n} \\ 0 & -1 & \cdots & 0 & b_{21} & b_{22} & \cdots & b_{2n} \\ \vdots & \vdots & & \vdots & \vdots & \vdots & & \vdots \\ 0 & 0 & \cdots & -1 & b_{n1} & b_{n2} & \cdots & b_{nn} \end{vmatrix}.$$

再由拉普拉斯定理及 c_{ij} 的意义可证.

14. 设 $\boldsymbol{A}$ 为 n 阶方阵,且 $|\boldsymbol{A}|\neq 0$,求证:$|\boldsymbol{A}^*|=|\boldsymbol{A}|^{n-1}$.

提示:利用 $\boldsymbol{A}\boldsymbol{A}^*=|\boldsymbol{A}|\boldsymbol{E}_n$.

15. 设 $\boldsymbol{A},\boldsymbol{B}$ 均为 n 阶矩阵,$|\boldsymbol{A}|=3$,$|\boldsymbol{B}|=-2$,求 $|3\boldsymbol{A}^*\boldsymbol{B}^{-1}|$.

提示:$|3\boldsymbol{A}^*\boldsymbol{B}^{-1}|=3^n|\boldsymbol{A}^*||\boldsymbol{B}^{-1}|=3^n|\boldsymbol{A}|^{n-1}|\boldsymbol{B}|^{-1}=-\dfrac{3^{2n-1}}{2}$.

16. 用公式法(即 $\boldsymbol{A}^{-1}=\dfrac{\boldsymbol{A}^*}{|\boldsymbol{A}|}$)求矩阵 $\boldsymbol{A}=\begin{pmatrix} 1 & 2 & 3 \\ 2 & 2 & 1 \\ 3 & 4 & 3 \end{pmatrix}$ 的逆矩阵 $\boldsymbol{A}^{-1}$.

提示:$\boldsymbol{A}^*=\begin{pmatrix} 2 & 6 & -4 \\ -3 & -6 & 5 \\ 2 & 2 & -2 \end{pmatrix}$,$\boldsymbol{A}^{-1}=\dfrac{\boldsymbol{A}^*}{|\boldsymbol{A}|}=\begin{pmatrix} 1 & 3 & -2 \\ -\dfrac{3}{2} & -3 & \dfrac{5}{2} \\ 1 & 1 & -1 \end{pmatrix}$.

17. 求下列矩阵的秩,并求一个最高阶非零子式:

(1) $\boldsymbol{A}=\begin{pmatrix} 1 & -3 & 7 & 2 \\ 2 & 4 & -3 & -1 \\ -3 & 7 & 2 & 3 \end{pmatrix}$;　　(2) $\boldsymbol{B}=\begin{pmatrix} 2 & 1 & 8 & 3 & 7 \\ 2 & -3 & 0 & 7 & -5 \\ 3 & -2 & 5 & 8 & 0 \\ 1 & 0 & 3 & 2 & 0 \end{pmatrix}$.

提示:(1) $\begin{vmatrix} 1 & -3 & 7 \\ 2 & 4 & -3 \\ -3 & 7 & 2 \end{vmatrix}\neq 0$,$R(\boldsymbol{A})=3$;

(2) $\begin{vmatrix} 2 & 1 & 7 \\ 2 & -3 & -5 \\ 1 & 0 & 0 \end{vmatrix}\neq 0$,$R(\boldsymbol{B})=3$.

18. 若 $\boldsymbol{A}\boldsymbol{A}^{\mathrm{T}}=\boldsymbol{A}^{\mathrm{T}}\boldsymbol{A}=\boldsymbol{E}$,求 $|\boldsymbol{A}|$.

提示:$|\boldsymbol{A}|=\pm 1$(利用 $|\boldsymbol{A}|=|\boldsymbol{A}^{\mathrm{T}}|$).

19. 若 $\boldsymbol{A},\boldsymbol{B}$ 均为 n 阶方阵,且 $\boldsymbol{AB}$ 可逆,求证:$\boldsymbol{A},\boldsymbol{B}$ 均可逆.

提示:利用行列式.

20. 设 n 阶方阵 $\boldsymbol{A}$ 满足方程 $\boldsymbol{A}^2+2\boldsymbol{A}-7\boldsymbol{E}=\boldsymbol{O}$,证明:矩阵 $\boldsymbol{A}-\boldsymbol{E}$,

$\boldsymbol{A}+3\boldsymbol{E}$都可逆,并求它们的逆矩阵.

提示:由 $\boldsymbol{A}^2+2\boldsymbol{A}-7\boldsymbol{E}=\boldsymbol{O}$,可得$(\boldsymbol{A}-\boldsymbol{E})(\boldsymbol{A}+3\boldsymbol{E})=4\boldsymbol{E}$. 利用行列式或者利用上一章逆矩阵的定义可证.

21. 利用克拉默法则求解下列方程组.

$$(1)\begin{cases} x_1-x_2+2x_3+x_4=2, \\ 5x_1+4x_3+2x_4=6, \\ 4x_1+x_2+2x_3=2, \\ x_1+x_2+x_3+x_4=0; \end{cases}$$

$$(2)\begin{cases} x_1+x_2+x_3+x_4=10, \\ 2x_1-3x_2-x_3-5x_4=-4, \\ x_1+2x_2-x_3+4x_4=-4, \\ 3x_1+x_2+2x_3+11x_4=0. \end{cases}$$

提示:(1)$x_1=2,x_2=-2,x_3=-2,x_4=2$;(2)$x_1=2,x_2=4,x_3=6,x_4=-2$.

22. 已知三次曲线 $y=f(x)=b_3x^3+b_2x^2+b_1x+b_0$经过四点$(1,7)$,$(-1,-1)$,$(2,23)$,$(-2,-5)$,试确定该曲线.

提示:$b_3=1,b_2=2,b_1=3,b_0=1$.

23. 问 λ,μ 取何值时,齐次线性方程组

$$\begin{cases} 2x_1+\mu x_2+x_3=0, \\ 2\lambda x_1+x_2+x_3=0, \\ 2x_1+2\mu x_2+x_3=0 \end{cases}$$

有非零解?

提示:利用行列式 $\begin{vmatrix} 2 & \mu & 1 \\ 2\lambda & 1 & 1 \\ 2 & 2\mu & 1 \end{vmatrix}=0\Rightarrow\mu=0$ 或 $\lambda=1$.

24. 证明定理 1. 6. 3.

提示:考虑方阵 $\boldsymbol{A}$ 及其转置的秩,并由定义 3. 3. 2 可证.

数学实验三

使用 Octave 或 MATLAB 完成下列各题:

1. 用循环求排列 325164 的逆序数.

2. 用多种方法求行列式 $D=\begin{vmatrix} 3 & 1 & 1 & 1 \\ 1 & 3 & 1 & 1 \\ 1 & 1 & 3 & 1 \\ 1 & 1 & 1 & 3 \end{vmatrix}$.

3. 求矩阵 $\boldsymbol{A}=\begin{pmatrix}1&2&3&4\\1&2&2&4\\1&1&3&4\end{pmatrix}$的秩.

4. 问 λ 取何值时,齐次线性方程组 $\begin{cases}(1-\lambda)x-2y+2z=0,\\2x+\lambda y\quad\quad=0,\\2x\quad\quad+\lambda z=0\end{cases}$ 有非零解(提示:符号运算)?

5. 用克拉默法则求线性方程组$\begin{cases}x_1\quad+x_2-x_3\quad+x_4=1,\\x_1-3x_2\quad\quad-6x_4=1,\\\quad\quad2x_2-x_3+2x_4=-2,\\x_1\quad+x_2-x_3+2x_4=0\end{cases}$的解.

第 4 章

特征值与特征向量

方阵的特征值和特征向量在理论研究和生产实践中应用非常广泛．本章将介绍特征值和特征向量的定义、求解方法以及它们在求解矩阵的对角化中的应用．具体如下：

4.1 节主要介绍特征向量与特征值，包括两者的概念以及计算方法．毫不意外的是，无论是通过计算特征行列式得到特征值，还是通过求解特征方程得到特征向量，主要的方法就是矩阵行化简．本节还介绍了方阵的特征值和特征向量的一些性质．

4.2 节介绍了相似矩阵和矩阵可对角化的概念，给出了矩阵可对角化的一些充要条件．

4.3 节是一个过渡性的章节，主要介绍向量的内积的概念、施密特正交化方法与正交矩阵的概念和性质．

4.4 节证明实对称矩阵都可以相似对角化．特别地，将证明它的特征根都是实数．最后通过实例展现了实对称矩阵相似对角化的过程：先求出特征值和特征向量，再由所得特征向量组正交化并写出正交矩阵．

4.1 特征向量与特征值

4.1.1 特征向量与特征值的概念

定义 4.1.1 设 $\boldsymbol{A}$ 是 n 阶方阵，若数 λ 和 n 维非零列向量 $\boldsymbol{x}$ 使得关系式

$$\boldsymbol{A}\boldsymbol{x}=\lambda\boldsymbol{x} \tag{1}$$

成立，则称 λ 为方阵 $\boldsymbol{A}$ 的**特征值**，非零向量 $\boldsymbol{x}$ 称为 $\boldsymbol{A}$ 的属于特征值 λ 的**特征向量**．

直观地说，方阵 $\boldsymbol{A}$ 的一个特征向量 $\boldsymbol{x}$ 经过 $\boldsymbol{A}$ 的作用后得到的向量

$\lambda \boldsymbol{x}$ 与 $\boldsymbol{x}$ 线性相关，即两者共线，而比例系数 λ 就是方阵 $\boldsymbol{A}$ 的特征值.

例如，设 $\boldsymbol{A}=\begin{pmatrix}2&0\\0&1\end{pmatrix}$，$\boldsymbol{x}=\begin{pmatrix}1\\0\end{pmatrix}$，由于 $\boldsymbol{A}\boldsymbol{x}=\begin{pmatrix}2&0\\0&1\end{pmatrix}\begin{pmatrix}1\\0\end{pmatrix}=\begin{pmatrix}2\\0\end{pmatrix}=2\begin{pmatrix}1\\0\end{pmatrix}=2\boldsymbol{x}$，那么 2 是 $\boldsymbol{A}$ 的一个特征值，$\boldsymbol{x}$ 是 $\boldsymbol{A}$ 的属于特征值 2 的一个特征向量.

显然，若 $\boldsymbol{x}$ 为 $\boldsymbol{A}$ 的属于特征值 λ 的特征向量，则 $k\boldsymbol{x}(k\neq 0)$ 也是 $\boldsymbol{A}$ 的属于特征值 λ 的特征向量，即属于特征值 λ 的特征向量是不唯一的．事实上，我们有以下结果：

定理 4.1.1　设 $\boldsymbol{A}$ 是 n 阶方阵，则

(1) 若 $\boldsymbol{x}_1,\cdots,\boldsymbol{x}_s$ 是 $\boldsymbol{A}$ 属于特征值 λ 的特征向量，则它们的任意非零线性组合

$$\boldsymbol{y}=k_1\boldsymbol{x}_1+\cdots+k_s\boldsymbol{x}_s$$

都是 $\boldsymbol{A}$ 属于特征值 λ 的特征向量；

(2) 若 $\boldsymbol{x}$ 为 $\boldsymbol{A}$ 的特征向量，则 $\boldsymbol{x}$ 仅属于 $\boldsymbol{A}$ 的某个特征值.

定理 4.1.1 的证明留作习题．下一小节将介绍如何求方阵 $\boldsymbol{A}$ 的特征值与特征向量.

4.1.2　特征向量与特征值的计算

将式(1)改写成

$$(\boldsymbol{A}-\lambda\boldsymbol{E})\boldsymbol{x}=\boldsymbol{0}. \tag{2}$$

方程(2)是包含 n 个未知数 n 个方程的齐次线性方程组，而方阵 $\boldsymbol{A}$ 属于特征值 λ 的特征向量就是这个齐次线性方程组的非零解．由定理 3.4.3 可知，方程(2)有非零解的充分必要条件是系数行列式等于零，即

$$|\boldsymbol{A}-\lambda\boldsymbol{E}|=\begin{vmatrix}a_{11}-\lambda & a_{12} & \cdots & a_{1n}\\ a_{21} & a_{22}-\lambda & \cdots & a_{2n}\\ \vdots & \vdots & & \vdots\\ a_{n1} & a_{n2} & \cdots & a_{nn}-\lambda\end{vmatrix}=0.$$

定义 4.1.2　设 $\boldsymbol{A}$ 是 n 阶方阵，称矩阵 $\boldsymbol{A}-\lambda\boldsymbol{E}$ 为 $\boldsymbol{A}$ 的**特征矩阵**，行列式

$$\begin{vmatrix}a_{11}-\lambda & a_{12} & \cdots & a_{1n}\\ a_{21} & a_{22}-\lambda & \cdots & a_{2n}\\ \vdots & \vdots & & \vdots\\ a_{n1} & a_{n2} & \cdots & a_{nn}-\lambda\end{vmatrix}$$

为方阵 $\boldsymbol{A}$ 的**特征多项式**.

显然，$\boldsymbol{A}$ 的特征值就是特征方程的解．特征方程在复数范围内恒有解，其个数为方程的次数(重根按重数计算)，因此 n 阶方阵 $\boldsymbol{A}$

在复数范围内有 n 个特征值.

设 $\lambda=\lambda_i$ 为方阵 $\boldsymbol{A}$ 的一个特征值,则由方程

$$(\boldsymbol{A}-\lambda_i\boldsymbol{E})\boldsymbol{x}=\boldsymbol{0}$$

可求得非零解 $\boldsymbol{x}=\boldsymbol{p}_i$,那么 $\boldsymbol{p}_i$ 就是 $\boldsymbol{A}$ 的属于特征值 λ_i 的特征向量.

下面举例说明怎么求特征值和特征向量. 在学习这些例子时,可以留意一下特征值及其线性无关的特征向量的个数.

例 1 求方阵 $\boldsymbol{A}=\begin{pmatrix}-1 & 1\\ 5 & 3\end{pmatrix}$ 的特征值和特征向量.

解 $\boldsymbol{A}$ 的特征多项式

$$|\boldsymbol{A}-\lambda\boldsymbol{E}|=\begin{vmatrix}-1-\lambda & 1\\ 5 & 3-\lambda\end{vmatrix}=(-1-\lambda)(3-\lambda)-5=(\lambda+2)(\lambda-4)$$

故 $\boldsymbol{A}$ 的特征值为 $\lambda_1=-2,\lambda_2=4$.

当 $\lambda_1=-2$ 时,解方程组 $(\boldsymbol{A}+2\boldsymbol{E})\boldsymbol{x}=\boldsymbol{0}$. 由

$$\boldsymbol{A}+2\boldsymbol{E}=\begin{pmatrix}1 & 1\\ 5 & 5\end{pmatrix}\overset{r}{\sim}\begin{pmatrix}1 & 1\\ 0 & 0\end{pmatrix},$$

可得基础解系

$$\boldsymbol{p}_1=\begin{pmatrix}\_\_\\ \_\_\end{pmatrix},$$

故属于特征值 $\lambda_1=-2$ 的特征向量可取为 $\boldsymbol{p}_1$.

当 $\lambda_2=4$ 时,解方程组 $(\boldsymbol{A}-4\boldsymbol{E})\boldsymbol{x}=\boldsymbol{0}$. 由

$$\boldsymbol{A}-4\boldsymbol{E}=\begin{pmatrix}-5 & 1\\ 5 & -1\end{pmatrix}\overset{r}{\sim}\begin{pmatrix}-5 & 1\\ 0 & 0\end{pmatrix},$$

可得基础解系

$$\boldsymbol{p}_2=\begin{pmatrix}\_\_\\ \_\_\end{pmatrix},$$

故属于特征值 $\lambda_2=4$ 的特征向量可取为 $\boldsymbol{p}_2$.

例 2 求方阵 $\boldsymbol{A}=\begin{pmatrix}2 & 0 & 1\\ 0 & 3 & -2\\ 0 & 2 & -1\end{pmatrix}$ 的特征值和特征向量.

解 $\boldsymbol{A}$ 的特征多项式

$$|\boldsymbol{A}-\lambda\boldsymbol{E}|=\begin{vmatrix}2-\lambda & 0 & 1\\ 0 & 3-\lambda & -2\\ 0 & 2 & -1-\lambda\end{vmatrix}=(2-\lambda)(1-\lambda)^2,$$

故 $\boldsymbol{A}$ 的特征值为 $\lambda_1=2,\lambda_2=\lambda_3=1$.

当 $\lambda_1=2$ 时,解方程 $(\boldsymbol{A}-2\boldsymbol{E})\boldsymbol{x}=\boldsymbol{0}$. 由

$$\boldsymbol{A}-2\boldsymbol{E}=\begin{pmatrix}0 & 0 & 1\\ 0 & 1 & -2\\ 0 & 2 & -3\end{pmatrix}\overset{r}{\sim}\begin{pmatrix}0 & 0 & 0\\ 0 & 1 & 0\\ 0 & 0 & 1\end{pmatrix},$$

可得基础解系

$$p_1=\begin{pmatrix}\_\_\\ \_\_\\ \_\_\end{pmatrix},$$

故 $k_1\boldsymbol{p}_1(k_1\neq 0)$ 是属于 $\lambda_1=2$ 的全部特征向量.

当 $\lambda_2=\lambda_3=1$ 时,解方程 $(\boldsymbol{A}-\boldsymbol{E})\boldsymbol{x}=\boldsymbol{0}$. 由

$$\boldsymbol{A}-\boldsymbol{E}=\begin{pmatrix}1&0&1\\0&2&-2\\0&2&-2\end{pmatrix}\overset{r}{\sim}\begin{pmatrix}1&0&1\\0&1&-1\\0&0&0\end{pmatrix},$$

可得基础解系

$$p_2=\begin{pmatrix}\_\_\\ \_\_\\ \_\_\end{pmatrix},$$

故 $k_2\boldsymbol{p}_2(k_2\neq 0)$ 是属于 $\lambda_2=\lambda_3=1$ 的全部特征向量.

例 3　求方阵 $\boldsymbol{A}=\begin{pmatrix}3&1&-4\\0&2&0\\1&1&-2\end{pmatrix}$ 的特征值与特征向量.

解　由

$$|\boldsymbol{A}-\lambda\boldsymbol{E}|=\begin{vmatrix}3-\lambda&1&-4\\0&2-\lambda&0\\1&1&-2-\lambda\end{vmatrix}=-(\lambda+1)(\lambda-2)^2,$$

可得 $\boldsymbol{A}$ 的特征值 $\lambda_1=-1,\lambda_2=\lambda_3=2$.

当 $\lambda_1=-1$ 时,解方程 $(\boldsymbol{A}+\boldsymbol{E})\boldsymbol{x}=\boldsymbol{0}$. 由

$$\boldsymbol{A}+\boldsymbol{E}=\begin{pmatrix}4&1&-4\\0&3&0\\1&1&-1\end{pmatrix}\overset{r}{\sim}\begin{pmatrix}1&0&-1\\0&1&0\\0&0&0\end{pmatrix},$$

可得基础解系

$$p_1=\begin{pmatrix}\_\_\\ \_\_\\ \_\_\end{pmatrix},$$

故属于 $\lambda_1=-1$ 的全部特征向量为 $k_1\boldsymbol{p}_1(k_1\neq 0)$.

当 $\lambda_2=\lambda_3=2$ 时,解方程 $(\boldsymbol{A}-2\boldsymbol{E})\boldsymbol{x}=\boldsymbol{0}$. 由

$$\boldsymbol{A}-2\boldsymbol{E}=\begin{pmatrix}1&1&-4\\0&0&0\\1&1&-4\end{pmatrix}\overset{r}{\sim}\begin{pmatrix}1&1&-4\\0&0&0\\0&0&0\end{pmatrix},$$

可得基础解系

$$p_2=\begin{pmatrix}\_\_\\\_\_\\\_\_\end{pmatrix},p_3=\begin{pmatrix}\_\_\\\_\_\\\_\_\end{pmatrix},$$

故属于 $\lambda_2=\lambda_3=2$ 的全部特征向量为 $k_2\boldsymbol{p}_2+k_3\boldsymbol{p}_3(k_2,k_3$不全为 0).

4.1.3 特征向量与特征值的性质

本小节补充介绍一些关于特征向量与特征值的性质. 为此先引入

定义 4.1.3 称方阵 $\boldsymbol{A}$ 主对角线上元素之和

$$a_{11}+a_{22}+\cdots+a_{nn}$$

为 $\boldsymbol{A}$ 的迹,记为 $\mathrm{tr}\boldsymbol{A}$.

定理 4.1.2 设 n 阶方阵 $\boldsymbol{A}=(a_{ij})$ 的特征值为 $\lambda_1,\lambda_2,\cdots,\lambda_n$,则

$$\lambda_1+\lambda_2+\cdots+\lambda_n=a_{11}+a_{22}+\cdots+a_{nn}=\mathrm{tr}\boldsymbol{A};\lambda_1\lambda_2\cdots\lambda_n=|\boldsymbol{A}|.$$

证明见习题 6.

推论 方阵 $\boldsymbol{A}$ 可逆当且仅当它的特征值都不为零.

定理 4.1.3 设 λ 是方阵 $\boldsymbol{A}$ 的特征值,则

(1) $a\lambda(a\neq0)$ 是 $a\boldsymbol{A}$ 的特征值;

(2) λ^k是 $\boldsymbol{A}^k$的特征值;

(3) 当 $\boldsymbol{A}$ 可逆时,$\dfrac{1}{\lambda}$是 $\boldsymbol{A}^{-1}$的特征值.

证明 由定义易证,仅给出(2)的证明. 由于 λ 是方阵 $\boldsymbol{A}$ 的特征值,故存在 $\boldsymbol{x}\neq\boldsymbol{0}$ 使得 $\boldsymbol{Ax}=\lambda\boldsymbol{x}$. 于是 $\boldsymbol{A}^k\boldsymbol{x}=\boldsymbol{A}^{k-1}(\boldsymbol{Ax})=\boldsymbol{A}^{k-1}(\lambda\boldsymbol{x})=\lambda\boldsymbol{A}^{k-1}(\boldsymbol{x})=\lambda\boldsymbol{A}^{k-2}(\boldsymbol{Ax})=\cdots=\lambda^k\boldsymbol{x}$,即 λ^k是 $\boldsymbol{A}^k$的特征值.

定理 4.1.4 设 $\lambda_1,\lambda_2,\cdots,\lambda_m$是方阵 $\boldsymbol{A}$ 的 m 个特征值,$\boldsymbol{p}_1,\boldsymbol{p}_2,\cdots,\boldsymbol{p}_m$依次是与之对应的特征向量,如果 $\lambda_1,\lambda_2,\cdots,\lambda_m$各不相等,则 $\boldsymbol{p}_1,\boldsymbol{p}_2,\cdots,\boldsymbol{p}_m$线性无关.

证明 用数学归纳法.

当 $m=1$ 时,因特征向量 $\boldsymbol{p}_1\neq\boldsymbol{0}$,故 $\boldsymbol{p}_1$线性无关.

假设 $m=l-1$ 时,结论成立,要证当 $m=l$ 时,结论也成立. 即假设向量组 $\boldsymbol{p}_1,\boldsymbol{p}_2,\cdots,\boldsymbol{p}_{l-1}$线性无关,要证向量组 $\boldsymbol{p}_1,\boldsymbol{p}_2,\cdots,\boldsymbol{p}_l$线性无关. 为此,令

$$k_1\boldsymbol{p}_1+k_1\boldsymbol{p}_2+\cdots+k_{l-1}\boldsymbol{p}_{l-1}+k_l\boldsymbol{p}_l=\boldsymbol{0},\tag{3}$$

以 $\boldsymbol{A}$ 左乘式(3),得

$$\lambda_1k_1\boldsymbol{p}_1+\lambda_2k_2\boldsymbol{p}_2+\cdots+\lambda_{l-1}k_{l-1}\boldsymbol{p}_{l-1}+\lambda_lk_l\boldsymbol{p}_l=\boldsymbol{0}.\tag{4}$$

结合式(3)和式(4)可得

$$k_1(\lambda_1-\lambda_k)\boldsymbol{p}_1+k_2(\lambda_2-\lambda_k)\boldsymbol{p}_2+\cdots+k_{l-1}(\lambda_{l-1}-\lambda_k)\boldsymbol{p}_{l-1}=\boldsymbol{0}.$$

由于 $\boldsymbol{p}_1,\boldsymbol{p}_2,\cdots,\boldsymbol{p}_{l-1}$ 线性无关，故 $k_i(\lambda_i-\lambda_k)=0(i=1,2,\cdots,l-1)$. 又由于 $\lambda_i-\lambda_k\neq 0$，故 $k_1=\cdots=k_{l-1}=0$. 再由式(3)，得 $k_l\boldsymbol{p}_l=\boldsymbol{0}$，而 $\boldsymbol{p}_l\neq\boldsymbol{0}$，故 $k_l=0$. 因此，向量组 $\boldsymbol{p}_1,\boldsymbol{p}_2,\cdots,\boldsymbol{p}_l$ 线性无关.

4.2 方阵的相似对角化

定义 4.2.1 设 $\boldsymbol{A},\boldsymbol{B}$ 都是 n 阶矩阵，若存在可逆矩阵 $\boldsymbol{P}$，使得

$$\boldsymbol{P}^{-1}\boldsymbol{A}\boldsymbol{P}=\boldsymbol{B},$$

则称 $\boldsymbol{B}$ 是 $\boldsymbol{A}$ 的**相似矩阵**，或称矩阵 $\boldsymbol{A}$ 与矩阵 $\boldsymbol{B}$ 相似. 对 $\boldsymbol{A}$ 进行运算 $\boldsymbol{P}^{-1}\boldsymbol{A}\boldsymbol{P}$ 称为对 $\boldsymbol{A}$ 进行相似变换，可逆矩阵 $\boldsymbol{P}$ 称为把 $\boldsymbol{A}$ 变成 $\boldsymbol{B}$ 的相似变换矩阵. 特别地，若存在可逆矩阵 $\boldsymbol{P}$，使得

$$\boldsymbol{P}^{-1}\boldsymbol{A}\boldsymbol{P}=\begin{pmatrix}\lambda_1 & 0 & \cdots & 0\\ 0 & \lambda_2 & \cdots & 0\\ \vdots & \vdots & & \vdots\\ 0 & 0 & \cdots & \lambda_n\end{pmatrix}=\boldsymbol{\Lambda},$$

则称 $\boldsymbol{A}$ 是**可相似对角化方阵**，简称 $\boldsymbol{A}$ **可对角化**.

注：在第 2 章中，我们指出任意矩阵都可以等价于一个对角矩阵. 但是，并非所有的方阵都与某个对角矩阵相似，即可对角化(试对比两者的异同).

例 1 二阶矩阵

$$\begin{pmatrix}1 & 1\\ 0 & 1\end{pmatrix}\quad 和\quad \begin{pmatrix}1 & 0\\ 1 & 1\end{pmatrix}$$

都不能对角化.

证明 仅证明其中一个. 假设存在可逆矩阵

$$\boldsymbol{P}=\begin{pmatrix}a & b\\ c & d\end{pmatrix}$$

使得 $\boldsymbol{P}^{-1}\boldsymbol{A}\boldsymbol{P}=\begin{pmatrix}\lambda_1 & 0\\ 0 & \lambda_2\end{pmatrix}$，则

$$\begin{pmatrix}1 & 1\\ 0 & 1\end{pmatrix}\begin{pmatrix}a & b\\ c & d\end{pmatrix}=\begin{pmatrix}a & b\\ c & d\end{pmatrix}\begin{pmatrix}\lambda_1 & 0\\ 0 & \lambda_2\end{pmatrix},$$

即

$$\begin{cases}a+c=a\lambda_1,\\ b+d=b\lambda_2,\\ c=c\lambda_1,\\ d=d\lambda_2,\end{cases}$$

由于 $\boldsymbol{P}$ 可逆，故 c,d 不能同时为零. 不妨假设 $c\neq 0$，则由上述方程组第一个等式得到 $c=0$，矛盾！这表明 $\boldsymbol{P}$ 是不存在的，即 $\begin{pmatrix}1 & 1\\ 0 & 1\end{pmatrix}$ 不可对

角化.

对相似矩阵,有以下结论:

定理 4.2.1 若 n 阶方阵 $\boldsymbol{A}$ 与 $\boldsymbol{B}$ 相似,则 $\boldsymbol{A}$ 与 $\boldsymbol{B}$ 的特征多项式相同,从而 $\boldsymbol{A}$ 与 $\boldsymbol{B}$ 的特征值也相同.

证明 因 $\boldsymbol{A}$ 与 $\boldsymbol{B}$ 相似,即有可逆矩阵 $\boldsymbol{P}$,使得 $\boldsymbol{P}^{-1}\boldsymbol{AP}=\boldsymbol{B}$. 故

$$\begin{aligned}|\boldsymbol{B}-\lambda\boldsymbol{E}| &= |\boldsymbol{P}^{-1}\boldsymbol{AP}-\boldsymbol{P}^{-1}(\lambda\boldsymbol{E})\boldsymbol{P}| = |\boldsymbol{P}^{-1}(\boldsymbol{A}-\lambda\boldsymbol{E})\boldsymbol{P}| \\ &= |\boldsymbol{P}^{-1}||\boldsymbol{A}-\lambda\boldsymbol{E}||\boldsymbol{P}| = |\boldsymbol{A}-\lambda\boldsymbol{E}|.\end{aligned}$$

推论 若 n 阶方阵 $\boldsymbol{A}$ 与对角矩阵

$$\boldsymbol{\Lambda}=\begin{pmatrix}\lambda_1 & & & \\ & \lambda_2 & & \\ & & \ddots & \\ & & & \lambda_n\end{pmatrix}$$

相似,则 $\lambda_1,\lambda_2,\cdots,\lambda_n$ 恰好是 $\boldsymbol{A}$ 的 n 个特征值.

显然,若存在可逆矩阵 $\boldsymbol{P}$,使得 $\boldsymbol{P}^{-1}\boldsymbol{AP}=\boldsymbol{\Lambda}$, 则 $\boldsymbol{A}$ 的多项式 $\varphi(\boldsymbol{A})=\boldsymbol{P}\varphi(\boldsymbol{\Lambda})\boldsymbol{P}^{-1}$,其中

$$\varphi(\boldsymbol{\Lambda})=\begin{pmatrix}\varphi(\lambda_1) & & & \\ & \varphi(\lambda_2) & & \\ & & \ddots & \\ & & & \varphi(\lambda_n)\end{pmatrix},$$

由此可方便地计算 $\boldsymbol{A}$ 的多项式 $\varphi(\boldsymbol{A})$.

以下定理给出了方阵可对角化的充要条件.

定理 4.2.2 n 阶方阵 $\boldsymbol{A}$ 与对角矩阵相似(即 $\boldsymbol{A}$ 可对角化)的充分必要条件是 $\boldsymbol{A}$ 有 n 个线性无关的特征向量.

证明 必要性. 如果存在可逆矩阵 $\boldsymbol{P}$,使得 $\boldsymbol{P}^{-1}\boldsymbol{AP}=\boldsymbol{\Lambda}$ 为对角矩阵,即 $\boldsymbol{AP}=\boldsymbol{P\Lambda}$.

把 $\boldsymbol{P}$ 用其列向量表示为 $\boldsymbol{P}=(\boldsymbol{p}_1,\boldsymbol{p}_2,\cdots,\boldsymbol{p}_n)$,则有

$$\begin{aligned}\boldsymbol{A}(\boldsymbol{p}_1,\boldsymbol{p}_2,\cdots,\boldsymbol{p}_n) &= (\boldsymbol{p}_1,\boldsymbol{p}_2,\cdots,\boldsymbol{p}_n)\begin{pmatrix}\lambda_1 & & & \\ & \lambda_2 & & \\ & & \ddots & \\ & & & \lambda_n\end{pmatrix} \\ &= (\lambda_1\boldsymbol{p}_1,\lambda_2\boldsymbol{p}_2,\cdots,\lambda_n\boldsymbol{p}_n),\end{aligned}$$

于是有
$$\boldsymbol{A}\boldsymbol{p}_i=\lambda_i\boldsymbol{p}_i \qquad (i=1,2,\cdots,n).$$
即 $\boldsymbol{p}_i$ 是矩阵 $\boldsymbol{A}$ 的属于特征值 λ_i 的特征向量,又因 $\boldsymbol{P}$ 是可逆矩阵,故 $\boldsymbol{p}_1,\boldsymbol{p}_2,\cdots,\boldsymbol{p}_n$ 线性无关.

充分性. 假设方阵 $\boldsymbol{A}$ 有 n 个线性无关的特征向量 $\boldsymbol{p}_1,\boldsymbol{p}_2,\cdots,\boldsymbol{p}_n$,对应的特征值分别为 $\lambda_1,\lambda_2,\cdots,\lambda_n$,即 $\boldsymbol{A}\boldsymbol{p}_i=\lambda_i\boldsymbol{p}_i(i=1,2,\cdots,n)$. 记 $\boldsymbol{P}=(\boldsymbol{p}_1,\boldsymbol{p}_2,\cdots,\boldsymbol{p}_n)$,则 $\boldsymbol{P}$ 可逆,且 $\boldsymbol{AP}=\boldsymbol{P\Lambda}$,其中,$\boldsymbol{\Lambda}=\mathrm{diag}(\lambda_1,\lambda_2,\cdots,$

λ_n)，于是有 $\boldsymbol{P}^{-1}\boldsymbol{A}\boldsymbol{P}=\boldsymbol{\Lambda}$，即 $\boldsymbol{A}$ 与对角矩阵 $\boldsymbol{\Lambda}$ 相似.

注：由定理 4.2.2 的证明可知，当方阵 $\boldsymbol{A}$ 可对角化时，使得 $\boldsymbol{P}^{-1}\boldsymbol{A}\boldsymbol{P}=\boldsymbol{\Lambda}$ 的可逆矩阵 $\boldsymbol{P}$ 的列向量恰好就是对角矩阵 $\boldsymbol{\Lambda}$ 上的对角元素 λ_i($\boldsymbol{A}$ 的特征值)的特征向量．这将在后面经常用到.

结合定理 4.2.1，可得

推论　如果 n 阶方阵 $\boldsymbol{A}$ 的 n 个特征值互不相等，则 $\boldsymbol{A}$ 与对角矩阵相似.

当 $\boldsymbol{A}$ 的特征方程有重根时，就不一定有 n 个线性无关的特征向量，从而不一定能对角化．不妨回顾上一节的例 1~例 3，可知例 1 中的 $\boldsymbol{A}$ 的特征方程恰好有 2 个特征根，故可对角化；例 2 中的 $\boldsymbol{A}$ 的特征方程有重根，且确实找不到 3 个线性无关的特征向量，故不能对角化；在例 1 中的 $\boldsymbol{A}$ 的特征方程也有重根，但恰好能找到 3 个线性无关的特征向量，故可对角化.

下面是更进一步的例子.

例 2　设

$$\boldsymbol{A}=\begin{pmatrix}2&0&0\\1&1&a\\0&0&1\end{pmatrix},$$

问 a 为何值时，矩阵 $\boldsymbol{A}$ 可对角化？

解　由

$$|\boldsymbol{A}-\lambda\boldsymbol{E}|=\begin{vmatrix}2-\lambda&0&0\\1&1-\lambda&a\\0&0&1-\lambda\end{vmatrix}=(2-\lambda)(1-\lambda)^2$$

得 $\lambda_1=2,\lambda_2=\lambda_3=1$.

对应单根 $\lambda_1=2$，可求得线性无关的特征向量恰有 1 个，故矩阵 $\boldsymbol{A}$ 可对角化的充分必要条件是对应重根 $\lambda_2=\lambda_3=1$，有 2 个线性无关的特征向量，即方程$(\boldsymbol{A}-\boldsymbol{E})\boldsymbol{x}=\boldsymbol{0}$ 有 2 个线性无关的解，故系数矩阵 $\boldsymbol{A}-\boldsymbol{E}$ 的秩 $R(\boldsymbol{A}-\boldsymbol{E})=1$. 由

$$\boldsymbol{A}-\boldsymbol{E}=\begin{pmatrix}1&0&0\\1&0&a\\0&0&0\end{pmatrix}$$

可知要使得 $R(\boldsymbol{A}-\boldsymbol{E})=1$，得 $a=0$.

因此，当 $a=0$ 时，矩阵 $\boldsymbol{A}$ 可对角化.

4.3　向量的内积、施密特正交化方法与正交矩阵

上一节指出不是所有的方阵都可对角化，下一节我们将证明实对称矩阵必可对角化．本节将介绍一些过渡性的背景知识.

4.3.1　向量的内积、施密特正交化方法

向量的内积可用来刻画向量的度量性质，如向量的范数、夹角

等．在空间解析几何中，我们曾引进向量的数量积

$$\boldsymbol{x}\cdot\boldsymbol{y}=|\boldsymbol{x}||\boldsymbol{y}|\cos\theta,$$

且在直角坐标系中，有

$$(x_1,x_2,x_3)\cdot(y_1,y_2,y_3)=x_1y_1+x_2y_2+x_3y_3,$$

n 维向量的内积是数量积的一种推广．

定义 4.3.1 设有 n 维向量

$$\boldsymbol{x}=\begin{pmatrix}x_1\\x_2\\\vdots\\x_n\end{pmatrix},\boldsymbol{y}=\begin{pmatrix}y_1\\y_2\\\vdots\\y_n\end{pmatrix},$$

记$(\boldsymbol{x},\boldsymbol{y})=x_1y_1+x_2y_2+\cdots+x_ny_n$，并称之为向量 $\boldsymbol{x}$ 和 $\boldsymbol{y}$ 的**内积**．也可记为$(\boldsymbol{x},\boldsymbol{y})=\boldsymbol{x}^{\mathrm{T}}\boldsymbol{y}$.

内积具有下列性质(其中，$\boldsymbol{x},\boldsymbol{y},\boldsymbol{z}$ 为 n 维向量，λ 为实数)：

(1)对称性 $(\boldsymbol{x},\boldsymbol{y})=(\boldsymbol{y},\boldsymbol{x})$；

(2)线性性$(\boldsymbol{x}+\boldsymbol{y},\boldsymbol{z})=(\boldsymbol{x},\boldsymbol{z})+(\boldsymbol{y},\boldsymbol{z})$；

(3)非负性$(\boldsymbol{x},\boldsymbol{x})\geqslant 0$，当且仅当 $\boldsymbol{x}=\boldsymbol{0}$ 时，等号成立．

定义 4.3.2 若$(\boldsymbol{x},\boldsymbol{y})=0$，则称 $\boldsymbol{x}$ 和 $\boldsymbol{y}$ 正交．

易知，向量正交是三维空间中向量互相垂直的自然推广，且零向量与任意向量正交．

定义 4.3.3 称

$$\|\boldsymbol{x}\|=\sqrt{(\boldsymbol{x},\boldsymbol{x})}=\sqrt{x_1^2+x_2^2+\cdots+x_n^2}$$

为 n 维向量 $\boldsymbol{x}$ 的**长度(或范数)**．当$\|\boldsymbol{x}\|=1$ 时，称 $\boldsymbol{x}$ 为单位向量．

显然，$\|k\boldsymbol{x}\|=|k|\|\boldsymbol{x}\|$；当且仅当$\|\boldsymbol{x}\|=0$ 时，$\boldsymbol{x}$ 为零向量．当$\|\boldsymbol{x}\|>0$ 时，$\boldsymbol{x}^0=\dfrac{\boldsymbol{x}}{\|\boldsymbol{x}\|}$为单位向量，称 $\boldsymbol{x}^0$为 $\boldsymbol{x}$ 的**单位化向量**，$\boldsymbol{x}^0=\dfrac{\boldsymbol{x}}{\|\boldsymbol{x}\|}$为单位化公式．

定义 4.3.4 设向量组 $\boldsymbol{a}_1,\boldsymbol{a}_2,\cdots,\boldsymbol{a}_r$是一组非零 n 维向量．若其中任意两个向量都正交，则称其为**正交向量组**．仅由一个非零向量组成的向量组也称为正交向量组．若正交向量组的每一个向量都是单位向量，则称其为**标准正交组**.

定理 4.3.1 设向量组 $\boldsymbol{a}_1,\boldsymbol{a}_2,\cdots,\boldsymbol{a}_r$是 n 维向量组，则

(1)若 $\boldsymbol{\beta}$ 与 $\boldsymbol{a}_1,\boldsymbol{a}_2,\cdots,\boldsymbol{a}_r$ 的每一个向量都正交，则 $\boldsymbol{\beta}$ 与 $\boldsymbol{a}_1,\boldsymbol{a}_2,\cdots,\boldsymbol{a}_r$的任意线性组合都正交；

(2)若 $\boldsymbol{a}_1,\boldsymbol{a}_2,\cdots,\boldsymbol{a}_r$是正交向量组，则 $\boldsymbol{a}_1,\boldsymbol{a}_2,\cdots,\boldsymbol{a}_r$线性无关．

证明 结论(1)的证明留作思考题，仅证明(2)．设向量组 $\boldsymbol{a}_1,\boldsymbol{a}_2,\cdots,\boldsymbol{a}_r$是 n 维正交向量组，若有一组数 $\lambda_1,\lambda_2,\cdots,\lambda_r$使

$$\lambda_1\boldsymbol{a}_1+\lambda_2\boldsymbol{a}_2+\cdots+\lambda_r\boldsymbol{a}_r=\boldsymbol{0},$$

用 $\boldsymbol{a}_1$ 对上式两边取内积，则有 $\lambda_1(\boldsymbol{a}_1,\boldsymbol{a}_1)=0$. 由于 $(\boldsymbol{a}_1,\boldsymbol{a}_1)\neq 0$ 故必有 $\lambda_1=0$. 类似可证 $\lambda_2=\lambda_3=\cdots=\lambda_r=0$. 于是向量组 $\boldsymbol{a}_1,\boldsymbol{a}_2,\cdots,\boldsymbol{a}_r$ 线性无关.

下面讨论对给定的线性无关向量组 $\boldsymbol{a}_1,\boldsymbol{a}_2,\cdots,\boldsymbol{a}_r$，如何找到一个相应的标准正交组 $\boldsymbol{b}_1,\boldsymbol{b}_2,\cdots,\boldsymbol{b}_r$，使得每个 $\boldsymbol{b}_j$ 都可由 $\boldsymbol{a}_1,\boldsymbol{a}_2,\cdots,\boldsymbol{a}_r$ 线性表出.

定理 4.3.2　（施密特正交定理）对任意给定的线性无关向量组 $\boldsymbol{a}_1,\boldsymbol{a}_2,\cdots,\boldsymbol{a}_r$，必存在标准正交组 $\boldsymbol{b}_1,\boldsymbol{b}_2,\cdots,\boldsymbol{b}_r$，使得每个 $\boldsymbol{b}_j$ 都可由 $\boldsymbol{a}_1,\boldsymbol{a}_2,\cdots,\boldsymbol{a}_r$ 线性表出.

证明　依次取

$$\boldsymbol{c}_1=\boldsymbol{a}_1,\boldsymbol{c}_2=\boldsymbol{a}_2-\frac{(\boldsymbol{c}_1,\boldsymbol{a}_2)}{(\boldsymbol{c}_1,\boldsymbol{b}_1)}\boldsymbol{c}_1,\cdots,\boldsymbol{c}_r$$

$$=\boldsymbol{a}_r-\frac{(\boldsymbol{c}_1,\boldsymbol{a}_1)}{(\boldsymbol{c}_1,\boldsymbol{c}_1)}\boldsymbol{c}_1-\frac{(\boldsymbol{c}_2,\boldsymbol{a}_2)}{(\boldsymbol{c}_2,\boldsymbol{c}_2)}\boldsymbol{c}_2-\cdots-\frac{(\boldsymbol{c}_{r-1},\boldsymbol{a}_{r-1})}{(\boldsymbol{c}_{r-1},\boldsymbol{c}_{r-1})}\boldsymbol{c}_{r-1},$$

容易验证 $\boldsymbol{c}_1,\boldsymbol{c}_2,\cdots,\boldsymbol{c}_r$ 两两正交，且 $\boldsymbol{c}_1,\boldsymbol{c}_2,\cdots,\boldsymbol{c}_r$ 与 $\boldsymbol{a}_1,\boldsymbol{a}_2,\cdots,\boldsymbol{a}_r$ 等价.

然后把它们单位化，即取

$$\boldsymbol{b}_1=\frac{1}{\|\boldsymbol{b}_1\|}\boldsymbol{c}_1,\boldsymbol{b}_2=\frac{1}{\|\boldsymbol{b}_2\|}\boldsymbol{c}_2,\cdots,\boldsymbol{b}_r=\frac{1}{\|\boldsymbol{b}_r\|}\boldsymbol{c}_r,$$

即可得到所求.

上述从线性无关向量组 $\boldsymbol{a}_1,\boldsymbol{a}_2,\cdots,\boldsymbol{a}_r$ 导出正交向量组 $\boldsymbol{b}_1,\boldsymbol{b}_2,\cdots,\boldsymbol{b}_r$ 的过程称为施密特(Schimidt)正交化过程. 它不仅满足 $\boldsymbol{b}_1,\boldsymbol{b}_2,\cdots,\boldsymbol{b}_r$ 与 $\boldsymbol{a}_1,\boldsymbol{a}_2,\cdots,\boldsymbol{a}_r$ 等价，还满足：对任何 $k(1\leqslant k\leqslant r)$，向量组 $\boldsymbol{b}_1,\boldsymbol{b}_2,\cdots,\boldsymbol{b}_k$ 与 $\boldsymbol{a}_1,\boldsymbol{a}_2,\cdots,\boldsymbol{a}_k$ 等价.

例 1　设 $\boldsymbol{a}_1=\begin{pmatrix}1\\2\\1\end{pmatrix},\boldsymbol{a}_2=\begin{pmatrix}1\\3\\1\end{pmatrix},\boldsymbol{a}_3=\begin{pmatrix}1\\2\\3\end{pmatrix}$，试将这组向量标准正交化.

解　取　$\boldsymbol{b}_1=\boldsymbol{a}_1$,

$$\boldsymbol{b}_2=\boldsymbol{a}_2-\frac{(\boldsymbol{a}_2,\boldsymbol{b}_1)}{(\boldsymbol{b}_1,\boldsymbol{b}_1)}\boldsymbol{b}_1=\begin{pmatrix}1\\3\\1\end{pmatrix}-\frac{4}{3}\begin{pmatrix}1\\2\\1\end{pmatrix}=\frac{1}{3}\begin{pmatrix}-1\\1\\-1\end{pmatrix},$$

$$\boldsymbol{b}_3=\boldsymbol{a}_3-\frac{(\boldsymbol{a}_3,\boldsymbol{b}_1)}{(\boldsymbol{b}_1,\boldsymbol{b}_1)}\boldsymbol{b}_1-\frac{(\boldsymbol{a}_3,\boldsymbol{b}_2)}{(\boldsymbol{b}_2,\boldsymbol{b}_2)}\boldsymbol{b}_2$$

$$=\begin{pmatrix}1\\2\\3\end{pmatrix}-\frac{4}{3}\begin{pmatrix}1\\2\\1\end{pmatrix}+\frac{2}{3}\begin{pmatrix}-1\\1\\-1\end{pmatrix}=\begin{pmatrix}-1\\0\\1\end{pmatrix}.$$

再把它们单位化，取

$$\boldsymbol{e}_1=\frac{\boldsymbol{b}_1}{\|\boldsymbol{b}_1\|}=\frac{1}{\sqrt{6}}\begin{pmatrix}1\\2\\1\end{pmatrix},\boldsymbol{e}_2=\frac{\boldsymbol{b}_2}{\|\boldsymbol{b}_2\|}=\frac{1}{\sqrt{3}}\begin{pmatrix}-1\\1\\-1\end{pmatrix},\boldsymbol{e}_3=\frac{\boldsymbol{b}_3}{\|\boldsymbol{b}_3\|}=\frac{1}{\sqrt{2}}\begin{pmatrix}-1\\0\\1\end{pmatrix},$$

$\boldsymbol{e}_1,\boldsymbol{e}_2,\boldsymbol{e}_3$即为所求.

例 2 已知 $\boldsymbol{a}_1=\begin{pmatrix}-1\\-1\\1\end{pmatrix}$,求一组非零向量 $\boldsymbol{a}_2,\boldsymbol{a}_3$,使得 $\boldsymbol{a}_1,\boldsymbol{a}_2,\boldsymbol{a}_3$ 两两正交.

解 $\boldsymbol{a}_2,\boldsymbol{a}_3$ 应满足方程 $\boldsymbol{a}_1^{\mathrm{T}}\boldsymbol{x}=\boldsymbol{0}$,即$-x_1-x_2+x_3=0$.
取它的一个基础解系

$$\boldsymbol{\xi}_1=\begin{pmatrix}-1\\1\\0\end{pmatrix},\boldsymbol{\xi}_2=\begin{pmatrix}1\\0\\1\end{pmatrix},$$

再把 $\boldsymbol{\xi}_1,\boldsymbol{\xi}_2$ 正交化,即为所求.

4.3.2 正交矩阵

定义 4.3.5 若 n 阶方阵 $\boldsymbol{A}$ 满足

$$\boldsymbol{A}^{\mathrm{T}}\boldsymbol{A}=\boldsymbol{E}(\text{即 } \boldsymbol{A}^{-1}=\boldsymbol{A}^{\mathrm{T}}),$$

则称 $\boldsymbol{A}$ 为正交矩阵,简称正交阵.

显然,单位矩阵是正交矩阵.

正交矩阵具有下列性质:

(1)若 $\boldsymbol{A}$ 为正交矩阵,则 $\boldsymbol{A}^{-1}=\boldsymbol{A}^{\mathrm{T}}$ 也是正交矩阵,且 $|\boldsymbol{A}|=1$ 或-1;

(2)若 $\boldsymbol{A}$ 和 $\boldsymbol{B}$ 都是正交矩阵,则 $\boldsymbol{AB}$ 也是正交矩阵.

这些性质的证明留给读者.

定理 4.3.3 方阵 $\boldsymbol{A}$ 为正交矩阵的充分必要条件是 $\boldsymbol{A}$ 的列向量都是单位向量,且两两正交.

证明 $\boldsymbol{A}=(\boldsymbol{a}_1,\boldsymbol{a}_2,\cdots,\boldsymbol{a}_n)$为正交矩阵等价于 $\boldsymbol{A}^{\mathrm{T}}\boldsymbol{A}=\boldsymbol{E}$,即

$$\boldsymbol{A}^{\mathrm{T}}\boldsymbol{A}=\begin{pmatrix}\boldsymbol{a}_1^{\mathrm{T}}\\\boldsymbol{a}_2^{\mathrm{T}}\\\vdots\\\boldsymbol{a}_n^{\mathrm{T}}\end{pmatrix}(\boldsymbol{a}_1,\boldsymbol{a}_2,\cdots,\boldsymbol{a}_n)=\begin{pmatrix}\boldsymbol{a}_1^{\mathrm{T}}\boldsymbol{a}_1 & \boldsymbol{a}_1^{\mathrm{T}}\boldsymbol{a}_2 & \cdots & \boldsymbol{a}_1^{\mathrm{T}}\boldsymbol{a}_n\\\boldsymbol{a}_2^{\mathrm{T}}\boldsymbol{a}_1 & \boldsymbol{a}_2^{\mathrm{T}}\boldsymbol{a}_2 & \cdots & \boldsymbol{a}_2^{\mathrm{T}}\boldsymbol{a}_n\\\vdots & \vdots & & \vdots\\\boldsymbol{a}_n^{\mathrm{T}}\boldsymbol{a}_1 & \boldsymbol{a}_n^{\mathrm{T}}\boldsymbol{a}_2 & \cdots & \boldsymbol{a}_n^{\mathrm{T}}\boldsymbol{a}_n\end{pmatrix}=\boldsymbol{E}.$$

也等价于

$$\boldsymbol{a}_i^{\mathrm{T}}\boldsymbol{a}_j=\begin{cases}1,i=j,\\0,i\neq j,\end{cases}\quad(i,j=1,2,\cdots,n),$$

即 $\boldsymbol{A}$ 的列向量都是单位向量,且两两正交.

因为 $\boldsymbol{A}^{\mathrm{T}}\boldsymbol{A}=\boldsymbol{E}$ 与 $\boldsymbol{AA}^{\mathrm{T}}=\boldsymbol{E}$ 等价,所以上述结论对 $\boldsymbol{A}$ 的行向量也成立.

由此可见,n 阶正交矩阵 $\boldsymbol{A}$ 的 n 个列(行)向量构成向量空间 $\mathbf{R}^n$ 的一个标准正交基.

例 3 直接验证可知矩阵

$$P=\begin{pmatrix} \frac{1}{2} & -\frac{1}{2} & \frac{1}{2} & -\frac{1}{2} \\ \frac{1}{2} & -\frac{1}{2} & -\frac{1}{2} & \frac{1}{2} \\ \frac{1}{\sqrt{2}} & \frac{1}{\sqrt{2}} & 0 & 0 \\ 0 & 0 & \frac{1}{\sqrt{2}} & \frac{1}{\sqrt{2}} \end{pmatrix}$$

是正交矩阵.

4.4 实对称方阵的相似对角化

一般地,n 阶方阵 $\boldsymbol{A}$ 的特征值未必是实数,且它也未必相似于对角矩阵. 本节我们将证明对称矩阵的特征值为实数,而且它一定正交相似于对角矩阵,即存在正交矩阵 $\boldsymbol{P}$,使得 $\boldsymbol{P}^{-1}\boldsymbol{AP}$ 为对角矩阵. 为此先考虑实对称矩阵的特征值与特征向量.

定理 4.4.1　实对称矩阵的特征值必为实数.

证明　设复数 λ 为对称矩阵 $\boldsymbol{A}$ 的特征值,复向量 $\boldsymbol{x}$ 为对应的特征向量,即 $\boldsymbol{Ax}=\lambda\boldsymbol{x},\boldsymbol{x}\neq\boldsymbol{0}$. 用 $\overline{\lambda}$ 表示 λ 的共轭复数,$\overline{\boldsymbol{x}}$ 表示 $\boldsymbol{x}$ 的共轭复向量. 由于 $\boldsymbol{A}$ 为实矩阵,故它的共轭矩阵 $\overline{\boldsymbol{A}}=\boldsymbol{A}$,从而

$$\boldsymbol{A}\overline{\boldsymbol{x}}=\overline{\boldsymbol{A}}\overline{\boldsymbol{x}}=\overline{\boldsymbol{Ax}}=\overline{\lambda\boldsymbol{x}}=\overline{\lambda}\overline{\boldsymbol{x}}.$$

进而有

$$\overline{\boldsymbol{x}}^{\mathrm{T}}\boldsymbol{Ax}=\overline{\boldsymbol{x}}^{\mathrm{T}}(\boldsymbol{Ax})=\overline{\boldsymbol{x}}^{\mathrm{T}}\lambda\boldsymbol{x}=\lambda\overline{\boldsymbol{x}}^{\mathrm{T}}\boldsymbol{x},$$

又由于

$$\overline{\boldsymbol{x}}^{\mathrm{T}}\boldsymbol{Ax}=(\overline{\boldsymbol{x}}^{\mathrm{T}}\boldsymbol{A}^{\mathrm{T}})\boldsymbol{x}=(\boldsymbol{A}\overline{\boldsymbol{x}})^{\mathrm{T}}\boldsymbol{x}=(\overline{\lambda}\overline{\boldsymbol{x}})^{\mathrm{T}}\boldsymbol{x}=\overline{\lambda}\overline{\boldsymbol{x}}^{\mathrm{T}}\boldsymbol{x},$$

故

$$(\lambda-\overline{\lambda})\overline{\boldsymbol{x}}^{\mathrm{T}}\boldsymbol{x}=0,$$

注意到

$$\overline{\boldsymbol{x}}^{\mathrm{T}}\boldsymbol{x}=\sum_{i=1}^{n}\overline{x}_i x_i=\sum_{i=1}^{n}|x_i|^2\neq 0,$$

即可得 $\lambda=\overline{\lambda}$,这就说明 λ 是实数.

注:一般的非对称实矩阵,完全有可能具有复特征多项式. 例如 $\begin{pmatrix} 0 & 1 \\ -1 & 0 \end{pmatrix}$ 的两个特征根为________.

由于实矩阵的特征值 λ_i 为实数,对应的特征向量是 $(\boldsymbol{A}-\lambda_i\boldsymbol{E})\boldsymbol{x}=\boldsymbol{0}$ 的非零解,因此实对称矩阵的特征向量必然是实向量.

定理 4.4.2　设 $\boldsymbol{A}$ 是实对称矩阵,则属于它的不同特征值的特

征向量必正交.

证明 设 λ_1,λ_2是对称阵 $\boldsymbol{A}$ 的两个特征值,$\boldsymbol{x}_1,\boldsymbol{x}_2$ 是对应的特征向量. 由于 $\boldsymbol{A}$ 对称,故 $\lambda_1\boldsymbol{x}_1^{\mathrm{T}}=(\lambda_1\boldsymbol{x}_1)^{\mathrm{T}}=(\boldsymbol{A}\boldsymbol{x}_1)^{\mathrm{T}}=\boldsymbol{x}_1^{\mathrm{T}}\boldsymbol{A}^{\mathrm{T}}=\boldsymbol{x}_1^{\mathrm{T}}\boldsymbol{A}$,进而有

$$\lambda_1\boldsymbol{x}_1^{\mathrm{T}}\boldsymbol{x}_2=\boldsymbol{x}_1^{\mathrm{T}}(\boldsymbol{A}\boldsymbol{x}_2)=\boldsymbol{x}_1^{\mathrm{T}}(\lambda_2\boldsymbol{x}_2)=\lambda_2\boldsymbol{x}_1^{\mathrm{T}}\boldsymbol{x}_2,$$

即$(\lambda_1-\lambda_2)\boldsymbol{x}_1^{\mathrm{T}}\boldsymbol{x}_2=0$. 又由于 $\lambda_1\neq\lambda_2$,故 $\boldsymbol{x}_1^{\mathrm{T}}\boldsymbol{x}_2=0$,即 $\boldsymbol{x}_1$ 与 $\boldsymbol{x}_2$正交.

定理 4.4.3 设 $\boldsymbol{A}$ 为 n 阶对称矩阵,λ 是 $\boldsymbol{A}$ 的特征方程的 r 重根,则 $\boldsymbol{A}-\lambda\boldsymbol{E}$ 的秩 $R(\boldsymbol{A}-\lambda\boldsymbol{E})=n-r$,从而对应的特征值 λ 恰有 r 个线性无关的特征向量.

证明留作习题.

定理 4.4.2 和定理 4.4.3 为我们寻找实对称矩阵的正交特征向量组提供了理论依据. 在此基础上,我们可以得到以下结果.

定理 4.4.4 设 $\boldsymbol{A}$ 为 n 阶对称矩阵,则必存在正交矩阵 $\boldsymbol{P}$,使得 $\boldsymbol{P}^{-1}\boldsymbol{A}\boldsymbol{P}=\boldsymbol{P}^{\mathrm{T}}\boldsymbol{A}\boldsymbol{P}=\boldsymbol{\Lambda}$,其中 $\boldsymbol{\Lambda}$ 是以 $\boldsymbol{A}$ 的 n 个特征值为对角元的对角矩阵.

证明 设 $\boldsymbol{A}$ 的互不相等的特征值为 $\lambda_1,\lambda_2,\cdots,\lambda_s$,它们的重数依次为 $r_1,r_2,\cdots,r_s$,则 $r_1+r_2+\cdots+r_s=n$. 于是由定理 4.4.3 可知,属于特征值 $\lambda_i(i=1,2,\cdots,s)$的线性无关特征向量恰有 r_i个,把它们正交化单位化,可得 r_i个单位正交的特征向量. 由 $r_1+r_2+\cdots+r_s=n$ 可知,这样的特征向量共有 n 个. 再由定理 4.4.2 可知属于不同特征值的特征向量正交,故这 n 个单位特征向量两两正交,于是以它们为列向量的矩阵 $\boldsymbol{P}$ 为正交矩阵,且 $\boldsymbol{P}^{-1}\boldsymbol{A}\boldsymbol{P}=\boldsymbol{\Lambda}$. 其中对角矩阵 $\boldsymbol{\Lambda}$ 的对角元素含 r_1个 λ_1,r_2个 λ_2,$\cdots$,r_s个 λ_s,恰是 $\boldsymbol{A}$ 的 n 个特征值.

注:定理 4.4.4 中的对角矩阵 $\boldsymbol{\Lambda}$ 称为对称矩阵 $\boldsymbol{A}$ 的**正交相似标准形**.

下面给出把实对称矩阵 $\boldsymbol{A}$ 对角化的步骤:

(1)求出 $\boldsymbol{A}$ 的全部互不相等的特征值 $\lambda_1,\lambda_2,\cdots,\lambda_s$,得到它们的重数依次为 $r_1,r_2,\cdots,r_s(r_1+r_2+\cdots+r_s=n)$;

(2)对每个 r_i重特征值 λ_i,求方程$(\boldsymbol{A}-\lambda_i\boldsymbol{E})\boldsymbol{x}=\boldsymbol{0}$ 的基础解系,得 r_i个线性无关的特征向量. 再把它们正交化、单位化,得到 r_i个两两正交的单位特征向量. 由于 $r_1+r_2+\cdots+r_s=n$,故总共可得 n 个两两正交的单位特征向量.

(3)把这 n 个两两正交的单位特征向量构成正交矩阵 $\boldsymbol{P}$,便有 $\boldsymbol{P}^{-1}\boldsymbol{A}\boldsymbol{P}=\boldsymbol{P}^{\mathrm{T}}\boldsymbol{A}\boldsymbol{P}=\boldsymbol{\Lambda}$. 注意 $\boldsymbol{\Lambda}$ 中对角元的排列次序应与 $\boldsymbol{P}$ 中列向量的排列次序相对应.

例 1 由 4.1 节例 3 可知三阶方阵 $\boldsymbol{A}=\begin{pmatrix}3&1&-4\\0&2&0\\1&1&-2\end{pmatrix}$恰好有三个线性无关的特征向量

$$\boldsymbol{p}_1=\begin{pmatrix}\_\_\\\_\_\\\_\_\end{pmatrix},\boldsymbol{p}_2=\begin{pmatrix}\_\_\\\_\_\\\_\_\end{pmatrix},\boldsymbol{p}_3=\begin{pmatrix}\_\_\\\_\_\\\_\_\end{pmatrix},$$

将它们标准正交化可得

$$\boldsymbol{\xi}_1=\begin{pmatrix}\_\_\\\_\_\\\_\_\end{pmatrix},\boldsymbol{\xi}_2=\begin{pmatrix}\_\_\\\_\_\\\_\_\end{pmatrix},\boldsymbol{\xi}_3=\begin{pmatrix}\_\_\\\_\_\\\_\_\end{pmatrix},$$

这就得到正交矩阵 $\boldsymbol{P}=(\boldsymbol{\xi}_1,\boldsymbol{\xi}_2,\boldsymbol{\xi}_3)$，使得

$$\boldsymbol{P}^{-1}\boldsymbol{AP}=\boldsymbol{P}^{\mathrm{T}}\boldsymbol{AP}=\boldsymbol{\Lambda}=\begin{pmatrix}\_\_ & & \\ & \_\_ & \\ & & \_\_\end{pmatrix}.$$

更详细的求解过程参考如下例 2.

例 2　设 $\boldsymbol{A}=\begin{pmatrix}0&-1&1\\-1&0&1\\1&1&0\end{pmatrix}$，求正交矩阵 $\boldsymbol{P}$，使得 $\boldsymbol{P}^{-1}\boldsymbol{AP}=\boldsymbol{\Lambda}$ 为对角矩阵.

解　由

$$|\boldsymbol{A}-\lambda\boldsymbol{E}|=\begin{vmatrix}-\lambda&-1&1\\-1&-\lambda&1\\1&1&-\lambda\end{vmatrix}\overset{r_1-r_2}{=\!=\!=}\begin{vmatrix}1-\lambda&\lambda-1&0\\-1&-\lambda&1\\1&1&-\lambda\end{vmatrix}$$

$$\overset{c_2+c_1}{=\!=\!=}\begin{vmatrix}1-\lambda&0&0\\-1&-1-\lambda&1\\1&2&-\lambda\end{vmatrix}=-(\lambda-1)^2(\lambda+2),$$

可得 $\boldsymbol{A}$ 的特征值 $\lambda_1=-2,\lambda_2=\lambda_3=1$.

对特征值 $\lambda_1=-2$，由

$$\boldsymbol{A}+2\boldsymbol{E}=\begin{pmatrix}2&-1&1\\-1&2&1\\1&1&2\end{pmatrix}\overset{r}{\sim}\begin{pmatrix}1&0&1\\0&1&1\\0&0&0\end{pmatrix}$$

可得方程 $(\boldsymbol{A}+2\boldsymbol{E})\boldsymbol{x}=\boldsymbol{0}$ 的基础解系 $\boldsymbol{\xi}_1=\begin{pmatrix}-1\\-1\\1\end{pmatrix}$，将 $\boldsymbol{\xi}_1$ 单位化，得 $\boldsymbol{p}_1=\dfrac{1}{\sqrt{3}}\begin{pmatrix}-1\\-1\\1\end{pmatrix}$.

对特征值 $\lambda_2=\lambda_3=1$，由

$$A-E=\begin{pmatrix}-1&-1&1\\-1&-1&1\\1&1&-1\end{pmatrix}\overset{r}{\sim}\begin{pmatrix}1&1&-1\\0&0&0\\0&0&0\end{pmatrix}$$

可得$(A-E)x=\mathbf{0}$的基础解系$\xi_2=\begin{pmatrix}-1\\1\\0\end{pmatrix},\xi_3=\begin{pmatrix}1\\0\\1\end{pmatrix}$.

将ξ_2,ξ_3正交化:取　$\eta_2=\xi_2$,

$$\eta_3=\xi_3-\frac{(\eta_2,\xi_3)}{(\eta_2,\eta_2)}\eta_2=\begin{pmatrix}1\\0\\1\end{pmatrix}+\frac{1}{2}\begin{pmatrix}-1\\1\\0\end{pmatrix}=\frac{1}{2}\begin{pmatrix}1\\1\\2\end{pmatrix}.$$

再将η_2,η_3单位化,得$p_2=\frac{1}{\sqrt{2}}\begin{pmatrix}-1\\1\\0\end{pmatrix},p_3=\frac{1}{\sqrt{6}}\begin{pmatrix}1\\1\\2\end{pmatrix}$.

将p_1,p_2,p_3构成正交矩阵

$$P=(p_1,p_2,p_3)=\begin{pmatrix}-\frac{1}{\sqrt{3}}&-\frac{1}{\sqrt{2}}&\frac{1}{\sqrt{6}}\\-\frac{1}{\sqrt{3}}&\frac{1}{\sqrt{2}}&\frac{1}{\sqrt{6}}\\\frac{1}{\sqrt{3}}&0&\frac{2}{\sqrt{6}}\end{pmatrix},$$

即可得到

$$P^{-1}AP=P^{\mathrm{T}}AP=\Lambda=\begin{pmatrix}-2&0&0\\0&1&0\\0&0&1\end{pmatrix}.$$

例 3　设三阶实对称矩阵A的特征值为$\lambda_1=1,\lambda_2=\lambda_3=-1$. 已知$A$的属于$\lambda_1=1$的特征向量为$P_1=\begin{pmatrix}0\\1\\1\end{pmatrix}$,求出$A$的属于特征值$\lambda_2=\lambda_3=-1$的特征向量,并求出对称矩阵$A$.

解　因为属于对称矩阵的不同特征值的特征向量必互相正交,所以,属于$\lambda_2=\lambda_3=-1$的特征向量$x=\begin{pmatrix}x_1\\x_2\\x_3\end{pmatrix}$必定与$p_1$正交,即它们一定满足

$$0=(p_1,x)=x_2+x_3,$$

不妨取该方程的线性无关解　$p_2=\begin{pmatrix}1\\0\\0\end{pmatrix},p_3=\begin{pmatrix}0\\1\\-1\end{pmatrix}$.

令 $P=\begin{pmatrix}0&1&0\\1&0&1\\1&0&-1\end{pmatrix}$. 求出 $P^{-1}=\frac{1}{2}\begin{pmatrix}0&1&1\\2&0&0\\0&1&-1\end{pmatrix}$. 于是

$$A=P\begin{pmatrix}\underline{\quad}&&\\&\underline{\quad}&\\&&\underline{\quad}\end{pmatrix}P^{-1}=\begin{pmatrix}0&-1&0\\1&0&1\\1&0&-1\end{pmatrix}\begin{pmatrix}0&1&1\\2&0&0\\0&1&-1\end{pmatrix}\frac{1}{2}$$

$$=\begin{pmatrix}-1&0&0\\0&0&1\\0&1&0\end{pmatrix}.$$

关于定理 4.4.4,我们做以下补充说明.

(1)当 $\boldsymbol{P}$ 是可逆矩阵时,称 $\boldsymbol{B}=\boldsymbol{P}^{-1}\boldsymbol{A}\boldsymbol{P}$ 与 $\boldsymbol{A}$ 相似. 当 $\boldsymbol{P}$ 是正交矩阵时,称 $\boldsymbol{B}=\boldsymbol{P}^{-1}\boldsymbol{A}\boldsymbol{P}$ 与 $\boldsymbol{A}$ 正交相似.

(2)因为对角矩阵 $\boldsymbol{\Lambda}$ 必是对称矩阵,所以,当 $\boldsymbol{A}$ 正交相似于对角矩阵 $\boldsymbol{\Lambda}$ 时,根据 $\boldsymbol{P}^{\mathrm{T}}\boldsymbol{A}\boldsymbol{P}=\boldsymbol{\Lambda}$ 就可以推出 $\boldsymbol{A}=(\boldsymbol{P}^{\mathrm{T}})^{-1}\boldsymbol{\Lambda}\boldsymbol{P}^{-1}=(\boldsymbol{P}^{-1})^{\mathrm{T}}\boldsymbol{\Lambda}\boldsymbol{P}^{-1}$,于是必有

$$\boldsymbol{A}^{\mathrm{T}}=(\boldsymbol{P}^{-1})^{\mathrm{T}}\boldsymbol{\Lambda}^{\mathrm{T}}(\boldsymbol{P}^{-1})=(\boldsymbol{P}^{-1})^{\mathrm{T}}\boldsymbol{\Lambda}(\boldsymbol{P}^{-1})=\boldsymbol{A}.$$

这证明了 $\boldsymbol{A}$ 必是对称矩阵.

(3)既然 n 阶实对称矩阵 $\boldsymbol{A}$ 一定相似于对角矩阵,这说明 $\boldsymbol{A}$ 一定有 n 个线性无关的特征向量,属于每一个特征值的线性无关的特征向量个数一定与此特征值的重数相等,它就是用来求特征向量的齐次线性方程组的自由未知量的个数.

我们知道两个相似的矩阵一定有相同的特征值,但有相同特征值的两个同阶方阵却未必相似. 可是,对于对称矩阵来说,有相同特征值的两个同阶方阵一定相似.

定理 4.4.5　两个有相同特征值的同阶对称矩阵一定是正交相似矩阵.

证明　设 n 阶对称矩阵 $\boldsymbol{A},\boldsymbol{B}$ 有相同的特征值 $\lambda_1,\lambda_2,\cdots,\lambda_n$,则根据定理 4.4.4,一定存在 n 阶正交矩阵 $\boldsymbol{P}$ 和 $\boldsymbol{Q}$ 使得

$$\boldsymbol{P}^{-1}\boldsymbol{A}\boldsymbol{P}=\begin{pmatrix}\lambda_1&&&\\&\lambda_2&&\\&&\ddots&\\&&&\lambda_n\end{pmatrix}\quad 和\quad \boldsymbol{Q}^{-1}\boldsymbol{B}\boldsymbol{Q}=\begin{pmatrix}\lambda_1&&&\\&\lambda_2&&\\&&\ddots&\\&&&\lambda_n\end{pmatrix}.$$

于是必有

$$\boldsymbol{P}^{-1}\boldsymbol{A}\boldsymbol{P}=\boldsymbol{Q}^{-1}\boldsymbol{B}\boldsymbol{Q},\quad \boldsymbol{B}=\boldsymbol{Q}\boldsymbol{P}^{-1}\boldsymbol{A}\boldsymbol{P}\boldsymbol{Q}^{-1}=(\boldsymbol{P}\boldsymbol{Q}^{-1})^{-1}\boldsymbol{A}\,(\boldsymbol{P}\boldsymbol{Q}^{-1}).$$

因为 $\boldsymbol{P},\boldsymbol{Q},\boldsymbol{Q}^{-1}$ 都是正交矩阵,所以 $\boldsymbol{P}\boldsymbol{Q}^{-1}$ 是正交矩阵,这就证明了 $\boldsymbol{A}$ 与 $\boldsymbol{B}$ 正交相似.

习题四

1. 设$A=\begin{pmatrix}3&2\\0&-1\end{pmatrix}$,$\boldsymbol{\alpha}=\begin{pmatrix}-1\\2\end{pmatrix}$,$\boldsymbol{\beta}=\begin{pmatrix}1\\1\end{pmatrix}$,判断$\boldsymbol{\alpha}$和$\boldsymbol{\beta}$是否为$A$的特征向量.

提示:利用定义验证可知$\boldsymbol{\alpha}$是A的特征向量,但$\boldsymbol{\beta}$不是A的特征向量.

2. 求 n 阶数量矩阵 $A=\begin{pmatrix}a&0&\cdots&0\\0&a&\cdots&0\\\vdots&\vdots&&\vdots\\0&0&\cdots&a\end{pmatrix}$的特征值与特征向量.

提示:A的特征值为$\lambda_1=\lambda_2=\cdots=\lambda_n=a$. A的全部特征向量为

$$c_1\boldsymbol{\varepsilon}_1+c_2\boldsymbol{\varepsilon}_2+\cdots+c_n\boldsymbol{\varepsilon}_n(c_1,c_2,\cdots,c_n\text{不全为零}).$$

3. 试求上三角阵A的特征值,$A=\begin{pmatrix}a_{11}&a_{12}&\cdots&a_{1n}\\0&a_{22}&\cdots&a_{2n}\\\vdots&\vdots&&\vdots\\0&0&\cdots&a_{nn}\end{pmatrix}$.

提示:由$|\lambda E-A|=(\lambda-a_{11})(\lambda-a_{22})\cdots(\lambda-a_{nn})$可得特征值:$a_{11}$,$a_{22}$,$\cdots$,$a_{nn}$.

4. 求方阵$A=\begin{pmatrix}1&2&4\\0&3&5\\0&0&6\end{pmatrix}$的特征值和特征向量.

提示:A 的特征值为 $\lambda_1=1,\lambda_2=3,\lambda_3=6$. 对应的特征向量分别为

$$k_1\begin{pmatrix}1\\0\\0\end{pmatrix},k_2\begin{pmatrix}1\\1\\0\end{pmatrix},k_3\begin{pmatrix}22\\25\\15\end{pmatrix},k_1,k_2,k_3\text{为任意非零常数}.$$

5. 求矩阵$A=\begin{pmatrix}1&1&1&1\\1&1&-1&-1\\1&-1&1&-1\\1&-1&-1&1\end{pmatrix}$的特征值和特征向量.

提示:A 的特征值为 $\lambda_1=\lambda_2=\lambda_3=2,\lambda_4=-2$. 其中 $\lambda_1=\lambda_2=\lambda_3=2$ 和 $\lambda_4=-2$ 对应的特征向量分别为

$$k_1\begin{pmatrix}1\\1\\0\\0\end{pmatrix}+k_2\begin{pmatrix}1\\0\\1\\0\end{pmatrix}+k_3\begin{pmatrix}1\\0\\0\\1\end{pmatrix},\quad k_4=\begin{pmatrix}-1\\1\\1\\1\end{pmatrix},\quad k_1,k_2,k_3,k_4\text{为非零常数}.$$

6. 设 n 阶方阵 $\boldsymbol{A}=(a_{ij})$ 的特征值为 $\lambda_1,\lambda_2,\cdots\lambda_n$，证明：

$$\lambda_1\lambda_2\cdots\lambda_n=|\boldsymbol{A}|;\ \lambda_1+\lambda_2+\cdots+\lambda_n=a_{11}+a_{22}+\cdots+a_{nn}=\mathrm{tr}\boldsymbol{A}.$$

提示：利用 $\det(\lambda\boldsymbol{E}-\boldsymbol{A})=(\lambda-\lambda_1)(\lambda-\lambda_2)\cdots(\lambda-\lambda_n)$，取 $\lambda=0$ 可证 $\lambda_1\lambda_2\cdots\lambda_n=|\boldsymbol{A}|$；再分别考虑该方程两边展开式中 λ^{n-1} 的系数可证 $\lambda_1+\lambda_2+\cdots+\lambda_n=a_{11}+a_{22}+\cdots+a_{nn}=\mathrm{tr}\boldsymbol{A}$.

7. 设三阶矩阵 $\boldsymbol{A}$ 的各行元素之和均为 5，求矩阵 $\boldsymbol{A}$ 必有的特征向量.

提示：由题意可得 $\boldsymbol{A}\begin{pmatrix}1\\1\\1\end{pmatrix}=5\begin{pmatrix}1\\1\\1\end{pmatrix}$.

8. 设三阶矩阵 $\boldsymbol{A}$ 的特征值为 $1,-2,3$，求：

(1) $3\boldsymbol{A}$ 的特征值；(2) $2\boldsymbol{A}^{-1}$ 的特征值.

提示：由定理 4.1.4 可得：(1) $3\boldsymbol{A}$ 的特征值为 $3,-6,9$；(2) $2\boldsymbol{A}^{-1}$ 的特征值为 $2,-1,\dfrac{2}{3}$.

9. 设三阶矩阵 $\boldsymbol{A}$ 的特征值为 $1,2,3$，求 $|\boldsymbol{A}^3-5\boldsymbol{A}^2+8\boldsymbol{A}|$.

提示：令 $\varphi(\boldsymbol{A})=\boldsymbol{A}^3-5\boldsymbol{A}^2+8\boldsymbol{A}$，则 $|\boldsymbol{A}^3-5\boldsymbol{A}^2+8\boldsymbol{A}|=\varphi(1)\times\varphi(2)\times\varphi(3)=96$.

10. 设三阶矩阵 $\boldsymbol{A}$ 的特征值为 $1,-1,2$，求 $|\boldsymbol{A}^*+3\boldsymbol{A}+6\boldsymbol{E}|$.

提示：先证明 $\varphi(\boldsymbol{A})=\boldsymbol{A}^*+3\boldsymbol{A}+6\boldsymbol{E}=-2\boldsymbol{A}^{-1}+3\boldsymbol{A}+6\boldsymbol{E}$，则

$$|\boldsymbol{A}^*+3\boldsymbol{A}-2\boldsymbol{E}|=\varphi(1)\times\varphi(-1)\times\varphi(2)=385.$$

11. 设 $\boldsymbol{A}^2-5\boldsymbol{A}+6\boldsymbol{E}=\boldsymbol{O}$，证明：$\boldsymbol{A}$ 的特征值只能取 2 或 3.

提示：$|\boldsymbol{A}^2-5\boldsymbol{A}+6\boldsymbol{E}|=|\boldsymbol{A}-2\boldsymbol{E}||\boldsymbol{A}-3\boldsymbol{E}|=0$.

12. 已知 0 是矩阵 $\boldsymbol{A}=\begin{pmatrix}1&0&1\\0&2&0\\1&0&a\end{pmatrix}$ 的特征值，求出 $\boldsymbol{A}$ 的所有特征值.

提示：由于 0 是 $\boldsymbol{A}$ 的特征值，故 $|\boldsymbol{A}|=0$，从而 $a=1$. 再由 $|\boldsymbol{A}-\lambda\boldsymbol{E}|=-\lambda(\lambda-2)^2=0$，可得 $\boldsymbol{A}$ 的特征值为 $0,2,2$.

13. 设 $\boldsymbol{A}$ 为 n 阶方阵，λ 为 $\boldsymbol{A}$ 的一个特征值，求 $\boldsymbol{A}^*$ 必有的一个特征值.

提示：由 $\boldsymbol{A}$ 可逆并利用 $\boldsymbol{A}^*\boldsymbol{A}=|\boldsymbol{A}|\boldsymbol{E}$.

14. 设 $\boldsymbol{A}$ 为 n 阶方阵，$\boldsymbol{Ax}=\boldsymbol{0}$ 有非零解，求 $\boldsymbol{A}$ 必有的一个特征值.

提示：$\boldsymbol{Ax}=\boldsymbol{0}$ 有非零解，则 $|\boldsymbol{A}|=0$.

15. 设 $\boldsymbol{A}$ 为 n 阶矩阵，证明：$\boldsymbol{A}^{\mathrm{T}}$ 与 $\boldsymbol{A}$ 的特征值相同.

提示：$|\lambda\boldsymbol{E}-\boldsymbol{A}^{\mathrm{T}}|=|(\lambda\boldsymbol{E}-\boldsymbol{A})^{\mathrm{T}}|=|\lambda\boldsymbol{E}-\boldsymbol{A}|$.

16. 设 $\boldsymbol{A},\boldsymbol{B}$ 为 n 阶方阵，且 $|\boldsymbol{A}|\neq0$，证明：$\boldsymbol{AB}$ 与 $\boldsymbol{BA}$ 相似.

提示：注意到 $\boldsymbol{A}^{-1}(\boldsymbol{AB})\boldsymbol{A}=(\boldsymbol{A}^{-1}\boldsymbol{A})(\boldsymbol{BA})=\boldsymbol{BA}$.

17. 已知矩阵$A=\begin{pmatrix}6&2&4\\2&3&2\\4&2&6\end{pmatrix}$,求可逆矩阵$P$使得$P^{-1}AP=\Lambda$.

提示:先求出A的特征值11,2,2. 再求解得到方程组$(A-11E)x=0$的基础解系$p_1=\begin{pmatrix}2\\1\\2\end{pmatrix}$,以及方程组$(A-2E)x=0$的基础解系$p_2=\begin{pmatrix}1\\-2\\0\end{pmatrix}$,$p_3=\begin{pmatrix}0\\-2\\1\end{pmatrix}$. 令$P=(p_1,p_2,p_3)$即可得到$P^{-1}AP=\begin{pmatrix}11&&\\&2&\\&&2\end{pmatrix}=\Lambda$.

18. 已知矩阵$A=\begin{pmatrix}2&1&1\\3&0&a\\0&0&3\end{pmatrix}$与对角矩阵$\Lambda$相似,求$a$的值.并求可逆矩阵$P$,使得$P^{-1}AP=\Lambda$.

提示:先求出矩阵A的特征值3,3,-1. 再求解得到线性方程组$(A+E)x=0$的基础解系$p_1=\begin{pmatrix}1\\-3\\0\end{pmatrix}$. 由于矩阵$A$可对角化,故重根$\lambda_2=\lambda_3=3$恰好有2个线性无关的特征向量,即方程组$(A-3E)x=0$有2个线性无关的解,故系数矩阵$A-3E$的秩$R(A-3E)=1$. 由此得到$a=-3$. 进而可求解得到方程组$(A-3E)x=0$的基础解系$p_2=\begin{pmatrix}1\\1\\0\end{pmatrix}$,$p_3=\begin{pmatrix}1\\0\\1\end{pmatrix}$. 最后令$P=(p_1,p_2,p_3)=\begin{pmatrix}1&1&1\\-3&1&0\\0&0&1\end{pmatrix}$即可得到$P^{-1}AP=\begin{pmatrix}-1&&\\&3&\\&&3\end{pmatrix}$.

19. 判断矩阵$A=\begin{pmatrix}1&-2&2\\-2&-2&4\\2&4&-2\end{pmatrix}$能否化为对角矩阵.

提示:注意到A的特征值$\lambda_1=\lambda_2=2$,$\lambda_3=-7$,求解对应的方程组可知A有3个线性无关的特征向量$p_1=\begin{pmatrix}2\\0\\1\end{pmatrix}$,$p_2=\begin{pmatrix}0\\1\\1\end{pmatrix}$,$p_3=\begin{pmatrix}1\\2\\-2\end{pmatrix}$. 故$A$可对角化.

20. 设三阶矩阵A的特征值$\lambda_1=2$,$\lambda_2=-2$,$\lambda_3=1$,对应的特征

向量依次为 $\boldsymbol{p}_1=(0,1,1)^{\mathrm{T}}$，$\boldsymbol{p}_2=(1,1,1)^{\mathrm{T}}$，$\boldsymbol{p}_3=(1,1,0)^{\mathrm{T}}$，求 $\boldsymbol{A}$.

提示：由定理 4.1.5 可知向量组 $\boldsymbol{p}_1,\boldsymbol{p}_2,\boldsymbol{p}_3$ 线性无关，故 $\boldsymbol{P}=(\boldsymbol{p}_1,\boldsymbol{p}_2,\boldsymbol{p}_3)$ 为可逆矩阵，且

$$\boldsymbol{P}^{-1}\boldsymbol{A}\boldsymbol{P}=\begin{pmatrix}2 & & \\ & -2 & \\ & & 1\end{pmatrix},$$

故 $$\boldsymbol{A}=\boldsymbol{P}\begin{pmatrix}2 & & \\ & -2 & \\ & & 1\end{pmatrix}\boldsymbol{P}^{-1}=\begin{pmatrix}-2 & 3 & -3\\ -4 & 5 & -3\\ -4 & 4 & -2\end{pmatrix}.$$

21. 已知向量 $\boldsymbol{p}=\begin{pmatrix}1\\1\\-1\end{pmatrix}$ 是矩阵 $\boldsymbol{A}=\begin{pmatrix}2 & -1 & 2\\ 5 & a & 3\\ -1 & b & -2\end{pmatrix}$ 的一个特征向量，求参数 a,b 及 $\boldsymbol{p}$ 所对应的特征值.

提示：设 $\boldsymbol{p}$ 所对应的特征值为 λ，求解方程组 $(\boldsymbol{A}-\lambda\boldsymbol{E})\boldsymbol{p}=\boldsymbol{0}$ 可得 $\lambda=-1,a=-3,b=0$.

22. 设 $\boldsymbol{A}=\begin{pmatrix}-1 & 1 & 0\\ -2 & 2 & 0\\ 4 & -2 & 1\end{pmatrix}$，求 $\boldsymbol{A}^{100}$.

提示：先求出 $\boldsymbol{A}$ 的特征值为 $\lambda_1=\lambda_2=1,\lambda_3=0$，再验证存在可逆矩阵 $\boldsymbol{P}$ 使得 $\boldsymbol{P}^{-1}\boldsymbol{A}\boldsymbol{P}=\boldsymbol{\Lambda}=\begin{pmatrix}1 & 0 & 0\\ 0 & 1 & 0\\ 0 & 0 & 0\end{pmatrix}$，最终得到 $\boldsymbol{A}^{100}=(\boldsymbol{P}\boldsymbol{\Lambda}\boldsymbol{P}^{-1})^{100}=\boldsymbol{P}\boldsymbol{\Lambda}^{100}\boldsymbol{P}^{-1}=\begin{pmatrix}-1 & 1 & 0\\ -2 & 2 & 0\\ 4 & -2 & 1\end{pmatrix}$.

23. 设 $\boldsymbol{a}=\begin{pmatrix}1\\0\\-2\end{pmatrix}$，$\boldsymbol{b}=\begin{pmatrix}1\\2\\3\end{pmatrix}$，$\boldsymbol{c}$ 与 $\boldsymbol{a}$ 正交，且 $\boldsymbol{b}=\lambda\boldsymbol{a}+\boldsymbol{c}$，求 λ 和 $\boldsymbol{c}$.

提示：由 $\boldsymbol{c}$ 与 $\boldsymbol{a}$ 正交得到形式解 $\boldsymbol{c}=\begin{pmatrix}2x_3\\x_2\\x_3\end{pmatrix}$，再求解方程组 $\boldsymbol{b}=\lambda\boldsymbol{a}+\boldsymbol{c}$ 可得 $\lambda=-1$，$\boldsymbol{c}=\begin{pmatrix}2\\2\\1\end{pmatrix}$.

24. 试将向量组 $\boldsymbol{\alpha}_1=(1,1,1,1)$，$\boldsymbol{\alpha}_2=(3,3,-1,-1)$，$\boldsymbol{\alpha}_3=(-2,0,6,8)$ 正交化.

提示：利用施密特正交化方法可得 $\boldsymbol{\beta}_1=\boldsymbol{\alpha}_1=(1,1,1,1)$，$\boldsymbol{\beta}_2=(2,2,-2,-2)$，$\boldsymbol{\beta}_3=(-1,1,-1,1)$.

25. 用施密特正交化方法,将下列向量组

$$\boldsymbol{\alpha}_1=(1,1,1,1),\boldsymbol{\alpha}_2=(1,-1,0,4),\boldsymbol{\alpha}_3=(3,5,1,-1)$$

正交规范化.

提示:$\boldsymbol{e}_1=\left(\frac{1}{2},\frac{1}{2},\frac{1}{2},\frac{1}{2}\right)$,$\boldsymbol{e}_2=\left(0,\frac{-2}{\sqrt{14}},\frac{-1}{\sqrt{14}},\frac{3}{\sqrt{14}}\right)$,$\boldsymbol{e}_3=\left(\frac{1}{\sqrt6},\frac{1}{\sqrt6},\frac{-2}{\sqrt6},0\right)$.

26. 判别下列矩阵是否为正交矩阵.

(1)$\begin{pmatrix}1 & -\frac{1}{2} & \frac{1}{3}\\ -\frac{1}{2} & 1 & -\frac{1}{2}\\ \frac{1}{3} & -\frac{1}{2} & 1\end{pmatrix}$;　(2)$\begin{pmatrix}\frac{1}{\sqrt6} & -\frac{1}{\sqrt3} & \frac{1}{\sqrt2}\\ \frac{2}{\sqrt6} & \frac{1}{\sqrt3} & 0\\ -\frac{1}{\sqrt6} & \frac{1}{\sqrt3} & \frac{1}{\sqrt2}\end{pmatrix}$.

提示:(1) 考察矩阵的第 1 行和第 2 列,得 $1\times\left(-\frac{1}{2}\right)+\left(-\frac{1}{2}\right)\times1+\frac{1}{3}\times\left(-\frac{1}{2}\right)\neq0$,所以它不是正交矩阵;(2) 由正交矩阵的定义验证可知该矩阵是正交矩阵.

27. 设 $\boldsymbol{A}$ 与 $\boldsymbol{B}$ 都是 n 阶正交矩阵,证明:(1)$\boldsymbol{A}^{-1}$是正交矩阵;(2)$\boldsymbol{AB}$ 也是正交矩阵.

提示:注意到 $\boldsymbol{A}$ 与 $\boldsymbol{B}$ 都是 n 阶正交矩阵,故 $\boldsymbol{A}^{-1}=\boldsymbol{A}^{\mathrm T}$,$\boldsymbol{B}^{-1}=\boldsymbol{B}^{\mathrm T}$,再由定义即可验证.

28. 正交矩阵的实特征值的绝对值为 1.

提示:设 $\boldsymbol{A}$ 为正交矩阵,$\boldsymbol{p}$ 是方阵 $\boldsymbol{A}$ 的对应于特征值 λ 的特征向量,验证$(\boldsymbol{Ap})^{\mathrm T}\boldsymbol{Ap}=\|\boldsymbol{p}\|^2$和$(\boldsymbol{Ap})^{\mathrm T}\boldsymbol{Ap}=\lambda^2\|\boldsymbol{p}\|^2$都成立.

29. 设有对称矩阵 $\boldsymbol{A}=\begin{pmatrix}4&0&0\\0&3&1\\0&1&3\end{pmatrix}$,试求出正交矩阵 $\boldsymbol{P}$,使得 $\boldsymbol{P}^{-1}\boldsymbol{AP}$为对角阵.

提示:先求出 $\boldsymbol{A}$ 的特征值 $\lambda_1=2,\lambda_2=\lambda_3=4$. 再求解对应的方程组得到线性无关的向量组 $\boldsymbol{p}_1=\begin{pmatrix}0\\1\\-1\end{pmatrix}$,$\boldsymbol{p}_2=\begin{pmatrix}1\\0\\0\end{pmatrix}$,$\boldsymbol{p}_3=\begin{pmatrix}0\\1\\1\end{pmatrix}$. 将 $\boldsymbol{p}_1,\boldsymbol{p}_2,\boldsymbol{p}_3$ 单位化即可得到所求正交矩阵 $\boldsymbol{P}=\begin{pmatrix}0 & 1 & 0\\ \frac{1}{\sqrt2} & 0 & \frac{1}{\sqrt2}\\ -\frac{1}{\sqrt2} & 0 & \frac{1}{\sqrt2}\end{pmatrix}$使得 $\boldsymbol{P}^{-1}\boldsymbol{AP}=$

$\begin{pmatrix} 2 & 0 & 0 \\ 0 & 4 & 0 \\ 0 & 0 & 4 \end{pmatrix}$.

30. 设有对称矩阵 $\boldsymbol{A}=\begin{pmatrix} 3 & -2 & -4 \\ -2 & 6 & -2 \\ -4 & -2 & 3 \end{pmatrix}$，试求出正交矩阵 $\boldsymbol{P}$，使得 $\boldsymbol{P}^{-1}\boldsymbol{AP}$ 为对角阵.

提示：类似第 29 题可得 $\boldsymbol{P}=\begin{pmatrix} -\frac{1}{\sqrt{5}} & -\frac{4}{3\sqrt{5}} & \frac{2}{3} \\ \frac{2}{\sqrt{5}} & -\frac{2}{3\sqrt{5}} & \frac{1}{3} \\ 0 & \frac{\sqrt{5}}{3} & \frac{2}{3} \end{pmatrix}$ 且 $\boldsymbol{P}^{-1}\boldsymbol{AP}=\begin{pmatrix} 7 & 0 & 0 \\ 0 & 7 & 0 \\ 0 & 0 & -2 \end{pmatrix}$.

31. 设方阵 $\boldsymbol{A}=\begin{pmatrix} 1 & -2 & -4 \\ -2 & x & -2 \\ -4 & -2 & 1 \end{pmatrix}$ 与 $\boldsymbol{\Lambda}=\begin{pmatrix} 5 & 0 & 0 \\ 0 & y & 0 \\ 0 & 0 & -4 \end{pmatrix}$ 相似，求 x,y.

提示：由题意可知 $\boldsymbol{A}$ 与 $\boldsymbol{\Lambda}$ 的特征多项式相同，即 $|\boldsymbol{A}-\lambda\boldsymbol{E}|=|\boldsymbol{\Lambda}-\lambda\boldsymbol{E}|$，解得 $\begin{cases} x=4, \\ y=5. \end{cases}$

32. 设矩阵 $\boldsymbol{A}=\begin{pmatrix} 1 & 1 & a \\ 1 & a & 1 \\ a & 1 & 1 \end{pmatrix}$，$\boldsymbol{\beta}=\begin{pmatrix} 1 \\ 1 \\ -2 \end{pmatrix}$，已知线性方程组 $\boldsymbol{Ax}=\boldsymbol{\beta}$ 有解但不唯一，试求：

(1) a 的值；

(2) 正交矩阵 $\boldsymbol{Q}$，使得 $\boldsymbol{Q}^{\mathrm{T}}\boldsymbol{AQ}$ 为对角阵.

提示：(1) 对增广矩阵 $(\boldsymbol{A},\boldsymbol{\beta})$ 进行初等行变换，再由方程组有解但解不唯一，可知 $\boldsymbol{R}(\boldsymbol{A})=\boldsymbol{R}(\boldsymbol{A},\boldsymbol{\beta})<n=3$，进而得到 $a=-2$.

(2) 求出 $\boldsymbol{A}$ 的全部特征值为 $3,-3,0$，所对应的特征向量分别为 $\begin{pmatrix} 1 \\ 0 \\ -1 \end{pmatrix}$，$\begin{pmatrix} 1 \\ -2 \\ 1 \end{pmatrix}$，$\begin{pmatrix} 1 \\ 1 \\ 1 \end{pmatrix}$，标准正交化可得正交矩阵 $\boldsymbol{Q}=\begin{pmatrix} \frac{1}{\sqrt{2}} & \frac{1}{\sqrt{6}} & \frac{1}{\sqrt{3}} \\ 0 & -\frac{2}{\sqrt{6}} & \frac{1}{\sqrt{3}} \\ -\frac{1}{\sqrt{2}} & \frac{1}{\sqrt{6}} & \frac{1}{\sqrt{3}} \end{pmatrix}$，

使得 $Q^{T}AQ=\begin{pmatrix}3 & & \\ & -3 & \\ & & 0\end{pmatrix}$为对角阵.

33. 设三阶矩阵 A 的特征值 $\lambda_1=1,\lambda_2=-1,\lambda_3=0$,对应 λ_1,λ_2的特征向量依次为 $p_1=(1,2,2)^{T},p_2=(2,1,-2)^{T}$,求 A.

提示:设 $A=\begin{pmatrix}x_1 & x_2 & x_3\\ x_2 & x_4 & x_5\\ x_3 & x_5 & x_6\end{pmatrix}$,则 $Ap_1=p_1,Ap_2=-p_2$,且 $x_1+x_4+x_6=\lambda_1+\lambda_2+\lambda_3=0$,由此可解得 $A=\frac{1}{3}\begin{pmatrix}-1 & 0 & 2\\ 0 & 1 & 2\\ 2 & 2 & 0\end{pmatrix}$.

数学实验四

使用 Octave 或 MATLAB 完成下列各题:

1. 分别用定义和 Octave/MATLAB 函数 eig 求方阵 $A=\begin{pmatrix}2 & 0 & 1\\ 0 & 3 & -2\\ 0 & 2 & -1\end{pmatrix}$的特征值和特征向量.

提示:用符号运算.

2. 利用特征值求矩阵 $A=\begin{pmatrix}3 & 1 & 1 & 1\\ 1 & 3 & 1 & 1\\ 1 & 1 & 3 & 1\\ 1 & 1 & 1 & 3\end{pmatrix}$的迹和行列式.

3. 设 $A=\begin{pmatrix}0 & -1 & 1\\ -1 & 0 & 1\\ 1 & 1 & 0\end{pmatrix}$,求正交矩阵 P,使得 $P^{-1}AP$ 为对角矩阵.

4. 设 $\alpha_1=\begin{pmatrix}1\\2\\1\end{pmatrix},\alpha_2=\begin{pmatrix}1\\3\\1\end{pmatrix},\alpha_3=\begin{pmatrix}1\\2\\3\end{pmatrix}$,试用施密特正交化过程求这组向量的标准正交组.

第 5 章

二 次 型

二次型的问题起源于化二次曲线和二次曲面为标准形的问题．它不但在解析几何及数学的其他分支中有许多应用，而且在物理学等其他学科领域中也会经常遇到．本章将介绍二次型及其矩阵合同、二次型的标准化以及正定二次型．具体如下：

5.1 节首先给出二次型的定义及其矩阵表示，得到了二次型与对称矩阵的一一对应关系；接着给出标准二次型和矩阵合同的概念，并进行了简单的讨论.

5.2 节介绍三个将给定二次型化为标准二次型的方法：配方法、初等变换法和正交变换法．事实上，这些方法在初等数学中或本书的前几章已有介绍.

5.3 节探讨了实二次型的规范形，给出了正惯性指数和负惯性指数等概念，证明实二次型的规范形由它本身唯一确定，并给出了具体的求解方法.

5.4 节介绍了最为重要的一类二次型：正定二次型．包括它的概念、判断方法以及如何判断二次型是否正定的具体过程.

5.1 二次型及其矩阵合同

5.1.1 二次型的定义

引例 直接计算可得

$$(x_1,x_2,x_3)\begin{pmatrix}1&-1&0\\-1&0&1\\0&1&-1\end{pmatrix}\begin{pmatrix}x_1\\x_2\\x_3\end{pmatrix}=(x_1,x_2,x_3)\begin{pmatrix}x_1-x_2\\-x_1+x_3\\x_2-x_3\end{pmatrix}$$

$$=x_1^2-x_3^2-2x_1x_2+2x_2x_3=f(x_1,x_2,x_3).$$

这是一个三元二次齐次多项式（它有三个未知量，而且每一项都是二

次式). 若记

$$\boldsymbol{x}=\begin{pmatrix}x_1\\x_2\\x_3\end{pmatrix},\quad \boldsymbol{A}=\begin{pmatrix}1&-1&0\\-1&0&1\\0&1&-1\end{pmatrix},$$

则可把它简写成 $f(x_1,x_2,x_3)=\boldsymbol{x}^{\mathrm{T}}\boldsymbol{A}\boldsymbol{x}$. 其中,$\boldsymbol{A}=(a_{ij})$ 是三阶对称矩阵. 一个自然的问题是:任意给定一个二次齐次多项式,是否都可以用矩阵表示为更简单的形式?

探讨上述问题之前,我们先引进二次型的一般定义.

定义 5.1.1 n 元二次型指的是含有 n 个未知量 $x_1,x_2,\cdots,x_n$ 的二次齐次多项式

$$\begin{aligned}f(x_1,x_2,\cdots,x_n)=&a_{11}x_1^2+a_{22}x_2^2+a_{33}x_3^2+\cdots+a_{nn}x_n^2+\\&2a_{12}x_1x_2+2a_{13}x_1x_3+\cdots+2a_{1n}x_1x_n+\\&2a_{23}x_2x_3+\cdots+2a_{2n}x_2x_n+\\&2a_{34}x_3x_4+\cdots+2a_{3n}x_3x_n+\cdots+\\&2a_{n-2,n-1}x_{n-2}x_{n-1}+2a_{n-2,n}x_{n-2}x_n+\\&2a_{n-1,n}x_{n-1}x_n=\sum_{i=1}^{n}\sum_{j=1}^{n}a_{ij}x_ix_j,\end{aligned}\tag{1}$$

其中,$a_{ij}=a_{ji},i,j=1,2,\cdots,n$.

此时,若记

$$\boldsymbol{A}=\begin{pmatrix}a_{11}&a_{12}&\cdots&a_{1n}\\a_{21}&a_{22}&\cdots&a_{2n}\\\vdots&\vdots&&\vdots\\a_{n1}&a_{n2}&\cdots&a_{nn}\end{pmatrix},\boldsymbol{x}=\begin{pmatrix}x_1\\x_2\\\vdots\\x_n\end{pmatrix},\tag{2}$$

则二次型(1)可记为

$$f(x_1,x_2,\cdots,x_n)=\boldsymbol{x}^{\mathrm{T}}\boldsymbol{A}\boldsymbol{x},$$

其中,$\boldsymbol{A}$ 为对称矩阵.

上述过程实际上建立了 n 元二次型与 n 阶方阵的一一对应关系:任意给定一个 n 元二次型可唯一确定一个 n 阶方阵,反之亦然. 为此,我们称式(2)中的矩阵 $\boldsymbol{A}$ 为二次型 $f(x_1,x_2,\cdots,x_n)$ 的矩阵,并称矩阵 $\boldsymbol{A}$ 的秩为二次型 $f(x_1,x_2,\cdots,x_n)$ 的秩.

当二次型 $f(x_1,x_2,\cdots,x_n)$ 中的变量都是复数时,称它为**复二次型**,当变量都是实数时,称它为**实二次型**. 实二次型和复二次型有许多相同的性质. 如无特别说明,后文中的二次型均指实二次型,并在不产生歧义时,简记 $f=f(x_1,x_2,\cdots,x_n)$.

例 1 二次型 $f(x_1,x_2,x_3)=x_1^2-2x_2^2-2x_3^2-2x_1x_2+4x_1x_3+6x_2x_3$ 的系数都是实数,也就是说它是实二次型. 由定义 5.1.1 及其说明容易得到,该二次型的矩阵为

$$A=\begin{pmatrix}1 & -1 & 2\\ -1 & \_\_ & \_\_\\ 2 & \_\_ & -2\end{pmatrix},$$

若记 $\boldsymbol{x}=\begin{pmatrix}x_1\\ x_2\\ x_3\end{pmatrix}$,则有

$$f=(x_1,x_2,x_3)\begin{pmatrix}1 & -1 & 2\\ -1 & \_\_ & \_\_\\ 2 & \_\_ & -2\end{pmatrix}\begin{pmatrix}x_1\\ x_2\\ x_3\end{pmatrix}=\boldsymbol{x}^{\mathrm{T}}A\boldsymbol{x}.$$

例 2　已知二次型 $f(x_1,x_2,x_3)$ 的矩阵为

$$A=\begin{pmatrix}1 & \_\_ & 1\\ 2 & 1 & 2\\ \_\_ & \_\_ & 3\end{pmatrix},$$

将 A 补充完整,并写出该二次型 $f(x_1,x_2,x_3)=$________________.

定义 5.1.2　只含平方项的二次型 $f(x_1,x_2,\cdots,x_n)=k_1x_1^2+k_2x_2^2+\cdots+k_nx_n^2$ 称为**标准二次型**. 称 $k_1,k_2,\cdots,k_n$ 为该标准二次型的系数.

例如,$f(x_1,x_2)=x_1^2+x_2^2$ 就是标准二次型. 后面我们主要关注标准二次型. 更确切地说,我们将寻求把给定二次型化为标准二次型的方法. 为此,需要先引入下一小节的知识.

5.1.2　线性变换与矩阵合同

定义 5.1.3　设 $x_1,x_2,\cdots,x_n;y_1,y_2,\cdots,y_n$ 是两组变量,则称下面一组关系式

$$\begin{cases}x_1=c_{11}y_1+c_{12}y_2+\cdots+c_{1n}y_n,\\ x_2=c_{21}y_1+c_{22}y_2+\cdots+c_{2n}y_n,\\ \qquad\vdots\\ x_n=c_{n1}y_1+c_{n2}y_2+\cdots+c_{nn}y_n\end{cases}\tag{3}$$

为由 $x_1,x_2,\cdots,x_n$ 到 $y_1,y_2,\cdots,y_n$ 的一个线性变换,简称**线性变换**. 它可以写成矩阵方程 $X=CY$ 的形式,其中

$$X=\begin{pmatrix}x_1\\ x_2\\ \vdots\\ x_n\end{pmatrix},C=\begin{pmatrix}c_{11} & c_{12} & \cdots & c_{1n}\\ c_{21} & c_{22} & \cdots & c_{2n}\\ \vdots & \vdots & & \vdots\\ c_{n1} & c_{n2} & \cdots & c_{nn}\end{pmatrix},Y=\begin{pmatrix}y_1\\ y_2\\ \vdots\\ y_n\end{pmatrix}.$$

若系数矩阵 C 可逆,则称线性变换(3)是**可逆的线性变换**(也称为**非退化的线性变换**).

若 C 是正交矩阵,则称线性变换(3)是**正交线性变换**,简称**正交变换**.

定理 5.1.1 任给可逆矩阵 $\boldsymbol{C}$，令 $\boldsymbol{B}=\boldsymbol{C}^{\mathrm{T}}\boldsymbol{A}\boldsymbol{C}$，如果 $\boldsymbol{A}$ 为对称矩阵，则 $\boldsymbol{B}$ 也是对称矩阵，且 $R(\boldsymbol{A})=R(\boldsymbol{B})$.

证明 由 $\boldsymbol{A}^{\mathrm{T}}=\boldsymbol{A}$，得 $\boldsymbol{B}^{\mathrm{T}}=(\boldsymbol{C}^{\mathrm{T}}\boldsymbol{A}\boldsymbol{C})^{\mathrm{T}}=\boldsymbol{C}^{\mathrm{T}}\boldsymbol{A}^{\mathrm{T}}\boldsymbol{C}=\boldsymbol{C}^{\mathrm{T}}\boldsymbol{A}\boldsymbol{C}=\boldsymbol{B}$，即$\boldsymbol{B}$为对称矩阵.

又由于 $\boldsymbol{B}=\boldsymbol{C}^{\mathrm{T}}\boldsymbol{A}\boldsymbol{C}$，故 $R(\boldsymbol{B})\leqslant R(\boldsymbol{A}\boldsymbol{C})\leqslant R(\boldsymbol{A})$.

类似地，$\boldsymbol{A}=(\boldsymbol{C}^{\mathrm{T}})^{-1}\boldsymbol{B}\boldsymbol{C}^{-1}$，故 $R(\boldsymbol{A})\leqslant R(\boldsymbol{B}\boldsymbol{C}^{-1})\leqslant R(\boldsymbol{B})$. 于是 $R(\boldsymbol{A})=R(\boldsymbol{B})$.

定理 5.1.1 说明经过可逆变换 $\boldsymbol{x}=\boldsymbol{C}\boldsymbol{y}$ 作用后，二次型f的矩阵由 $\boldsymbol{A}$ 变为 $\boldsymbol{C}^{\mathrm{T}}\boldsymbol{A}\boldsymbol{C}$，但二次型的秩不变.

定义 5.1.4 设 $\boldsymbol{A},\boldsymbol{B}$ 为 n 阶方阵，若存在 n 阶可逆矩阵 $\boldsymbol{C}$，使

$$\boldsymbol{C}^{\mathrm{T}}\boldsymbol{A}\boldsymbol{C}=\boldsymbol{B}, \tag{4}$$

则称 $\boldsymbol{A}$ 合同于 $\boldsymbol{B}$，记作 $\boldsymbol{A}\simeq\boldsymbol{B}$.

合同是矩阵之间的一种关系，具有下列性质：

(1) 自反性　$\boldsymbol{A}\simeq\boldsymbol{A}$；

(2) 对称性　若 $\boldsymbol{A}\simeq\boldsymbol{B}$，则 $\boldsymbol{B}\simeq\boldsymbol{A}$；

(3) 传递性　若 $\boldsymbol{A}\simeq\boldsymbol{B},\boldsymbol{B}\simeq\boldsymbol{C}$，则 $\boldsymbol{A}\simeq\boldsymbol{C}$.

注：前面我们还定义了两种关于 n 阶方阵 $\boldsymbol{A}$ 和方阵 $\boldsymbol{B}$ 的关系，即等价和相似. 要注意三者的区别与联系. 我们称式(4)为由矩阵 $\boldsymbol{A}$ 到方阵 $\boldsymbol{B}$ 的**合同变换**.

由定理 5.1.1 可知：合同变换不改变矩阵的秩，也不改变矩阵的对称性. 结合定义 5.1.4，要使二次型f经可逆变换 $\boldsymbol{x}=\boldsymbol{C}\boldsymbol{y}$ 变成标准形，就是要使

$$\begin{aligned}\boldsymbol{y}^{\mathrm{T}}\boldsymbol{C}^{\mathrm{T}}\boldsymbol{A}\boldsymbol{C}\boldsymbol{y}&=k_1y_1^2+k_2y_2^2+\cdots+k_ny_n^2\\&=(y_1,y_2,\cdots,y_n)\begin{pmatrix}k_1&&&\\&k_2&&\\&&\ddots&\\&&&k_n\end{pmatrix}\begin{pmatrix}y_1\\y_2\\\vdots\\y_n\end{pmatrix}.\end{aligned}$$

因此，要将给定的二次型化为标准二次型，只需要找到可逆矩阵 $\boldsymbol{C}$，使得 $\boldsymbol{C}^{\mathrm{T}}\boldsymbol{A}\boldsymbol{C}$ 为对角阵，即只要找到与 $\boldsymbol{A}$ 合同的对角阵即可. 系统的方法见下一节.

5.2 二次型的标准化方法

本节将介绍三种二次型的标准化方法：配方法、初等变化法和正交变换法. 前两种方法是通用方法. 第三种方法仅适用于实二次型，但无论在理论上还是实际应用中都具有重要意义.

5.2.1 配方法

下述定理表明:在初等数学中十分常用的配方法也可以应用于二次型的标准化中.

定理 5.2.1 任意给定的二次型都可由可逆线性变换化为标准形

$$k_1y_1^2+k_2y_2^2+\cdots+k_ny_n^2.$$

注:证明留作思考题(提示:参考后面的例子,使用数学归纳法进行证明). 由配方法得到的标准形称为二次型 $f=\boldsymbol{x}^{\mathrm{T}}\boldsymbol{A}\boldsymbol{x}$ 的**合同标准形**,它的 n 个系数未必是对称矩阵 $\boldsymbol{A}$ 的特征值.

例 1 由于

$$f(x_1,x_2)=x_1^2-2x_1x_2+2x_2^2=(x_1-x_2)^2+x_2^2,$$

故做可逆线性变换 $\begin{cases}y_1=x_1-x_2,\\ y_2=x_2,\end{cases}$ 即 $\begin{pmatrix}y_1\\ y_2\end{pmatrix}=\begin{pmatrix}1&-1\\ 0&1\end{pmatrix}\begin{pmatrix}x_1\\ x_2\end{pmatrix}$,即可得到标准形

$$f=y_1^2+y_2^2.$$

也就是说,该二次型的标准形的系数为 1,1,但它对应的对称矩阵的特征值为 $\frac{3}{2}-\frac{\sqrt{5}}{2},\frac{3}{2}+\frac{\sqrt{5}}{2}$.

例 2 用配方法求 $f(x_1,x_2,x_3)=2x_1x_2+2x_1x_3-4x_2x_3$ 的标准形.

解 这里的二次型不包含平方项,先做如下可逆线性变换产生平方项.

$$\begin{cases}x_1=y_1+y_2,\\ x_2=y_1-y_2,\\ x_3=\qquad y_3,\end{cases}$$

写成矩阵方程

$$\begin{pmatrix}x_1\\ x_2\\ x_3\end{pmatrix}=\begin{pmatrix}1&1&0\\ 1&-1&0\\ 0&0&1\end{pmatrix}\begin{pmatrix}y_1\\ y_2\\ y_3\end{pmatrix},$$

即 $\boldsymbol{x}=\boldsymbol{C}\boldsymbol{y}$,它把原二次型改写成

$$\begin{aligned}f(x_1,x_2,x_3)&=2x_1x_2+2x_1x_3-4x_2x_3\\ &=2(y_1+y_2)(y_1-y_2)+2(y_1+y_2)y_3-4(y_1-y_2)y_3\\ &=2y_1^2-2y_1y_3-2y_2^2+6y_2y_3.\end{aligned}$$

再次配方,可得

$$\begin{aligned}f(x_1,x_2,x_3)&=2y_1^2-2y_1y_3-2y_2^2+6y_2y_3\\ &=2\left(y_1-\frac{1}{2}y_3\right)^2-2\left(y_2-\frac{3}{2}y_3\right)^2+4y_3^2.\end{aligned}$$

再做可逆线性变换

$$\begin{cases} z_1 = y_1 - \frac{1}{2} y_3, \\ z_2 = y_2 - \frac{3}{2} y_3, \\ z_3 = \quad\quad y_3, \end{cases}$$

并用矩阵方程表示

$$\begin{pmatrix} z_1 \\ z_2 \\ z_3 \end{pmatrix} = \begin{pmatrix} 1 & 0 & -\frac{1}{2} \\ 0 & 1 & -\frac{3}{2} \\ 0 & 0 & 1 \end{pmatrix} \begin{pmatrix} y_1 \\ y_2 \\ y_3 \end{pmatrix},$$

即 $\boldsymbol{z}=\boldsymbol{B}\boldsymbol{y}$,就可得到所给二次型的合同标准形 $f=2z_1^2-2z_2^2+4z_3^2$. 最后,回顾前后用到的线性变换可得

$$\boldsymbol{x}=\boldsymbol{C}\boldsymbol{y}=\boldsymbol{C}(\boldsymbol{B}^{-1}\boldsymbol{z})=\boldsymbol{D}\boldsymbol{z},$$

即化为标准形的总的线性变换为

$$\boldsymbol{D}=\boldsymbol{C}\boldsymbol{B}^{-1}=\begin{pmatrix} 1 & 1 & 0 \\ 1 & -1 & 0 \\ 0 & 0 & 1 \end{pmatrix} \begin{pmatrix} 1 & 0 & -\frac{1}{2} \\ 0 & 1 & -\frac{3}{2} \\ 0 & 0 & 1 \end{pmatrix}^{-1} = \begin{pmatrix} 1 & 1 & 2 \\ 1 & -1 & -1 \\ 0 & 0 & 1 \end{pmatrix}.$$

例 2 给出了需要多次配方时的计算过程. 当需要求总的线性变换时,这个方法往往是比较烦琐的(试给出当需要 3 次或更多次配方法时,总的线性变换的计算公式).

5.2.2 初等变换法

由于二次型与它的矩阵是一一对应的. 如果能够将二次型的矩阵化为对角矩阵,则原二次型可化为标准形. 由定理 5.1.1 的证明和定理 5.2.1 可知,对于任意对称矩阵 $\boldsymbol{A}$,必存在可逆矩阵 $\boldsymbol{C}$,使得 $\boldsymbol{C}^{\mathrm{T}}\boldsymbol{A}\boldsymbol{C}=\boldsymbol{D}$,其中 $\boldsymbol{D}$ 是对角矩阵. 由于可逆矩阵 $\boldsymbol{C}$ 可以表示为有限个初等矩阵的乘积(定理 2.4.3):

$$\boldsymbol{C}=\boldsymbol{P}_1\boldsymbol{P}_2\cdots\boldsymbol{P}_l,$$

从而

$$\begin{aligned} \boldsymbol{D} &= \boldsymbol{C}^{\mathrm{T}}\boldsymbol{A}\boldsymbol{C}=(\boldsymbol{P}_1\cdots\boldsymbol{P}_l)^{\mathrm{T}}\boldsymbol{A}(\boldsymbol{P}_1\cdots\boldsymbol{P}_l)=(\boldsymbol{P}_l^{\mathrm{T}}\cdots\boldsymbol{P}_1^{\mathrm{T}})\boldsymbol{A}(\boldsymbol{P}_1\cdots\boldsymbol{P}_l) \\ &= \boldsymbol{P}_l^{\mathrm{T}}\cdots(\boldsymbol{P}_1^{\mathrm{T}}\boldsymbol{A}\boldsymbol{P}_1)\cdots\boldsymbol{P}_l. \end{aligned}$$

更进一步地,利用分块矩阵的乘法,有

$$\begin{pmatrix} \boldsymbol{P}_l & 0 \\ 0 & \boldsymbol{E} \end{pmatrix}^{\mathrm{T}} \cdots \begin{pmatrix} \boldsymbol{P}_2 & 0 \\ 0 & \boldsymbol{E} \end{pmatrix}^{\mathrm{T}} \begin{pmatrix} \boldsymbol{P}_1 & 0 \\ 0 & \boldsymbol{E} \end{pmatrix}^{\mathrm{T}} \begin{pmatrix} \boldsymbol{A} \\ \boldsymbol{E} \end{pmatrix} \boldsymbol{P}_1\boldsymbol{P}_2\cdots\boldsymbol{P}_l = \begin{pmatrix} \boldsymbol{D} \\ \boldsymbol{C} \end{pmatrix},$$

由上式及矩阵乘法的意义(左乘对应初等行变换,右乘对应初等列变换)可得:

定理 5.2.2　任意对称矩阵 $\boldsymbol{A}$ 都可以经过有限次初等变换化为对角矩阵，即它对应的二次型可以化为标准形，只要每次对 $\boldsymbol{A}$ 进行初等行变换后紧接着再进行同类型的初等列变换即可.

上述讨论可能略显抽象，并且似乎并不容易应用．但是，只要通过学习以下例子，就可以掌握利用初等变换将二次型标准化的方法.

例 3　利用初等变换求 $f(x_1,x_2,x_3)=2x_1x_2+2x_1x_3-4x_2x_3$ 的标准形.

解　记二次型对应的矩阵为 $\boldsymbol{A}$，则

$$\begin{pmatrix}\boldsymbol{A}\\ \boldsymbol{E}\end{pmatrix}=\begin{pmatrix}0&1&1\\1&0&-2\\1&-2&0\\1&0&0\\0&1&0\\0&0&1\end{pmatrix}\xrightarrow[c_1+c_2]{r_1+r_2}\begin{pmatrix}2&1&-1\\1&0&-2\\-1&-2&0\\1&0&0\\1&1&0\\0&0&1\end{pmatrix}$$

$$\xrightarrow[\substack{c_2-\frac{1}{2}c_1\\ c_3+\frac{1}{2}c_1}]{\substack{r_2-\frac{1}{2}r_1\\ r_3+\frac{1}{2}r_1}}\begin{pmatrix}2&0&0\\0&-\frac{1}{2}&-\frac{3}{2}\\0&-\frac{3}{2}&-\frac{1}{2}\\1&-\frac{1}{2}&\frac{1}{2}\\1&\frac{1}{2}&\frac{1}{2}\\0&0&1\end{pmatrix}\xrightarrow[c_3-3c_2]{r_3-3r_2}\begin{pmatrix}2&0&0\\0&-\frac{1}{2}&0\\0&0&4\\1&-\frac{1}{2}&2\\1&\frac{1}{2}&-1\\0&0&1\end{pmatrix}$$

取

$$\boldsymbol{C}=\begin{pmatrix}1&-\frac{1}{2}&2\\1&\frac{1}{2}&-1\\0&0&1\end{pmatrix}.$$

注意到 $|\boldsymbol{C}|\neq 0$，即 $\boldsymbol{C}$ 可逆，又由于

$$\boldsymbol{D}=\begin{pmatrix}2&&\\&-\frac{1}{2}&\\&&4\end{pmatrix},$$

即得 $\boldsymbol{C}^{\mathrm{T}}\boldsymbol{A}\boldsymbol{C}=\boldsymbol{D}$.

5.2.3　正交变换法

由定理 4.4.4 可得：

定理 5.2.3 任给实二次型 $f=\sum_{i=1}^{n}\sum_{j=1}^{n}a_{ij}x_ix_j(a_{ij}=a_{ji})$，总存在正交变换 $\boldsymbol{x}=\boldsymbol{P}\boldsymbol{y}$，使 f 化为标准形

$$f=\lambda_1x_1^2+\lambda_2x_2^2+\cdots+\lambda_nx_n^2,$$

其中 $\lambda_1,\lambda_2,\cdots,\lambda_n$ 就是 f 的矩阵 $\boldsymbol{A}=(a_{ij})$ 的特征值.

由定理 5.2.3，对于给定的二次型 $f(x_1,x_2,\cdots,x_n)=\boldsymbol{x}^{\mathrm{T}}\boldsymbol{A}\boldsymbol{x}$，只要找到正交矩阵 $\boldsymbol{P}$，使得 $\boldsymbol{P}^{\mathrm{T}}\boldsymbol{A}\boldsymbol{P}=\boldsymbol{\Lambda}$ 为对角矩阵，那么就可以把原二次型化成标准形，其中的系数就是对角矩阵 $\boldsymbol{\Lambda}$ 的 n 个对角元．具体过程如下两个例子所示．细心的读者会发现，其中的大部分工作是求解线性方程组并对解向量进行标准正交化．（下面的例 4 中，只需要单位化，为什么？）

例 4 用正交变换化实二次型

$$f(x_1,x_2,x_3)=x_1^2-x_2^2+2x_3^2-4x_2x_3$$

为标准形.

解 f 的矩阵为

$$\boldsymbol{A}=\begin{pmatrix}1&0&0\\0&-1&-2\\0&-2&2\end{pmatrix}.$$

$\boldsymbol{A}$ 的特征多项式为

$$|\boldsymbol{A}-\lambda\boldsymbol{E}|=\begin{vmatrix}1-\lambda&0&0\\0&-1-\lambda&-2\\0&-2&2-\lambda\end{vmatrix}=(1-\lambda)(\lambda+2)(\lambda-3).$$

所以 $\boldsymbol{A}$ 的特征值为 1,3 和 −2.

当 $\lambda_1=1$ 时，解齐次线性方程组 $(\boldsymbol{A}-\boldsymbol{E})\boldsymbol{x}=\boldsymbol{0}$，由

$$\boldsymbol{A}-\boldsymbol{E}=\begin{pmatrix}0&0&0\\0&-2&-2\\0&-2&1\end{pmatrix}\overset{r}{\sim}\begin{pmatrix}0&0&0\\0&1&0\\0&0&1\end{pmatrix}$$

可得基础解系：$\boldsymbol{\alpha}_1=\begin{pmatrix}1\\0\\0\end{pmatrix}$.

当 $\lambda_3=3$ 时，解齐次线性方程组 $(\boldsymbol{A}-3\boldsymbol{E})\boldsymbol{x}=\boldsymbol{0}$，由

$$\boldsymbol{A}-3\boldsymbol{E}=\begin{pmatrix}-2&0&0\\0&-4&-2\\0&-2&-1\end{pmatrix}\overset{r}{\sim}\begin{pmatrix}1&0&0\\0&2&1\\0&0&0\end{pmatrix},$$

可得基础解系：$\boldsymbol{\alpha}_2=\begin{pmatrix}0\\1\\-2\end{pmatrix}$.

当 $\lambda_3=-2$ 时，解齐次线性方程组 $(\boldsymbol{A}+2\boldsymbol{E})\boldsymbol{x}=\boldsymbol{0}$，由

$$A+2E=\begin{pmatrix}3&0&0\\0&1&-2\\0&-2&4\end{pmatrix}\overset{r}{\sim}\begin{pmatrix}1&0&0\\0&1&-2\\0&0&0\end{pmatrix}$$

可得基础解系：$\boldsymbol{\alpha}_3=\begin{pmatrix}0\\2\\1\end{pmatrix}$. 单位化 $\boldsymbol{\alpha}_1,\boldsymbol{\alpha}_2,\boldsymbol{\alpha}_3$ 得

$$\boldsymbol{p}_1=\begin{pmatrix}1\\0\\0\end{pmatrix},\boldsymbol{p}_2=\frac{1}{\sqrt{5}}\begin{pmatrix}0\\1\\-2\end{pmatrix},\boldsymbol{p}_3=\frac{1}{\sqrt{5}}\begin{pmatrix}0\\2\\1\end{pmatrix},$$

令 $\boldsymbol{P}=(\boldsymbol{p}_1,\boldsymbol{p}_2,\boldsymbol{p}_3)$，则 $\boldsymbol{P}$ 是正交矩阵，经过正交变换 $\boldsymbol{x}=\boldsymbol{P}\boldsymbol{y}$，即

$$\begin{cases}x_1=\_\_y_1+\_\_y_2+\_\_y_3,\\x_2=\_\_y_1+\_\_y_2+\_\_y_3,\\x_3=\_\_y_1+\_\_y_2+\_\_y_3,\end{cases}$$

f 化为标准形

$$f=\_\_y_1^2+\_\_y_2^2+\_\_y_3^2.$$

5.3 实二次型的规范形

本节简单介绍实二次型的规范形.

通过前两节的讨论，可知任意二次型都可以标准化．当然，得到的标准形的形式并不唯一．不过对于实二次型，在标准形中，正、负平方项的项数及 0 项的项数是唯一确定的，即正平方项的项数等于 f 对应的对称矩阵 $\boldsymbol{A}$ 的正特征值的个数，负平方项的项数等于 $\boldsymbol{A}$ 的负特征值的个数，0 项的项数等于 $\boldsymbol{A}$ 的特征值为 0 的个数（其中重根按重数计算）. 在此基础上，如有必要我们可以重新安排变量的次序，使平方项的顺序分别为正平方项、负平方项和 0 项．则秩为 r 的二次型 f 的标准形可以化成

$$f=d_1x_1^2+d_2x_2^2+\cdots+d_px_p^2-d_{p+1}x_{p+1}^2-\cdots-d_rx_r^2+0+\cdots+0,$$

其中，$d_i>0,i=1,2,\cdots,r,R=R(\boldsymbol{A})$ 为 f 的秩．进而化成

$$f=(\sqrt{d_1}x_1)^2+(\sqrt{d_2}x_2)^2+\cdots+(\sqrt{d_p}x_p)^2-(\sqrt{d_{p+1}}x_{p+1})^2-\cdots-(\sqrt{d_r}x_r)^2,$$

若再做可逆线性变换（这个变换通常称为开方变换）：

$$\begin{cases}y_1=\sqrt{d_1}x_1,\\y_2=\sqrt{d_2}x_2,\\\quad\vdots\\y_p=\sqrt{d_p}x_p,\\y_{p+1}=\sqrt{d_{p+1}}x_{p+1},\\\quad\vdots\\y_r=\sqrt{d_r}x_r,\end{cases}$$

则

$$f=y_1^2+\cdots+y_p^2-y_{p+1}^2-\cdots-y_r^2,$$

即二次型f最终可化成以上形式的标准形(此种标准形是一种特殊的规范形).因此我们有以下定理.

定理 5.3.1 任何实二次型都可以通过实可逆线性变换化成规范形,且规范形是由二次型本身唯一确定的(即+1,-1 系数的项数及 0 项的项数是唯一确定的),与所做的可逆线性变换无关.

通常将实二次型f的规范形的正项个数p称为f的**正惯性指数**,负项个数$r-p=q$称为**负惯性指数**,$s=p-q$称为f的**符号差**,$p+q=r$正好为f的秩,也为f对应的矩阵$\boldsymbol{A}$的秩$R(\boldsymbol{A})$. 同时也可以看出:二次型f的正惯性指数等于f对应的矩阵$\boldsymbol{A}$的正特征值的个数,负惯性指数$q=r-p$为$\boldsymbol{A}$的负特征值的个数(其中重根按重数计算).

例 1 化实二次型$f=x_1^2+2x_1x_2-x_2^2+6x_3^2$为规范形,并求其正、负惯性指数.

解 由

$$\begin{aligned}f&=(x_1^2+2x_1x_2+x_2^2)-2x_2^2+6x_3^2\\&=(x_1+x_2)^2-(\sqrt{2}x_2)^2+(\sqrt{6}x_3)^2,\end{aligned}$$

令

$$\begin{cases}y_1=x_1+x_2,\\y_2=\sqrt{6}x_3,\\y_3=\sqrt{2}x_2,\end{cases}$$

则$f=y_1^2+y_2^2-y_3^2$为规范形,且正惯性指数$p=2$,负惯性指数$q=1$.

惯性定理具有以下矩阵形式. 对于任意一个n阶对称矩阵$\boldsymbol{A}$,一定存在n阶可逆矩阵$\boldsymbol{P}$使得

$$\boldsymbol{P}^{\mathrm{T}}\boldsymbol{A}\boldsymbol{P}=\begin{pmatrix}\boldsymbol{E}_k&&\\&-\boldsymbol{E}_{r-k}&\\&&\boldsymbol{O}\end{pmatrix}.$$

定理 5.3.2 对称矩阵$\boldsymbol{A}$与矩阵$\boldsymbol{B}$合同当且仅当它们有相同的秩和相同的正惯性指数.

证明　必要性：设 $B=P^{\mathrm{T}}AP$. 因为 A 是对称矩阵，P 是可逆矩阵，所以，B 必是对称矩阵，一定存在可逆矩阵 Q 使得

$$Q^{\mathrm{T}}BQ=\begin{pmatrix} E_k & & \\ & -E_{r-k} & \\ & & O \end{pmatrix}.$$

这里，$r=R(B)=R(A)$，k 为 B 的正惯性指数．于是有

$$Q^{\mathrm{T}}BQ=Q^{\mathrm{T}}P^{\mathrm{T}}APQ=(PQ)^{\mathrm{T}}A(PQ)=\Lambda.$$

这说明 A 也合同于 Λ. 根据惯性定理中的正惯性指数的唯一性知道，k 也是 A 的正惯性指数.

充分性：设 n 阶对称矩阵 A 与矩阵 B 有相同的秩 r 和相同的正惯性指数 k. 则根据惯性定理知道，必存在可逆矩阵 P 和 Q 使得

$$P^{\mathrm{T}}AP=\begin{pmatrix} E_k & & \\ & -E_{r-k} & \\ & & O \end{pmatrix} \quad 和 \quad Q^{\mathrm{T}}BQ=\begin{pmatrix} E_k & & \\ & -E_{r-k} & \\ & & O \end{pmatrix}.$$

于是，根据 $P^{\mathrm{T}}AP=Q^{\mathrm{T}}BQ$ 立刻得到

$$B=(Q^{\mathrm{T}})^{-1}P^{\mathrm{T}}APQ^{-1}=(Q^{-1})^{\mathrm{T}}P^{\mathrm{T}}APQ^{-1}=(PQ^{-1})^{\mathrm{T}}A(PQ^{-1}).$$

这说明 A 与 B 一定合同.

例 2　考虑以下四个矩阵

$$A=\begin{pmatrix} -1 & & \\ & 1 & \\ & & -1 \end{pmatrix}, B=\begin{pmatrix} -1 & & \\ & 1 & \\ & & 1 \end{pmatrix}, C=\begin{pmatrix} 1 & & \\ & -1 & \\ & & -1 \end{pmatrix}, D=\begin{pmatrix} 1 & & \\ & 1 & \\ & & -1 \end{pmatrix}.$$

这四个方阵的秩都是 3. 由于 A 与 C 的正惯性指数同为 1，故 A 与 C 合同．B 与 D 的正惯性指数同为 2，故 B 与 D 合同．但 A 与 B 不合同．B 与 C 不合同.

5.4　正定二次型

在实二次型的规范形中，有一类重要的类型：正定二次型，即本节讨论的对象.

定义 5.4.1　设实二次型 $f(\boldsymbol{x})=\boldsymbol{x}^{\mathrm{T}}A\boldsymbol{x}$,

(1) 若对任何 $\boldsymbol{x}\neq\boldsymbol{0}$，都有 $f(x)>0$，则称 f 为**正定二次型**，并称对称矩阵 A 是**正定矩阵**；

(2) 若对任何 $\boldsymbol{x}\neq\boldsymbol{0}$，都有 $f(x)<0$，则称 f 为**负定二次型**，并称对称矩阵 A 是**负定矩阵**；

(3) 若对任何 $\boldsymbol{x}\neq\boldsymbol{0}$，都有 $f(x)\geqslant 0$，则称 f 为**半正定二次型**，并称对称矩阵 A 是**半正定矩阵**；

(4) 若对任何 $\boldsymbol{x}\neq\boldsymbol{0}$，都有 $f(x)\leqslant 0$，则称 f 为**半负定二次型**，并称对称矩阵 A 是**半负定矩阵**；

(5)其他的实二次型称为**不定二次型**．其他的实对称阵称为**不定矩阵**.

例如 $f(x_1,x_2,x_3)=x_1^2+x_2^2+x_3^2$ 是正定二次型，$g(x_1,x_2,x_3)=x_1^2+x_2^2$ 是半正定二次型，而 $h(x_1,x_2,x_3)=x_1^2+x_2^2-x_3^2$ 是不定二次型.

我们关心的是：如何判断二次型是正定二次型？

定理 5.4.1 n 元二次型 $f=\boldsymbol{x}^{\mathrm{T}}\boldsymbol{A}\boldsymbol{x}$ 为正定的充分必要条件是：它的标准形的 n 个系数全为正，即它的正惯性指数等于 n．

证明 设可逆变换 $\boldsymbol{x}=\boldsymbol{C}\boldsymbol{y}$ 使

$$f(\boldsymbol{x})=f(\boldsymbol{C}\boldsymbol{y})=k_1y_1^2+k_2y_2^2+\cdots+k_ny_n^2.$$

先证充分性．设 $k_i>0(i=1,2,\cdots,n)$．任给 $\boldsymbol{x}\neq\boldsymbol{0}$，则 $\boldsymbol{y}=C^{-1}\boldsymbol{x}\neq\boldsymbol{0}$，故

$$f(\boldsymbol{x})=k_1y_1^2+k_2y_2^2+\cdots+k_ny_n^2>0.$$

再证必要性．用反证法．假设有 $k_s\leqslant 0$，则当 $\boldsymbol{y}=\boldsymbol{e}_s$（第 s 个分量为 1，其余分量都为 0 的 n 维单位坐标向量）时，$f(\boldsymbol{C}\boldsymbol{e}_s)=k_s\leqslant 0$．显然 $\boldsymbol{C}\boldsymbol{e}_s\neq\boldsymbol{0}$，这与 f 为正定相矛盾．这就证明了 $k_i>0(i=1,2,\cdots,n)$.

推论 对称矩阵 $\boldsymbol{A}$ 为正定矩阵 $\Leftrightarrow\boldsymbol{A}$ 的特征值全为正 $\Rightarrow|\boldsymbol{A}|>0$.

上述推论表明我们还可以尝试用行列式来判断二次型的正定性（思考：为什么不是 $\boldsymbol{A}$ 的特征值全为正 $\Leftrightarrow|\boldsymbol{A}|>0$）．为此引入：

定义 5.4.2 设 $\boldsymbol{A}=(a_{ij})_{n\times n}$ 是 n 阶方阵，则它的如下形状的 k 阶子式

$$D_k=\begin{vmatrix} a_{11} & a_{12} & a_{13} & \cdots & a_{1k}\\ a_{21} & a_{22} & a_{23} & \cdots & a_{2k}\\ a_{31} & a_{32} & a_{33} & \cdots & a_{3k}\\ \vdots & \vdots & \vdots & & \vdots\\ a_{k1} & a_{k2} & a_{k3} & \cdots & a_{kk}\end{vmatrix}>0,\quad 1\leqslant k\leqslant n,$$

称为 $\boldsymbol{A}$ 的 k 阶**顺序主子式**.

注：n 阶方阵 $\boldsymbol{A}$ 的 k 阶顺序主子式指的是，位于 $\boldsymbol{A}$ 中前 k 行和前 k 列的 k^2 个元素，按照原来的相对顺序排成的 k 阶行列式．依次取 $k=1,2,\cdots,n$，可以得到 n 个顺序主子式．特别地，一阶顺序主子式就是一个元素 a_{11} · n 阶顺序主子式就是 $|\boldsymbol{A}|$.

定理 5.4.2 对称矩阵 $\boldsymbol{A}$ 为正定矩阵的充分必要条件是：$\boldsymbol{A}$ 的各阶顺序主子式都为正，即

$$a_{11}>0,\begin{vmatrix} a_{11} & a_{12}\\ a_{21} & a_{22}\end{vmatrix}>0,\cdots,|\boldsymbol{A}|=\begin{vmatrix} a_{11} & \cdots & a_{1n}\\ \vdots & & \vdots\\ a_{n1} & \cdots & a_{nn}\end{vmatrix}>0;$$

对称矩阵 $\boldsymbol{A}$ 为负定矩阵的充分必要条件是：$\boldsymbol{A}$ 的奇数阶主子式为负，而偶数阶主子式为正，即

$$(-1)^r\begin{vmatrix}a_{11} & \cdots & a_{1r}\\ \vdots & & \vdots\\ a_{r1} & \cdots & a_{rr}\end{vmatrix}>0(r=1,2,\cdots,n).$$

这个定理称为**赫尔维茨定理**,这里不予证明.

例 1　判别二次型 $f=-x^2-3y^2-4z^2+2xy+2xz$ 的正定性.

解　f 的矩阵为

$$A=\begin{pmatrix}-1 & 1 & 1\\ 1 & -3 & 0\\ 1 & 0 & -4\end{pmatrix},$$

$$a_{11}=-1<0,\quad \begin{vmatrix}a_{11} & a_{12}\\ a_{21} & a_{22}\end{vmatrix}=\begin{vmatrix}-1 & 1\\ 1 & -3\end{vmatrix}=2>0,\quad |A|=-5<0,$$

故 f 为负定.

例 2　判定 $A=\begin{pmatrix}5 & 2 & 0\\ 2 & 5 & -1\\ 2 & -1 & 5\end{pmatrix}$ 是不是正定矩阵?

解　因为 A 的三个顺序主子式分别为

$$D_1=5>0.\quad D_2=\begin{vmatrix}5 & 2\\ 2 & 5\end{vmatrix}=21>0,$$

$$D_3=\begin{vmatrix}5 & 2 & 0\\ 2 & 5 & -1\\ 2 & -1 & 5\end{vmatrix}=5\begin{vmatrix}5 & -1\\ -1 & 5\end{vmatrix}-2\begin{vmatrix}2 & -1\\ 2 & 5\end{vmatrix}=96>0,$$

故 A 是正定矩阵.

下面是定理 5.4.2 的一些推论.

推论 1　实对角矩阵 A 为正定矩阵当且仅当 A 中的所有对角元全大于零. 因此,单位矩阵一定是正定矩阵.

推论 2　设 n 阶矩阵 $A=(a_{ij})$ 是正定矩阵,则 A 中所有对角元 $a_{ii}>0,i=1,2,\cdots,n$.

例 3　$f(x_1,x_2,x_3)=x_1^2-x_2^2+5x_3^2+4x_1x_2+x_1x_3+2x_2x_3$ 是不是正定二次型?

解　因为它对应的对称矩阵中的对角元素 $a_{22}=-1<0$,所以它不是正定二次型.

例 4　设 A 与 B 是两个合同的实对称矩阵,则 A 为正定矩阵当且仅当 B 为正定矩阵.

证明　由条件知,存在可逆矩阵 P 使得 $B=P^{\mathrm{T}}AP$. 因为 P 为可逆矩阵,所以

$$Px=0\Leftrightarrow x=0,\text{即}\quad Px\neq 0\Leftrightarrow x\neq 0.$$

如果 A 为正定矩阵,那么对于任何 $x\neq 0$,由于一定有 $Px\neq 0$,所以根据 A 为正定矩阵可知

$$x^TBx=x^TP^TAPx=(Px)^TA(Px)>0 .$$

这说明 $\boldsymbol{B}$ 为正定矩阵.

反之,当 $\boldsymbol{B}=\boldsymbol{P}^T\boldsymbol{A}\boldsymbol{P}$ 为正定矩阵时,必有 $\boldsymbol{A}=(\boldsymbol{P}^{-1})^T\boldsymbol{B}(\boldsymbol{P}^{-1})$. 这说明 $\boldsymbol{A}$ 是正定矩阵 $\boldsymbol{B}$ 的合同矩阵,它当然也是正定矩阵.

例 5 同阶正定矩阵之和必为正定矩阵.

证明 设 $\boldsymbol{A}$ 与 $\boldsymbol{B}$ 是两个同阶的正定矩阵,则对任何 $\boldsymbol{x}\neq\boldsymbol{0}$ 必有

$$\boldsymbol{x}^T(\boldsymbol{A}+\boldsymbol{B})\boldsymbol{x}=\boldsymbol{x}^T\boldsymbol{A}\boldsymbol{x}+\boldsymbol{x}^T\boldsymbol{B}\boldsymbol{x}>0.$$

由例 5 可知:(1) n 阶对称矩阵 $\boldsymbol{A}=(a_{ij})$ 是正定矩阵 $\Leftrightarrow\boldsymbol{A}$ 的正惯性指数为 n.

(2) n 阶对称矩阵 $A=(a_{ij})$ 是正定矩阵 $\Leftrightarrow\boldsymbol{A}$ 合同于单位矩阵.

(3) 任意两个同阶的正定矩阵必是合同矩阵.

例 6 设 $\boldsymbol{A}$ 是 n 阶正定矩阵,则 $\boldsymbol{A}$ 必是可逆矩阵,$\boldsymbol{A}$ 的逆矩阵和伴随矩阵必是正定矩阵.

证明 (1) 因为 $\boldsymbol{A}$ 是 n 阶正定矩阵,所以它的 n 个特征值 λ_1, $\lambda_2,\cdots,\lambda_n$ 全大于零,于是它的行列式 $|\boldsymbol{A}|=\prod\limits_{i=1}^{n}\lambda_i>0$,$\boldsymbol{A}$ 必是可逆矩阵.

(2) 根据矩阵等式 $\boldsymbol{P}^T\boldsymbol{A}\boldsymbol{P}=\boldsymbol{E}_n$,立刻得到 $\boldsymbol{P}^{-1}\boldsymbol{A}^{-1}(\boldsymbol{P}^T)^{-1}=\boldsymbol{E}_n$, $\boldsymbol{P}^{-1}\boldsymbol{A}^{-1}(\boldsymbol{P}^{-1})^T=\boldsymbol{E}_n$,于是,根据上述推论(2)知道,正定矩阵的逆矩阵必是正定矩阵.

(3) 由 $\boldsymbol{A}\boldsymbol{A}^*=|\boldsymbol{A}|\boldsymbol{E}_n$ 可知 $\boldsymbol{A}^*=|\boldsymbol{A}|\boldsymbol{A}^{-1}$. 因为 $\boldsymbol{A}$ 和 $\boldsymbol{A}^{-1}$ 都是正定矩阵,且 $|\boldsymbol{A}|>0$,所以 $\boldsymbol{x}^T\boldsymbol{A}^*\boldsymbol{x}=|\boldsymbol{A}|\cdot\boldsymbol{x}^T\boldsymbol{A}^{-1}\boldsymbol{x}>0$, $\forall\boldsymbol{x}\neq\boldsymbol{0}$. 故 $\boldsymbol{A}^*$ 为正定矩阵.

习题五

1. 用矩阵表示下列二次型.

(1) $f(x_1,x_2,x_3)=5x_1^2+x_2^2+7x_3^2-2x_1x_2+4x_1x_3$;

(2) $f(x_1,x_2,x_3,x_4)=x_1^2-x_2x_3+2x_1x_4$;

(3) $f(x,y,z)=x^2+y^2-7z^2-2xy$.

提示:(1) $f(x_1,x_2,x_3)=(x_1,x_2,x_3)\begin{pmatrix}5&-1&2\\-1&1&0\\2&0&7\end{pmatrix}\begin{pmatrix}x_1\\x_2\\x_3\end{pmatrix}$;

(2) $f(x_1,x_2,x_3,x_4)=(x_1,x_2,x_3,x_4)\begin{pmatrix}1&0&0&1\\0&0&-\frac{1}{2}&0\\0&-\frac{1}{2}&0&0\\1&0&0&0\end{pmatrix}$;

(3) $f(x,y,z)=(x,y,z)\begin{pmatrix}1 & -1 & 0\\ -1 & 1 & 0\\ 0 & 0 & -7\end{pmatrix}\begin{pmatrix}x\\ y\\ z\end{pmatrix}$.

2. 写出以下实对称矩阵

$$A=\begin{pmatrix}1 & -1 & 0 & 2\\ -1 & 0 & 0 & 0\\ 0 & 0 & -2 & \frac{1}{3}\\ 2 & 0 & \frac{1}{3} & \sqrt{2}\end{pmatrix}$$

所对应的二次型.

提示：$f(x_1,x_2,x_3,x_4)=x_1^2-2x_3^2+\sqrt{2}x_4^2-2x_1x_2+4x_1x_4+\frac{2}{3}x_3x_4$.

3. 求二次型 $f(x_1,x_2,x_3)=2x_1^2-4x_1x_2+2x_1x_3+2x_2x_3$ 的秩.

提示：对该二次型对应的矩阵进行初等行变换可得 $A=\begin{pmatrix}2 & -2 & 1\\ -2 & 0 & 1\\ 1 & 1 & 0\end{pmatrix}\sim\begin{pmatrix}1 & 1 & 0\\ 0 & 2 & 1\\ 0 & 0 & 3\end{pmatrix}$，故该二次型的秩等于 3.

4. 用配方法化下列二次型为标准形，并写出所用的变换矩阵.

(1) $f(x_1,x_2,x_3)=2x_1^2+x_2^2-4x_1x_2-4x_2x_3$；

(2) $f(x_1,x_2,x_3)=2x_1x_2+2x_1x_3-6x_2x_3$.

提示：(1) $f(y_1,y_2,y_3)=2y_1^2-y_2^2+4y_3^2$. 所用的可逆变换矩阵为

$$P=\begin{pmatrix}1 & 1 & -2\\ 0 & 1 & -2\\ 0 & 0 & 1\end{pmatrix}.$$

(2) $f(z_1,z_2,z_3)=2z_1^2-2z_2^2+6z_3^2$. 所用的可逆变换矩阵为

$$P=\begin{pmatrix}1 & 1 & 3\\ 1 & -1 & -1\\ 0 & 0 & 1\end{pmatrix}.$$

5. 用初等变换法求 $f(x_1,x_2,x_3)=x_1^2+5x_2^2+3x_3^2+4x_1x_2-4x_1x_3$ 的标准形.

提示：记二次型对应的矩阵为 A，由 $\begin{pmatrix}A\\ E\end{pmatrix}\sim\begin{pmatrix}1 & 0 & 0\\ 0 & 1 & 0\\ 0 & 0 & -17\\ 1 & -2 & 10\\ 0 & 1 & -4\\ 0 & 0 & 1\end{pmatrix}$ 得可逆矩阵 $C=\begin{pmatrix}1 & -2 & 10\\ 0 & 1 & -4\\ 0 & 0 & 1\end{pmatrix}$ 使得 $C^TAC=\begin{pmatrix}1 & 0 & 0\\ 0 & 1 & 0\\ 0 & 0 & -17\end{pmatrix}$. 故所求的二次型

的标准形为$f(y_1,y_2,y_3)=y_1^2+y_2^2-17y_3^2$.

6. 用正交变换法化二次型$f(x_1,x_2,x_3)=5x_1^2+5x_2^2+3x_3^2-2x_1x_2+6x_1x_3-6x_2x_3$为标准形.

提示:先求出$\boldsymbol{A}$的特征值$\lambda_1=0,\lambda_2=4,\lambda_3=9$,以及对应的特征向量

$$\alpha_1=\begin{pmatrix}-1\\1\\2\end{pmatrix},\alpha_2=\begin{pmatrix}1\\1\\0\end{pmatrix},\alpha_3=\begin{pmatrix}1\\-1\\1\end{pmatrix}.$$

标准正交化得正交矩阵$\boldsymbol{P}=\begin{pmatrix}-\frac{1}{\sqrt{6}}&\frac{1}{\sqrt{2}}&\frac{1}{\sqrt{3}}\\\frac{1}{\sqrt{6}}&\frac{1}{\sqrt{2}}&-\frac{1}{\sqrt{3}}\\\frac{2}{\sqrt{6}}&0&\frac{1}{\sqrt{3}}\end{pmatrix}$,使得$\boldsymbol{P}^{\mathrm{T}}\boldsymbol{AP}=\begin{pmatrix}0&&\\&4&\\&&9\end{pmatrix}$. 即经过正交变换$x=\boldsymbol{P}y$,可得标准形为$f(y_1,y_2,y_3)=4y_2^2+9y_3^2$.

7. 设二次型$f(x_1,x_2,x_3)=x_1^2+ax_2^2+x_3^2+2bx_1x_2+2x_1x_3+2x_2x_3$经正交变换$\boldsymbol{x}=\boldsymbol{Py}$可化成$f(y_1,y_2,y_3)=y_1^2+4y_3^2$,试求$a,b$的值.

提示:由题意知,矩阵$\boldsymbol{A}=\begin{pmatrix}1&b&1\\b&a&1\\1&1&1\end{pmatrix}$的特征值分别是$\lambda_1=1$,$\lambda_2=0,\lambda_3=4$,于是有$|\lambda_i\boldsymbol{E}-\boldsymbol{A}|=0(i=1,2,3)$. 由此解得$b=1,a=3$.

8. 判别下列二次型的正定性.

(1)$f(x_1,x_2,x_3)=2x_1^2+6x_2^2+4x_3^2-2x_1x_2-4x_2x_3$;

(2)$f(x_1,x_2,x_3,x_4)=x_1^2+x_2^2+4x_3^2+5x_4^2+6x_1x_3+2x_1x_4-4x_2x_3+4x_3x_4$.

提示:(1)考虑矩阵$\boldsymbol{A}=\begin{pmatrix}2&-1&0\\-1&6&-2\\0&-2&4\end{pmatrix}$的顺序主子式可知该二次型为正定二次型.

(2)考虑矩阵$\boldsymbol{A}=\begin{pmatrix}1&0&3&1\\0&1&-2&0\\3&-2&4&2\\1&0&2&5\end{pmatrix}$的顺序主子式可知该二次型为非正定二次型.

9. 确定参数t的值,使二次型$f(x_1,x_2,x_3)=x_1^2+4x_2^2+5x_3^2+2tx_1x_2+2x_2x_3$为正定.

提示：由二次型矩阵 $A=\begin{pmatrix}1&t&0\\t&4&1\\0&1&5\end{pmatrix}$ 的顺序主子式 $\begin{vmatrix}1&t\\t&4\end{vmatrix}>0$，$\begin{vmatrix}1&t&0\\t&4&1\\0&1&5\end{vmatrix}>0$，解得 $-\sqrt{\frac{19}{5}}<t<\sqrt{\frac{19}{5}}$，即当 $-\sqrt{\frac{19}{5}}<t<\sqrt{\frac{19}{5}}$ 时，该二次型为正定.

10. 化实二次型 $f(x_1,x_2,x_3)=x_1^2+3x_2^2+x_3^2+2x_1x_2+4x_2x_3$ 为规范形，并求其正、负惯性指数.

提示：利用配方法得到规范形 $f=y_1^2+2y_2^2-y_3^2$，故正惯性指数 $p=2$，负惯性指数 $q=1$.

11. 设方阵 $\boldsymbol{A}_1$ 与 $\boldsymbol{B}_1$ 合同，$\boldsymbol{A}_2$ 与 $\boldsymbol{B}_2$ 合同，证明：

$\begin{pmatrix}\boldsymbol{A}_1&\\&\boldsymbol{A}_2\end{pmatrix}$ 与 $\begin{pmatrix}\boldsymbol{B}_1&\\&\boldsymbol{B}_2\end{pmatrix}$ 合同.

提示：构造矩阵法．方阵 $\boldsymbol{A}_1$ 与 $\boldsymbol{B}_1$ 合同，所以存在可逆矩阵 $\boldsymbol{C}_1$，使 $\boldsymbol{B}_1=\boldsymbol{C}_1^{\mathrm{T}}\boldsymbol{A}\boldsymbol{C}_1$. 同理存在

可逆矩阵 $\boldsymbol{C}_2$，使 $\boldsymbol{B}_2=\boldsymbol{C}_2^{\mathrm{T}}\boldsymbol{A}\boldsymbol{C}_2$. 令 $\boldsymbol{C}=\begin{pmatrix}\boldsymbol{C}_1&\\&\boldsymbol{C}_2\end{pmatrix}$ 即可完成证明.

12. 设 $\boldsymbol{A}$ 是实对称矩阵，证明：当实数 t 充分大后，$t\boldsymbol{E}+\boldsymbol{A}$ 是正定矩阵.

提示：由 $(t\boldsymbol{E}+\boldsymbol{A})^{\mathrm{T}}=t\boldsymbol{E}+\boldsymbol{A}$，可知它是实对称阵．注意到 $\lambda\boldsymbol{E}-\boldsymbol{A}\Leftrightarrow(\lambda+t)\boldsymbol{E}-(t\boldsymbol{E}+\boldsymbol{A})$，即 λ 是 $\boldsymbol{A}$ 的特征值等价于 $\lambda+t$ 是 $t\boldsymbol{E}+\boldsymbol{A}$ 的特征值.

13. 实对称矩阵 $\boldsymbol{A}$ 是正定的充分必要条件是 $\boldsymbol{A}=\boldsymbol{P}^{\mathrm{T}}\boldsymbol{P}$，其中 $\boldsymbol{P}$ 是实可逆矩阵.

提示：利用定义可证.

14. 已知 n 阶对称矩阵 $\boldsymbol{A}$ 满足 $\boldsymbol{A}^2-3\boldsymbol{A}+2\boldsymbol{E}=\boldsymbol{O}$，证明：矩阵 $\boldsymbol{A}$ 是正定矩阵.

提示：设 λ 是 $\boldsymbol{A}$ 的特征值，$\boldsymbol{x}$ 是 $\boldsymbol{A}$ 的属于 λ 的特征向量，则

$$(\boldsymbol{A}^2-3\boldsymbol{A}+2\boldsymbol{E})\boldsymbol{x}=(\lambda^2-3\lambda+2)\boldsymbol{x}=\boldsymbol{0},$$

其中 $\boldsymbol{x}\neq\boldsymbol{0}$.

15. 设 $\boldsymbol{A}$ 为三阶实对称矩阵，且满足条件 $\boldsymbol{A}^2+3\boldsymbol{A}=\boldsymbol{O}$. 已知 $\boldsymbol{A}$ 的秩为 2，

(1) 求 $\boldsymbol{A}$ 的全部特征值；

(2) 试问当 k 为何值时，矩阵 $\boldsymbol{A}+k\boldsymbol{E}$ 为正定矩阵？

提示：(1) 设 λ 是 $\boldsymbol{A}$ 的特征值，$\boldsymbol{x}$ 是 $\boldsymbol{A}$ 的属于 λ 的特征向量，则

$$(\boldsymbol{A}^2+3\boldsymbol{A})\boldsymbol{x}=(\lambda^2+3\lambda)\boldsymbol{x}=\boldsymbol{0},$$

其中 $\boldsymbol{x}\neq\boldsymbol{0}$，故有 $\lambda^2+3\lambda=0$，解得 $\lambda=-3,0$. 再由 $\boldsymbol{A}$ 的秩为 2，可知 $\boldsymbol{A}$ 的全部特征值为 $-3,-3,0$.

(2)因为 $\boldsymbol{A}$ 为实对称矩阵,所以 $\boldsymbol{A}+k\boldsymbol{E}$ 也是实对称矩阵,且特征值为 $k-3,k-3,k$. 故当 $k>3$ 时,$\boldsymbol{A}+k\boldsymbol{E}$ 的特征值全大于 0,$\boldsymbol{A}+k\boldsymbol{E}$ 为正定矩阵.

数学实验五

使用 Octave 或 MATLAB 完成下列各题:

1. 用正交变换法将下列二次型化为标准形.

(1)$f=2x_1x_2+2x_1x_3-4x_2x_3$;

(2)$f=2x_1^2+3x_2^2+3x_3^2+4x_2x_3$;

(3)$f=3x_1^2+2x_2^2+2x_3^2+2x_1x_2+x_1x_3$.

2. 判断下列二次型的正定性:

(1)$f=-x^2-3y^2-4z^2+2xy+2xz$;

(2)$f=x_1^2-x_2^2+5x_3^2+4x_1x_2+x_1x_3+2x_2x_3$;

(3)$f=10x_1^2+4x_2^2+x_3^2+2x_1x_2-2x_2x_3-4x_1x_3$.

3. 求一个正交变换把二次曲面方程 $2x^2+y^2-4xy-4yz=1$ 化为标准方程,并确定该曲面的类型.

第 6 章

线性空间与线性变换

线性空间和线性变换是线性代数的最基本的概念之一，在自然科学和工程技术的各个领域都有许多应用．本章先从向量空间这类特殊而具体的线性空间开始，引入线性空间的有关概念和方法，以及子空间、欧氏空间的理论，最后讨论线性变换的概念和基本性质，线性变换的矩阵表示以及线性变换的特征值和特征向量．具体如下：

6.1 节介绍向量空间这一特殊而具体的线性空间，包括向量空间的概念、基底、维数及向量空间中向量的坐标．通过该节的学习可以对线性空间有一个直观的了解.

6.2 节给出线性空间的概念和一些常见的线性空间，讨论线性空间的线性性质.

6.3 节通过将线性组合、线性相关性、极大线性无关组等概念引入到线性空间中，给出线性空间的基、维数与坐标等基本概念．特别地，本节利用矩阵得到了不同基之间的关系.

6.4 节以欧氏空间为例，初步探讨内积的线性空间的性质，其中包括如何利用施密特正交化方法求给定欧氏空间的标准正交基.

6.5 节介绍线性变换的概念和一些常见的线性变换，并给出它的一些基本性质.

6.6 节利用矩阵研究线性变换下像与原像的关系，并讨论线性变换在不同基下的矩阵表示之间的关系.

6.1 向量空间

本节将简单介绍一类特殊而具体的线性空间：向量空间，包括向量空间的概念、基底和维数及向量空间中向量的坐标．目的是让读者对线性空间有一个直观的了解．关于向量空间的基变换和坐标变换的内容,将直接放到线性空间的相关章节中介绍.

6.1.1 向量空间的概念

定义 6.1.1 设 V 是 n 维向量构成的非空子集,若 $\forall \boldsymbol{\alpha},\boldsymbol{\beta}\in V$,有 $\boldsymbol{\alpha}+\boldsymbol{\beta}\in V$;且 $\forall \lambda\in\mathbf{R},\boldsymbol{\alpha}\in V$,有 $\lambda\boldsymbol{\alpha}\in V$,则称 V 为一个 n **维向量空间**.当 V 中的向量都是复向量时,称向量空间 V 为**复向量空间**,当 V 中的向量都是实向量时,称向量空间 V 为**实向量空间**.

例 1 (1) $\mathbf{R}^n$ 本身就是一个实 n 维向量空间.

(2) $\{0\}$ 也是一个向量空间,称为**零空间**;

(3) $V_1=\{(x_1,x_2,x_3)\mid x_1+x_2+x_3=0,x_1,x_2,x_3\in\mathbf{R}\}$ 是三维向量空间;

(4) $V_2=\{(1,x_2,x_3)\mid x_2+x_3=0,x_2,x_3\in\mathbf{R}\}$ 不是向量空间.

在例 1 中,显然 $\{0\}\subseteq\mathbf{R}^n$．事实上,有以下定义:

定义 6.1.2 设 V_1,V_2 都是向量空间,且 $V_1\subseteq V_2$,则称 V_1 是 V_2 的**子空间**.

由定义 6.1.2,对任意空间,零空间和任意空间本身都是它的子空间,称为它的**平凡子空间**,其余子空间称为**非平凡子空间**.

定义 6.1.3 设 $\boldsymbol{\alpha}_1,\boldsymbol{\alpha}_2,\cdots,\boldsymbol{\alpha}_m\in\mathbf{R}^n$,则

$$V=\{\lambda_1\boldsymbol{\alpha}_1+\lambda_2\boldsymbol{\alpha}_2+\cdots+\lambda_m\boldsymbol{\alpha}_m\mid\lambda_i\in\mathbf{R},1\leqslant i\leqslant m\}$$

是一个向量空间,称为由 $\boldsymbol{\alpha}_1,\boldsymbol{\alpha}_2,\cdots,\boldsymbol{\alpha}_m$ 生成的空间,记为 $L(\boldsymbol{\alpha}_1,\boldsymbol{\alpha}_2,\cdots,\boldsymbol{\alpha}_m)$.

例如,设 $\boldsymbol{\alpha}\in\mathbf{R}^3,\boldsymbol{\alpha}\neq\mathbf{0}$,则 $L(\boldsymbol{\alpha})=\{\lambda\boldsymbol{\alpha}\mid\lambda\in\mathbf{R}\}$ 是一条直线;设 $\boldsymbol{\alpha}_1,\boldsymbol{\alpha}_2\in\mathbf{R}^3,\boldsymbol{\alpha}_1,\boldsymbol{\alpha}_2$ 线性无关,则 $L(\boldsymbol{\alpha}_1,\boldsymbol{\alpha}_2)=\{\lambda_1\boldsymbol{\alpha}_1+\lambda_2\boldsymbol{\alpha}_2\mid\lambda_1,\lambda_2\in\mathbf{R}\}$ 是由 $\boldsymbol{\alpha}_1,\boldsymbol{\alpha}_2$ 所确定的平面.

6.1.2 向量空间的基底和维数

定义 6.1.4 设 V 是向量空间,如果 V 中的向量组 $\boldsymbol{\alpha}_1,\boldsymbol{\alpha}_2,\cdots,\boldsymbol{\alpha}_r$ 满足:

(1) $\boldsymbol{\alpha}_1,\boldsymbol{\alpha}_2,\cdots,\boldsymbol{\alpha}_r$ 线性无关;(2) V 中任意向量都可由 $\boldsymbol{\alpha}_1,\boldsymbol{\alpha}_2,\cdots,\boldsymbol{\alpha}_r$ 线性表示,则称 $\boldsymbol{\alpha}_1,\boldsymbol{\alpha}_2,\cdots,\boldsymbol{\alpha}_r$ 为向量空间 V 的一组**基底**,简称**基**,称 r 为 V 的维数,记为 $\dim V=r$.

零空间的维数规定为 0.

注: 向量空间的维数和该空间中向量的维数是不同的概念,两者不一定相等．例如 $V_2=\{(0,x_2,x_3)\mid x_2+x_3=0,x_2,x_3\in\mathbf{R}\}$ 是一个二维空间,但它包含的向量是三维的.

将向量空间的基的定义与第 1 章介绍的向量组的极大线性无关

组做对比，可以发现，若把线性空间看成向量组，那么它的基就是它的一个极大线性无关组，$\dim V$ 就是它的秩．例如 $\boldsymbol{\varepsilon}_1,\boldsymbol{\varepsilon}_2,\cdots,\boldsymbol{\varepsilon}_n$ 是 $\mathbf{R}^n$ 的一组基，也是 $\mathbf{R}^n$ 的一个极大线性无关组，$\dim\mathbf{R}^n=n$．再联系向量组的线性组合，自然引出下一小节.

6.1.3　向量空间中向量的坐标

定义 6.1.5　设 $\boldsymbol{\alpha}_1,\boldsymbol{\alpha}_2,\cdots,\boldsymbol{\alpha}_m$ 为向量空间 V 的一组基底，$\forall\boldsymbol{\alpha}\in V$，有

$$\boldsymbol{\alpha}=x_1\boldsymbol{\alpha}_1+x_2\boldsymbol{\alpha}_2+\cdots+x_m\boldsymbol{\alpha}_m,$$

则称有序数组 $x_1,x_2,\cdots,x_m$ 为 $\boldsymbol{\alpha}$ 关于基 $\boldsymbol{\alpha}_1,\boldsymbol{\alpha}_2,\cdots,\boldsymbol{\alpha}_m$ 的坐标.

显然，$x_1,x_2,\cdots,x_m$ 恰好是 $\boldsymbol{\alpha}_1,\boldsymbol{\alpha}_2,\cdots,\boldsymbol{\alpha}_m$ 线性表示 $\boldsymbol{\alpha}$ 的线性系数．由定理 1.5.2 可知，向量 $\boldsymbol{\alpha}$ 的表示式是唯一的．第 1 章中研究向量的线性关系的方法，都可以应用到本小节.

例 2　求证：$\boldsymbol{\alpha}_1=(1,0,0)$，$\boldsymbol{\alpha}_2=(1,1,0)$，$\boldsymbol{\alpha}_3=(1,1,1)$ 也是 $\mathbf{R}^3$ 的一组基底，并求向量 $\boldsymbol{\alpha}=(3,2,1)$ 关于基 $\boldsymbol{\alpha}_1,\boldsymbol{\alpha}_2,\boldsymbol{\alpha}_3$ 的坐标.

解　由于

$$|(\boldsymbol{\alpha}_1^{\mathrm{T}},\boldsymbol{\alpha}_2^{\mathrm{T}},\boldsymbol{\alpha}_3^{\mathrm{T}})|=\begin{vmatrix}1&1&1\\0&1&1\\0&0&1\end{vmatrix}=1\neq0,$$

故 $\boldsymbol{\alpha}_1,\boldsymbol{\alpha}_2,\boldsymbol{\alpha}_3$ 线性无关，$\forall\boldsymbol{\alpha}\in\mathbf{R}^3$，$\boldsymbol{\alpha}_1,\boldsymbol{\alpha}_2,\boldsymbol{\alpha}_3,\boldsymbol{\alpha}$ 线性相关（4 个三维向量），所以 $\boldsymbol{\alpha}$ 可由 $\boldsymbol{\alpha}_1,\boldsymbol{\alpha}_2,\boldsymbol{\alpha}_3$ 线性表示，$\boldsymbol{\alpha}_1,\boldsymbol{\alpha}_2,\boldsymbol{\alpha}_3$ 就是一组基.

$$\boldsymbol{\alpha}=(3,2,1)=(1,0,0)+(1,1,0)+(1,1,1),$$

所以 $\boldsymbol{\alpha}$ 关于基 $\boldsymbol{\alpha}_1,\boldsymbol{\alpha}_2,\boldsymbol{\alpha}_3$ 的坐标为 $(1,1,1)$.

6.2　线性空间的概念

线性空间是向量空间的进一步抽象和概括．要讨论线性空间，首先要引入数域的概念.

定义 6.2.1　设 P 是包含 0 和 1 的数集，如果 P 中任意两个数的和、差、积、商（除数不为零）均在 P 内，则称 P 为一个**数域**.

显然有理数集 $\mathbf{Q}$、实数集 $\mathbf{R}$ 和复数集 $\mathbf{C}$ 都是数域.

定义 6.2.2　设 V 是一个非空集合，P 是一个数域．在集合 V 的元素之间定义加法与数乘，即对于 V 中任意两个元素 $\boldsymbol{\alpha}$ 与 $\boldsymbol{\beta}$，在 V 中有唯一的元素 $\boldsymbol{\alpha}+\boldsymbol{\beta}$ 与它们对应，称为 $\boldsymbol{\alpha}$ 与 $\boldsymbol{\beta}$ 的和；对于 V 中任一元素 $\boldsymbol{\alpha}$ 与 P 中任一数 k，在 V 中有唯一的元素 $k\boldsymbol{\alpha}$ 与它们对应，称为 k 与 $\boldsymbol{\alpha}$ 的**数乘**，且加法和数乘满足以下 8 条运算规律，称 V 为数域 P 上的**线性空间**：

（1）（交换律）$\boldsymbol{\alpha}+\boldsymbol{\beta}=\boldsymbol{\beta}+\boldsymbol{\alpha}$；

(2)(结合律)$\boldsymbol{\alpha}+(\boldsymbol{\beta}+\boldsymbol{\gamma})=(\boldsymbol{\alpha}+\boldsymbol{\beta})+\boldsymbol{\gamma}$;

(3)(零元素)存在元素 $\mathbf{0}$,对 V 中任一元素 $\boldsymbol{\alpha}$,都有 $\boldsymbol{\alpha}+\mathbf{0}=\boldsymbol{\alpha}$;

(4)(负元素)对 V 中每一个元素 $\boldsymbol{\alpha}$,存在 $\boldsymbol{\alpha}$ 的负元素 $\boldsymbol{\beta}$,使得 $\boldsymbol{\alpha}+\boldsymbol{\beta}=\mathbf{0}$;

(5)(向量加法分配律)$k(\boldsymbol{\alpha}+\boldsymbol{\beta})=k\boldsymbol{\alpha}+k\boldsymbol{\beta}$;

(6)(数量加法分配律)$(k+l)\boldsymbol{\alpha}=k\boldsymbol{\alpha}+l\boldsymbol{\alpha}$;

(7)(结合律)$k(l\boldsymbol{\alpha})=(kl)\boldsymbol{\alpha}$;

(8)(单位元)$1\boldsymbol{x}=\boldsymbol{x}$.

以上规律中 $\boldsymbol{\alpha},\boldsymbol{\beta},\boldsymbol{\gamma}$ 是 V 中的任意元素,k,l 是 $\boldsymbol{P}$ 中的任意数.

满足上述规律的加法和数乘运算统称为**线性运算**. 如前所述,线性空间 V 的元素也可以称为**向量**,但此时它的含义要比第 1 章中的向量含义更加广泛.

下面列举一些常见的线性空间的例子.

例 1 全体 n 维实向量依照向量的加法和向量与实数的数乘构成实线性空间,这就是 6.1 节介绍的 **n 维向量空间 $\mathbf{R}^n$**.

例 2 设 $\mathbf{R}^{m\times n}$ 为所有 $m\times n$ 阶实矩阵构成的集合,对于矩阵的加法运算及任意实数与矩阵的数乘运算,构成实数域上的线性空间,称为**矩阵空间**.

例 3 设 $\mathbf{R}[x]_n$ 表示实数域 $\mathbf{R}$ 上次数小于 n 的 x 的多项式集合,在通常意义的多项式加法和实数与多项式乘法的运算下,构成一个实数域 $\mathbf{R}$ 上的线性空间.

例 4 全体有理数,按通常的加法和乘法,构成一个有理数域上的线性空间.

例 5 定义在有限闭区间$[a,b]$(实数域)上的全体实函数,按照函数加法和函数与实数的乘法,构成一个有限闭区间$[a,b]$(实数域)上的线性空间.

例 6 对矩阵 $\boldsymbol{A}=\boldsymbol{A}_{m\times n}$,容易验证

$$W(\boldsymbol{A})=\{\boldsymbol{x}\mid \boldsymbol{A}\boldsymbol{x}=\mathbf{0},\boldsymbol{x}\in\mathbf{R}^n\}$$

构成实数域 $\mathbf{R}$ 上的线性空间. 这就是在 1.3 节提到的齐次线性方程组 $\boldsymbol{A}\boldsymbol{x}=\mathbf{0}$ 的解空间,也称为矩阵 $\boldsymbol{A}$ 的**核**或**零空间**.

在例 6 中,线性方程组 $\boldsymbol{A}\boldsymbol{x}=\mathbf{0}$ 的解空间显然是 $\mathbf{R}^n$ 的一个子集合. 类似定义 6.1.2,可以引入线性子空间的概念.

定义 6.2.3 设 V 是数域 P 上的线性子空间,W 是 V 的一个非空子集. 若 W 对于 V 上的加法和数乘运算也构成一个线性空间,则称 W 为 V 的一个**线性子空间**(简称**子空间**).

每个非零线性空间 V 至少有两个线性子空间,一个是它自身,另一个是仅由零向量构成的子集合,称为**零子空间**. 关于线性空间 V

的其余非空子集什么时候能构成 V 的一个子空间,直接按定义验证可得以下结果.

定理 6.2.1　线性空间 V 的非空子集 W 构成 V 的一个子空间的充分必要条件是:W 对于 V 上的线性运算封闭.

例 7　设 $\boldsymbol{\alpha}_1,\boldsymbol{\alpha}_2,\cdots,\boldsymbol{\alpha}_s$是线性空间 V 中的一组向量,其所有可能的线性组合的集合

$$S=\text{Span}\{\boldsymbol{\alpha}_1,\boldsymbol{\alpha}_2,\cdots,\boldsymbol{\alpha}_s\}=\{k_1\boldsymbol{\alpha}_1+k_2\boldsymbol{\alpha}_2+\cdots+k_s\boldsymbol{\alpha}_s \mid k_i\in F\}$$

非空,并且对线性运算是封闭的,因此构成的 V 的线性子空间

$$S=\text{Span}\{\boldsymbol{\alpha}_1,\boldsymbol{\alpha}_2,\cdots,\boldsymbol{\alpha}_s\}$$

称为是由向量组 $\boldsymbol{\alpha}_1,\boldsymbol{\alpha}_2,\cdots,\boldsymbol{\alpha}_s$生成的生成子空间.

要了解关于线性子空间的更多结果,建议读者参阅文献[1].

6.2.1　线性空间的基本性质

由定义可以推出线性空间的一些基本性质:

性质 1　线性空间 V 的零元素是唯一的.

证明　设 $\mathbf{0}_1$ 和 $\mathbf{0}_2$是 V 的两个零元素,即对任何 $\boldsymbol{\alpha}\in V$,均有

$$\mathbf{0}_1=\mathbf{0}_1+\mathbf{0}_2=\mathbf{0}_2+\mathbf{0}_1=\mathbf{0}_2.$$

性质 2　线性空间 V 中任一元素的负元素是唯一的.

证明　设 V 的元素 $\boldsymbol{\alpha}$ 有两个负元素 $\boldsymbol{\beta}$ 和 $\boldsymbol{\gamma}$,即 $\boldsymbol{\alpha}+\boldsymbol{\beta}=\mathbf{0}$,$\boldsymbol{\alpha}+\boldsymbol{\gamma}=\mathbf{0}$.于是

$$\boldsymbol{\beta}=\boldsymbol{\beta}+\mathbf{0}=\boldsymbol{\beta}+(\boldsymbol{\alpha}+\boldsymbol{\gamma})=(\boldsymbol{\beta}+\boldsymbol{\alpha})+\boldsymbol{\gamma}=\mathbf{0}+\boldsymbol{\gamma}=\boldsymbol{\gamma}.$$

由于负向量的唯一性,我们可以将 $\boldsymbol{\alpha}$ 的负向量记为$-\boldsymbol{\alpha}$.

性质 3　$0\boldsymbol{\alpha}=\mathbf{0}$,$k\mathbf{0}=\mathbf{0}$,$(-1)\boldsymbol{\alpha}=-\boldsymbol{\alpha}$.

证明　由于 $\boldsymbol{\alpha}+0\boldsymbol{\alpha}=1\boldsymbol{\alpha}+0\boldsymbol{\alpha}=(1+0)\boldsymbol{\alpha}=1\boldsymbol{\alpha}=\boldsymbol{\alpha}$,故 $0\boldsymbol{\alpha}=\mathbf{0}$;而

$$\boldsymbol{\alpha}+(-1)\boldsymbol{\alpha}=1\boldsymbol{\alpha}+(-1)\boldsymbol{\alpha}=[1+(-1)]\boldsymbol{\alpha}=0\boldsymbol{\alpha}=\mathbf{0},$$

于是$(-1)\boldsymbol{\alpha}=-\boldsymbol{\alpha}$;又由于

$$k\mathbf{0}=k[\boldsymbol{\alpha}+(-1)\boldsymbol{\alpha}]=k\boldsymbol{\alpha}+(-k)\boldsymbol{\alpha}=[k+(-k)]\boldsymbol{\alpha}=0\boldsymbol{\alpha}=\mathbf{0},$$

故 $k\mathbf{0}=\mathbf{0}$.

性质 4　若 $k\boldsymbol{\alpha}=\mathbf{0}$,则有 $k=0$ 或者 $\boldsymbol{\alpha}=\mathbf{0}$.

证明　假设 $k\neq0$,则 $k^{-1}(k\boldsymbol{\alpha})=k^{-1}\mathbf{0}=\mathbf{0}$;另一方面,有

$$k^{-1}(k\boldsymbol{\alpha})=(k^{-1}k)\boldsymbol{\alpha}=1\boldsymbol{\alpha}=\boldsymbol{\alpha},$$

即有 $\boldsymbol{\alpha}=\mathbf{0}$.

6.3 线性空间的维数、基与坐标

6.3.1 线性空间中的线性关系

事实上，第 1 章我们讨论的线性组合、线性相关性、极大线性无关组等概念都是在向量空间中展开的．本节将这些概念以及相关结论直接引入到线性空间，并由此出发定义线性空间的基、维数与坐标等基本概念.

定义 6.3.1 设 V 为数域 P 上的线性空间，$\boldsymbol{\alpha}_1,\boldsymbol{\alpha}_2,\cdots,\boldsymbol{\alpha}_r,\boldsymbol{\beta}\in V$，若存在数域 P 中的一组数 $k_1,k_2,\cdots,k_r$，使得

$$\boldsymbol{\beta}=k_1\boldsymbol{\alpha}_1+k_2\boldsymbol{\alpha}_2+\cdots+k_r\boldsymbol{\alpha}_r,$$

则称 $\boldsymbol{\beta}$ 为 $\boldsymbol{\alpha}_1,\boldsymbol{\alpha}_2,\cdots,\boldsymbol{\alpha}_r$ 的一个线性组合，或称 $\boldsymbol{\beta}$ 可由 $\boldsymbol{\alpha}_1,\boldsymbol{\alpha}_2,\cdots,\boldsymbol{\alpha}_r$ 线性表示（或线性表出）.

定义 6.3.2 设 $A:\boldsymbol{\alpha}_1,\boldsymbol{\alpha}_2,\cdots,\boldsymbol{\alpha}_r$；$B:\boldsymbol{\beta}_1,\boldsymbol{\beta}_2,\cdots,\boldsymbol{\beta}_s$ 是线性空间 V 中的两个元素组．若元素组 B 中的每一个向量都能由元素组 A 线性表示，则称向量组 B 能由向量组 A 线性表示．若向量组 A 与向量组 B 能相互线性表示，则称这两个**向量组等价**，记为 $A\sim B$.

定义 6.3.3 对数域 P 上的线性空间 V 中给定的元素组 A：$\boldsymbol{\alpha}_1,\boldsymbol{\alpha}_2,\cdots,\boldsymbol{\alpha}_n$，若存在数域 P 中**不全为零**的数 $k_1,k_2,\cdots,k_n$，使得

$$k_1\boldsymbol{\alpha}_1+k_2\boldsymbol{\alpha}_2+\cdots+k_n\boldsymbol{\alpha}_n=\mathbf{0},$$

则称元素组 A 线性相关，称 $k_1,k_2,\cdots,k_n$ 为相关系数．若上式当且仅当 $k_1,k_2,\cdots,k_n$ 全为 0 时成立，则称元素组 A 线性无关.

定理 6.3.1 设 V 为数域 P 上的线性空间，$A:\boldsymbol{\alpha}_1,\boldsymbol{\alpha}_2,\cdots,\boldsymbol{\alpha}_r$；$B:\boldsymbol{\beta}_1,\boldsymbol{\beta}_2,\cdots,\boldsymbol{\beta}_s$ 是线性空间 V 中的两个元素组，$\boldsymbol{\alpha},\boldsymbol{\beta}\in V$，则

（1）单个元素 $\boldsymbol{\alpha}$ 线性无关当且仅当 $\boldsymbol{\alpha}=\mathbf{0}$. 含两个以上元素的元素组线性相关当且仅当其中有一个元素能被其他元素线性表出.

（2）若元素组 A 可由元素组 B 线性表示，则当 $r>s$ 时，元素组 A 必线性相关；

（3）若元素组 A 可由向量组 B 线性表示，且元素组 A 线性无关，则必有 $r\leqslant s$.

（4）若元素组 $\boldsymbol{\alpha}_1,\boldsymbol{\alpha}_2,\cdots,\boldsymbol{\alpha}_r$ 线性无关，而元素组 $\boldsymbol{\alpha}_1,\boldsymbol{\alpha}_2,\cdots,\boldsymbol{\alpha}_r,\boldsymbol{\beta}$ 线性相关，则元素 $\boldsymbol{\beta}$ 一定能由元素组 $\boldsymbol{\alpha}_1,\boldsymbol{\alpha}_2,\cdots,\boldsymbol{\alpha}_r$ 线性表示，且表示式唯一.

注：读者可以结合第 1 章的相关内容，学习理解本小节的知识.

6.3.2 线性空间的维数与基

在线性空间中引入元素的线性关系后，很自然地就可以引入

定义 6.3.4　设线性空间 V 中的 n 个向量 $\boldsymbol{\alpha}_1,\boldsymbol{\alpha}_2,\cdots,\boldsymbol{\alpha}_n$ 满足：

(1) $\boldsymbol{\alpha}_1,\boldsymbol{\alpha}_2,\cdots,\boldsymbol{\alpha}_n$ 线性无关；

(2) 任意的 $\boldsymbol{\alpha}\in V$ 都可由 $\boldsymbol{\alpha}_1,\boldsymbol{\alpha}_2,\cdots,\boldsymbol{\alpha}_n$ 线性表示，即存在一组数 $k_1,k_2,\cdots,k_n$，使得

$$\boldsymbol{\alpha}=k_1\boldsymbol{\alpha}_1+k_2\boldsymbol{\alpha}_2+\cdots+k_n\boldsymbol{\alpha}_n,$$

则将向量组 $\boldsymbol{\alpha}_1,\boldsymbol{\alpha}_2,\cdots,\boldsymbol{\alpha}_n$ 称为线性空间 V 的一组**基**；向量组所含向量数 n 称为线性空间 V 的**维数**，记为 $\dim(V)=n$.

维数为 n 的线性空间称为 ***n* 维线性空间**，记为 V^n. 线性空间的维数就是它的一组基所含的向量个数．因此，尽管线性空间可能有不同的基，但这些基所含的元素个数是一样的．当确定了一组基之后，线性空间中的任一向量在该组基下的表示就是唯一的.

注：存在维数是无穷的线性空间．例如，所有实数域上的一元多项式构成的实数域上的线性空间有无穷多个线性无关的元素，这是因为对任意 n，$1,x,x^2,\cdots,x^{n-1}$ 都是线性无关的．本书仅考虑 n 维线性空间.

6.3.3　基变换与坐标变换

6.3.2 节提到，若 $\boldsymbol{\alpha}_1,\boldsymbol{\alpha}_2,\cdots,\boldsymbol{\alpha}_n$ 是线性空间 V^n 的一组基，则对任一元素 $\boldsymbol{\alpha}\in V^n$，都可以表示为

$$\boldsymbol{\alpha}=x_1\boldsymbol{\alpha}_1+x_2\boldsymbol{\alpha}_2+\cdots+x_n\boldsymbol{\alpha}_n=(\boldsymbol{\alpha}_1,\boldsymbol{\alpha}_2,\cdots,\boldsymbol{\alpha}_n)\begin{pmatrix}x_1\\x_2\\\vdots\\x_n\end{pmatrix}.\tag{1}$$

即 V^n 的元素 $\boldsymbol{\alpha}$ 与有序数组 $(x_1,x_2,\cdots,x_n)^{\mathrm{T}}$ 是一一对应的，故可用该有序数组来表示元素 $\boldsymbol{\alpha}$（回想向量的定义和它的坐标）．于是引出下面的定义

定义 6.3.5　设 $\boldsymbol{\alpha}_1,\boldsymbol{\alpha}_2,\cdots,\boldsymbol{\alpha}_n$ 是线性空间 V^n 的一组基，对于任一元素 $\boldsymbol{\alpha}\in V^n$，有且仅有一组有序数 $x_1,x_2,\cdots,x_n$ 使式(1)成立，则称该有序数组为元素 $\boldsymbol{\alpha}$ 在基 $\boldsymbol{\alpha}_1,\boldsymbol{\alpha}_2,\cdots,\boldsymbol{\alpha}_n$ 下的**坐标**，并记元素 $\boldsymbol{\alpha}$ 的坐标为 $(x_1,x_2,\cdots,x_n)^{\mathrm{T}}$.

例 1　n 维线性空间 $\mathbf{R}^n$ 的一组基为

$$\boldsymbol{\varepsilon}_1=(1,0,\cdots,0)^{\mathrm{T}},\boldsymbol{\varepsilon}_2=(0,1,\cdots,0)^{\mathrm{T}},\cdots,\boldsymbol{\varepsilon}_n=(0,0,\cdots,1)^{\mathrm{T}}.$$

对于任一元素 $\boldsymbol{\alpha}=(a_1,a_2,\cdots,a_n)\in\mathbf{R}^n$，有

$$\boldsymbol{\alpha}=a_1\boldsymbol{\varepsilon}_1+a_2\boldsymbol{\varepsilon}_2+\cdots+a_n\boldsymbol{\varepsilon}_n.$$

故向量 $\boldsymbol{\alpha}$ 在基 $\boldsymbol{\varepsilon}_1,\boldsymbol{\varepsilon}_2,\cdots,\boldsymbol{\varepsilon}_n$ 下的坐标为 $(a_1,a_2,\cdots,a_n)^{\mathrm{T}}$.

而在 $\mathbf{R}^n$ 的另一组基

$$\boldsymbol{\varepsilon}_1'=(1,1,\cdots,1)^{\mathrm{T}},\boldsymbol{\varepsilon}_2'=(0,1,\cdots,1)^{\mathrm{T}},\cdots,\boldsymbol{\varepsilon}_n'=(0,0,\cdots,1)^{\mathrm{T}}$$

下，向量 $\boldsymbol{\alpha}$ 可以表示为

$$\boldsymbol{\alpha}=a_1\boldsymbol{\varepsilon}_1'+(a_2-a_1)\boldsymbol{\varepsilon}_2'+\cdots+(a_n-a_{n-1})\boldsymbol{\varepsilon}_n',$$

向量 $\boldsymbol{\alpha}$ 在基 $\boldsymbol{\varepsilon}_1',\boldsymbol{\varepsilon}_2',\cdots,\boldsymbol{\varepsilon}_n'$ 下的坐标为 $(a_1,a_2-a_1,\cdots,a_n-a_{n-1})^{\mathrm{T}}$.

例 2 表明对于不同的基，同一个元素的坐标一般是不同的．因此有必要探讨当基变换时，坐标是怎样变化的.

定义 6.3.6 设 $\boldsymbol{\alpha}_1,\boldsymbol{\alpha}_2,\cdots,\boldsymbol{\alpha}_n$ 和 $\boldsymbol{\beta}_1,\boldsymbol{\beta}_2,\cdots,\boldsymbol{\beta}_n$ 是线性空间 V^n 的两组不同的基，并且满足

$$\boldsymbol{\beta}_j=p_{1j}\boldsymbol{\alpha}_1+p_{2j}\boldsymbol{\alpha}_2+\cdots+p_{nj}\boldsymbol{\alpha}_n \qquad (j=1,2,\cdots,n),$$

即

$$(\boldsymbol{\beta}_1,\boldsymbol{\beta}_2,\cdots,\boldsymbol{\beta}_n)=(\boldsymbol{\alpha}_1,\boldsymbol{\alpha}_2,\cdots,\boldsymbol{\alpha}_n)\boldsymbol{P}, \tag{2}$$

其中，

$$\boldsymbol{P}=\begin{pmatrix} p_{11} & p_{12} & \cdots & p_{1n} \\ p_{21} & p_{22} & \cdots & p_{2n} \\ \vdots & \vdots & & \vdots \\ p_{n1} & p_{n2} & \cdots & p_{nn} \end{pmatrix}$$

称为从基 $\boldsymbol{\alpha}_1,\boldsymbol{\alpha}_2,\cdots,\boldsymbol{\alpha}_n$ 到基 $\boldsymbol{\beta}_1,\boldsymbol{\beta}_2,\cdots,\boldsymbol{\beta}_n$ 的过渡矩阵；并称式(2)为**基变换公式**.

由于向量组 $\boldsymbol{\alpha}_1,\boldsymbol{\alpha}_2,\cdots,\boldsymbol{\alpha}_n$ 和 $\boldsymbol{\beta}_1,\boldsymbol{\beta}_2,\cdots,\boldsymbol{\beta}_n$ 都是线性无关的，所以过渡矩阵 $\boldsymbol{P}$ 是可逆的.

定理 6.3.2 设 V^n 中元素 ξ，在基 $\boldsymbol{\alpha}_1,\boldsymbol{\alpha}_2,\cdots,\boldsymbol{\alpha}_n$ 下的坐标为 $(a_1,a_2,\cdots,a_n)^{\mathrm{T}}$；在基 $\boldsymbol{\beta}_1,\boldsymbol{\beta}_2,\cdots,\boldsymbol{\beta}_n$ 下的坐标为 $(b_1,b_2,\cdots,b_n)^{\mathrm{T}}$；且基之间满足关系式(2)，则有坐标变换公式

$$\begin{pmatrix} a_1 \\ a_2 \\ \vdots \\ a_n \end{pmatrix}=\boldsymbol{P}\begin{pmatrix} b_1 \\ b_2 \\ \vdots \\ b_n \end{pmatrix},\text{或者}\begin{pmatrix} b_1 \\ b_2 \\ \vdots \\ b_n \end{pmatrix}=\boldsymbol{P}^{-1}\begin{pmatrix} a_1 \\ a_2 \\ \vdots \\ a_n \end{pmatrix}.$$

由定义 6.3.6 容易证明定理 6.3.2. 在此不给出具体过程.

例 3 设线性空间 $\mathbf{R}^4$ 中的向量 $\boldsymbol{\xi}$ 在基 $\boldsymbol{\alpha}_1,\boldsymbol{\alpha}_2,\boldsymbol{\alpha}_3,\boldsymbol{\alpha}_4$ 下的坐标为 $(1,2,2,1)^{\mathrm{T}}$，若另一组基 $\boldsymbol{\beta}_1,\boldsymbol{\beta}_2,\boldsymbol{\beta}_3,\boldsymbol{\beta}_4$ 可以由基 $\boldsymbol{\alpha}_1,\boldsymbol{\alpha}_2,\boldsymbol{\alpha}_3,\boldsymbol{\alpha}_4$ 表示，有

$$\begin{cases} \boldsymbol{\beta}_1=\boldsymbol{\alpha}_1+2\boldsymbol{\alpha}_2-3\boldsymbol{\alpha}_3+4\boldsymbol{\alpha}_4, \\ \boldsymbol{\beta}_2=\boldsymbol{\alpha}_2+\boldsymbol{\alpha}_3+\boldsymbol{\alpha}_4, \\ \boldsymbol{\beta}_3=\boldsymbol{\alpha}_3+\boldsymbol{\alpha}_4, \\ \boldsymbol{\beta}_4=\boldsymbol{\alpha}_4, \end{cases}$$

求向量 $\boldsymbol{\xi}$ 在基 $\boldsymbol{\beta}_1,\boldsymbol{\beta}_2,\boldsymbol{\beta}_3,\boldsymbol{\beta}_4$ 下的坐标.

解 从基 $\boldsymbol{\alpha}_1,\boldsymbol{\alpha}_2,\boldsymbol{\alpha}_3,\boldsymbol{\alpha}_4$ 到基 $\boldsymbol{\beta}_1,\boldsymbol{\beta}_2,\boldsymbol{\beta}_3,\boldsymbol{\beta}_4$ 的过渡矩阵为

$$P = \begin{pmatrix} 1 & 0 & 0 & 0 \\ 2 & 1 & 0 & 0 \\ -3 & 1 & 1 & 0 \\ 4 & 1 & 1 & 1 \end{pmatrix}, \text{其逆矩阵} P^{-1} = \begin{pmatrix} 1 & 0 & 0 & 0 \\ -2 & 1 & 0 & 0 \\ 5 & -1 & 1 & 0 \\ 7 & 0 & -1 & 1 \end{pmatrix},$$

故 $\boldsymbol{\xi}$ 在基 $\boldsymbol{\beta}_1, \boldsymbol{\beta}_2, \boldsymbol{\beta}_3, \boldsymbol{\beta}_4$ 下的坐标为

$$\begin{pmatrix} b_1 \\ b_2 \\ b_3 \\ b_4 \end{pmatrix} = P^{-1} \begin{pmatrix} 1 \\ 2 \\ 2 \\ 1 \end{pmatrix} = \begin{pmatrix} — \\ — \\ — \\ — \end{pmatrix},$$

即 $\boldsymbol{\xi} = \underline{\quad}\boldsymbol{\beta}_1 + \underline{\quad}\boldsymbol{\beta}_2 + \underline{\quad}\boldsymbol{\beta}_3 + \underline{\quad}\boldsymbol{\beta}_4.$

例 4 在线性空间 $\mathbf{R}[x]_3$ 中取两组基分别为

$$\alpha_1 = 1, \alpha_2 = 1 + x, \alpha_3 = 1 - x + x^2,$$
$$\beta_1 = 1 + x + x^2, \beta_2 = x + x^2, \beta_3 = x^2,$$

求坐标变换公式.

解 为了求出从基 $\boldsymbol{\alpha}_1, \boldsymbol{\alpha}_2, \boldsymbol{\alpha}_3$ 到 $\boldsymbol{\beta}_1, \boldsymbol{\beta}_2, \boldsymbol{\beta}_3$ 的过渡矩阵，先将它们与另一个基 $1, x, x^2$ 联系起来：

$$(\boldsymbol{\alpha}_1, \boldsymbol{\alpha}_2, \boldsymbol{\alpha}_3) = (1, x, x^2) \begin{pmatrix} 1 & 1 & 1 \\ 0 & 1 & -1 \\ 0 & 0 & 1 \end{pmatrix},$$

$$(\boldsymbol{\beta}_1, \boldsymbol{\beta}_2, \boldsymbol{\beta}_3) = (1, x, x^2) \begin{pmatrix} 1 & 0 & 0 \\ 1 & 1 & 0 \\ 1 & 1 & 1 \end{pmatrix},$$

于是

$$(1, x, x^2) = (\boldsymbol{\alpha}_1, \boldsymbol{\alpha}_2, \boldsymbol{\alpha}_3) \begin{pmatrix} 1 & 1 & 1 \\ 0 & 1 & -1 \\ 0 & 0 & 1 \end{pmatrix}^{-1},$$

$$(\boldsymbol{\beta}_1, \boldsymbol{\beta}_2, \boldsymbol{\beta}_3) = (\boldsymbol{\alpha}_1, \boldsymbol{\alpha}_2, \boldsymbol{\alpha}_3) \begin{pmatrix} 1 & 1 & 1 \\ 0 & 1 & -1 \\ 0 & 0 & 1 \end{pmatrix}^{-1} \begin{pmatrix} 1 & 0 & 0 \\ 1 & 1 & 0 \\ 1 & 1 & 1 \end{pmatrix}$$

$$= (\boldsymbol{\alpha}_1, \boldsymbol{\alpha}_2, \boldsymbol{\alpha}_3) \begin{pmatrix} 1 & -1 & -2 \\ 0 & 1 & 1 \\ 0 & 0 & 1 \end{pmatrix} \begin{pmatrix} 1 & 0 & 0 \\ 1 & 1 & 0 \\ 1 & 1 & 1 \end{pmatrix}$$

$$= (\boldsymbol{\alpha}_1, \boldsymbol{\alpha}_2, \boldsymbol{\alpha}_3) \begin{pmatrix} -2 & -3 & -2 \\ 2 & 2 & 1 \\ 1 & 1 & 1 \end{pmatrix}.$$

则坐标变换公式为

$$\begin{pmatrix}x_1\\x_2\\x_3\end{pmatrix}=\begin{pmatrix}-2&-3&-2\\2&2&1\\1&1&1\end{pmatrix}\begin{pmatrix}y_1\\y_2\\y_3\end{pmatrix} \text{或} \begin{pmatrix}y_1\\y_2\\y_3\end{pmatrix}=\begin{pmatrix}1&1&1\\-1&0&-2\\0&-1&2\end{pmatrix}\begin{pmatrix}x_1\\x_2\\x_3\end{pmatrix}.$$

注:例 2 介绍了直接写出从一组基到另一组基的过渡矩阵的方法．例 3 则展现了当考虑的两组基的关系不明朗时，通过引入新的形式更简单的基，求出前两组基的过渡矩阵．具体地说：若基 $\boldsymbol{\alpha}_1,\boldsymbol{\alpha}_2,\cdots,\boldsymbol{\alpha}_n$ 和 $\boldsymbol{\beta}_1,\boldsymbol{\beta}_2,\cdots,\boldsymbol{\beta}_n$ 到基 $\boldsymbol{\gamma}_1,\boldsymbol{\gamma}_2,\cdots,\boldsymbol{\gamma}_n$ 的过渡矩阵分别是 $\boldsymbol{P},\boldsymbol{Q}$，则由基 $\boldsymbol{\alpha}_1,\boldsymbol{\alpha}_2,\cdots,\boldsymbol{\alpha}_n$ 到 $\boldsymbol{\beta}_1,\boldsymbol{\beta}_2,\cdots,\boldsymbol{\beta}_n$ 的过渡矩阵为 $\boldsymbol{P}^{-1}\boldsymbol{Q}$. 这是在研究 n 维空间的基变换和坐标变换时常用的结论.

注意到，在给定 n 维线性空间 V^n 的一组基 $\boldsymbol{\alpha}_1,\boldsymbol{\alpha}_2,\cdots,\boldsymbol{\alpha}_n$ 后，不仅 V^n 中的向量 $\boldsymbol{\alpha}$ 与 n 维数组向量空间 $\mathbf{R}^n$ 中的向量 $(x_1,x_2,\cdots,x_n)^{\mathrm{T}}$ 之间有一一对应的关系，而且这个对应关系还保持线性运算的对应．因此，n 维线性空间 V^n 与 n 维数组向量空间 $\mathbf{R}^n$ 有相同的结构，我们称 V^n 与 $\mathbf{R}^n$ **同构**．一般地，我们有：

定义 6.3.7 若定义在数域 P 上的两个线性空间 W,V 之间存在一一映射关系 σ，且该映射满足

$$\sigma(\boldsymbol{\alpha}+\boldsymbol{\beta})=\sigma(\boldsymbol{\alpha})+\sigma(\boldsymbol{\beta})\in W,\sigma(k\boldsymbol{\alpha})=k\sigma(\boldsymbol{\alpha})\in W,$$

对任意 $\boldsymbol{\alpha},\boldsymbol{\beta}\in V,k\in P$ 成立，则称这两个线性空间 W,V 是**同构的线性空间**，称 σ 为同构映射.

同构是线性空间之间的一种关系．显然任何一个 n 维线性空间都与 $\mathbf{R}^n$ 同构，即维数相等的线性空间都同构，这样线性空间的结构就完全由它的维数决定．由于篇幅所限，本书不展开讨论.

6.4 欧氏空间

在线性空间中，向量的基本运算仅有加法和数乘两种运算，无法反映出向量的长度、夹角、正交等度量性质，限制了线性空间理论的应用．下面我们在内积运算的基础上，将向量的长度等度量概念引入到线性空间中，从而得到欧氏空间．本节许多内容会给人一种似曾相识的感觉．保持这种感觉，并不时回头翻看相关的章节，有助于本节的学习.

6.4.1 欧氏空间的定义

定义 6.4.1 设 V 是实数域 $\mathbf{R}$ 上的线性空间，$\boldsymbol{\alpha},\boldsymbol{\beta},\boldsymbol{\gamma}\in V,k\in\mathbf{R}$. 对 V 中任意两向量 $\boldsymbol{\alpha}$ 和 $\boldsymbol{\beta}$，定义一个满足下列条件的实值函数 $(\boldsymbol{\alpha},\boldsymbol{\beta})$：

(1)(对称性)$(\boldsymbol{\alpha},\boldsymbol{\beta})=(\boldsymbol{\beta},\boldsymbol{\alpha})$；

(2)(齐次性)$(k\boldsymbol{\alpha},\boldsymbol{\beta})=k(\boldsymbol{\beta},\boldsymbol{\alpha})$；

(3)(分配律)$(\boldsymbol{\alpha}+\boldsymbol{\beta},\boldsymbol{\gamma})=(\boldsymbol{\alpha},\boldsymbol{\gamma})+(\boldsymbol{\beta},\boldsymbol{\gamma})$；

(4)(非负性)$(\boldsymbol{\alpha},\boldsymbol{\alpha})\geqslant 0$,当且仅当 $\boldsymbol{\alpha}=\mathbf{0}$ 时,$(\boldsymbol{\alpha},\boldsymbol{\alpha})=0$,
称函数$(\boldsymbol{\alpha},\boldsymbol{\beta})$为向量 $\boldsymbol{\alpha}$ 与 $\boldsymbol{\beta}$ 的**内积**;称上述定义了内积的线性空间 V 为**欧几里得(Euclid)空间**,简称**欧氏空间**.

欧氏空间实际上就是定义了内积的实线性空间,是一个特殊的线性空间,也可称为**内积空间**. 对于同一个线性空间,规定了不同的内积形式后,就可以得到不同构造的欧氏空间,向量的数量积是最常见的内积形式. 欧氏空间比解析几何中的几何空间意义更加广泛.

例 1　在 $\mathbf{R}^n$ 中,对 $\forall\boldsymbol{\alpha}=(a_1,a_2,\cdots,a_n)$, $\boldsymbol{\beta}=(b_1,b_2,\cdots,b_n)$,定义内积为

$$(\boldsymbol{\alpha},\boldsymbol{\beta})=a_1b_1+\cdots+a_nb_n,$$

则 $\mathbf{R}^n$ 构成一个内积空间.

例 2　在实线性空间 $M^{m\times n}$ 中,可以定义 $\boldsymbol{A}=(a_{ij})_{m\times n}$ 和 $\boldsymbol{B}=(b_{ij})_{m\times n}$的内积为

$$(\boldsymbol{A},\boldsymbol{B})=\sum_{i=1}^{m}\sum_{j=1}^{n}a_{ij}b_{ij}.$$

线性空间 $M^{m\times n}$ 对于规定的内积运算,构成一个欧氏空间.

在欧氏空间中,任意元素与自身的内积总大于或等于零,故同样可引入长度概念.

定义 6.4.2　设 V 是欧氏空间,对于 $\forall\boldsymbol{\alpha}\in V$,将非负实数 $\sqrt{(\boldsymbol{\alpha},\boldsymbol{\alpha})}$ 称为**向量 $\boldsymbol{\alpha}$ 的长度**,记为 $|\boldsymbol{\alpha}|$.

特别地,将长度为 1 的向量称为**单位向量**. 对任意的非零向量 $\boldsymbol{\alpha}\in V$,由内积的性质可知,$\boldsymbol{\alpha}^0=\dfrac{\boldsymbol{\alpha}}{|\boldsymbol{\alpha}|}$是单位向量,这样得到单位向量的方法称为向量 $\boldsymbol{\alpha}$ 的**单位化**.

为了引入向量夹角的概念,先证明下面著名的**柯西-施瓦茨(Cauchy-Schwartz)不等式**.

定理 6.4.1　对于欧氏空间中任意两向量 $\boldsymbol{\alpha}$ 和 $\boldsymbol{\beta}$,有

$$|(\boldsymbol{\alpha},\boldsymbol{\beta})|\leqslant|\boldsymbol{\alpha}||\boldsymbol{\beta}|,$$

其中等号仅在 $\boldsymbol{\alpha}$ 与 $\boldsymbol{\beta}$ 线性相关时成立.

证明　若 $\boldsymbol{\alpha}$ 与 $\boldsymbol{\beta}$ 线性相关,则有 $\boldsymbol{\alpha}=k\boldsymbol{\beta}$. 由向量长度的定义,有

$$|\boldsymbol{\alpha}|=|k\boldsymbol{\beta}|=|k||\boldsymbol{\beta}|,$$

于是

$$|(\boldsymbol{\alpha},\boldsymbol{\beta})|=|(k\boldsymbol{\beta},\boldsymbol{\beta})|=|k(\boldsymbol{\beta},\boldsymbol{\beta})|=|k||\boldsymbol{\beta}|^2=|\boldsymbol{\alpha}||\boldsymbol{\beta}|,$$

即不等式中的等号成立.

若 $\boldsymbol{\alpha}$ 与 $\boldsymbol{\beta}$ 线性无关,则对任意实数 t,$t\boldsymbol{\alpha}-\boldsymbol{\beta}\neq\mathbf{0}$,从而

$$0<(t\boldsymbol{\alpha}-\boldsymbol{\beta},t\boldsymbol{\alpha}-\boldsymbol{\beta})=t^2(\boldsymbol{\alpha},\boldsymbol{\alpha})-2t(\boldsymbol{\alpha},\boldsymbol{\beta})+(\boldsymbol{\beta},\boldsymbol{\beta}).$$

注意到上式右边是关于 t 的二次多项式,且对任何实数 t,它都大于零,所以它的判别式必定小于零,由韦达定理即得

$$(\boldsymbol{\alpha},\boldsymbol{\beta})^2-(\boldsymbol{\alpha},\boldsymbol{\alpha})(\boldsymbol{\beta},\boldsymbol{\beta})<0,$$

即$|(\boldsymbol{\alpha},\boldsymbol{\beta})|\leqslant|\boldsymbol{\alpha}||\boldsymbol{\beta}|$. 证毕.

下面给出两向量夹角的概念.

定义 6.4.3 设 V 是欧氏空间,对非零的 $\boldsymbol{\alpha},\boldsymbol{\beta}\in V$,定义 $\boldsymbol{\alpha}$ 与 $\boldsymbol{\beta}$ 的夹角$<\boldsymbol{\alpha},\boldsymbol{\beta}>$为

$$<\boldsymbol{\alpha},\boldsymbol{\beta}>=\arccos\frac{(\boldsymbol{\alpha},\boldsymbol{\beta})}{|\boldsymbol{\alpha}||\boldsymbol{\beta}|}.$$

特别地,当$(\boldsymbol{\alpha},\boldsymbol{\beta})=0$ 时,称向量 $\boldsymbol{\alpha}$ 与 $\boldsymbol{\beta}$ 是**正交的**或**互相垂直的**,记为 $\boldsymbol{\alpha}\perp\boldsymbol{\beta}$.

显然,在欧氏空间中零向量与任何向量均正交. 一般我们将非零且两两正交的向量组称为**正交向量组**. 不难证明,正交向量组是线性无关的.

在 n 维欧氏空间中,我们将由 n 个正交向量构成的一组基称为**正交基**;进一步将由 n 个正交的单位向量构成的基称为**标准正交基**.

6.4.2 欧氏空间的施密特正交化方法

与第 4 章对向量的正交化类似,从 n 维欧氏空间 V 的任意一组基出发,也可以利用施密特正交化方法,构造出欧氏空间的一组标准正交基.

定理 6.4.2 设 $\boldsymbol{\alpha}_1,\boldsymbol{\alpha}_2,\cdots,\boldsymbol{\alpha}_m$ 是 n 维欧氏空间中的线性无关组,则必存在标准正交组 $\boldsymbol{\beta}_1,\boldsymbol{\beta}_2,\cdots,\boldsymbol{\beta}_m$,使得每个 $\boldsymbol{\beta}_j$ 都可由 $\boldsymbol{\alpha}_1,\boldsymbol{\alpha}_2,\cdots,\boldsymbol{\alpha}_m$线性表出.

在此仅给出定理 6.4.2 的具体应用过程. 设给定 n 维欧氏空间 V 的一组基为 $\boldsymbol{\alpha}_1,\boldsymbol{\alpha}_2,\cdots,\boldsymbol{\alpha}_n$. 下面把它标准正交化.

第 1 步(正交化):令

$$\boldsymbol{\beta}_1=\boldsymbol{\alpha}_1,$$

$$\boldsymbol{\beta}_2=\boldsymbol{\alpha}_2-\frac{(\boldsymbol{\beta}_1,\boldsymbol{\alpha}_2)}{(\boldsymbol{\beta}_1,\boldsymbol{\beta}_1)}\boldsymbol{\beta}_1,$$

$$\boldsymbol{\beta}_3=\boldsymbol{\alpha}_3-\frac{(\boldsymbol{\beta}_1,\boldsymbol{\alpha}_3)}{(\boldsymbol{\beta}_1,\boldsymbol{\beta}_1)}\boldsymbol{\beta}_1-\frac{(\boldsymbol{\beta}_2,\boldsymbol{\alpha}_3)}{(\boldsymbol{\beta}_2,\boldsymbol{\beta}_2)}\boldsymbol{\beta}_2,$$

$$\vdots$$

$$\boldsymbol{\beta}_n=\boldsymbol{\alpha}_n-\frac{(\boldsymbol{\beta}_1,\boldsymbol{\alpha}_n)}{(\boldsymbol{\beta}_1,\boldsymbol{\beta}_1)}\boldsymbol{\beta}_1-\frac{(\boldsymbol{\beta}_2,\boldsymbol{\alpha}_n)}{(\boldsymbol{\beta}_2,\boldsymbol{\beta}_2)}\boldsymbol{\beta}_2-\cdots-\frac{(\boldsymbol{\beta}_{n-1},\boldsymbol{\alpha}_n)}{(\boldsymbol{\beta}_{n-1},\boldsymbol{\beta}_{n-1})}\boldsymbol{\beta}_{n-1},$$

容易验证,得到的$\boldsymbol{\beta}_1,\boldsymbol{\beta}_2,\cdots,\boldsymbol{\beta}_n$是欧氏空间 V 中的正交向量组.

第 2 步(单位化):令

$$\boldsymbol{\gamma}_1=\frac{\boldsymbol{\beta}_1}{|\boldsymbol{\beta}_1|},\boldsymbol{\gamma}_2=\frac{\boldsymbol{\beta}_2}{|\boldsymbol{\beta}_2|},\cdots,\boldsymbol{\gamma}_n=\frac{\boldsymbol{\beta}_n}{|\boldsymbol{\beta}_n|},$$

则向量组 $\boldsymbol{\gamma}_1,\boldsymbol{\gamma}_2,\cdots,\boldsymbol{\gamma}_n$是欧氏空间 V 的一组标准正交基.

例 3　由 6.1 节例 2 已知 $\boldsymbol{\alpha}_1=(1,0,0)$，$\boldsymbol{\alpha}_2=(1,1,0)$，$\boldsymbol{\alpha}_3=(1,1,1)$是 $\mathbf{R}^3$的一组基．下面把它标准正交化.

令 $\boldsymbol{\beta}_1=\boldsymbol{\alpha}_1$，则

$$\boldsymbol{\beta}_2=\boldsymbol{\alpha}_2-\frac{(\boldsymbol{\beta}_1,\boldsymbol{\alpha}_2)}{(\boldsymbol{\beta}_1,\boldsymbol{\beta}_1)}\boldsymbol{\beta}_1=(1,1,0)-(1,0,0)=(0,1,0),$$

$$\boldsymbol{\beta}_3=\boldsymbol{\alpha}_3-\frac{(\boldsymbol{\beta}_1,\boldsymbol{\alpha}_3)}{(\boldsymbol{\beta}_1,\boldsymbol{\beta}_1)}\boldsymbol{\beta}_1-\frac{(\boldsymbol{\beta}_2,\boldsymbol{\alpha}_3)}{(\boldsymbol{\beta}_2,\boldsymbol{\beta}_2)}\boldsymbol{\beta}_2=(\_\_,\_\_,\_\_),$$

再令

$$\boldsymbol{\gamma}_1=\frac{\boldsymbol{\beta}_1}{|\boldsymbol{\beta}_1|}=(1,0,0),\boldsymbol{\gamma}_2=\frac{\boldsymbol{\beta}_2}{|\boldsymbol{\beta}_2|}=(0,1,0),\boldsymbol{\gamma}_3=\frac{\boldsymbol{\beta}_3}{|\boldsymbol{\beta}_3|}=(\_\_,\_\_,\_\_),$$

则向量组 $\boldsymbol{\gamma}_1,\boldsymbol{\gamma}_2,\boldsymbol{\gamma}_3$是欧氏空间 V 的一组标准正交基.

在本节的最后，我们讨论向量内积的计算，为此先引入度量矩阵的概念.

定义 6.4.4　设 $\boldsymbol{\alpha}_1,\boldsymbol{\alpha}_2,\cdots,\boldsymbol{\alpha}_n$是 n 维欧氏空间 V 的一组基，记

$$(\boldsymbol{\alpha}_i,\boldsymbol{\alpha}_j)=g_{ij}\qquad(i,j=1,2,\cdots,n),$$

则称 n 阶矩阵 $\boldsymbol{G}=(g_{ij})_{n\times n}$为基 $\boldsymbol{\alpha}_1,\boldsymbol{\alpha}_2,\cdots,\boldsymbol{\alpha}_n$的**度量矩阵**.

显然，欧氏空间中的度量矩阵 G 是 n 阶实对称矩阵；如果 $\boldsymbol{\alpha}_1,\boldsymbol{\alpha}_2,\cdots,\boldsymbol{\alpha}_n$为欧氏空间 V 的一组标准正交基，则其度量矩阵 G 是 n 阶单位矩阵.

设 $\boldsymbol{\alpha}_1,\boldsymbol{\alpha}_2,\cdots,\boldsymbol{\alpha}_n$是 n 维欧氏空间 V 的一组基，将其度量矩阵记为 $\boldsymbol{G}$，任意给定 V 中两向量 $\boldsymbol{\alpha}=x_1\boldsymbol{\alpha}_1+x_2\boldsymbol{\alpha}_2+\cdots+x_n\boldsymbol{\alpha}_n$ 和 $\boldsymbol{\beta}=y_1\boldsymbol{\alpha}_1+y_2\boldsymbol{\alpha}_2+\cdots+y_n\boldsymbol{\alpha}_n$，则它们的内积为

$$(\boldsymbol{\alpha},\boldsymbol{\beta})=\boldsymbol{y}^{\mathrm{T}}\boldsymbol{G}\boldsymbol{x},$$

其中 $\boldsymbol{x}=(x_1,x_2,\cdots,x_n)^{\mathrm{T}}$，$\boldsymbol{y}=(y_1,y_2,\cdots,y_n)^{T}$.

特别地，当 $\boldsymbol{\alpha}_1,\boldsymbol{\alpha}_2,\cdots,\boldsymbol{\alpha}_n$为 n 维欧氏空间 V 的一组标准正交基时，因为度量矩阵是 n 阶单位矩阵，所以$(\boldsymbol{\alpha},\boldsymbol{\beta})=\boldsymbol{y}^{\mathrm{T}}\boldsymbol{x}$，即向量的内积可以用坐标来表示.

6.5 线性变换

6.5.1 线性变换的概念

线性变换是线性空间映射到自身的一种特殊映射，它保持了加法与数乘运算的对应关系，是一种最基本的映射．本节介绍线性变换的基本概念和性质，在下一节将讨论线性变换与矩阵之间的联系.

定义 6.5.1　设 V 是数域 P 上的线性空间，T 是 V 上映射到自身的一个映射，如果对 $\forall\boldsymbol{\alpha},\boldsymbol{\beta}\in V,k\in P$，该映射均保持线性运算的对应，即满足：

(1) $T(\boldsymbol{\alpha}+\boldsymbol{\beta})=T(\boldsymbol{\alpha})+T(\boldsymbol{\beta})$;

(2) $T(k\boldsymbol{\alpha})=kT(\boldsymbol{\alpha})$,

则称映射 T 为线性空间 V 上的**线性变换**.

注:容易验证定义 6.5.1 中的两个条件等价于: $\forall \boldsymbol{\alpha},\boldsymbol{\beta}\in V,k,l\in P$,有

$$T(k\boldsymbol{\alpha}+l\boldsymbol{\beta})=kT(\boldsymbol{\alpha})+lT(\boldsymbol{\beta}).$$

例 1 设 V 是数域 P 上的线性空间,k 是数域 P 中的一个常数,则变换 $T:T(\boldsymbol{\alpha})=k\boldsymbol{\alpha}$ ($\forall \boldsymbol{\alpha}\in V$)是一个 V 上的线性变换,称为**数乘变换**.

特别地,当 $k=1$ 时,该变换称为**恒等变换**;当 $k=0$ 时,变换称为**零变换**.

例 2 设 σ 是 $\mathbf{R}^3$ 上的一个变换,对任意的 $\boldsymbol{\alpha}=(a_1,a_2,a_3)$,定义 $\sigma(\boldsymbol{\alpha})=(a_1,a_2,0)$,则 σ 是 $\mathbf{R}^3$ 上的线性变换. 在几何上,变换 σ 将向量投影到 xOy 平面上,称为**投影变换**.

6.5.2 线性变换的基本性质

线性变换 T 具有下述基本性质:

性质 1 $T(\mathbf{0})=\mathbf{0},T(-\boldsymbol{\alpha})=-T(\boldsymbol{\alpha})$.

性质 2 $T(k_1\boldsymbol{\alpha}_1+k_2\boldsymbol{\alpha}_2+\cdots+k_s\boldsymbol{\alpha}_s)=k_1T(\boldsymbol{\alpha}_1)+k_2T(\boldsymbol{\alpha}_2)+\cdots+k_sT(\boldsymbol{\alpha}_s)$.

性质 3 若 $\boldsymbol{\alpha}_1,\boldsymbol{\alpha}_2,\cdots,\boldsymbol{\alpha}_s$ 线性相关,则 $T(\boldsymbol{\alpha}_1),T(\boldsymbol{\alpha}_2),\cdots,T(\boldsymbol{\alpha}_s)$ 也线性相关.

这 3 条性质请读者自行证明. 注意性质 3 的逆命题不一定成立,即线性变换可能将线性无关的向量组变成线性相关的向量组.

定义 6.5.2 设 σ 是线性空间 V 到 W 的一个线性映射,

(1)若 $V'\subseteq V$,则称 $\sigma(V')=\{\sigma(\xi)\mid\xi\in V'\}$ 为 V' 在 σ 之下的像;

(2)若 $W'\subseteq W$, 则称 $\sigma^{-1}(W)=\{\xi\in V\mid \sigma(\xi)\in W'\}$ 为 W' 在 σ 之下的原像.

定理 6.5.1 设 W 是 V 的子空间,σ 是线性空间 V,则 $\sigma(W)$,$\sigma^{-1}(W)$ 都是 V 的子空间.

证明 仅证明 $\sigma(W)$ 是 V 的子空间. 显然 $T(W)$ 是 V 的一个非空子集合,要证明 $T(W)$ 是 V 的一个线性子空间,只需证明 $T(W)$ 中的元素对线性运算封闭即可.

设 $\boldsymbol{\beta}_1,\boldsymbol{\beta}_2\in T(W)$,则有 $\boldsymbol{\alpha}_1,\boldsymbol{\alpha}_2\in W$,使得

$$\boldsymbol{\beta}_1=T(\boldsymbol{\alpha}_1),\ \boldsymbol{\beta}_2=T(\boldsymbol{\alpha}_2),$$

从而

$$\boldsymbol{\beta}_1+\boldsymbol{\beta}_2=T(\boldsymbol{\alpha}_1)+T(\boldsymbol{\alpha}_2)=T(\boldsymbol{\alpha}_1+\boldsymbol{\alpha}_2)\in T(W),$$

$$k\boldsymbol{\beta}_1=kT(\boldsymbol{\alpha}_1)=T(k\boldsymbol{\alpha}_1)\in T(V).$$

所以非空子集合 $T(W)$ 对 V 上的线性运算封闭,故 $T(W)$ 是 V 的一个线性子空间.

由此得到:

性质 4 线性变换 T 的像集合 $T(V)$ 是线性空间 V 的一个线性子空间,称为线性变换 T 的**值域**.

性质 5 使 $T(\boldsymbol{\alpha})=0$ 的 $\boldsymbol{\alpha}$ 全体

$$S_T=\{\boldsymbol{\alpha}\mid T(\boldsymbol{\alpha})=0,\ \forall\boldsymbol{\alpha}\in V\}$$

也是 V 的一个子空间,S_T 称为线性变换 T 的**核**.

证明 显然 $S_T\subset V$,且是 V 的一个非空子集合．类似定理 6.5.1 的证明,只需它对线性运算封闭即可.

设 $\boldsymbol{\alpha}_1,\boldsymbol{\alpha}_2\in S_T$,即 $T(\boldsymbol{\alpha}_1)=0$, $T(\boldsymbol{\alpha}_2)=0$,则由 $T(\boldsymbol{\alpha}_1+\boldsymbol{\alpha}_2)=T(\boldsymbol{\alpha}_1)+T(\boldsymbol{\alpha}_2)=0$,

可知 $\boldsymbol{\alpha}_1+\boldsymbol{\alpha}_2\in S_T$;再由 $T(k\boldsymbol{\alpha}_1)=kT(\boldsymbol{\alpha}_1)=0$ 可得 $k\boldsymbol{\alpha}_1\in S_T$. 故 S_T 是 V 的一个子空间.

要了解更多关于线性变换 T 的值域和核的知识,可参阅文献[1].

6.6 线性变换的矩阵表示

线性空间 V 上的线性变换 T 将 V 中任意一个向量 $\boldsymbol{\alpha}$ 变换到它的像 $T(\boldsymbol{\alpha})$,而 $T(\boldsymbol{\alpha})$ 也是线性空间 V 中的向量．如果 $\boldsymbol{\alpha}_1,\boldsymbol{\alpha}_2,\cdots,\boldsymbol{\alpha}_n$ 是 V 的一组基,则向量 $\boldsymbol{\alpha}$ 和 $T(\boldsymbol{\alpha})$ 都可以用它们在该组基下的坐标表示,我们自然要问,它们的坐标之间有什么关系?

设 $\boldsymbol{\alpha}_1,\boldsymbol{\alpha}_2,\cdots,\boldsymbol{\alpha}_n$ 是 n 维线性空间 V 的一组基,T 是线性空间 V 上的线性变换,那么对于 V 中的向量

$$\boldsymbol{\alpha}=x_1\boldsymbol{\alpha}_1+x_2\boldsymbol{\alpha}_2+\cdots+x_n\boldsymbol{\alpha}_n,$$

根据线性变换的性质,有

$$T(\boldsymbol{\alpha})=x_1T(\boldsymbol{\alpha}_1)+x_2T(\boldsymbol{\alpha}_2)+\cdots+x_nT(\boldsymbol{\alpha}_n).$$

这表明只要知道 $T(\boldsymbol{\alpha}_1),T(\boldsymbol{\alpha}_2),\cdots,T(\boldsymbol{\alpha}_n)$,就可以得到 V 上任何一个向量 $\boldsymbol{\alpha}$ 的像．即只要确定线性变换在一组基下的像,就可以完全确定线性变换 T.

定义 6.6.1 设 n 维线性空间 V 的一组基 $\boldsymbol{\alpha}_1,\boldsymbol{\alpha}_2,\cdots,\boldsymbol{\alpha}_n$ 在线性变换 T 下的像为

$$T(\boldsymbol{\alpha}_j)=a_{1j}\boldsymbol{\alpha}_1+a_{2j}\boldsymbol{\alpha}_2+\cdots+a_{nj}\boldsymbol{\alpha}_n\quad(j=1,2,\cdots,n),$$

记矩阵

$$\boldsymbol{A}=\begin{pmatrix}a_{11}&a_{12}&\cdots&a_{1n}\\a_{21}&a_{22}&\cdots&a_{2n}\\\vdots&\vdots&&\vdots\\a_{n1}&a_{n2}&\cdots&a_{nn}\end{pmatrix},$$

并引入形式

$$T(\boldsymbol{\alpha}_1,\boldsymbol{\alpha}_2,\cdots,\boldsymbol{\alpha}_n)=(T(\boldsymbol{\alpha}_1),T(\boldsymbol{\alpha}_2),\cdots,T(\boldsymbol{\alpha}_n)),$$

则基向量的像可以写成

$$T(\boldsymbol{\alpha}_1,\boldsymbol{\alpha}_2,\cdots,\boldsymbol{\alpha}_n)=(\boldsymbol{\alpha}_1,\boldsymbol{\alpha}_2,\cdots,\boldsymbol{\alpha}_n)\boldsymbol{A},$$

矩阵 $\boldsymbol{A}$ 称为线性变换在基 $\boldsymbol{\alpha}_1,\boldsymbol{\alpha}_2,\cdots,\boldsymbol{\alpha}_n$ 下的矩阵表示.

特别地,恒等变换的矩阵表示为单位矩阵 I;零变换的矩阵表示为零矩阵 $\boldsymbol{O}$.

注:由定义 6.6.1 可知,可以利用矩阵研究线性变换. 因此,可以对线性变换引入特征值、特征向量等定义. 不过我们同样不在此展开相关的讨论.

注意到 $T(\boldsymbol{\alpha}_i)$ 在基 $\boldsymbol{\alpha}_1,\boldsymbol{\alpha}_2,\cdots,\boldsymbol{\alpha}_n$ 下的坐标是唯一的,从而在线性空间 V 中取定一组基后,V 上的线性变换 T 就完全被一个矩阵所确定. 也就是说由线性变换 T 可以唯一地确定一个矩阵 $\boldsymbol{A}$,反之由一个矩阵 $\boldsymbol{A}$ 也可以唯一地确定一个线性变换 T.

下面就用线性变换在一组基下的矩阵来描述向量 $\boldsymbol{\alpha}$ 与它的像 $T(\boldsymbol{\alpha})$ 坐标间的联系. 事实上,直接由线性变换保持线性关系不变的性质可得

定理 6.6.1 设 $\boldsymbol{\alpha}_1,\boldsymbol{\alpha}_2,\cdots,\boldsymbol{\alpha}_n$ 是 n 维线性空间 V 的一组基,V 中线性变换 T 在该组基下的矩阵表示为 A,记向量 $\boldsymbol{\alpha}$ 和它的像 $T(\boldsymbol{\alpha})$ 在 $\boldsymbol{\alpha}_1,\boldsymbol{\alpha}_2,\cdots,\boldsymbol{\alpha}_n$ 下的坐标分别为

$$\boldsymbol{x}=(x_1,x_2,\cdots,x_n)^{\mathrm{T}},\boldsymbol{y}=(y_1,y_2,\cdots,y_n)^{\mathrm{T}},$$

则 $\boldsymbol{y}=\boldsymbol{A}\boldsymbol{x}$.

例 1 已知 $\mathbf{R}^3$ 中的一组基为

$$\boldsymbol{\alpha}_1=\begin{pmatrix}1\\-1\\0\end{pmatrix},\boldsymbol{\alpha}_2=\begin{pmatrix}0\\2\\-1\end{pmatrix},\boldsymbol{\alpha}_3=\begin{pmatrix}0\\1\\-1\end{pmatrix},$$

线性变换 T 将 $\boldsymbol{\alpha}_1,\boldsymbol{\alpha}_2,\boldsymbol{\alpha}_3$ 分别变到

$$\boldsymbol{\beta}_1=\begin{pmatrix}0\\1\\-1\end{pmatrix},\ \boldsymbol{\beta}_2=\begin{pmatrix}0\\1\\1\end{pmatrix},\ \boldsymbol{\beta}_3=\begin{pmatrix}1\\0\\1\end{pmatrix}.$$

求:(1)线性变换 T 在 $\boldsymbol{\alpha}_1,\boldsymbol{\alpha}_2,\boldsymbol{\alpha}_3$ 下的矩阵表示 A;

(2)求向量 $\boldsymbol{\xi}=(1,-2,1)^{\mathrm{T}}$ 以及 $T(\boldsymbol{\xi})$ 在基 $\boldsymbol{\alpha}_1,\boldsymbol{\alpha}_2,\boldsymbol{\alpha}_3$ 下的坐标.

解 (1)由 $(\boldsymbol{\beta}_1,\boldsymbol{\beta}_2,\boldsymbol{\beta}_3)=(T(\boldsymbol{\alpha}_1),T(\boldsymbol{\alpha}_2),T(\boldsymbol{\alpha}_3))=(\boldsymbol{\alpha}_1,\boldsymbol{\alpha}_2,\boldsymbol{\alpha}_3)$ $\boldsymbol{A}$,得到矩阵方程

$$\begin{pmatrix}0&0&1\\1&1&0\\-1&1&1\end{pmatrix}=\begin{pmatrix}1&0&0\\-1&2&1\\0&-1&1\end{pmatrix}\boldsymbol{A},$$

利用矩阵的求逆运算,可得

$$A = \begin{pmatrix} 1 & 0 & 0 \\ -1 & 2 & 1 \\ 0 & -1 & -1 \end{pmatrix}^{-1} \begin{pmatrix} 0 & 0 & 1 \\ 1 & 1 & 0 \\ -1 & 1 & 1 \end{pmatrix} = \begin{pmatrix} 1 & 0 & 0 \\ 1 & 1 & 1 \\ -1 & -1 & -2 \end{pmatrix} \begin{pmatrix} 0 & 0 & 1 \\ 1 & 1 & 0 \\ -1 & 1 & 1 \end{pmatrix}$$

$$= \begin{pmatrix} — & — & — \\ — & — & — \\ — & — & — \end{pmatrix}.$$

（2）设 $\boldsymbol{\xi}$ 在基 $\boldsymbol{\alpha}_1, \boldsymbol{\alpha}_2, \boldsymbol{\alpha}_3$ 下的坐标为 $\boldsymbol{x} = (x_1, x_2, x_3)^{\mathrm{T}}$，那么

$$\boldsymbol{\xi} = (\boldsymbol{\alpha}_1, \boldsymbol{\alpha}_2, \boldsymbol{\alpha}_3) \boldsymbol{x},$$

即

$$\begin{pmatrix} 1 \\ -2 \\ 1 \end{pmatrix} = \begin{pmatrix} 1 & 0 & 0 \\ -1 & 2 & 1 \\ 0 & -1 & -1 \end{pmatrix} \begin{pmatrix} x_1 \\ x_2 \\ x_3 \end{pmatrix},$$

解得

$$\boldsymbol{x} = \begin{pmatrix} x_1 \\ x_2 \\ x_3 \end{pmatrix} = \begin{pmatrix} 1 \\ 0 \\ -1 \end{pmatrix},$$

于是 $T(\boldsymbol{\xi})$ 在基 $\boldsymbol{\alpha}_1, \boldsymbol{\alpha}_2, \boldsymbol{\alpha}_3$ 下的坐标为

$$\boldsymbol{y} = \boldsymbol{A}\boldsymbol{x} = \begin{pmatrix} — & — & — \\ — & — & — \\ — & — & — \end{pmatrix} \begin{pmatrix} 1 \\ 0 \\ -1 \end{pmatrix} = \begin{pmatrix} — \\ — \\ — \end{pmatrix}.$$

由于线性变换的矩阵表示依赖于基的选取，同一个线性变换在不同基下的矩阵表示是不同的，因此需要讨论线性变换在不同基下的矩阵表示之间的关系.

定理 6.6.2 设 $\boldsymbol{\alpha}_1, \boldsymbol{\alpha}_2, \cdots, \boldsymbol{\alpha}_n$ 和 $\boldsymbol{\beta}_1, \boldsymbol{\beta}_2, \cdots, \boldsymbol{\beta}_n$ 是 n 维线性空间 V 的两组基，V 中线性变换 T 在这两组基下的矩阵表示分别为 $\boldsymbol{A}$ 和 $\boldsymbol{B}$，且从基 $\boldsymbol{\alpha}_1, \boldsymbol{\alpha}_2, \cdots, \boldsymbol{\alpha}_n$ 到基 $\boldsymbol{\beta}_1, \boldsymbol{\beta}_2, \cdots, \boldsymbol{\beta}_n$ 的过渡矩阵为 $\boldsymbol{P}$，则矩阵 $\boldsymbol{A}$ 和 $\boldsymbol{B}$ 相似，即 $\boldsymbol{B} = \boldsymbol{P}^{-1}\boldsymbol{A}\boldsymbol{P}$.

证明 由已知条件可得

$$T(\boldsymbol{\alpha}_1, \boldsymbol{\alpha}_2, \cdots, \boldsymbol{\alpha}_n) = (\boldsymbol{\alpha}_1, \boldsymbol{\alpha}_2, \cdots, \boldsymbol{\alpha}_n)\boldsymbol{A},$$
$$T\boldsymbol{\beta} = (\boldsymbol{\beta}_1, \boldsymbol{\beta}_2, \cdots, \boldsymbol{\beta}_n)\boldsymbol{B},$$
$$(\boldsymbol{\beta}_1, \boldsymbol{\beta}_2, \cdots, \boldsymbol{\beta}_n) = (\boldsymbol{\alpha}_1, \boldsymbol{\alpha}_2, \cdots, \boldsymbol{\alpha}_n)\boldsymbol{P}.$$

于是

$$(\boldsymbol{\beta}_1, \boldsymbol{\beta}_2, \cdots, \boldsymbol{\beta}_n)\boldsymbol{B} = T(\boldsymbol{\beta}_1, \boldsymbol{\beta}_2, \cdots, \boldsymbol{\beta}_n) = T[(\boldsymbol{\alpha}_1, \boldsymbol{\alpha}_2, \cdots, \boldsymbol{\alpha}_n)\boldsymbol{P}]$$
$$= [T(\boldsymbol{\alpha}_1, \boldsymbol{\alpha}_2, \cdots, \boldsymbol{\alpha}_n)]\boldsymbol{P} = (\boldsymbol{\alpha}_1, \boldsymbol{\alpha}_2, \cdots, \boldsymbol{\alpha}_n)\boldsymbol{A}\boldsymbol{P}$$
$$= (\boldsymbol{\beta}_1, \boldsymbol{\beta}_2, \cdots, \boldsymbol{\beta}_n)\boldsymbol{P}^{-1}\boldsymbol{A}\boldsymbol{P}.$$

又由于线性变换 T 在基 $\boldsymbol{\beta}_1, \boldsymbol{\beta}_2, \cdots, \boldsymbol{\beta}_n$ 下的矩阵表示是唯一的，故

$B=P^{-1}AP$.

例 2 设 D 是线性空间 $\mathbf{R}[x]_3$ 上的求导变换,可以证明 D 是一个线性变换,请写出它在基 $1,2x,3x^2$ 下的矩阵表示 A;并求 D 在基 $1+x$, $2x+x^2$, $1-x^2$ 下的矩阵表示 B.

解 因为 $D(1)=0$, $D(2x)=2$, $D(3x^2)=6x$,所以

$$A=\begin{pmatrix}0&2&0\\0&0&3\\0&0&0\end{pmatrix},$$

从基 $1,x,x^2$ 到基 $1+x$, $2x+x^2$, $1-x^2$ 的过渡矩阵为

$$P=\begin{pmatrix}1&0&1\\1&2&0\\0&1&-1\end{pmatrix},$$

求导变换在基 $1+x$, $2x+x^2$, $1-x^2$ 下的矩阵表示 B 为

$$B=P^{-1}AP=\begin{pmatrix}1&0&1\\1&2&0\\0&1&-1\end{pmatrix}^{-1}\begin{pmatrix}0&2&0\\0&0&3\\0&0&0\end{pmatrix}\begin{pmatrix}1&0&1\\1&2&0\\0&1&-1\end{pmatrix}$$

$$=\begin{pmatrix}\_\_&\_\_&\_\_\\\_\_&\_\_&\_\_\\\_\_&\_\_&\_\_\end{pmatrix}.$$

习题六

1. 检验以下集合是否构成向量空间:

(1) $\mathbf{R}^3$ 中平行于向量 $(1,2,3)^{\mathrm{T}}$ 的所有向量构成的集合 V_1;

(2) $\mathbf{R}^3$ 中垂直于向量 $(1,2,3)^{\mathrm{T}}$ 的所有向量构成的集合 V_2.

提示:依定义验证可知集合 V_1 和集合 V_2 均构成向量空间.

2. 求证:$\boldsymbol{\alpha}_1=(1,1)^{\mathrm{T}}$,$\boldsymbol{\alpha}_2=(1,-1)^{\mathrm{T}}$ 是 $\mathbf{R}^2$ 的一组基底,并求向量 $\boldsymbol{\alpha}=(1,-2)^{\mathrm{T}}$ 关于基底 $\{\boldsymbol{\alpha}_1,\boldsymbol{\alpha}_2\}$ 的坐标.

提示:证明 $\boldsymbol{\alpha}_1$,$\boldsymbol{\alpha}_2$ 线性无关,令 $\boldsymbol{\alpha}=x\boldsymbol{\alpha}_1+y\boldsymbol{\alpha}_2$,易解得 $(x,y)=\left(-\dfrac{1}{2},\dfrac{3}{2}\right)$.

3. 检验以下集合及运算是否构成实数域上的线性空间:

(1) 全体 n 阶实对称(或对角,或上三角,或下三角)矩阵,对于矩阵的加法运算及任意实数与矩阵的数乘运算;

(2) 全体 n 阶实可逆矩阵,对于矩阵的加法运算及任意实数与矩阵的数乘运算;

(3) $\mathbf{R}^3$ 中与向量 $(0,0,1)^{\mathrm{T}}$ 不平行的全体向量构成的集合,对于向量的加法和数乘运算;

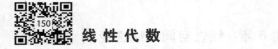

(4) 设 $V=\{a+b\sqrt{2}\mid a,b\in\mathbf{Q}\}$，对于 V 中数的加法和实数与 V 中数的乘法.

提示：(1) 是；(2) 全体 n 阶实可逆矩阵对矩阵加法不封闭，不是线性空间；(3) $\mathbf{R}^3$ 中与向量 $(0,0,1)^{\mathrm{T}}$ 不平行的全体向量对于向量的加法不封闭，不是线性空间；(4) 是.

4. 设 $\boldsymbol{\alpha}_1=(1,1,-1)^{\mathrm{T}}$，$\boldsymbol{\alpha}_2=(0,1,-2)^{\mathrm{T}}$，$\boldsymbol{\alpha}_3=(1,0,-1)^{\mathrm{T}}$，$\boldsymbol{\beta}_1=(2,1,5)^{\mathrm{T}}$，$\boldsymbol{\beta}_2=(0,-1,3)^{\mathrm{T}}$，$\boldsymbol{\beta}_3=(1,2,3)^{\mathrm{T}}$. 证明：$\{\boldsymbol{\alpha}_1,\boldsymbol{\alpha}_2,\boldsymbol{\alpha}_3\}$ 和 $\{\boldsymbol{\beta}_1,\boldsymbol{\beta}_2,\boldsymbol{\beta}_3\}$ 都是 $\mathbf{R}^3$ 的一组基底，并求 $\{\boldsymbol{\alpha}_1,\boldsymbol{\alpha}_2,\boldsymbol{\alpha}_3\}$ 到 $\{\boldsymbol{\beta}_1,\boldsymbol{\beta}_2,\boldsymbol{\beta}_3\}$ 的过渡矩阵.

提示：证明这两个向量组都是线性无关的；过渡矩阵为

$$\boldsymbol{P}=\begin{pmatrix}1&0&1\\1&1&0\\-1&-2&-1\end{pmatrix}^{-1}\begin{pmatrix}2&0&1\\1&-1&2\\5&3&3\end{pmatrix}=\begin{pmatrix}\dfrac{9}{2}&\dfrac{1}{2}&4\\-\dfrac{7}{2}&-\dfrac{3}{2}&-2\\-\dfrac{5}{2}&-\dfrac{1}{2}&-3\end{pmatrix}.$$

5. 在线性空间 $\mathbf{R}[x]_3$ 中取两组基分别为 $\alpha_1=1$，$\alpha_2=-1+x$，$\alpha_3=-1-x+x^2$；$\beta_1=1+x-x^2$，$\beta_2=x-x^2$，$\beta_3=-x^2$，求坐标变换公式。

提示：注意到 $(\boldsymbol{\alpha}_1,\boldsymbol{\alpha}_2,\boldsymbol{\alpha}_3)=(1,x,x^2)\begin{pmatrix}1&-1&-1\\0&1&-1\\0&0&1\end{pmatrix}$，

$$(\boldsymbol{\beta}_1,\boldsymbol{\beta}_2,\boldsymbol{\beta}_3)=(1,x,x^2)\begin{pmatrix}1&0&0\\1&1&0\\-1&-1&-1\end{pmatrix},$$

则

$$(\boldsymbol{\beta}_1,\boldsymbol{\beta}_2,\boldsymbol{\beta}_3)=(\boldsymbol{\alpha}_1,\boldsymbol{\alpha}_2,\boldsymbol{\alpha}_3)\begin{pmatrix}1&-1&-1\\0&1&-1\\0&0&1\end{pmatrix}^{-1}\begin{pmatrix}1&0&0\\1&1&0\\-1&-1&-1\end{pmatrix}$$

$$=(\boldsymbol{\alpha}_1,\boldsymbol{\alpha}_2,\boldsymbol{\alpha}_3)\begin{pmatrix}0&-1&-2\\0&0&-1\\-1&-1&-1\end{pmatrix}.$$

则坐标变换公式为

$$\begin{pmatrix}x_1\\x_2\\x_3\end{pmatrix}=\begin{pmatrix}0&-1&-2\\0&0&-1\\-1&-1&-1\end{pmatrix}\begin{pmatrix}y_1\\y_2\\y_3\end{pmatrix}\quad\text{或}\quad\begin{pmatrix}y_1\\y_2\\y_3\end{pmatrix}=\begin{pmatrix}1&-1&-1\\-1&2&0\\0&-1&0\end{pmatrix}\begin{pmatrix}x_1\\x_2\\x_3\end{pmatrix}.$$

6. 设线性空间 $\mathbf{R}^3$ 中的向量 $\boldsymbol{\xi}$ 在基底 $\{\boldsymbol{\alpha}_1,\boldsymbol{\alpha}_2,\boldsymbol{\alpha}_3\}$ 下的坐标为 $(1,0,2)^{\mathrm{T}}$，若另一组基底 $\{\boldsymbol{\beta}_1,\boldsymbol{\beta}_2,\boldsymbol{\beta}_3\}$ 可以由基 $\{\boldsymbol{\alpha}_1,\boldsymbol{\alpha}_2,\boldsymbol{\alpha}_3\}$ 表示为

$$\begin{cases}\boldsymbol{\beta}_1=\boldsymbol{\alpha}_1+\boldsymbol{\alpha}_2,\\ \boldsymbol{\beta}_2=2\boldsymbol{\alpha}_1+\boldsymbol{\alpha}_2+3\boldsymbol{\alpha}_3,\\ \boldsymbol{\beta}_3=\boldsymbol{\alpha}_1+\boldsymbol{\alpha}_3,\end{cases}$$

写出基底$\{\boldsymbol{\alpha}_1,\boldsymbol{\alpha}_2,\boldsymbol{\alpha}_3\}$到基底$\{\boldsymbol{\beta}_1,\boldsymbol{\beta}_2,\boldsymbol{\beta}_3\}$的过渡矩阵,并求向量$\boldsymbol{\xi}$在基底$\{\boldsymbol{\beta}_1,\boldsymbol{\beta}_2,\boldsymbol{\beta}_3\}$下的坐标.

提示:基底$\{\boldsymbol{\alpha}_1,\boldsymbol{\alpha}_2,\boldsymbol{\alpha}_3\}$到基底$\{\boldsymbol{\beta}_1,\boldsymbol{\beta}_2,\boldsymbol{\beta}_3\}$的过渡矩阵$\boldsymbol{P}=\begin{pmatrix}1&2&1\\1&1&0\\0&3&1\end{pmatrix}$. 向量$\boldsymbol{\xi}$在基底$\{\boldsymbol{\beta}_1,\boldsymbol{\beta}_2,\boldsymbol{\beta}_3\}$下的坐标为$\boldsymbol{P}^{-1}(1,0,2)^{\mathrm{T}}=\left(-\frac{1}{2},\frac{1}{2},\frac{1}{2}\right)^{\mathrm{T}}$.

7. 已知$\mathbf{R}^3$中的两组基:

$$\boldsymbol{\alpha}_1=(1,0,1)^{\mathrm{T}},\boldsymbol{\alpha}_2=(1,1,0)^{\mathrm{T}},\boldsymbol{\alpha}_3=(1,0,0)^{\mathrm{T}};$$
$$\boldsymbol{\beta}_1=(1,1,1)^{\mathrm{T}},\boldsymbol{\beta}_2=(0,1,1)^{\mathrm{T}},\boldsymbol{\beta}_3=(1,1,0)^{\mathrm{T}}.$$

(1)求从基底$\{\boldsymbol{\alpha}_1,\boldsymbol{\alpha}_2,\boldsymbol{\alpha}_3\}$到基底$\{\boldsymbol{\beta}_1,\boldsymbol{\beta}_2,\boldsymbol{\beta}_3\}$的过渡矩阵;

(2)试确定一个向量,使它在这两组基底下具有相同的坐标.

提示:(1)令$\boldsymbol{A}=\begin{pmatrix}1&1&1\\0&1&0\\1&0&0\end{pmatrix}$,$\boldsymbol{B}=\begin{pmatrix}1&0&1\\1&1&1\\1&1&0\end{pmatrix}$,则从基底$\{\boldsymbol{\alpha}_1,\boldsymbol{\alpha}_2,\boldsymbol{\alpha}_3\}$到基底$\{\boldsymbol{\beta}_1,\boldsymbol{\beta}_2,\boldsymbol{\beta}_3\}$的过渡矩阵$\boldsymbol{P}=\boldsymbol{A}^{-1}\boldsymbol{B}=\begin{pmatrix}1&1&0\\1&1&1\\-1&-2&0\end{pmatrix}$;

(2)设$\boldsymbol{\xi}=(x,y,z)^{\mathrm{T}}$在这两组基底下具有相同的坐标,则$\boldsymbol{A}(x,y,z)^{\mathrm{T}}=\boldsymbol{B}(x,y,z)^{\mathrm{T}}$,易得$(x,y,z)^{\mathrm{T}}=(-a,0,a)^{\mathrm{T}}$,$a$为任意常数.

8. 检验以下线性空间对所定义的实值函数$(\boldsymbol{\alpha},\boldsymbol{\beta})$是否构成欧氏空间:

(1)设$\mathbf{R}^2$是给定的线性空间,对于任意$\boldsymbol{\alpha}=(x_1,y_1)^{\mathrm{T}}$,$\boldsymbol{\beta}=(x_2,y_2)^{\mathrm{T}}$,定义实值函数$(\boldsymbol{\alpha},\boldsymbol{\beta})=x_1y_1-x_1y_2-x_2y_1+x_2y_2$;

(2)设$\mathbf{R}^n$是给定的线性空间,对于任意$\boldsymbol{\alpha}=(a_1,a_2,\cdots,a_n)^{\mathrm{T}}$,$\boldsymbol{\beta}=(b_1,b_2,\cdots,b_n)^{\mathrm{T}}$,定义实值函数$(\boldsymbol{\alpha},\boldsymbol{\beta})=|a_1b_1+a_2b_2+\cdots+a_nb_n|$.

提示:(1)不满足非负性,$(\boldsymbol{\alpha},\boldsymbol{\alpha})=0$,$\boldsymbol{\alpha}\neq\mathbf{0}$,因此不是欧氏空间;(2)不满足齐次性,因此不是欧氏空间.

9. 设在$\mathbf{R}[x]_3$中规定内积$(f(x),g(x))=\int_{-1}^{1}f(x)g(x)\,\mathrm{d}x$,从一组基底$\{1,x,x^2\}$出发,求一组标准正交基.

提示:利用施密特正交化方法,可得标准正交基

$$\left\{\frac{1}{\sqrt{2}},\frac{x}{\sqrt{\frac{2}{3}}},\frac{x^2-\frac{1}{3}}{\sqrt{\frac{8}{45}}}\right\}.$$

10. 欧氏空间中两个向量 $\boldsymbol{\alpha},\boldsymbol{\beta}$ 正交的充分必要条件是：对任意的实数 t，都有

$$|\boldsymbol{\alpha}+t\boldsymbol{\beta}|\geqslant|\boldsymbol{\alpha}|.$$

提示：利用 $(\boldsymbol{\alpha}+t\boldsymbol{\beta},\boldsymbol{\alpha}+t\boldsymbol{\beta})=(\boldsymbol{\alpha},\boldsymbol{\alpha})+2t(\boldsymbol{\alpha},\boldsymbol{\beta})+t^2(\boldsymbol{\beta},\boldsymbol{\beta})$.

11. 设 V 是数域 P 上的线性空间，k 是数域 P 中的一个常数，检验以下映射是否是 V 上的线性变换：

(1) $T(\boldsymbol{\alpha})=\boldsymbol{\alpha}+\boldsymbol{\alpha}_0\quad(\forall\boldsymbol{\alpha}\in V)$，其中 $\boldsymbol{\alpha}_0\in V$ 是固定的向量；

(2) $T(\boldsymbol{\alpha})=\boldsymbol{\alpha}_0\quad(\forall\boldsymbol{\alpha}\in V)$，其中 $\boldsymbol{\alpha}_0\in V$ 是固定的向量.

提示：依定义检验可知：当 $\boldsymbol{\alpha}_0=\mathbf{0}$ 时，这两个映射都是线性变换，当 $\boldsymbol{\alpha}_0\neq\mathbf{0}$ 时，这两个映射都不是线性变换.

12. 设 $\boldsymbol{\alpha}=(x_1,x_2,x_3)^{\mathrm{T}}$ 是 $\mathbf{R}^3$ 中任一向量，满足下列条件的变换 T 是否为线性变换：

(1) $T(\boldsymbol{\alpha})=(x_1,x_2,0)^{\mathrm{T}}$；　　(2) $T(\boldsymbol{\alpha})=(x_1x_2,0,x_1)^{\mathrm{T}}$；

(3) $T(\boldsymbol{\alpha})=(x_1,-x_2,x_3)^{\mathrm{T}}$；　　(4) $T(\boldsymbol{\alpha})=(1,0,x_3)^{\mathrm{T}}$.

提示：(1) 是；(2) 否；(3) 是；(4) 否.

13. 已知 $\mathbf{R}^3$ 中的线性变换 T 在 $\mathbf{R}^3$ 的基底

$$\boldsymbol{\alpha}_1=\begin{pmatrix}-1\\1\\0\end{pmatrix},\boldsymbol{\alpha}_2=\begin{pmatrix}-1\\0\\1\end{pmatrix},\boldsymbol{\alpha}_3=\begin{pmatrix}0\\1\\1\end{pmatrix}$$

下的矩阵是

$$\boldsymbol{A}=\begin{pmatrix}1&0&1\\1&1&0\\-1&2&1\end{pmatrix},$$

求线性变换 T 在 $\boldsymbol{\varepsilon}_1=\begin{pmatrix}1\\0\\0\end{pmatrix},\boldsymbol{\varepsilon}_2=\begin{pmatrix}0\\1\\0\end{pmatrix},\boldsymbol{\varepsilon}_3=\begin{pmatrix}0\\0\\1\end{pmatrix}$ 下的矩阵.

提示：设 T 在 $\boldsymbol{\varepsilon}_1=\begin{pmatrix}1\\0\\0\end{pmatrix},\boldsymbol{\varepsilon}_2=\begin{pmatrix}0\\1\\0\end{pmatrix},\boldsymbol{\varepsilon}_3=\begin{pmatrix}0\\0\\1\end{pmatrix}$ 下的矩阵为 $\boldsymbol{B}$，注意到

$$(\boldsymbol{\alpha}_1,\boldsymbol{\alpha}_2,\boldsymbol{\alpha}_3)=(\boldsymbol{\varepsilon}_1,\boldsymbol{\varepsilon}_2,\boldsymbol{\varepsilon}_3)\boldsymbol{P},\quad \boldsymbol{P}=\begin{pmatrix}-1&-1&0\\1&0&1\\0&1&1\end{pmatrix},$$

易得 $T(\boldsymbol{\varepsilon}_1,\boldsymbol{\varepsilon}_2,\boldsymbol{\varepsilon}_3)\boldsymbol{P}=(\boldsymbol{\varepsilon}_1,\boldsymbol{\varepsilon}_2,\boldsymbol{\varepsilon}_3)\boldsymbol{PA}$，于是 $T(\boldsymbol{\varepsilon}_1,\boldsymbol{\varepsilon}_2,\boldsymbol{\varepsilon}_3)=(\boldsymbol{\varepsilon}_1,\boldsymbol{\varepsilon}_2,\boldsymbol{\varepsilon}_3)\boldsymbol{PAP}^{-1}$，从而

$$\boldsymbol{B}=\boldsymbol{PAP}^{-1}=\begin{pmatrix}1&-1&0\\0&0&2\\-1&-1&2\end{pmatrix}.$$

14. 设线性变换 $T:\mathbf{R}^3\to\mathbf{R}^3$，对任一向量 $\boldsymbol{\alpha}=(x_1,x_2,x_3)^{\mathrm{T}}$，有

$$T(\boldsymbol{\alpha})=(x_1,x_2+x_3,x_2-x_3)^{\mathrm{T}}.$$

(1)求 T 在标准正交基 $\boldsymbol{\varepsilon}_1=(1,0,0)^{\mathrm{T}},\boldsymbol{\varepsilon}_2=(0,1,0)^{\mathrm{T}},\boldsymbol{\varepsilon}_3=(0,0,1)^{\mathrm{T}}$下的矩阵表示 $\boldsymbol{A}$;

(2)求 T 在基底 $\boldsymbol{\beta}_1=(1,0,0)^{\mathrm{T}},\boldsymbol{\beta}_2=(1,1,0)^{\mathrm{T}},\boldsymbol{\beta}_3=(1,1,1)^{\mathrm{T}}$下的矩阵表示 $\boldsymbol{B}$.

提示:(1)$\boldsymbol{A}=\begin{pmatrix}1&0&0\\0&1&1\\0&1&-1\end{pmatrix}$;

(2)注意到 $T(\boldsymbol{\beta}_1,\boldsymbol{\beta}_2,\boldsymbol{\beta}_3)=\begin{pmatrix}1&1&1\\0&1&2\\0&1&0\end{pmatrix}=(\boldsymbol{\beta}_1,\boldsymbol{\beta}_2,\boldsymbol{\beta}_3)\boldsymbol{B}$,故

$$\boldsymbol{B}=\begin{pmatrix}1&1&1\\0&1&1\\0&0&1\end{pmatrix}^{-1}\begin{pmatrix}1&1&1\\0&1&2\\0&1&0\end{pmatrix}=\begin{pmatrix}1&0&-1\\0&0&2\\0&1&1\end{pmatrix}.$$

15. 给定 $\mathbf{R}^3$的两组基底

$$\boldsymbol{\alpha}_1=\begin{pmatrix}1\\0\\1\end{pmatrix},\boldsymbol{\alpha}_2=\begin{pmatrix}1\\1\\0\end{pmatrix},\boldsymbol{\alpha}_3=\begin{pmatrix}0\\1\\1\end{pmatrix}$$

和

$$\boldsymbol{\beta}_1=\begin{pmatrix}1\\2\\-1\end{pmatrix},\boldsymbol{\beta}_2=\begin{pmatrix}2\\2\\-1\end{pmatrix},\boldsymbol{\beta}_3=\begin{pmatrix}2\\-1\\-1\end{pmatrix},$$

定义线性变换

$$T(\boldsymbol{\alpha}_i)=\boldsymbol{\beta}_i,i=1,2,3.$$

(1)求出由基底$\{\boldsymbol{\alpha}_1,\boldsymbol{\alpha}_2,\boldsymbol{\alpha}_3\}$到$\{\boldsymbol{\beta}_1,\boldsymbol{\beta}_2,\boldsymbol{\beta}_3\}$的过渡矩阵;

(2)求出线性变换 T 在基底$\{\boldsymbol{\alpha}_1,\boldsymbol{\alpha}_2,\boldsymbol{\alpha}_3\}$下的矩阵;

(3)求出线性变换 T 在基底$\{\boldsymbol{\beta}_1,\boldsymbol{\beta}_2,\boldsymbol{\beta}_3\}$下的矩阵;

(4)求向量 $\boldsymbol{\gamma}=(2,1,3)^{\mathrm{T}}$在基底$\{\boldsymbol{\beta}_1,\boldsymbol{\beta}_2,\boldsymbol{\beta}_3\}$下的坐标.

提示:令 $\boldsymbol{A}=(\boldsymbol{\alpha}_1,\boldsymbol{\alpha}_2,\boldsymbol{\alpha}_3)=\begin{pmatrix}1&1&0\\0&1&1\\1&0&1\end{pmatrix}$,

$\boldsymbol{B}=(\boldsymbol{\beta}_1,\boldsymbol{\beta}_2,\boldsymbol{\beta}_3)=\begin{pmatrix}1&2&2\\2&2&-1\\-1&-1&-1\end{pmatrix}$.

(1)由基底$\{\boldsymbol{\alpha}_1,\boldsymbol{\alpha}_2,\boldsymbol{\alpha}_3\}$到$\{\boldsymbol{\beta}_1,\boldsymbol{\beta}_2,\boldsymbol{\beta}_3\}$的过渡矩阵

$$\boldsymbol{P}=\boldsymbol{A}^{-1}\boldsymbol{B}=\begin{pmatrix}-1&-0.5&1\\2&2.5&1\\0&-0.5&-2\end{pmatrix};$$

(2)$T(\boldsymbol{\alpha}_1,\boldsymbol{\alpha}_2,\boldsymbol{\alpha}_3)=(\boldsymbol{\beta}_1,\boldsymbol{\beta}_2,\boldsymbol{\beta}_3)=(\boldsymbol{\alpha}_1,\boldsymbol{\alpha}_2,\boldsymbol{\alpha}_3)\boldsymbol{Q}$,$T$ 在基底$\{\boldsymbol{\alpha}_1$,

$\boldsymbol{\alpha}_2,\boldsymbol{\alpha}_3\}$下的矩阵

$$\boldsymbol{Q}=\boldsymbol{A}^{-1}\boldsymbol{B}=\begin{pmatrix}-1 & -0.5 & 1\\ 2 & 2.5 & 1\\ 0 & -0.5 & -2\end{pmatrix};$$

(3) $T(\boldsymbol{\beta}_1,\boldsymbol{\beta}_2,\boldsymbol{\beta}_3)=T(\boldsymbol{\alpha}_1,\boldsymbol{\alpha}_2,\boldsymbol{\alpha}_3)\boldsymbol{P}=(\boldsymbol{\beta}_1,\boldsymbol{\beta}_2,\boldsymbol{\beta}_3)\boldsymbol{P}$，$T$ 在基底$\{\boldsymbol{\beta}_1,\boldsymbol{\beta}_2,\boldsymbol{\beta}_3\}$下的矩阵恰好为

$$\boldsymbol{P}=\begin{pmatrix}-1 & -0.5 & 1\\ 2 & 2.5 & 1\\ 0 & -0.5 & -2\end{pmatrix};$$

(4) 向量 $\boldsymbol{\gamma}=(2,1,3)^{\mathrm{T}}$在基底$\{\boldsymbol{\beta}_1,\boldsymbol{\beta}_2,\boldsymbol{\beta}_3\}$下的坐标为 $\boldsymbol{B}^{-1}\boldsymbol{\gamma}=(-8,22/3,-7/3)$.

数学实验六

使用 Octave 或 MATLAB 完成下列各题：

1. 已知向量组

$$\boldsymbol{\alpha}_1=\begin{pmatrix}1\\2\\-1\end{pmatrix},\boldsymbol{\alpha}_2=\begin{pmatrix}3\\1\\0\end{pmatrix},\boldsymbol{\alpha}_3=\begin{pmatrix}-7\\1\\2\end{pmatrix}\text{和}\boldsymbol{\beta}_1=\begin{pmatrix}0\\5\\-3\end{pmatrix},\boldsymbol{\beta}_2=\begin{pmatrix}-3\\-11\\6\end{pmatrix},\boldsymbol{\beta}_3=\begin{pmatrix}-1\\3\\2\end{pmatrix},$$

证明：$\boldsymbol{\alpha}_1,\boldsymbol{\alpha}_2,\boldsymbol{\alpha}_3$是 $\mathbf{R}^3$ 的一组基，并求$\boldsymbol{\beta}_1,\boldsymbol{\beta}_2,\boldsymbol{\beta}_3$在此基下的坐标.

2. 基 $\boldsymbol{\alpha}_1,\boldsymbol{\alpha}_2,\boldsymbol{\alpha}_3$同上题，求向量 $\boldsymbol{\alpha}=(-66,18,12)^{\mathrm{T}}$在基 $\boldsymbol{\alpha}_1,\boldsymbol{\alpha}_2,\boldsymbol{\alpha}_3$下的坐标向量 $\boldsymbol{x}$，并利用过渡矩阵 $\boldsymbol{P}$ 求向量在 $\boldsymbol{\beta}_1,\boldsymbol{\beta}_2,\boldsymbol{\beta}_3$下的坐标向量 $\boldsymbol{y}$.

3. 已知 $\boldsymbol{\alpha}_1=(1,1,1)^{\mathrm{T}},\boldsymbol{\alpha}_2=(1,0,-1)^{\mathrm{T}}$，求 $\boldsymbol{\alpha}_3$，使 $\boldsymbol{\alpha}_1,\boldsymbol{\alpha}_2,\boldsymbol{\alpha}_3$成为 $\mathbf{R}^3$ 的一组正交基.

4. 已知 $\boldsymbol{\alpha}_1=(1,0,0)^{\mathrm{T}},\boldsymbol{\alpha}_2=(1,1,0)^{\mathrm{T}},\boldsymbol{\alpha}_3=(1,1,1)^{\mathrm{T}}$是 $\mathbf{R}^3$的一组基，将它标准正交化.

习题参考答案

习题一

1. 解:(1)$\begin{pmatrix}1&2&1&-1\\3&6&-1&-3\\5&10&1&-5\end{pmatrix}\sim\begin{pmatrix}1&2&1&-1\\0&0&-4&0\\0&0&-4&0\end{pmatrix}\sim\begin{pmatrix}1&2&0&-1\\0&0&1&0\\0&0&0&0\end{pmatrix}$,

故以它为增广矩阵的线性方程组的通解为$\begin{cases}x_1=-1-2c,\\x_2=c,\\x_3=0,\end{cases}$ c 为任意常数.

(2)$\begin{pmatrix}2&3&1&-3&-7\\1&2&0&-2&-4\\3&-2&8&2&0\\2&-3&7&4&3\end{pmatrix}\sim\begin{pmatrix}1&2&0&-2&-4\\2&3&1&-3&-7\\3&-2&8&2&0\\2&-3&7&4&3\end{pmatrix}\sim$

$\begin{pmatrix}1&2&0&-2&-4\\0&-1&1&1&1\\0&-8&8&8&12\\0&-7&7&8&11\end{pmatrix}\sim\begin{pmatrix}1&2&0&-2&-4\\0&-1&1&1&1\\0&0&0&0&4\\0&0&0&1&4\end{pmatrix}\sim$

$\begin{pmatrix}1&0&2&0&0\\0&1&-1&0&0\\0&0&0&1&0\\0&0&0&0&1\end{pmatrix}$,

由于标准行阶梯形矩阵的最后一行(0,0,0,1) 对应矛盾式 0=1(或系数矩阵的秩不等于增广矩阵的秩),故以它为增广矩阵的线性方程组无解.

2. 解:(1)由于$\begin{pmatrix}1&1&-1\\2&4&-6\\3&4&-4\end{pmatrix}\sim\begin{pmatrix}1&1&-1\\0&2&-4\\0&1&-1\end{pmatrix}\sim\begin{pmatrix}1&0&0\\0&-2&0\\0&1&-1\end{pmatrix}\sim$

$\begin{pmatrix}1&0&0\\0&1&0\\0&0&1\end{pmatrix}$,故方程组只有零解.

(2) 由于$\begin{pmatrix}1&1&-1&2&1\\0&0&1&3&-1\\0&0&2&1&-2\end{pmatrix}\sim\begin{pmatrix}1&1&0&5&0\\0&0&1&3&-1\\0&0&0&-5&0\end{pmatrix}\sim$

$\begin{pmatrix}1&1&0&0&0\\0&0&1&0&-1\\0&0&0&1&0\end{pmatrix}$，故自由变量为 x_2,x_5. 为简单起见，依次取下列 5-3=2组数

$$\begin{pmatrix}x_2\\x_5\end{pmatrix}=\begin{pmatrix}1\\0\end{pmatrix},\begin{pmatrix}x_2\\x_5\end{pmatrix}=\begin{pmatrix}0\\1\end{pmatrix},$$

即可得到方程组的基础解系$\begin{pmatrix}-1\\1\\0\\0\\0\end{pmatrix},\begin{pmatrix}0\\0\\1\\0\\1\end{pmatrix}$

和通解

$$\begin{pmatrix}x_1\\x_2\\x_3\\x_4\\x_5\end{pmatrix}=c_1\begin{pmatrix}-1\\1\\0\\0\\0\end{pmatrix}+c_2\begin{pmatrix}0\\0\\1\\0\\1\end{pmatrix},c_1,c_2\text{为任意常数.}$$

(3) 由于$\begin{pmatrix}3&2&1&-2\\1&1&4&-4\\2&1&1&2\end{pmatrix}\sim\begin{pmatrix}1&1&4&-4\\0&-1&-11&10\\0&-1&-7&10\end{pmatrix}\sim$

$\begin{pmatrix}1&1&4&-4\\0&-1&-11&10\\0&0&4&0\end{pmatrix}\sim\begin{pmatrix}1&0&0&6\\0&1&0&-10\\0&0&1&0\end{pmatrix}$，故自由变量为 x_4. 容易得到方程组的基础解系$\begin{pmatrix}-6\\10\\0\\1\end{pmatrix}$和通解：$\begin{pmatrix}x_1\\x_2\\x_3\\x_4\end{pmatrix}=c\begin{pmatrix}-6\\10\\0\\1\end{pmatrix}$，$c$ 为任意常数.

(4) 由于$\begin{pmatrix}1&-4&2&1\\2&-8&5&-1\\3&-8&6&1\end{pmatrix}\sim\begin{pmatrix}1&-4&2&1\\0&0&1&-3\\0&4&0&-2\end{pmatrix}\sim$

$\begin{pmatrix}1&0&2&-1\\0&0&1&-3\\0&4&0&-2\end{pmatrix}\sim\begin{pmatrix}1&0&0&5\\0&1&0&-\frac{1}{2}\\0&0&1&-3\end{pmatrix}$，故自由变量为 x_4. 容易得到方

程组的基础解系 $\begin{pmatrix} -5 \\ \frac{1}{2} \\ 3 \\ 1 \end{pmatrix}$ 和通解 $\begin{pmatrix} x_1 \\ x_2 \\ x_3 \\ x_4 \end{pmatrix} = c\begin{pmatrix} -5 \\ \frac{1}{2} \\ 3 \\ 1 \end{pmatrix}$，$c$ 为任意常数.

(5) 由于 $\begin{pmatrix} 1 & 1 & -1 & -1 \\ 2 & -5 & 3 & 2 \\ 7 & -7 & 3 & 1 \end{pmatrix} \sim \begin{pmatrix} 1 & 1 & -1 & -1 \\ 0 & -7 & 5 & 4 \\ 0 & -14 & 10 & 8 \end{pmatrix} \sim$

$\begin{pmatrix} 1 & 0 & -\frac{2}{7} & -\frac{3}{7} \\ 0 & 1 & -\frac{5}{7} & -\frac{4}{7} \\ 0 & 0 & 0 & 0 \end{pmatrix}$，故自由变量为 x_3, x_4.容易得到方程组的基础解

系 $\begin{pmatrix} 2 \\ 5 \\ 7 \\ 0 \end{pmatrix}$，$\begin{pmatrix} 3 \\ 4 \\ 0 \\ 7 \end{pmatrix}$ 和通解：$\begin{pmatrix} x_1 \\ x_2 \\ x_3 \\ x_4 \end{pmatrix} = c_1\begin{pmatrix} 2 \\ 5 \\ 7 \\ 0 \end{pmatrix} + c_2\begin{pmatrix} 3 \\ 4 \\ 0 \\ 7 \end{pmatrix}$，$c_1, c_2$ 为任意常数.

(6) 易知

$$\begin{pmatrix} 1 & 1 & 1 & 4 & -3 \\ 1 & -1 & 3 & -2 & -1 \\ 1 & 1 & 3 & 5 & -5 \\ 1 & 1 & 5 & 6 & -7 \end{pmatrix} \sim \begin{pmatrix} 1 & 1 & 1 & 4 & -3 \\ 0 & -2 & 2 & -6 & 2 \\ 0 & 0 & 2 & 1 & -2 \\ 0 & 0 & 4 & 2 & -4 \end{pmatrix}$$

$$\sim \begin{pmatrix} 1 & 1 & 1 & 4 & -3 \\ 0 & -2 & 0 & -7 & 4 \\ 0 & 0 & 2 & 1 & -2 \\ 0 & 0 & 0 & 0 & 0 \end{pmatrix} \sim \begin{pmatrix} 1 & 0 & 0 & 0 & 0 \\ 0 & 1 & 0 & \frac{7}{2} & -2 \\ 0 & 0 & 1 & \frac{1}{2} & -1 \\ 0 & 0 & 0 & 0 & 0 \end{pmatrix},$$

故自由变量为 x_4, x_5. 方程组的基础解系为 $\begin{pmatrix} 0 \\ -7 \\ -1 \\ 2 \\ 0 \end{pmatrix}$，$\begin{pmatrix} 0 \\ 2 \\ 1 \\ 0 \\ 1 \end{pmatrix}$，

通解为

$$\begin{pmatrix}x_1\\x_2\\x_3\\x_4\\x_5\end{pmatrix}=c_1\begin{pmatrix}0\\-7\\-1\\2\\0\end{pmatrix}+c_2\begin{pmatrix}0\\2\\1\\0\\1\end{pmatrix},c_1,c_2\text{为任意常数.}$$

3. 解：

(1) $\begin{pmatrix}1&1&2&1\\2&3&-2&3\\5&7&-2&8\end{pmatrix}\sim\begin{pmatrix}1&1&2&1\\0&1&-6&1\\0&2&-12&3\end{pmatrix}\sim\begin{pmatrix}1&1&2&1\\0&1&-6&1\\0&0&0&1\end{pmatrix}$,

由于标准行阶梯形矩阵的最后一行(0,0,0,1) 对应矛盾式 0=1(或系数矩阵的秩不等于增广矩阵的秩),故线性方程组无解.

(2) $\begin{pmatrix}1&2&-3&3\\4&3&-2&7\\2&-1&4&1\end{pmatrix}\sim\begin{pmatrix}1&2&-3&3\\0&-5&10&-5\\0&-5&10&-5\end{pmatrix}\sim\begin{pmatrix}1&0&1&1\\0&1&-2&1\\0&0&0&0\end{pmatrix}$.

故通解为

$$\begin{pmatrix}x_1\\x_2\\x_3\end{pmatrix}=c\begin{pmatrix}-1\\2\\1\end{pmatrix}+\begin{pmatrix}1\\1\\0\end{pmatrix},c\text{ 为任意常数.}$$

(3) $\begin{pmatrix}1&-1&-2&-1&0\\3&4&-6&2&7\\4&17&-8&11&21\end{pmatrix}\sim\begin{pmatrix}1&-1&-2&-1&0\\0&7&0&5&7\\0&21&0&15&21\end{pmatrix}\sim$

$\begin{pmatrix}1&-1&-2&-1&0\\0&7&0&5&7\\0&0&0&0&0\end{pmatrix}\sim\begin{pmatrix}1&-1&-2&-1&0\\0&1&0&\frac{5}{7}&1\\0&0&0&0&0\end{pmatrix}\sim$

$\begin{pmatrix}1&0&-2&-\frac{2}{7}&1\\0&1&0&\frac{5}{7}&1\\0&0&0&0&0\end{pmatrix}$,

故通解为

$$\begin{pmatrix}x_1\\x_2\\x_3\\x_4\end{pmatrix}=c_1\begin{pmatrix}2\\0\\1\\0\end{pmatrix}+c_2\begin{pmatrix}2\\-5\\0\\7\end{pmatrix}+\begin{pmatrix}1\\1\\0\\0\end{pmatrix},c_1,c_2\text{为任意常数.}$$

(4) $\begin{pmatrix}1&1&-3&-1&1\\3&-1&-3&4&4\\1&5&-9&8&0\end{pmatrix}\sim\begin{pmatrix}1&1&-3&-1&1\\0&-4&6&7&1\\0&4&-6&9&-1\end{pmatrix}\sim$

$$\begin{pmatrix}1&1&-3&0&1\\0&-4&6&0&1\\0&0&0&1&0\end{pmatrix}\sim\begin{pmatrix}1&0&-\frac{3}{2}&0&\frac{5}{4}\\0&1&-\frac{3}{2}&0&-\frac{1}{4}\\0&0&0&1&0\end{pmatrix},$$

故通解为

$$\begin{pmatrix}x_1\\x_2\\x_3\\x_4\end{pmatrix}=c\begin{pmatrix}3\\3\\2\\0\end{pmatrix}+\frac{1}{4}\begin{pmatrix}5\\-1\\0\\0\end{pmatrix},c\text{ 为任意常数.}$$

(5) $\begin{pmatrix}1&1&1&1&0\\0&1&2&2&1\\0&-1&-2&-2&-1\\3&2&1&1&-1\end{pmatrix}\sim\begin{pmatrix}1&0&-1&-1&-1\\0&1&2&2&1\\0&0&0&0&0\\0&0&0&0&0\end{pmatrix}$,

故通解为

$$\begin{pmatrix}x_1\\x_2\\x_3\\x_4\end{pmatrix}=c_1\begin{pmatrix}1\\-2\\1\\0\end{pmatrix}+c_2\begin{pmatrix}1\\-2\\0\\1\end{pmatrix}+\begin{pmatrix}-1\\1\\0\\0\end{pmatrix},c_1,c_2\text{为任意常数.}$$

(6) $\begin{pmatrix}1&1&-1&-1&1\\2&1&1&1&4\\4&3&-1&-1&6\\1&2&-4&-4&-1\end{pmatrix}\sim\begin{pmatrix}1&1&-1&-1&1\\0&-1&3&3&2\\0&-1&3&3&2\\0&1&-3&-3&-1\end{pmatrix}\sim$

$\begin{pmatrix}1&0&2&2&3\\0&1&-3&-3&-2\\0&0&0&0&0\\0&0&0&0&0\end{pmatrix}$,

故通解为

$$\begin{pmatrix}x_1\\x_2\\x_3\\x_4\end{pmatrix}=c_1\begin{pmatrix}-2\\3\\1\\0\end{pmatrix}+c_2\begin{pmatrix}-2\\3\\0\\1\end{pmatrix}+\begin{pmatrix}3\\-2\\0\\0\end{pmatrix},c_1,c_2\text{为任意常数.}$$

4. 解:由 $\begin{pmatrix}1&1&-1&1\\1&a&3&2\\2&3&a&3\end{pmatrix}\sim\begin{pmatrix}1&1&-1&1\\0&a-1&4&1\\0&1&a+2&1\end{pmatrix}\sim$

$\begin{pmatrix}1&1&-1&1\\0&0&-(a+3)(a-2)&2-a\\0&1&a+2&1\end{pmatrix}$,可知

(1)当$-(a+3)(a-2)=0$且$a-2\neq 0$,即$a=-3$时,方程组无解;

(2)当$-(a+3)(a-2)\neq 0$时,系数矩阵和增广矩阵的秩都是3,方程组有唯一解,

(3)当$-(a+3)(a-2)=0$且$a-2=0$,即$a=2$时,系数矩阵和增广矩阵的秩都是$2<3$,故方程组有无穷多个解．此时

$$\begin{pmatrix}1&1&-1&1\\1&a&3&2\\2&3&a&3\end{pmatrix}\sim\begin{pmatrix}1&1&-1&1\\0&0&0&0\\0&1&4&1\end{pmatrix}\sim\begin{pmatrix}1&0&-5&0\\0&1&4&1\\0&0&0&0\end{pmatrix},$$

故方程组的通解为$\begin{pmatrix}x_1\\x_2\\x_3\end{pmatrix}=c\begin{pmatrix}5\\-4\\1\end{pmatrix}+\begin{pmatrix}0\\1\\0\end{pmatrix}$,$c$为任意常数.

5. 解:先做行化简

$$\begin{pmatrix}1+\lambda&1&1&0\\1&1+\lambda&1&3\\1&1&1+\lambda&\lambda\end{pmatrix}\sim\begin{pmatrix}1&1&1+\lambda&\lambda\\1&1+\lambda&1&3\\1+\lambda&1&1&0\end{pmatrix}\sim$$

$$\begin{pmatrix}1&1&1+\lambda&\lambda\\0&\lambda&-\lambda&3-\lambda\\0&-\lambda&-\lambda(2+\lambda)&-\lambda(1+\lambda)\end{pmatrix}\sim$$

$$\begin{pmatrix}1&1&1+\lambda&\lambda\\0&\lambda&-\lambda&3-\lambda\\0&0&-\lambda(3+\lambda)&(1-\lambda)(3+\lambda)\end{pmatrix}.$$

则不难得到:

(1)当$\lambda(3+\lambda)\neq 0$时,即$\lambda\neq 0$且$\lambda\neq -3$时方程组有唯一解;

(2)当$\lambda=0$时,标准行阶梯形矩阵为

$$\begin{pmatrix}1&1&1&0\\0&0&0&3\\0&0&0&3\end{pmatrix},$$

故方程组无解;

(3)当$\lambda=-3$时,标准行阶梯形矩阵为

$$\begin{pmatrix}1&0&-1&-1\\0&1&-1&-2\\0&0&0&0\end{pmatrix},$$

由此可得方程组的通解

$$\begin{pmatrix}x_1\\x_2\\x_3\end{pmatrix}=c\begin{pmatrix}1\\1\\1\end{pmatrix}+\begin{pmatrix}-1\\-2\\0\end{pmatrix}\quad c\text{ 为任意常数.}$$

6. 解:(1)$\boldsymbol{\alpha}=\frac{1}{2}[(1,-2,2)^{\mathrm{T}}+(1,2,-2)^{\mathrm{T}}]=(1,0,0)^{\mathrm{T}}$;

(2)$\boldsymbol{\alpha}=\frac{1}{3}[(1,3,-3)^{\mathrm{T}}+(2,-3,3)^{\mathrm{T}}]=(1,0,0)^{\mathrm{T}}$.

7. 解:由于$\begin{pmatrix}2&3&-5\\0&-2&6\\-1&1&-5\end{pmatrix}\sim\begin{pmatrix}0&5&-15\\0&-2&6\\-1&1&-5\end{pmatrix}\sim\begin{pmatrix}1&-1&5\\0&1&-3\\0&0&0\end{pmatrix}\sim$

$\begin{pmatrix}1&0&2\\0&1&-3\\0&0&0\end{pmatrix}$,故 $\boldsymbol{\alpha}_3$是 $\boldsymbol{\alpha}_1,\boldsymbol{\alpha}_2$的线性组合,且 $\boldsymbol{\alpha}_3=2\boldsymbol{\alpha}_1-3\boldsymbol{\alpha}_2$.

8. 解:(1)由于$\begin{pmatrix}1&2&2\\2&-3&-3\\-1&1&-1\end{pmatrix}\sim\begin{pmatrix}1&2&2\\0&-7&-7\\0&3&1\end{pmatrix}\sim\begin{pmatrix}1&2&2\\0&14&0\\0&3&1\end{pmatrix}\sim$

$\begin{pmatrix}1&0&0\\0&1&0\\0&0&1\end{pmatrix}$,故 $R(\boldsymbol{\alpha}_1,\boldsymbol{\alpha}_2,\boldsymbol{\alpha}_3)=3$,即 $\boldsymbol{\alpha}_1,\boldsymbol{\alpha}_2,\boldsymbol{\alpha}_3$线性无关.

(2)由于($\boldsymbol{\alpha}_1^{\mathrm{T}}$, $\boldsymbol{\alpha}_2^{\mathrm{T}}$, $\boldsymbol{\alpha}_3^{\mathrm{T}}$) = $\begin{pmatrix}2&3&1\\2&-1&1\\1&2&3\\-1&4&1\end{pmatrix}\sim\begin{pmatrix}1&-4&-1\\2&-1&1\\1&2&3\\2&3&1\end{pmatrix}\sim$

$\begin{pmatrix}1&-4&-1\\0&7&3\\0&6&4\\0&11&3\end{pmatrix}\sim\begin{pmatrix}1&0&0\\0&1&0\\0&0&1\\0&0&0\end{pmatrix}$,故由 $\boldsymbol{\alpha}_1,\boldsymbol{\alpha}_2,\boldsymbol{\alpha}_3$的前三个分量构成的向量组线性无关,从而 $\boldsymbol{\alpha}_1,\boldsymbol{\alpha}_2,\boldsymbol{\alpha}_3$线性无关.

9. 解:由向量组线性相关,可知 $R(\alpha_1,\alpha_2,\alpha_3,\alpha_4)<4$,又

$\begin{pmatrix}1&1&-1&1\\2&0&-1&3\\-3&5&3&x\\4&8&6&2\end{pmatrix}\sim\begin{pmatrix}1&1&-1&1\\0&-2&1&1\\0&8&0&x+3\\0&4&10&-2\end{pmatrix}\sim$

$\begin{pmatrix}1&1&-1&1\\0&-2&1&1\\0&0&4&x+7\\0&0&12&0\end{pmatrix}\sim\begin{pmatrix}1&1&-1&1\\0&-2&1&1\\0&0&4&x+7\\0&0&0&-3(x+7)\end{pmatrix}$

故$-3(x+7)=0$,即 $x=-7$.

10. 解:(1)由($\boldsymbol{\alpha}_1$, $\boldsymbol{\alpha}_2$, $\boldsymbol{\alpha}_3$, $\boldsymbol{\alpha}_4$) = $\begin{pmatrix}1&-2&3&-4\\0&1&-1&1\\1&0&0&1\end{pmatrix}\sim$

$\begin{pmatrix}1&-2&3&-4\\0&1&-1&1\\0&2&-3&5\end{pmatrix}\sim\begin{pmatrix}1&-2&3&-4\\0&1&-1&1\\0&0&-1&3\end{pmatrix}$,可知

$R(\boldsymbol{\alpha}_1,\boldsymbol{\alpha}_2,\boldsymbol{\alpha}_3,\boldsymbol{\alpha}_4)=3$,且可取它的一个极大线性无关组为 $\boldsymbol{\alpha}_1,\boldsymbol{\alpha}_2,\boldsymbol{\alpha}_3$.

(2)由 $(\boldsymbol{\alpha}_1,\boldsymbol{\alpha}_2,\boldsymbol{\alpha}_3)=\begin{pmatrix}1&4&1\\2&-1&-3\\1&-5&-4\\3&-6&-7\end{pmatrix}\sim\begin{pmatrix}1&4&1\\0&-9&-5\\0&-9&-5\\0&-18&-10\end{pmatrix}\sim$

$\begin{pmatrix}1&4&1\\0&-9&-5\\0&0&0\\0&0&0\end{pmatrix}$,可知

$R(\boldsymbol{\alpha}_1,\boldsymbol{\alpha}_2,\boldsymbol{\alpha}_3)=2$,且可取它的一个极大线性无关组为 $\boldsymbol{\alpha}_1,\boldsymbol{\alpha}_2$.

11. 解:由

$$(\boldsymbol{\alpha}_1,\boldsymbol{\alpha}_2,\boldsymbol{\alpha}_3,\boldsymbol{\alpha}_4)=\begin{pmatrix}3&0&-1&6\\1&7&2&9\\2&2&0&7\\0&3&1&3\end{pmatrix}\sim\begin{pmatrix}0&-21&-7&-21\\1&7&2&9\\0&-12&-4&-11\\0&3&1&3\end{pmatrix}\sim\begin{pmatrix}1&0&-\frac{1}{3}&0\\0&1&\frac{1}{3}&0\\0&0&0&1\\0&0&0&0\end{pmatrix}$$

可知该向量组的秩为3,取它的一个极大线性无关组为 $\boldsymbol{\alpha}_1,\boldsymbol{\alpha}_2,\boldsymbol{\alpha}_4$,则

$\boldsymbol{\alpha}_3=-\frac{1}{3}\boldsymbol{\alpha}_1+\frac{1}{3}\boldsymbol{\alpha}_2$.

12. 解:(1)由 $\begin{pmatrix}1&1&1&1\\0&1&-1&2\\2&3&1&4\\3&5&1&8\end{pmatrix}\sim\begin{pmatrix}1&1&1&1\\0&1&-1&2\\0&1&-1&2\\0&2&-2&5\end{pmatrix}\sim\begin{pmatrix}1&0&2&0\\0&1&-1&0\\0&0&0&1\\0&0&0&0\end{pmatrix}$

可得一个极大线性无关组为 $\boldsymbol{\alpha}_1,\boldsymbol{\alpha}_2,\boldsymbol{\alpha}_4$,并且 $\boldsymbol{\alpha}_3=2\boldsymbol{\alpha}_1-\boldsymbol{\alpha}_2$.

(2)由 $\begin{pmatrix}1&1&1&0\\2&1&0&2\\2&-1&-4&-3\\0&2&4&-3\end{pmatrix}\sim\begin{pmatrix}1&1&1&0\\0&-1&-2&2\\0&-3&-6&-3\\0&2&4&-3\end{pmatrix}\sim$

$\begin{pmatrix}1&1&1&0\\0&-1&-2&2\\0&0&0&-9\\0&0&0&1\end{pmatrix}\sim\begin{pmatrix}1&0&-1&0\\0&1&2&0\\0&0&0&1\\0&0&0&0\end{pmatrix}$ 可得一个极大线性无关组为

$\boldsymbol{\alpha}_1,\boldsymbol{\alpha}_2,\boldsymbol{\alpha}_4$,并且 $\boldsymbol{\alpha}_3=-\boldsymbol{\alpha}_1+2\boldsymbol{\alpha}_2$.

(3)由 $\begin{pmatrix}2&-1&-1&-1&8\\1&1&-2&1&4\\4&-6&2&-6&16\\3&6&-9&7&9\end{pmatrix}\sim\begin{pmatrix}1&1&-2&1&4\\2&-1&-1&-1&8\\2&-3&1&-3&8\\3&6&-9&7&9\end{pmatrix}\sim$

$$\begin{pmatrix}1&1&-2&1&4\\0&-3&3&-3&0\\0&-5&5&-5&0\\0&3&-3&4&-3\end{pmatrix}\sim\begin{pmatrix}1&0&-1&0&4\\0&1&-1&0&3\\0&0&0&1&-3\\0&0&0&0&0\end{pmatrix}$$得一个极大线性无关组为$\boldsymbol{\alpha}_1,\boldsymbol{\alpha}_2,\boldsymbol{\alpha}_4$，并且$\boldsymbol{\alpha}_3=-\boldsymbol{\alpha}_1-\boldsymbol{\alpha}_2,\boldsymbol{\alpha}_5=4\boldsymbol{\alpha}_1+3\boldsymbol{\alpha}_2-3\boldsymbol{\alpha}_4$.

(4)由$\begin{pmatrix}1&3&0&2&-1&3\\0&3&2&-2&-1&0\\-1&0&2&5&3&4\\1&-3&-4&-3&-2&-4\end{pmatrix}\sim\begin{pmatrix}1&3&0&2&-1&3\\0&3&2&-2&-1&0\\0&3&2&7&2&7\\0&-6&-4&-5&-1&-7\end{pmatrix}\sim$

$$\begin{pmatrix}1&3&0&2&-1&3\\0&3&2&-2&-1&0\\0&0&0&9&3&7\\0&0&0&-9&-3&-7\end{pmatrix}\sim\begin{pmatrix}1&0&-2&0&-\frac{4}{3}&-\frac{1}{9}\\0&1&\frac{2}{3}&0&-\frac{1}{9}&\frac{14}{27}\\0&0&0&1&\frac{1}{3}&\frac{7}{9}\\0&0&0&0&0&0\end{pmatrix}$$

可得一个极大线性无关组为$\boldsymbol{\alpha}_1,\boldsymbol{\alpha}_2,\boldsymbol{\alpha}_4$，并且

$$\boldsymbol{\alpha}_3=-2\boldsymbol{\alpha}_1+\frac{2}{3}\boldsymbol{\alpha}_2,\boldsymbol{\alpha}_5=-\frac{4}{3}\boldsymbol{\alpha}_1-\frac{1}{9}\boldsymbol{\alpha}_2+\frac{1}{3}\boldsymbol{\alpha}_4,\boldsymbol{\alpha}_6=-\frac{1}{9}\boldsymbol{\alpha}_1+\frac{14}{27}\boldsymbol{\alpha}_2+\frac{7}{9}\boldsymbol{\alpha}_4.$$

13. 解：(1)由$(\boldsymbol{\alpha}_1,\boldsymbol{\alpha}_2,\boldsymbol{\alpha}_3)=\begin{pmatrix}1&2&5\\2&1&a\\3&0&5\end{pmatrix}\sim\begin{pmatrix}1&2&5\\0&-3&a-10\\0&-6&-10\end{pmatrix}$及秩为2可知$\frac{-3}{-6}=\frac{a-10}{-10}$，故$a=5$.

(2)由$(\boldsymbol{\alpha}_1,\boldsymbol{\alpha}_2,\boldsymbol{\alpha}_3,\boldsymbol{\alpha}_4)=\begin{pmatrix}a&2&1&2\\3&b&2&5\\1&3&1&1\end{pmatrix}\sim\begin{pmatrix}0&2-3a&1-a&2-a\\0&b-9&-1&2\\1&3&1&1\end{pmatrix}$

及秩为2可知

$$\frac{2-3a}{b-9}=\frac{1-a}{-1}=\frac{2-a}{2},$$

故$a=\frac{4}{3},b=3$.

14. 解：本题使用行列式更容易处理．也可先对以下矩阵做行化简

$$\begin{pmatrix}a&1&-1&1\\2&1&1&b\\3&-1&4&-1\end{pmatrix}\sim\begin{pmatrix}a&1&-1&1\\2+a&2&0&b+1\\3+4a&3&0&3\end{pmatrix}\sim\begin{pmatrix}a&1&-1&1\\2+a&2&0&b+1\\\frac{5}{2}a&0&0&\frac{3}{2}(1-b)\end{pmatrix},$$

则可以得到

(1)当$a=0$时，向量组A线性相关；

(2) 当 $a\neq 0$ 时，向量组 A 线性无关；

(3) 当 $a=0$ 且 $\frac{3}{2}(1-b)\neq 0$，即 $a=0$ 且 $b\neq 1$ 时，向量 $\boldsymbol{\beta}$ 不能由向量组 A 线性表示；

(4) 当 $a\neq 0$ 且 $\frac{3}{2}(1-b)\neq 0$，即 $a\neq 0$ 且 $b\neq 1$ 时，向量 $\boldsymbol{\beta}$ 能由向量组 A 线性表示，且表示式唯一；

(5) 当 $a=0$ 且 $\frac{3}{2}(1-b)=0$，即 $a=0$ 且 $b=1$ 时，向量 $\boldsymbol{\beta}$ 能由向量组 A 线性表示，且表示式不唯一．此时，

$$\begin{pmatrix} a & 1 & -1 & 1 \\ 2 & 1 & 1 & b \\ 3 & -1 & 4 & -1 \end{pmatrix}=\begin{pmatrix} 0 & 1 & -1 & 1 \\ 2 & 1 & 1 & 1 \\ 3 & -1 & 4 & -1 \end{pmatrix}\sim$$

$$\begin{pmatrix} 0 & 1 & -1 & 1 \\ 2 & 0 & 2 & 0 \\ 3 & 0 & 3 & 0 \end{pmatrix}\sim\begin{pmatrix} 1 & 0 & 1 & 0 \\ 0 & 1 & -1 & 1 \\ 0 & 0 & 0 & 0 \end{pmatrix},$$

故 $\boldsymbol{\beta}=\boldsymbol{\alpha}_2=\boldsymbol{\alpha}_1-\boldsymbol{\alpha}_3$.

15. (1) 正确（利用反证法可证）；(2) 正确（利用定义构造法）；(3) 错误，例如若向量组 $\boldsymbol{\alpha}_1=(1,0)$，$\boldsymbol{\alpha}_2=(1,1)$，$\boldsymbol{\alpha}_3=(1,1)$；(4) 错误，例如 $\boldsymbol{\alpha}_1=\boldsymbol{\beta}_1=(1,0)$，$\boldsymbol{\alpha}_2=\boldsymbol{\beta}_2=(0,1)$；(5) 正确（利用反证法可证）；(6) 错误，例如 $\boldsymbol{\alpha}_1=\boldsymbol{\alpha}_2=\boldsymbol{\beta}_2=2\boldsymbol{\beta}_1=(1,0)$.

16. 证明：(1) 由于 $\boldsymbol{\alpha}_2,\boldsymbol{\alpha}_3,\boldsymbol{\alpha}_4$ 线性无关，故 $\boldsymbol{\alpha}_2,\boldsymbol{\alpha}_3$ 线性无关，若 $\boldsymbol{\alpha}_1$ 不能由 $\boldsymbol{\alpha}_2,\boldsymbol{\alpha}_3$ 线性表示，则 $\boldsymbol{\alpha}_1,\boldsymbol{\alpha}_2,\boldsymbol{\alpha}_3$ 线性无关，与已知矛盾，即 $\boldsymbol{\alpha}_1$ 能由 $\boldsymbol{\alpha}_2,\boldsymbol{\alpha}_3$ 线性表示.

(2) 若 $\boldsymbol{\alpha}_4$ 能由 $\boldsymbol{\alpha}_1,\boldsymbol{\alpha}_2,\boldsymbol{\alpha}_3$ 线性表示，则由已知可得

$$3=R(\boldsymbol{\alpha}_2,\boldsymbol{\alpha}_3,\boldsymbol{\alpha}_4)\leqslant R(\boldsymbol{\alpha}_1,\boldsymbol{\alpha}_2,\boldsymbol{\alpha}_3,\boldsymbol{\alpha}_4)=R(\boldsymbol{\alpha}_1,\boldsymbol{\alpha}_2,\boldsymbol{\alpha}_3)\leqslant 2.$$

矛盾！即证 $\boldsymbol{\alpha}_4$ 不能由 $\boldsymbol{\alpha}_1,\boldsymbol{\alpha}_2,\boldsymbol{\alpha}_3$ 线性表示.

17. 证明：设 $k_1\boldsymbol{\beta}_1+k_2\boldsymbol{\beta}_2+k_3\boldsymbol{\beta}_3=\mathbf{0}$，即 $k_1(\boldsymbol{\alpha}_1+\boldsymbol{\alpha}_2)+k_2(\boldsymbol{\alpha}_2+\boldsymbol{\alpha}_3)+k_3\boldsymbol{\alpha}_3=\mathbf{0}$，也就是 $k_1\boldsymbol{\alpha}_1+(k_1+k_2)\boldsymbol{\alpha}_2+(k_2+k_3)\boldsymbol{\alpha}_3=\mathbf{0}$，由于 $\boldsymbol{\alpha}_1,\boldsymbol{\alpha}_2,\boldsymbol{\alpha}_3$ 线性无关，故 $k_1=k_1+k_2=k_2+k_3=0$，从而 $k_1=k_2=k_3=0$，$\boldsymbol{\beta}_1,\boldsymbol{\beta}_2,\boldsymbol{\beta}_3$ 线性无关.

18. 证明：(1) 若向量组 A：$\boldsymbol{\alpha}_1,\boldsymbol{\alpha}_2,\cdots,\boldsymbol{\alpha}_n$ 线性相关，则存在不全为零的数 $k_1,k_2,\cdots,k_n$，使得

$$k_1\boldsymbol{\alpha}_1+k_2\boldsymbol{\alpha}_2\cdots+k_n\boldsymbol{\alpha}_n=\mathbf{0},$$

从而存在不全为零的数 $k_1,k_2,\cdots,k_n,k_{n+1}=0$，使得 $k_1\boldsymbol{\alpha}_1+\cdots+k_{n+1}\boldsymbol{\alpha}_{n+1}=\mathbf{0}$，即向量组 B：$\boldsymbol{\alpha}_1,\boldsymbol{\alpha}_2,\cdots,\boldsymbol{\alpha}_n,\boldsymbol{\alpha}_{n+1}$ 也线性相关．再利用反证法可证第二个结论.

(2) 设给定的 n 个 m 维向量组成的向量组对应的矩阵为 $\boldsymbol{A}=\boldsymbol{A}_{m\times n}$．由于方程组 $\boldsymbol{Ax}=\mathbf{0}$ 的系数矩阵非零行数 $m<n$，故由定理 1.3.1 可知方程组 $\boldsymbol{Ax}=\mathbf{0}$ 必有非平凡解，再由定理 1.5.1 可知结论成立.

(3)由于向量组 $\boldsymbol{\alpha}_1,\boldsymbol{\alpha}_2,\cdots,\boldsymbol{\alpha}_n,\boldsymbol{\beta}$ 线性相关,则存在一组不全为零的数 $k_1,k_2,\cdots,k_n,k_{n+1}$ 使得

$$k_1\boldsymbol{\alpha}_1+k_2\boldsymbol{\alpha}_2+\cdots+k_n\boldsymbol{\alpha}_n+k_{n+1}\boldsymbol{\beta}=\mathbf{0}.$$

显然 $k_{n+1}\neq 0$. 否则,由于向量组 $\boldsymbol{\alpha}_1,\boldsymbol{\alpha}_2,\cdots,\boldsymbol{\alpha}_n$ 线性无关,必有 $k_1,k_2,\cdots,k_n,k_{n+1}$ 全为零. 整理即可证明 $\boldsymbol{\beta}$ 可由向量组 A 线性表示.

下面证明唯一性. 不妨假设 $k_{n+1}=-1$,假设存在另一组不全为零的数 $l_1,l_2,\cdots,l_n$ 使得

$$\boldsymbol{\beta}=l_1\boldsymbol{\alpha}_1+l_2\boldsymbol{\alpha}_2+\cdots+l_n\boldsymbol{\alpha}_n,$$

则有

$$(k_1-l_1)\boldsymbol{\alpha}_1+(k_2-l_2)\boldsymbol{\alpha}_2+\cdots+(k_n-l_n)\boldsymbol{\alpha}_n=\mathbf{0}.$$

由于向量组 $\boldsymbol{\alpha}_1,\boldsymbol{\alpha}_2,\cdots,\boldsymbol{\alpha}_n$ 线性无关,必有 $k_1-l_1=k_2-l_2=\cdots=k_n-l_n=0$. 即证.

19. 证明:设向量组 $\boldsymbol{\alpha}_i=(a_{1i},a_{2i},\cdots,a_{ri})^{\mathrm{T}}(i=1,2,\cdots,m)$ 线性相关,并假设向量组 $\boldsymbol{\beta}_i=(a_{1i},a_{2i},\cdots,a_{r-1,i})^{\mathrm{T}}(i=1,2,\cdots,m)$ 线性无关,则由 1.5 节例 4 可知 $\boldsymbol{\alpha}_i=(a_{1i},a_{2i},\cdots,a_{ri})^{\mathrm{T}}(i=1,2,\cdots,m)$ 线性无关,矛盾!

20. 证明:设向量组的一个极大无关组为 $\boldsymbol{\alpha}_1,\boldsymbol{\alpha}_2,\cdots,\boldsymbol{\alpha}_r$,取该向量组中任意 r 个线性无关的向量 $\boldsymbol{\beta}_1,\boldsymbol{\beta}_2,\cdots,\boldsymbol{\beta}_r$. 任取该向量组中的向量 $\boldsymbol{\beta}$,由于 $\boldsymbol{\alpha}_1,\boldsymbol{\alpha}_2,\cdots,\boldsymbol{\alpha}_r$ 是一个极大无关组,故 $\boldsymbol{\beta}_1,\boldsymbol{\beta}_2,\cdots,\boldsymbol{\beta}_r,\boldsymbol{\beta}$ 可由 $\boldsymbol{\alpha}_1,\boldsymbol{\alpha}_2,\cdots,\boldsymbol{\alpha}_r$ 线性表示,进而有

$$r\leqslant R(\boldsymbol{\beta}_1,\boldsymbol{\beta}_2,\cdots,\boldsymbol{\beta}_r,\boldsymbol{\beta})\leqslant R(\boldsymbol{\alpha}_1,\boldsymbol{\alpha}_2,\cdots,\boldsymbol{\alpha}_r)=r.$$

也就是 $R(\boldsymbol{\beta}_1,\boldsymbol{\beta}_2,\cdots,\boldsymbol{\beta}_r,\boldsymbol{\beta})=r$. 这表明 $\boldsymbol{\beta}_1,\boldsymbol{\beta}_2,\cdots,\boldsymbol{\beta}_r,\boldsymbol{\beta}$ 线性相关,又由于 $\boldsymbol{\beta}_1,\boldsymbol{\beta}_2,\cdots,\boldsymbol{\beta}_r$ 线性无关,故 $\boldsymbol{\beta}$ 可由 $\boldsymbol{\beta}_1,\boldsymbol{\beta}_2,\cdots,\boldsymbol{\beta}_r$ 线性表示. 即证 $\boldsymbol{\beta}_1,\boldsymbol{\beta}_2,\cdots,\boldsymbol{\beta}_r$ 为该向量组的极大线性无关组.

21. 证明:记 $\boldsymbol{A}=(\boldsymbol{\alpha}_1,\boldsymbol{\alpha}_2,\cdots,\boldsymbol{\alpha}_n)$,则由定理 1.3.1 可知 $\boldsymbol{Ax}=\boldsymbol{\beta}$ 有解当且仅当矩阵 $(\boldsymbol{A},\boldsymbol{\beta})$ 对应标准行阶梯形矩阵不包含形如 $(0,\cdots,0,b)$ 这样的行,其中 $b\neq 0$. 再由定义 1.6.2 可知,这等价于

$$R(\boldsymbol{\alpha}_1,\boldsymbol{\alpha}_2,\cdots,\boldsymbol{\alpha}_n)=R(\boldsymbol{A})=R(\boldsymbol{A},\boldsymbol{\beta})=R(\boldsymbol{\alpha}_1,\boldsymbol{\alpha}_2,\cdots,\boldsymbol{\alpha}_n,\boldsymbol{\beta}).$$

22. 证明:(1)先证必要性. 记 $\boldsymbol{A}=(\boldsymbol{\alpha}_1,\boldsymbol{\alpha}_2,\cdots,\boldsymbol{\alpha}_n)$,$\boldsymbol{\beta}_1,\boldsymbol{\beta}_2,\cdots,\boldsymbol{\beta}_r$ 是向量组 B 的一个极大线性无关组. 若向量组 B 可由向量组 A 线性表示,则 $\boldsymbol{\beta}_1$ 可由向量组 A 线性表示,由定理 1.6.4 可得 $R(A)=R(A,\beta_1)$. 注意到 $\boldsymbol{\beta}_2$ 可由向量组 $A,\boldsymbol{\beta}_1$ 线性表示,故 $R(\boldsymbol{A})=R(\boldsymbol{A},\boldsymbol{\beta}_1)=R(\boldsymbol{A},\boldsymbol{\beta}_1,\boldsymbol{\beta}_2)$. 由归纳法可得 $R(\boldsymbol{A})=R(\boldsymbol{A},\boldsymbol{\beta}_1,\boldsymbol{\beta}_2,\cdots,\boldsymbol{\beta}_r)$,再由 $\boldsymbol{\beta}_1,\boldsymbol{\beta}_2,\cdots,\boldsymbol{\beta}_r$ 是向量组 B 的极大线性无关组,即证 $R(\boldsymbol{A})=R(\boldsymbol{A},\boldsymbol{B})$.

再证充分性. 若 $R(\boldsymbol{A})=R(\boldsymbol{A},\boldsymbol{B})$,假设存在向量组 B 中的元素不能由向量组 A 线性表示,则 $R(\boldsymbol{A})<R(\boldsymbol{A},\boldsymbol{\beta})\leqslant R(A,B)$,矛盾!

(2)由(1)可得.

(3)反证法,假设向量组 A 线性无关,则由(1)可得 $r=R(\boldsymbol{A})\leqslant R(\boldsymbol{A},\boldsymbol{B})=R(\boldsymbol{B})\leqslant s$,这与已知矛盾!

(4)利用(3)及反证法即证.

23. 证明：显然，任意给定的 n 维向量都可以被 n 维基本单位向量组 $\boldsymbol{\varepsilon}_1,\boldsymbol{\varepsilon}_2,\cdots,\boldsymbol{\varepsilon}_n$ 线性表出．任取一个 n 维线性无关组 $A:\boldsymbol{\alpha}_1,\boldsymbol{\alpha}_2,\cdots,\boldsymbol{\alpha}_r$．若 $r=n$，则已证．下面假设 $r<n$ 且 $\boldsymbol{\varepsilon}_{s1}$ 是在 $\boldsymbol{\varepsilon}_1,\boldsymbol{\varepsilon}_2,\cdots,\boldsymbol{\varepsilon}_n$ 中使得 $A_1:\boldsymbol{\alpha}_1,\boldsymbol{\alpha}_2,\cdots,\boldsymbol{\alpha}_r,\boldsymbol{\varepsilon}_{s1}$ 线性无关的下标最小的那一个，则 $\boldsymbol{\varepsilon}_1,\boldsymbol{\varepsilon}_2\cdots,\boldsymbol{\varepsilon}_{s1}$ 均可由 A_1 线性表出. 假设 $\boldsymbol{\varepsilon}_{s2}$ 是在 $\boldsymbol{\varepsilon}_1,\boldsymbol{\varepsilon}_2,\cdots,\boldsymbol{\varepsilon}_n$ 中使得 $A_2=(\boldsymbol{\alpha}_1,\boldsymbol{\alpha}_2,\cdots,\boldsymbol{\alpha}_r,\boldsymbol{\varepsilon}_{s1},\boldsymbol{\varepsilon}_{s2})$ 线性无关的下标最小的那一个，则 $\boldsymbol{\varepsilon}_1,\boldsymbol{\varepsilon}_2,\cdots,\boldsymbol{\varepsilon}_{s2}$ 均可由 $\boldsymbol{A}_1$ 线性表出.依次类推，可得一个恰好包含 n 个 n 维向量的极大线性无关组 $A_{n-r}:\boldsymbol{\alpha}_1,\boldsymbol{\alpha}_2,\cdots,\boldsymbol{\alpha}_r,\boldsymbol{\varepsilon}_{s1},\boldsymbol{\varepsilon}_{s2},\cdots,\boldsymbol{\varepsilon}_{s,n-r}$，可以线性表出 $\boldsymbol{\varepsilon}_1,\boldsymbol{\varepsilon}_2,\cdots,\boldsymbol{\varepsilon}_n$.

习题二

1. 解：(1) $\boldsymbol{A}+\boldsymbol{B}=\begin{pmatrix}1&3&4&0\\1&-1&-4&5\end{pmatrix}$；$\boldsymbol{A}-2\boldsymbol{B}=\begin{pmatrix}1&0&1&0\\-2&-1&2&-7\end{pmatrix}$，

$\boldsymbol{AC}=\begin{pmatrix}10&-1\\-5&4\end{pmatrix}$；$\boldsymbol{BC}=\begin{pmatrix}3&-1\\-2&13\end{pmatrix}$.

(2) $(2\boldsymbol{A}+\boldsymbol{B})\boldsymbol{C}=2\boldsymbol{AC}+\boldsymbol{BC}=2\times\begin{pmatrix}10&-1\\-5&4\end{pmatrix}+\begin{pmatrix}3&-1\\-2&13\end{pmatrix}=$

$\begin{pmatrix}23&-3\\-12&21\end{pmatrix}$，

故 $\boldsymbol{D}=-\dfrac{1}{3}\begin{pmatrix}23&-3\\-12&21\end{pmatrix}$.

(3)由(1)和已知条件可得

$\begin{pmatrix}2&0&1&d\\m&n&0&0\end{pmatrix}=\begin{pmatrix}1&0&1&0\\-2&-1&2&-7\end{pmatrix}+$

$\begin{pmatrix}1&0&a&3\\0&1&b&c\end{pmatrix}=\begin{pmatrix}2&0&a+1&3\\-2&0&b+2&c-7\end{pmatrix}$，

故 $a+1=1,b+2=0,c-7=0,d=3,m=-2,n=0$，

即 $a=0,b=-2,c=7,d=3,m=-2,n=0$.

2. 解：注意到

$$\boldsymbol{A}^2=\begin{pmatrix}a&1&0\\0&a&1\\0&0&a\end{pmatrix}\begin{pmatrix}a&1&0\\0&a&1\\0&0&a\end{pmatrix}=\begin{pmatrix}a^2&2a&1\\0&a^2&2a\\0&0&a^2\end{pmatrix},$$

$$\boldsymbol{A}^3=\begin{pmatrix}a^2&2a&1\\0&a^2&2a\\0&0&a^2\end{pmatrix}\begin{pmatrix}a&1&0\\0&a&1\\0&0&a\end{pmatrix}=\begin{pmatrix}a^3&3a^2&3a\\0&a^3&3a^2\\0&0&a^3\end{pmatrix},$$

猜测并使用数学归纳法可得

$$\boldsymbol{A}^n=\begin{pmatrix} a^n & na^{n-1} & \frac{n(n-1)}{2}a^{n-2} \\ 0 & a^n & na^{n-1} \\ 0 & 0 & a^n \end{pmatrix}.$$

3. 解:注意到

$$\boldsymbol{A}^2=\begin{pmatrix} 3 & 9 & 0 & 0 \\ 0 & 3 & 0 & 0 \\ 0 & 0 & 2 & 1 \\ 0 & 0 & 0 & 2 \end{pmatrix}\begin{pmatrix} 3 & 9 & 0 & 0 \\ 0 & 3 & 0 & 0 \\ 0 & 0 & 2 & 1 \\ 0 & 0 & 0 & 2 \end{pmatrix}=\begin{pmatrix} 3^2 & 2\cdot 3^3 & 0 & 0 \\ 0 & 3^2 & 0 & 0 \\ 0 & 0 & 2^2 & 2\cdot 2 \\ 0 & 0 & 0 & 2^2 \end{pmatrix},$$

$$\boldsymbol{A}^3=\begin{pmatrix} 3^2 & 2\cdot 3^3 & 0 & 0 \\ 0 & 3^2 & 0 & 0 \\ 0 & 0 & 2^2 & 2\cdot 2 \\ 0 & 0 & 0 & 2^2 \end{pmatrix}\begin{pmatrix} 3 & 9 & 0 & 0 \\ 0 & 3 & 0 & 0 \\ 0 & 0 & 2 & 1 \\ 0 & 0 & 0 & 2 \end{pmatrix}=\begin{pmatrix} 3^3 & 3\cdot 3^4 & 0 & 0 \\ 0 & 3^3 & 0 & 0 \\ 0 & 0 & 2^3 & 3\cdot 2^2 \\ 0 & 0 & 0 & 2^3 \end{pmatrix},$$

猜测并使用数学归纳法可得

$$\boldsymbol{A}^n=\begin{pmatrix} 3^n & n\cdot 3^{n+1} & 0 & 0 \\ 0 & 3^n & 0 & 0 \\ 0 & 0 & 2^n & n\cdot 2^{n-1} \\ 0 & 0 & 0 & 2^n \end{pmatrix},$$

故

$$\boldsymbol{A}^{2018}=\begin{pmatrix} 3^{2018} & 2018\cdot 3^{2019} & 0 & 0 \\ 0 & 3^{2018} & 0 & 0 \\ 0 & 0 & 2^{2018} & 2018\cdot 2^{2017} \\ 0 & 0 & 0 & 2^{2018} \end{pmatrix}.$$

4. 解:易知

$$\begin{pmatrix} 0 & 1 & 0 \\ 1 & 0 & 0 \\ 0 & 0 & 1 \end{pmatrix}^{2n}=\begin{pmatrix} 1 & 0 & 0 \\ 0 & 1 & 0 \\ 0 & 0 & 1 \end{pmatrix},\begin{pmatrix} 0 & 1 & 0 \\ 1 & 0 & 0 \\ 0 & 0 & 1 \end{pmatrix}^{2n-1}=\begin{pmatrix} 0 & 1 & 0 \\ 1 & 0 & 0 \\ 0 & 0 & 1 \end{pmatrix},$$

故

$$\begin{pmatrix} 0 & 1 & 0 \\ 1 & 0 & 0 \\ 0 & 0 & 1 \end{pmatrix}^{2018}\begin{pmatrix} 1 & 2 & 3 \\ 3 & 1 & 2 \\ 2 & 3 & 1 \end{pmatrix}\begin{pmatrix} 0 & 1 & 0 \\ 1 & 0 & 0 \\ 0 & 0 & 1 \end{pmatrix}^{2019}=\begin{pmatrix} 1 & 0 & 0 \\ 0 & 1 & 0 \\ 0 & 0 & 1 \end{pmatrix}$$

$$\begin{pmatrix} 1 & 2 & 3 \\ 3 & 1 & 2 \\ 2 & 3 & 1 \end{pmatrix}\begin{pmatrix} 0 & 1 & 0 \\ 1 & 0 & 0 \\ 0 & 0 & 1 \end{pmatrix}=\begin{pmatrix} 2 & 1 & 3 \\ 1 & 3 & 2 \\ 3 & 2 & 1 \end{pmatrix}.$$

5. 解:由转置矩阵的定义即可得到

$$A^{\mathrm{T}}=\begin{pmatrix}1&0\\2&-1\\3&-2\\0&1\end{pmatrix},B^{\mathrm{T}}=\begin{pmatrix}0&1\\1&0\\1&-2\\0&4\end{pmatrix},C^{\mathrm{T}}=\begin{pmatrix}2&1&2&0\\1&-1&0&3\end{pmatrix}.$$

$$C^{\mathrm{T}}A^{\mathrm{T}}=\begin{pmatrix}2&1&2&0\\1&-1&0&3\end{pmatrix}\begin{pmatrix}1&0\\2&-1\\3&-2\\0&1\end{pmatrix}=\begin{pmatrix}10&-5\\-1&4\end{pmatrix}=(AC)^{\mathrm{T}},$$

$$C^{\mathrm{T}}B^{\mathrm{T}}=\begin{pmatrix}2&1&2&0\\1&-1&0&3\end{pmatrix}\begin{pmatrix}0&1\\1&0\\1&-2\\0&4\end{pmatrix}=\begin{pmatrix}3&-2\\-1&13\end{pmatrix}=(BC)^{\mathrm{T}}.$$

6. 证明:(1)由于

$$(A+A^{\mathrm{T}})^{\mathrm{T}}=A^{\mathrm{T}}+A=A+A^{\mathrm{T}},(A-A^{\mathrm{T}})^{\mathrm{T}}=A^{\mathrm{T}}-A=-(A-A^{\mathrm{T}}),$$

故 $A+A^{\mathrm{T}}$ 和 $A-A^{\mathrm{T}}$ 分别是对称矩阵和反对称矩阵. 又因为 $A=\dfrac{A+A^{\mathrm{T}}}{2}+\dfrac{A-A^{\mathrm{T}}}{2}$,故任意给定的 n 阶方阵都可以表示为一个对称矩阵和一个反对称矩阵之和;

(2)由已知可得 $A=A^{\mathrm{T}},B=B^{\mathrm{T}}$,

$$(AB-BA)^{\mathrm{T}}=(AB)^{\mathrm{T}}-(BA)^{\mathrm{T}}=B^{\mathrm{T}}A^{\mathrm{T}}-A^{\mathrm{T}}B^{\mathrm{T}}=BA-AB=-(AB-BA),$$

故 $AB-BA$ 为反对称矩阵.

7. 证明:$(ABA^{\mathrm{T}})^{\mathrm{T}}=(A^{\mathrm{T}})^{\mathrm{T}}(AB)^{\mathrm{T}}=AB^{\mathrm{T}}A^{\mathrm{T}}=ABA^{\mathrm{T}}$.

8. 解:$A^{-1}=\begin{pmatrix}2&5\\1&3\end{pmatrix}^{-1}=\dfrac{1}{2\times3-1\times5}\begin{pmatrix}3&-5\\-1&2\end{pmatrix}=\begin{pmatrix}3&-5\\-1&2\end{pmatrix}$,

$$(2A)^{-1}=\frac{1}{2}\cdot\frac{1}{2\times3-1\times5}\begin{pmatrix}3&-5\\-1&2\end{pmatrix}=\frac{1}{2}\begin{pmatrix}3&-5\\-1&2\end{pmatrix}.$$

9. 解:设方程组的系数矩阵 $A=\begin{pmatrix}2&5\\1&3\end{pmatrix}$,未知数向量 $x=\begin{pmatrix}x_1\\x_2\end{pmatrix}$,常数项向量 $b=\begin{pmatrix}1\\2\end{pmatrix}$,

该线性方程组可表示成向量方程 $Ax=b$. 由第 8 题可知,方阵 A 可逆,用 A^{-1} 左乘等式 $Ax=b$,有

$$x=A^{-1}b=\begin{pmatrix}3&-5\\-1&2\end{pmatrix}\begin{pmatrix}1\\2\end{pmatrix}=\begin{pmatrix}-7\\3\end{pmatrix}.$$

10. 证明:由 $A^2-A-2E=O$,可得 $A(A-E)=2E$,从而 $A\dfrac{A-E}{2}=E$,故 A 可逆,且 $A^{-1}=\dfrac{1}{2}(A-E)$. 再由 $A^2-A-2E=O$,可得$(A+2E)$

$(\boldsymbol{A}-3\boldsymbol{E})+4\boldsymbol{E}=\boldsymbol{O}$,从而

$(\boldsymbol{A}+2\boldsymbol{E})\cdot\left[-\frac{1}{4}(\boldsymbol{A}-3\boldsymbol{E})\right]=\boldsymbol{E}$,故 $\boldsymbol{A}+2\boldsymbol{E}$ 可逆,且 $(\boldsymbol{A}+2\boldsymbol{E})^{-1}=-\frac{1}{4}$ $(\boldsymbol{A}-3\boldsymbol{E})$.

11. 解:由第 8 题可知 $\boldsymbol{A}^{-1}=\begin{pmatrix}3&-5\\-1&2\end{pmatrix}$,故

$$\boldsymbol{X}=\boldsymbol{A}^{-1}\boldsymbol{B}=\begin{pmatrix}3&-5\\-1&2\end{pmatrix}\begin{pmatrix}1&-1\\1&0\end{pmatrix}=\begin{pmatrix}-2&-3\\1&1\end{pmatrix}.$$

12. 解:易得 $\boldsymbol{P}^{-1}=\frac{1}{1\times5-2\times2}\begin{pmatrix}5&-2\\-2&1\end{pmatrix}=\begin{pmatrix}5&-2\\-2&1\end{pmatrix}$,且 $\boldsymbol{A}=\boldsymbol{P\Lambda P}^{-1}$,进而

$\boldsymbol{A}^n=\boldsymbol{P\Lambda}^n\boldsymbol{P}^{-1}=\begin{pmatrix}1&2\\2&5\end{pmatrix}\begin{pmatrix}1&0\\0&2\end{pmatrix}^n\begin{pmatrix}5&-2\\-2&1\end{pmatrix}=$

$\begin{pmatrix}1&2\\2&5\end{pmatrix}\begin{pmatrix}1&0\\0&2^n\end{pmatrix}\begin{pmatrix}5&-2\\-2&1\end{pmatrix}=\begin{pmatrix}5-2^{n+2}&2^{n+1}-2\\10-5\cdot2^{n+1}&5\cdot2^n-4\end{pmatrix}$.

13. 解:记

$$\boldsymbol{A}=\begin{pmatrix}3&9&0&0\\0&3&0&0\\0&0&2&1\\0&0&0&2\end{pmatrix}=\begin{pmatrix}\boldsymbol{B}&\boldsymbol{O}\\\boldsymbol{O}&\boldsymbol{C}\end{pmatrix},\boldsymbol{B}=\begin{pmatrix}3&9\\0&3\end{pmatrix},\boldsymbol{C}=\begin{pmatrix}2&1\\0&2\end{pmatrix},$$

则

$$\boldsymbol{A}^n=\begin{pmatrix}\boldsymbol{B}&\boldsymbol{O}\\\boldsymbol{O}&\boldsymbol{C}\end{pmatrix}^n=\begin{pmatrix}\boldsymbol{B}^n&\boldsymbol{O}\\\boldsymbol{O}&\boldsymbol{C}^n\end{pmatrix}.$$

由于

$$\boldsymbol{B}^n=\begin{pmatrix}3&9\\0&3\end{pmatrix}^n=\begin{pmatrix}3^n&n\cdot3^{n+1}\\0&3^n\end{pmatrix},\boldsymbol{C}^n=\begin{pmatrix}2&1\\0&2\end{pmatrix}^n=\begin{pmatrix}2^n&n\cdot2^{n-1}\\0&2^n\end{pmatrix},$$

故 $\boldsymbol{A}^n=\begin{pmatrix}\boldsymbol{B}^n&\boldsymbol{O}\\\boldsymbol{O}&\boldsymbol{C}^n\end{pmatrix}=\begin{pmatrix}3^n&n\cdot3^{n+1}&0&0\\0&3^n&0&0\\0&0&2^n&n\cdot2^{n-1}\\0&0&0&2^n\end{pmatrix}$.

14. 证明:(1)因为 $\begin{pmatrix}\boldsymbol{O}&\boldsymbol{A}\\\boldsymbol{B}&\boldsymbol{O}\end{pmatrix}\begin{pmatrix}\boldsymbol{O}&\boldsymbol{B}^{-1}\\\boldsymbol{A}^{-1}&\boldsymbol{O}\end{pmatrix}=\begin{pmatrix}\boldsymbol{AA}^{-1}&\boldsymbol{O}\\\boldsymbol{O}&\boldsymbol{BB}^{-1}\end{pmatrix}=\boldsymbol{E}$,所以 $\begin{pmatrix}\boldsymbol{O}&\boldsymbol{A}\\\boldsymbol{B}&\boldsymbol{O}\end{pmatrix}^{-1}=\begin{pmatrix}\boldsymbol{O}&\boldsymbol{B}^{-1}\\\boldsymbol{A}^{-1}&\boldsymbol{O}\end{pmatrix}$;

(2)因为 $\begin{pmatrix}\boldsymbol{A}&\boldsymbol{O}\\\boldsymbol{C}&\boldsymbol{B}\end{pmatrix}\begin{pmatrix}\boldsymbol{A}^{-1}&\boldsymbol{O}\\-\boldsymbol{B}^{-1}\boldsymbol{CA}^{-1}&\boldsymbol{B}^{-1}\end{pmatrix}=\begin{pmatrix}\boldsymbol{AA}^{-1}&\boldsymbol{O}\\\boldsymbol{CA}^{-1}+\boldsymbol{B}(-\boldsymbol{B}^{-1}\boldsymbol{CA}^{-1})&\boldsymbol{BB}^{-1}\end{pmatrix}=\boldsymbol{E}$,

所以 $\begin{pmatrix}\boldsymbol{A}&\boldsymbol{O}\\\boldsymbol{C}&\boldsymbol{B}\end{pmatrix}^{-1}=\begin{pmatrix}\boldsymbol{A}^{-1}&\boldsymbol{O}\\-\boldsymbol{B}^{-1}\boldsymbol{CA}^{-1}&\boldsymbol{B}^{-1}\end{pmatrix}$.

15. 解:(1)由分块矩阵的乘法可得

$$\begin{pmatrix}3&0&0&0\\0&3&0&0\\1&0&1&0\\1&-1&0&1\end{pmatrix}\begin{pmatrix}3&0&1&0\\1&4&0&1\\1&0&1&1\\0&1&2&1\end{pmatrix}=\begin{pmatrix}3\boldsymbol{E}&\boldsymbol{O}\\\boldsymbol{A}&\boldsymbol{E}\end{pmatrix}\begin{pmatrix}\boldsymbol{B}&\boldsymbol{E}\\\boldsymbol{E}&\boldsymbol{C}\end{pmatrix}=\begin{pmatrix}3\boldsymbol{B}&3\boldsymbol{E}\\\boldsymbol{AB}+\boldsymbol{E}&\boldsymbol{A}+\boldsymbol{C}\end{pmatrix},$$

其中

$$\boldsymbol{A}=\begin{pmatrix}1&0\\1&-1\end{pmatrix},\boldsymbol{B}=\begin{pmatrix}3&0\\1&4\end{pmatrix},\boldsymbol{C}=\begin{pmatrix}1&1\\2&1\end{pmatrix},\boldsymbol{AB}=\begin{pmatrix}1&0\\1&-1\end{pmatrix}\begin{pmatrix}3&0\\1&4\end{pmatrix}=\begin{pmatrix}3&0\\2&-4\end{pmatrix},$$

$$\boldsymbol{AB}+\boldsymbol{E}=\begin{pmatrix}4&0\\2&-3\end{pmatrix},\boldsymbol{A}+\boldsymbol{C}=\begin{pmatrix}1&0\\1&-1\end{pmatrix}+\begin{pmatrix}1&1\\2&1\end{pmatrix}=\begin{pmatrix}2&1\\3&0\end{pmatrix},$$

故

$$\begin{pmatrix}3&0&0&0\\0&3&0&0\\1&0&1&0\\1&-1&0&1\end{pmatrix}\begin{pmatrix}3&0&1&0\\1&4&0&1\\1&0&1&1\\0&1&2&1\end{pmatrix}=\begin{pmatrix}9&0&3&0\\3&12&0&3\\4&0&2&1\\2&-3&3&0\end{pmatrix}.$$

(2)记 $\begin{pmatrix}1&2&0\\2&5&0\\0&0&2\end{pmatrix}=\begin{pmatrix}\boldsymbol{A}&\boldsymbol{O}\\\boldsymbol{O}&2\end{pmatrix}$, 则 $\boldsymbol{A}^{-1}=\begin{pmatrix}1&2\\2&5\end{pmatrix}^{-1}=\dfrac{1}{1\times5-2\times2}$ $\begin{pmatrix}5&-2\\-2&1\end{pmatrix}=\begin{pmatrix}5&-2\\-2&1\end{pmatrix}$,故

$$\begin{pmatrix}1&2&0\\2&5&0\\0&0&2\end{pmatrix}^{-1}=\begin{pmatrix}\boldsymbol{A}^{-1}&0\\0&(2)^{-1}\end{pmatrix}=\begin{pmatrix}5&-2&0\\-2&1&0\\0&0&\frac{1}{2}\end{pmatrix}.$$

(3)记 $\begin{pmatrix}3&2&0&0\\1&1&0&0\\0&0&1&1\\0&0&2&1\end{pmatrix}=\begin{pmatrix}\boldsymbol{A}&\boldsymbol{O}\\\boldsymbol{O}&\boldsymbol{B}\end{pmatrix}$,则

$$\boldsymbol{A}^{-1}=\begin{pmatrix}3&2\\1&1\end{pmatrix}^{-1}=\begin{pmatrix}1&-2\\-1&3\end{pmatrix},\boldsymbol{B}^{-1}=\begin{pmatrix}1&1\\2&1\end{pmatrix}^{-1}=\begin{pmatrix}-1&1\\2&-1\end{pmatrix},$$

故

$$\begin{pmatrix}3&2&0&0\\1&1&0&0\\0&0&1&1\\0&0&2&1\end{pmatrix}^{-1}=\begin{pmatrix}\boldsymbol{A}&\boldsymbol{O}\\\boldsymbol{O}&\boldsymbol{B}\end{pmatrix}^{-1}=\begin{pmatrix}\boldsymbol{A}^{-1}&\boldsymbol{O}\\\boldsymbol{O}&\boldsymbol{B}^{-1}\end{pmatrix}=\begin{pmatrix}1&-2&0&0\\-1&3&0&0\\0&0&-1&1\\0&0&2&-1\end{pmatrix}.$$

(4)由第 14 题结论及 $(k)^{-1}=k^{-1},k=1,2,\cdots,n$,可得

$$\begin{pmatrix}0&1&0&\cdots&0\\0&0&2&\cdots&0\\\vdots&\vdots&\vdots&&\vdots\\0&0&0&\cdots&n-1\\n&0&0&\cdots&0\end{pmatrix}^{-1}=\begin{pmatrix}\boldsymbol{O}&(n)^{-1}\\\begin{pmatrix}1&0&\cdots&0\\0&2&\cdots&0\\\vdots&\vdots&&\vdots\\0&0&\cdots&n-1\end{pmatrix}^{-1}&\boldsymbol{O}\end{pmatrix}=$$

$$\begin{pmatrix}0&0&\cdots&0&n^{-1}\\1&0&\cdots&0&0\\0&2^{-1}&\cdots&0&0\\\vdots&\vdots&&\vdots&\vdots\\0&0&\cdots&(n-1)^{-1}&0\end{pmatrix}.$$

16. 解：注意到$\begin{pmatrix}0&1&0\\1&0&0\\0&0&1\end{pmatrix}=\boldsymbol{E}(1,2)$每左乘$\boldsymbol{A}=\begin{pmatrix}1&2&3\\3&1&2\\2&3&1\end{pmatrix}$一次表示互换$\boldsymbol{A}$的第1行和第2行一次，经过2018次互换后，所得矩阵仍是$\boldsymbol{A}$，$\boldsymbol{E}(1,2)$每右乘$\boldsymbol{A}$一次表示互换$\boldsymbol{A}$的第1列和第2列一次，经过2019次互换后，所得矩阵是互换$\boldsymbol{A}$的第1列和第2列所得的矩阵

$$\begin{pmatrix}2&1&3\\1&3&2\\3&2&1\end{pmatrix}.$$

17. 解：(1)因为$(\boldsymbol{A},\boldsymbol{E})=\begin{pmatrix}1&-1&0&1&0&0\\2&2&3&0&1&0\\-1&2&0&0&0&1\end{pmatrix}\sim$

$$\begin{pmatrix}1&-1&0&1&0&0\\0&4&3&-2&1&0\\0&1&0&1&0&1\end{pmatrix}\sim\begin{pmatrix}1&0&0&2&0&1\\0&1&0&1&0&1\\0&0&1&-2&\frac{1}{3}&-\frac{4}{3}\end{pmatrix}，所以\boldsymbol{A}^{-1}=\begin{pmatrix}2&0&1\\1&0&1\\-2&\frac{1}{3}&-\frac{4}{3}\end{pmatrix}.$$

(2)因为

$$(\boldsymbol{A},\boldsymbol{E})=\begin{pmatrix}1&2&3&1&0&0\\2&2&5&0&1&0\\3&6&3&0&0&1\end{pmatrix}\sim\begin{pmatrix}1&2&3&1&0&0\\0&-2&-1&-2&1&0\\0&0&-6&-3&0&1\end{pmatrix}\sim$$

$$\begin{pmatrix}1&0&0&-2&1&\frac{1}{3}\\0&1&0&\frac{3}{4}&-\frac{1}{2}&\frac{1}{12}\\0&0&1&\frac{1}{2}&0&-\frac{1}{6}\end{pmatrix},$$

所以$A^{-1}=\begin{pmatrix}-2 & 1 & \frac{1}{3}\\ \frac{3}{4} & -\frac{1}{2} & \frac{1}{12}\\ \frac{1}{2} & 0 & -\frac{1}{6}\end{pmatrix}$.

(3)因为

$$(A,E)=\begin{pmatrix}2&1&1&1&1&0&0&0\\1&2&1&1&0&1&0&0\\1&1&2&1&0&0&1&0\\1&1&1&2&0&0&0&1\end{pmatrix}\sim\begin{pmatrix}1&0&0&-1&1&0&0&-1\\0&1&0&-1&0&1&0&-1\\0&0&1&-1&0&0&1&-1\\1&1&1&2&0&0&0&1\end{pmatrix}$$

$$\sim\begin{pmatrix}1&0&0&0&\frac{4}{5}&-\frac{1}{5}&-\frac{1}{5}&-\frac{1}{5}\\0&1&0&0&-\frac{1}{5}&\frac{4}{5}&-\frac{1}{5}&-\frac{1}{5}\\0&0&1&0&-\frac{1}{5}&-\frac{1}{5}&\frac{4}{5}&-\frac{1}{5}\\0&0&0&1&-\frac{1}{5}&-\frac{1}{5}&-\frac{1}{5}&\frac{4}{5}\end{pmatrix},$$

所以$A^{-1}=\begin{pmatrix}\frac{4}{5}&-\frac{1}{5}&-\frac{1}{5}&-\frac{1}{5}\\-\frac{1}{5}&\frac{4}{5}&-\frac{1}{5}&-\frac{1}{5}\\-\frac{1}{5}&-\frac{1}{5}&\frac{4}{5}&-\frac{1}{5}\\-\frac{1}{5}&-\frac{1}{5}&-\frac{1}{5}&\frac{4}{5}\end{pmatrix}$.

(4)因为

$$(A,E)=\begin{pmatrix}2&3&2&2&1&0&0&0\\1&2&1&1&0&1&0&0\\4&6&5&1&0&0&1&0\\1&3&1&-2&0&0&0&1\end{pmatrix}\sim$$

$$\begin{pmatrix}0&-1&0&0&1&-2&0&0\\1&2&1&1&0&1&0&0\\0&0&1&-3&-2&0&1&0\\0&1&0&-3&0&-1&0&1\end{pmatrix}\sim$$

$$\begin{pmatrix}0&-1&0&0&1&-2&0&0\\1&2&1&1&0&1&0&0\\0&0&1&-3&-2&0&1&0\\0&0&0&-3&1&-3&0&1\end{pmatrix}\sim$$

$$\begin{pmatrix} 1 & 0 & 0 & 0 & \frac{16}{3} & -7 & -1 & \frac{4}{3} \\ 0 & 1 & 0 & 0 & -1 & 2 & 0 & 0 \\ 0 & 0 & 1 & 0 & -3 & 3 & 1 & -1 \\ 0 & 0 & 0 & 1 & -\frac{1}{3} & 1 & 0 & -\frac{1}{3} \end{pmatrix},$$

所以$\boldsymbol{A}^{-1}=\begin{pmatrix} \frac{16}{3} & -7 & -1 & \frac{4}{3} \\ -1 & 2 & 0 & 0 \\ -3 & 3 & 1 & -1 \\ -\frac{1}{3} & 1 & 0 & -\frac{1}{3} \end{pmatrix}$.

18. 解:由

$$(\boldsymbol{A},\boldsymbol{B})=\begin{pmatrix} 1 & 2 & 3 & 1 & 3 \\ 2 & 2 & 1 & 2 & 1 \\ 3 & 4 & 3 & 3 & 1 \end{pmatrix}\sim\begin{pmatrix} 1 & 2 & 3 & 1 & 3 \\ 0 & -2 & -5 & 0 & -5 \\ 0 & -2 & -6 & 0 & -8 \end{pmatrix}\sim$$

$$\begin{pmatrix} 1 & 2 & 3 & 1 & 3 \\ 0 & -2 & -5 & 0 & -5 \\ 0 & 0 & -1 & 0 & -3 \end{pmatrix}\sim\begin{pmatrix} 1 & 0 & 0 & 1 & 4 \\ 0 & 1 & 0 & 0 & -5 \\ 0 & 0 & 1 & 0 & 3 \end{pmatrix},$$

可知$\boldsymbol{A}$可逆,故

$$\boldsymbol{X}=\boldsymbol{A}^{-1}\boldsymbol{B}=\begin{pmatrix} 1 & 4 \\ 0 & -5 \\ 0 & 3 \end{pmatrix}.$$

19. 解:由

$$(\boldsymbol{A},\boldsymbol{B})=\begin{pmatrix} 1 & 1 & -1 & 1 & -1 & 1 \\ 0 & 2 & 2 & 1 & 1 & 0 \\ 1 & -1 & 0 & 2 & 1 & 1 \end{pmatrix}\sim\begin{pmatrix} 1 & 1 & -1 & 1 & -1 & 1 \\ 0 & 2 & 2 & 1 & 1 & 0 \\ 0 & -2 & 1 & 1 & 2 & 0 \end{pmatrix}\sim$$

$$\begin{pmatrix} 1 & 1 & -1 & 1 & -1 & 1 \\ 0 & 0 & 3 & 2 & 3 & 0 \\ 0 & -2 & 1 & 1 & 2 & 0 \end{pmatrix}\sim\begin{pmatrix} 1 & 1 & -1 & 1 & -1 & 1 \\ 0 & 1 & -\frac{1}{2} & -\frac{1}{2} & -1 & 0 \\ 0 & 0 & 1 & \frac{2}{3} & 1 & 0 \end{pmatrix}\sim$$

$$\begin{pmatrix} 1 & 0 & 0 & \frac{11}{6} & \frac{1}{2} & 1 \\ 0 & 1 & 0 & -\frac{1}{6} & -\frac{1}{2} & 0 \\ 0 & 0 & 1 & \frac{2}{3} & 1 & 0 \end{pmatrix},$$

可知$\boldsymbol{A}$可逆,故

$$X=A^{-1}B=\begin{pmatrix}\frac{11}{6}&\frac{1}{2}&1\\-\frac{1}{6}&-\frac{1}{2}&0\\\frac{2}{3}&1&0\end{pmatrix}.$$

20. 解：

由已知可得$(\boldsymbol{A}-2\boldsymbol{E})\boldsymbol{X}=\boldsymbol{A}$，因为

$$(\boldsymbol{A}-2\boldsymbol{E},\boldsymbol{A})=\begin{pmatrix}-1&-1&1&1&-1&1\\0&-1&-1&0&1&-1\\-1&0&-1&-1&0&1\end{pmatrix}\sim$$

$$\begin{pmatrix}1&0&0&\frac{1}{3}&\frac{2}{3}&-\frac{4}{3}\\0&1&0&-\frac{2}{3}&-\frac{1}{3}&\frac{2}{3}\\0&0&1&\frac{2}{3}&-\frac{2}{3}&\frac{1}{3}\end{pmatrix},$$

所以$(\boldsymbol{A}-2\boldsymbol{E})$可逆，从而$\boldsymbol{X}=(\boldsymbol{A}-2\boldsymbol{E})^{-1}\boldsymbol{A}=\begin{pmatrix}\frac{1}{3}&\frac{2}{3}&-\frac{4}{3}\\-\frac{2}{3}&-\frac{1}{3}&\frac{2}{3}\\\frac{2}{3}&-\frac{2}{3}&\frac{1}{3}\end{pmatrix}$.

习题三

1. 解：(1) $\tau(543216)=0+1+2+3+4+0=10$；

(2) $\tau(987\cdots21)=0+1+2+\cdots+8=\frac{8\times9}{2}=36$.

2. 解：由 n 阶行列式的一般项$(-1)^{\tau(j_1j_2\cdots j_n)}a_{1j_1}a_{2j}\cdots a_{nj_n}$可知，四阶行列式中含有 $a_{14}a_{21}$的项有

$$(-1)^{\tau(4123)}a_{14}a_{21}a_{32}a_{43}=-a_{14}a_{21}a_{32}a_{43},$$
$$(-1)^{\tau(4132)}a_{14}a_{21}a_{33}a_{42}=a_{14}a_{21}a_{33}a_{42}.$$

3. 解：(1) $D_1=1\times1\times(-4)+0\times(-1)\times3+(-3)\times2\times3-(-3)\times1\times3-1\times(-1)\times3-0\times2\times(-4)=-10$；

(2) $D_2=a\times3\times b+b\times2\times5+c\times b\times4-c\times3\times5-a\times2\times4-b\times b\times b$
$=3ab+10b+4bc-15c-8a-b^3$.

4. 解：(1)法一：根据行列式的定义，此三阶行列式的代数和中不等于零的项只有一项：$a_{13}a_{22}a_{31}$，而此项的符号依赖于列标构成的六级

排列的逆序数 $\tau(321)$；所以，此六阶行列式为$(-1)^{\tau(321)}a_{13}a_{22}a_{31}=(-1)^3(-120)=120$.

法二：根据按某行（列）展开定理，选择零比较多的行（列）展开，按第三列展开，可得行列式$D_3=a_{13}A_{13}=5\times(-1)^{1+3}M_{13}=5\times\begin{vmatrix}2&-4\\6&0\end{vmatrix}=5\times24=120$.

（2）类似（1）的方法一可知 $D=(-1)^{\tau(n(n-1)\cdots1)}a_{1n}a_{2,n-1}\cdots a_{n1}=(-1)^{\frac{n(n-1)}{2}}a_{1n}a_{2,n-1}\cdots a_{n1}$.

（3）

$$D\xlongequal{r_1+r_2+r_3+r_4}\begin{vmatrix}5&5&5&5\\1&1&2&1\\1&1&1&2\\2&1&1&1\end{vmatrix}=5\begin{vmatrix}1&1&1&1\\1&1&2&1\\1&1&1&2\\2&1&1&1\end{vmatrix}$$

$$\underset{\substack{r_3-r_1\\r_4-r_1}}{\xlongequal{r_2-r_1}}5\begin{vmatrix}1&1&1&1\\0&0&1&0\\0&0&0&1\\1&0&0&0\end{vmatrix}\underset{\substack{r_3\leftrightarrow r_2\\r_2\leftrightarrow r_1}}{\xlongequal{r_4\leftrightarrow r_3}}(-1)^3\times5\begin{vmatrix}1&0&0&0\\1&1&1&1\\0&0&1&0\\0&0&0&1\end{vmatrix}$$

$$\underset{r_2-r_4}{\xlongequal{\substack{r_2-r_1\\r_2-r_3}}}(-1)^3\times5\begin{vmatrix}1&0&0&0\\0&1&0&0\\0&0&1&0\\0&0&0&1\end{vmatrix}=-5.$$

（4）

$$D\underset{\substack{r_3-r_1\\r_4-r_1}}{\xlongequal{r_2-r_1}}\begin{vmatrix}2&2&1&4\\0&-1&1&-2\\0&-1&-1&-4\\0&-5&4&-3\end{vmatrix}\underset{r_4-5r_2}{\xlongequal{r_3-r_2}}\begin{vmatrix}2&2&1&4\\0&-1&1&-2\\0&0&-2&-2\\0&0&9&17\end{vmatrix}$$

$$\xlongequal{r_4+\frac{9}{2}r_3}\begin{vmatrix}2&2&1&4\\0&-1&1&-2\\0&0&-2&-2\\0&0&0&8\end{vmatrix}=32.$$

（5）

$$D\underset{r_3+\frac{3}{2}r_1}{\xlongequal{\substack{r_4+r_1\\r_2+2r_1}}}\begin{vmatrix}-2&2&-4&0\\0&3&-5&5\\0&4&-8&-3\\0&2&1&1\end{vmatrix}\underset{r_4-\frac{2}{3}r_2}{\xlongequal{r_3-\frac{4}{3}r_2}}\begin{vmatrix}-2&2&-4&0\\0&3&-5&5\\0&0&-\frac{4}{3}&-\frac{29}{3}\\0&0&\frac{13}{3}&-\frac{7}{3}\end{vmatrix}$$

$$\xlongequal{r_4+\frac{13}{4}r_3}\begin{vmatrix}-2 & 2 & -4 & 0\\ 0 & 3 & -5 & 5\\ 0 & 0 & -\frac{4}{3} & -\frac{29}{3}\\ 0 & 0 & 0 & -\frac{135}{4}\end{vmatrix}=-270.$$

（6）

$$D=-\begin{vmatrix}1 & b & 1 & 2\\ a & 2 & -4 & 0\\ 0 & 1 & 1 & -1\\ 0 & 0 & -2 & 1\end{vmatrix}\xlongequal{r_2-ar_1}-\begin{vmatrix}1 & b & 1 & 2\\ 0 & 2-ab & -4-a & -2a\\ 0 & 1 & 1 & -1\\ 0 & 0 & -2 & 1\end{vmatrix}$$

$$=-\begin{vmatrix}2-ab & -4-a & -2a\\ 1 & 1 & -1\\ 0 & -2 & 1\end{vmatrix}$$

$$=\begin{vmatrix}1 & 1 & -1\\ 2-ab & -4-a & -2a\\ 0 & -2 & 1\end{vmatrix}$$

$$\xlongequal{r_2-(2-ab)r_1}\begin{vmatrix}1 & 1 & -1\\ 0 & ab-a-6 & -ab-2a+2\\ 0 & -2 & 1\end{vmatrix}$$

$$=(ab-a-6)-(-2)\times(-ab-2a+2)=-ab-5a-2.$$

5. 解：

（1）$\begin{vmatrix}2+a_1 & a_2 & a_3 & \cdots & a_n\\ a_1 & 2+a_2 & a_3 & \cdots & a_n\\ a_1 & a_2 & 2+a_3 & \cdots & a_n\\ \vdots & \vdots & \vdots & & \vdots\\ a_1 & a_2 & a_3 & \cdots & 2+a_n\end{vmatrix}$

$$\xlongequal[\substack{c_1+c_3\\ \vdots\\ c_1+c_n}]{c_1+c_2}\begin{vmatrix}2+a_1+a_2+\cdots+a_n & a_2 & a_3 & \cdots & a_n\\ 2+a_1+a_2+\cdots+a_n & 2+a_2 & a_3 & \cdots & a_n\\ 2+a_1+a_2+\cdots+a_n & a_2 & 2+a_3 & \cdots & a_n\\ \vdots & \vdots & \vdots & & \vdots\\ 2+a_1+a_2+\cdots+a_n & a_2 & a_3 & \cdots & 2+a_n\end{vmatrix}$$

$$=(2+a_1+a_2+\cdots+a_n)\begin{vmatrix} 1 & a_2 & a_3 & \cdots & a_n \\ 1 & 2+a_2 & a_3 & \cdots & a_n \\ 1 & a_2 & 2+a_3 & \cdots & a_n \\ \vdots & \vdots & \vdots & & \vdots \\ 1 & a_2 & a_3 & \cdots & 2+a_n \end{vmatrix} \xlongequal[\substack{r_3-r_1 \\ \vdots \\ r_n-r_1}]{r_2-r_1}$$

$$(2+a_1+a_2+\cdots+a_n)\begin{vmatrix} 1 & a_2 & a_3 & \cdots & a_n \\ 0 & 2 & 0 & \cdots & 0 \\ 0 & 0 & 2 & \cdots & 0 \\ \vdots & \vdots & \vdots & & \vdots \\ 0 & 0 & 0 & \cdots & 2 \end{vmatrix}$$

$=2^{n-1}(2+a_1+a_2+\cdots+a_n)$.

(2)

$$\begin{vmatrix} 1 & 1 & 1 & \cdots & 1 & 1 \\ -1 & 1 & 1 & \cdots & 1 & 1 \\ -2 & -2 & 1 & \cdots & 1 & 1 \\ \vdots & \vdots & \vdots & & \vdots & \vdots \\ -(n-1) & -(n-1) & -(n-1) & \cdots & -(n-1) & 1 \end{vmatrix}$$

$$\xlongequal[\substack{r_{n-1}+(n-2)r_1 \\ \vdots \\ r_2+r_1}]{r_n+(n-1)r_1}\begin{vmatrix} 1 & 1 & 1 & \cdots & 1 & 1 \\ 0 & 2 & 2 & \cdots & 2 & 2 \\ 0 & 0 & 3 & \cdots & 3 & 3 \\ \vdots & \vdots & \vdots & & \vdots & \vdots \\ 0 & 0 & 0 & \cdots & 0 & n \end{vmatrix}=n!.$$

6. 解:行列式 D 经过如下处理后即得 D_1:(1)交换第 1 行与第 3 行;(2)用(−2)乘以第 3 行加到第 2 行;(3)第 3 行各元素乘以 2. 根据行列式的性质可知,$D_1=-4$.

7. 解:

$$\begin{vmatrix} a+2 & b+2 & c+4 \\ 2 & 1 & 4 \\ 1 & 1 & 2 \end{vmatrix}=\begin{vmatrix} a & b & c \\ 2 & 1 & 4 \\ 1 & 1 & 2 \end{vmatrix}+\begin{vmatrix} 2 & 2 & 4 \\ 2 & 1 & 4 \\ 1 & 1 & 2 \end{vmatrix}=\begin{vmatrix} a & b & c \\ 2 & 1 & 4 \\ 1 & 1 & 2 \end{vmatrix}$$

$$\xlongequal{r_2-r_3}\begin{vmatrix} a & b & c \\ 1 & 0 & 2 \\ 1 & 1 & 2 \end{vmatrix}=\begin{vmatrix} a & 1 & 1 \\ b & 0 & 1 \\ c & 2 & 2 \end{vmatrix}^{\mathrm{T}}=4.$$

8. 解:由

$A_{21}=(-1)^{2+1}M_{21}=-1\times(-3)=3$;$A_{22}=(-1)^{2+2}M_{22}=1\times4=4$;

$A_{23}=(-1)^{2+3}M_{23}=-1\times5=-5$;$A_{24}=(-1)^{2+4}M_{24}=1\times(-2)=-2$.

可得 $D=a_{21}A_{21}+a_{22}A_{22}+a_{23}A_{23}+a_{24}A_{24}=2\times3+0\times4+(-2)\times(-5)+1\times$

$(-2)=14$.

9. 解：$6A_{21}+2A_{22}-4A_{23}-6A_{24}=\begin{vmatrix}1&-1&2&0\\6&2&-4&-6\\2&0&5&1\\3&1&-2&-3\end{vmatrix}$，第 2 行与第 4 行成比例，所以

$$6A_{21}+2A_{22}-4A_{23}-6A_{24}=0.$$

10. 解：(1) 此行列式为范德蒙德行列式，其中，$x_1=4$，$x_2=-3$，$x_3=5$，$x_4=-2$. 根据范德蒙德行列式的结论，可得

$$\begin{vmatrix}1&1&1&1\\4&-3&5&-2\\16&9&25&4\\64&-27&125&-8\end{vmatrix}=$$

$(-3-4)(5-4)(-2-4)[5-(-3)][-2-(-3)](-2-5)$
$=-7\times1\times(-6)\times8\times1\times(-7)=-2352$.

(2)

$$\begin{vmatrix}a&b&0&\cdots&0&0\\0&a&b&\cdots&0&0\\\vdots&\vdots&\vdots&&\vdots&\vdots\\0&0&0&\cdots&a&b\\b&0&0&\cdots&0&a\end{vmatrix}=a_{11}A_{11}+a_{n1}A_{n1}=a\times(-1)^{1+1}M_{11}+$$

$b\times(-1)^{n+1}M_{n1}=a^n+(-1)^{n+1}b^n$.

11. 解：按第 1 行展开可得

$$\begin{vmatrix}2&6&0&0&0\\1&5&6&0&0\\0&0&4&6&0\\0&0&0&4&6\\0&0&0&1&5\end{vmatrix}=2\begin{vmatrix}5&6&0&0\\0&4&6&0\\0&0&4&6\\0&0&1&5\end{vmatrix}-6\begin{vmatrix}1&6&0&0\\0&4&6&0\\0&0&4&6\\0&0&1&5\end{vmatrix}$$

$$=2\times5\times4\times\begin{vmatrix}4&6\\1&5\end{vmatrix}-6\times1\times4\times\begin{vmatrix}4&6\\1&5\end{vmatrix}=224.$$

根据拉普拉斯展开定理，按第 4，5 行展开，不等于零的 2 阶子式只有一项 $N_1=\begin{vmatrix}4&6\\1&5\end{vmatrix}=14$，它对应的代数余子式为

$A_1=(-1)^{4+5+4+5}\begin{vmatrix}2&6&0\\1&5&6\\0&0&4\end{vmatrix}=16$，所以

$$\begin{vmatrix} 2 & 6 & 0 & 0 & 0 \\ 1 & 5 & 6 & 0 & 0 \\ 0 & 0 & 4 & 6 & 0 \\ 0 & 0 & 0 & 4 & 6 \\ 0 & 0 & 0 & 1 & 5 \end{vmatrix} = N_1A_1 = 14\times 16 = 224.$$

12. 证明:按前 n 行展开,不等于零的 n 阶子式只有一项:$N_1 = \begin{vmatrix} a_{11} & \cdots & a_{1n} \\ \vdots & & \vdots \\ a_{n1} & \cdots & a_{nn} \end{vmatrix}$,其余的 n 阶子式都为零;而 N_1 对应的代数余子式为

$$A_1 = (-1)^{1+2+\cdots+n+1+2+\cdots+n} \begin{vmatrix} b_{11} & \cdots & b_{1n} \\ \vdots & & \vdots \\ b_{n1} & \cdots & b_{nn} \end{vmatrix} = \begin{vmatrix} b_{11} & \cdots & b_{1n} \\ \vdots & & \vdots \\ b_{n1} & \cdots & b_{nn} \end{vmatrix}$$

故

$$\begin{vmatrix} a_{11} & a_{12} & \cdots & a_{1n} & 0 & 0 & \cdots & 0 \\ a_{21} & a_{22} & \cdots & a_{2n} & 0 & 0 & \cdots & 0 \\ \vdots & \vdots & & \vdots & \vdots & \vdots & & \vdots \\ a_{n1} & a_{n2} & \cdots & a_{nn} & 0 & 0 & \cdots & 0 \\ -1 & 0 & \cdots & 0 & b_{11} & b_{12} & \cdots & b_{1n} \\ 0 & -1 & \cdots & 0 & b_{21} & b_{22} & \cdots & b_{2n} \\ \vdots & \vdots & & \vdots & \vdots & \vdots & & \vdots \\ 0 & 0 & \cdots & -1 & b_{n1} & b_{n2} & \cdots & b_{nn} \end{vmatrix} = N_1A_1 =$$

$$\begin{vmatrix} a_{11} & \cdots & a_{1n} \\ \vdots & & \vdots \\ a_{n1} & \cdots & a_{nn} \end{vmatrix} \begin{vmatrix} b_{11} & \cdots & b_{1n} \\ \vdots & & \vdots \\ b_{n1} & \cdots & b_{nn} \end{vmatrix}.$$

13. 证明:构造一个 $2n$ 阶行列式

$$D = \begin{vmatrix} a_{11} & a_{12} & \cdots & a_{1n} & 0 & 0 & \cdots & 0 \\ a_{21} & a_{22} & \cdots & a_{2n} & 0 & 0 & \cdots & 0 \\ \vdots & \vdots & & \vdots & \vdots & \vdots & & \vdots \\ a_{n1} & a_{n2} & \cdots & a_{nn} & 0 & 0 & \cdots & 0 \\ -1 & 0 & \cdots & 0 & b_{11} & b_{12} & \cdots & b_{1n} \\ 0 & -1 & \cdots & 0 & b_{21} & b_{22} & \cdots & b_{2n} \\ \vdots & \vdots & & \vdots & \vdots & \vdots & & \vdots \\ 0 & 0 & \cdots & -1 & b_{n1} & b_{n2} & \cdots & b_{nn} \end{vmatrix}.$$

根据行列式的性质,将 D 的第 $n+1$ 行的 a_{11} 倍,第 $n+2$ 行的 a_{12} 倍,$\cdots$,第 $2n$ 行的 a_{1n} 倍加到第 1 行,得

$$D=\begin{vmatrix} 0 & 0 & \cdots & 0 & c_{11} & c_{12} & \cdots & c_{1n} \\ a_{21} & a_{22} & \cdots & a_{2n} & 0 & 0 & \cdots & 0 \\ \vdots & \vdots & & \vdots & \vdots & \vdots & & \vdots \\ a_{n1} & a_{n2} & \cdots & a_{nn} & 0 & 0 & \cdots & 0 \\ -1 & 0 & \cdots & 0 & b_{11} & b_{12} & \cdots & b_{1n} \\ 0 & -1 & \cdots & 0 & b_{21} & b_{22} & \cdots & b_{2n} \\ \vdots & \vdots & & \vdots & \vdots & \vdots & & \vdots \\ 0 & 0 & \cdots & -1 & b_{n1} & b_{n2} & \cdots & b_{nn} \end{vmatrix}.$$

再依次将 D 的第 $n+1$ 行的 $a_{k1}(k=2,3,\cdots,n)$ 倍，第 $n+2$ 行的 a_{k2} 倍，$\cdots$，第 $2n$ 行的 a_{kn} 倍加到第 k 行，即得

$$D=\begin{vmatrix} 0 & 0 & \cdots & 0 & c_{11} & c_{12} & \cdots & c_{1n} \\ 0 & 0 & \cdots & 0 & c_{21} & c_{22} & \cdots & c_{2n} \\ \vdots & \vdots & & \vdots & \vdots & \vdots & & \vdots \\ 0 & 0 & \cdots & 0 & c_{n1} & c_{n2} & \cdots & c_{nn} \\ -1 & 0 & \cdots & 0 & b_{11} & b_{12} & \cdots & b_{1n} \\ 0 & -1 & \cdots & 0 & b_{21} & b_{22} & \cdots & b_{2n} \\ \vdots & \vdots & & \vdots & \vdots & \vdots & & \vdots \\ 0 & 0 & \cdots & -1 & b_{n1} & b_{n2} & \cdots & b_{nn} \end{vmatrix}.$$

故

$$\begin{vmatrix} a_{11} & a_{12} & \cdots & a_{1n} & 0 & 0 & \cdots & 0 \\ a_{21} & a_{22} & \cdots & a_{2n} & 0 & 0 & \cdots & 0 \\ \vdots & \vdots & & \vdots & \vdots & \vdots & & \vdots \\ a_{n1} & a_{n2} & \cdots & a_{nn} & 0 & 0 & \cdots & 0 \\ -1 & 0 & \cdots & 0 & b_{11} & b_{12} & \cdots & b_{1n} \\ 0 & -1 & \cdots & 0 & b_{21} & b_{22} & \cdots & b_{2n} \\ \vdots & \vdots & & \vdots & \vdots & \vdots & & \vdots \\ 0 & 0 & \cdots & -1 & b_{n1} & b_{n2} & \cdots & b_{nn} \end{vmatrix}=$$

$$\begin{vmatrix} 0 & 0 & \cdots & 0 & c_{11} & c_{12} & \cdots & c_{1n} \\ 0 & 0 & \cdots & 0 & c_{21} & c_{22} & \cdots & c_{2n} \\ \vdots & \vdots & & \vdots & \vdots & \vdots & & \vdots \\ 0 & 0 & \cdots & 0 & c_{n1} & c_{n2} & \cdots & c_{nn} \\ -1 & 0 & \cdots & 0 & b_{11} & b_{12} & \cdots & b_{1n} \\ 0 & -1 & \cdots & 0 & b_{21} & b_{22} & \cdots & b_{2n} \\ \vdots & \vdots & & \vdots & \vdots & \vdots & & \vdots \\ 0 & 0 & \cdots & -1 & b_{n1} & b_{n2} & \cdots & b_{nn} \end{vmatrix}.$$

再根据拉普拉斯展开定理，两边行列式按前 n 行展开，可得

$$\begin{vmatrix} a_{11} & a_{12} & \cdots & a_{1n} \\ a_{21} & a_{22} & \cdots & a_{2n} \\ \vdots & \vdots & & \vdots \\ a_{n1} & a_{n2} & \cdots & a_{nn} \end{vmatrix}\begin{vmatrix} b_{11} & b_{12} & \cdots & b_{1n} \\ b_{21} & b_{22} & \cdots & b_{2n} \\ \vdots & \vdots & & \vdots \\ b_{n1} & b_{n2} & \cdots & b_{nn} \end{vmatrix}$$

$$=\begin{vmatrix} c_{11} & c_{12} & \cdots & c_{1n} \\ c_{21} & c_{22} & \cdots & c_{2n} \\ \vdots & \vdots & & \vdots \\ c_{n1} & c_{n2} & \cdots & c_{nn} \end{vmatrix}\times(-1)^{(1+2+\cdots+n)+(n+1+n+2+\cdots+2n)}\begin{vmatrix} -1 & 0 & \cdots & 0 \\ 0 & -1 & \cdots & 0 \\ \vdots & \vdots & & \vdots \\ 0 & 0 & \cdots & -1 \end{vmatrix}$$

$$=\begin{vmatrix} c_{11} & c_{12} & \cdots & c_{1n} \\ c_{21} & c_{22} & \cdots & c_{2n} \\ \vdots & \vdots & & \vdots \\ c_{n1} & c_{n2} & \cdots & c_{nn} \end{vmatrix}\times(-1)^{n+2n^2}\times(-1)^n=\begin{vmatrix} c_{11} & c_{12} & \cdots & c_{1n} \\ c_{21} & c_{22} & \cdots & c_{2n} \\ \vdots & \vdots & & \vdots \\ c_{n1} & c_{n2} & \cdots & c_{nn} \end{vmatrix}.$$

得证.

14. 证明:在 $\boldsymbol{AA}^*=|\boldsymbol{A}|\boldsymbol{E}_n$ 两边取相应的行列式,即得

$$|\boldsymbol{AA}^*|=||\boldsymbol{A}|\boldsymbol{E}_n|\Rightarrow|\boldsymbol{A}||\boldsymbol{A}^*|=|\boldsymbol{A}|^n\Rightarrow|\boldsymbol{A}^*|=|\boldsymbol{A}|^{n-1}.$$

15. 解:$|3\boldsymbol{A}^*\boldsymbol{B}^{-1}|=3^n|\boldsymbol{A}^*||\boldsymbol{B}^{-1}|=3^n|\boldsymbol{A}|^{n-1}|\boldsymbol{B}|^{-1}=-\dfrac{3^{2n-1}}{2}$.

16. 解:$|\boldsymbol{A}|=2, A_{11}=(-1)^{1+1}M_{11}=2, A_{12}=(-1)^{1+2}M_{12}=-3, A_{13}=(-1)^{1+3}M_{13}=2$,

$A_{21}=(-1)^{2+1}M_{21}=6, A_{22}=(-1)^{2+2}M_{22}=-6, A_{23}=(-1)^{2+3}M_{23}=2$,

$A_{31}=(-1)^{3+1}M_{31}=-4, A_{32}=(-1)^{3+2}M_{32}=5, A_{33}=(-1)^{3+3}M_{33}=-2$.

$$\boldsymbol{A}^*=\begin{pmatrix} 2 & 6 & -4 \\ -3 & -6 & 5 \\ 2 & 2 & -2 \end{pmatrix}, \boldsymbol{A}^{-1}=\frac{\boldsymbol{A}^*}{|\boldsymbol{A}|}=\begin{pmatrix} 1 & 3 & -2 \\ -\frac{3}{2} & -3 & \frac{5}{2} \\ 1 & 1 & -1 \end{pmatrix}.$$

17. 解:(1) $\begin{vmatrix} 1 & -3 & 7 \\ 2 & 4 & -3 \\ -3 & 7 & 2 \end{vmatrix}\neq 0, R(\boldsymbol{A})=3$.

(2) $\begin{vmatrix} 2 & 1 & 7 \\ 2 & -3 & -5 \\ 1 & 0 & 0 \end{vmatrix}\neq 0, R(B)=3$.

18. 解:$\boldsymbol{AA}^{\mathrm{T}}=\boldsymbol{A}^{\mathrm{T}}\boldsymbol{A}=\boldsymbol{E}\Rightarrow|\boldsymbol{AA}^{\mathrm{T}}|=|\boldsymbol{A}^{\mathrm{T}}\boldsymbol{A}|=|\boldsymbol{E}|\Rightarrow|\boldsymbol{A}||\boldsymbol{A}^{\mathrm{T}}|=1\Rightarrow|\boldsymbol{A}|^2=1\Rightarrow|\boldsymbol{A}|=\pm1$.

19. 证明:因为 $\boldsymbol{AB}$ 可逆,故 $|\boldsymbol{AB}|\neq 0$. 又 $|\boldsymbol{AB}|=|\boldsymbol{A}||\boldsymbol{B}|\neq 0\Rightarrow|\boldsymbol{A}|\neq 0$ 且 $|\boldsymbol{B}|\neq 0$,所以 $\boldsymbol{A},\boldsymbol{B}$ 均可逆.

20. 证明:由 $\boldsymbol{A}^2+2\boldsymbol{A}-7\boldsymbol{E}=\boldsymbol{O}$,可得 $(\boldsymbol{A}-\boldsymbol{E})(\boldsymbol{A}+3\boldsymbol{E})=4\boldsymbol{E}$.
又 $|\boldsymbol{A}-\boldsymbol{E}||\boldsymbol{A}+3\boldsymbol{E}|=|4\boldsymbol{E}|=4^n\Rightarrow|\boldsymbol{A}-\boldsymbol{E}|\neq 0$ 且 $|\boldsymbol{A}+3\boldsymbol{E}|\neq 0\Rightarrow(\boldsymbol{A}-\boldsymbol{E})$,$(\boldsymbol{A}+3\boldsymbol{E})$都可逆.

由 $(\boldsymbol{A}-\boldsymbol{E})(\boldsymbol{A}+3\boldsymbol{E})=4\boldsymbol{E}$ 可知，$(\boldsymbol{A}-\boldsymbol{E})$ 的逆矩阵为 $\frac{1}{4}(\boldsymbol{A}+3\boldsymbol{E})$，

$(\boldsymbol{A}+3\boldsymbol{E})$ 的逆矩阵为 $\frac{1}{4}(\boldsymbol{A}-\boldsymbol{E})$.

21. 解：(1)

$$D=\begin{vmatrix}1 & -1 & 2 & 1\\5 & 0 & 4 & 2\\4 & 1 & 2 & 0\\1 & 1 & 1 & 1\end{vmatrix}=7,D_1=\begin{vmatrix}2 & -1 & 2 & 1\\6 & 0 & 4 & 2\\2 & 1 & 2 & 0\\0 & 1 & 1 & 1\end{vmatrix}=14,$$

$$D_2=\begin{vmatrix}1 & 2 & 2 & 1\\5 & 6 & 4 & 2\\4 & 2 & 2 & 0\\1 & 0 & 1 & 1\end{vmatrix}=-14,$$

$$D_3=\begin{vmatrix}1 & -1 & 2 & 1\\5 & 0 & 6 & 2\\4 & 1 & 2 & 0\\1 & 1 & 0 & 1\end{vmatrix}=-14,D=\begin{vmatrix}1 & -1 & 2 & 2\\5 & 0 & 4 & 6\\4 & 1 & 2 & 2\\1 & 1 & 1 & 0\end{vmatrix}=14.$$

故 $x_1=2,x_2=-2,x_3=-2,x_4=2$.

(2)

$$D=\begin{vmatrix}1 & 1 & 1 & 1\\2 & -3 & -1 & -5\\1 & 2 & -1 & 4\\3 & 1 & 2 & 11\end{vmatrix}=142,D_1=\begin{vmatrix}10 & 1 & 1 & 1\\-4 & -3 & -1 & -5\\-4 & 2 & -1 & 4\\0 & 1 & 2 & 11\end{vmatrix}=284,$$

$$D_2=\begin{vmatrix}1 & 10 & 1 & 1\\2 & -4 & -1 & -5\\1 & -4 & -1 & 4\\3 & 0 & 2 & 11\end{vmatrix}=568,$$

$$D_3=\begin{vmatrix}1 & 1 & 10 & 1\\2 & -3 & -4 & -5\\1 & 2 & -4 & 4\\3 & 1 & 0 & 11\end{vmatrix}=852,D=\begin{vmatrix}1 & 1 & 1 & 10\\2 & -3 & -1 & -4\\1 & 2 & -1 & -4\\3 & 1 & 2 & 0\end{vmatrix}=-284.$$

故 $x_1=2,x_2=4,x_3=6,x_4=-2$.

22. 解：将四点 $(1,7)$，$(-1,-1)$，$(2,23)$，$(-2,-5)$ 分别代入三次曲线 $y=f(x)=b_3x^3+b_2x^2+b_1x+b_0$ 可得如下线性方程组：

$$\begin{cases}b_3+b_2+b_1+b_0=7,\\-b_3+b_2-b_1+b_0=-1,\\8b_3+4b_2+2b_1+b_0=23,\\-8b_3+4b_2-2b_1+b_0=-5;\end{cases}$$

$$D=\begin{vmatrix}1&1&1&1\\-1&1&-1&1\\8&4&2&1\\-8&4&-2&1\end{vmatrix}=72,D_1=\begin{vmatrix}7&1&1&1\\-1&1&-1&1\\23&4&2&1\\-5&4&-2&1\end{vmatrix}=72,$$

$$D_2=\begin{vmatrix}1&7&1&1\\-1&-1&-1&1\\8&23&2&1\\-8&-5&-2&1\end{vmatrix}=144,$$

$$D_3=\begin{vmatrix}1&1&7&1\\-1&1&-1&1\\8&4&23&1\\-8&4&-5&1\end{vmatrix}=216,D_4=\begin{vmatrix}1&1&1&7\\-1&1&-1&-1\\8&4&2&23\\-8&4&-2&-5\end{vmatrix}=72;$$

故 $b_3=\dfrac{D_1}{D}=1,b_2=\dfrac{D_2}{D}=2,b_1=\dfrac{D_3}{D}=3,b_0=\dfrac{D_4}{D}=1.$

23. 解：$\begin{vmatrix}2&\mu&1\\2\lambda&1&1\\2&2\mu&1\end{vmatrix}=0\Rightarrow\begin{vmatrix}2&\mu&1\\0&1-\lambda\mu&1-\lambda\\0&\mu&0\end{vmatrix}=0\Rightarrow\mu(\lambda-1)=0\Rightarrow$ $\mu=0$ 或 $\lambda=1$.

24. 证明：假设方阵 $\boldsymbol{A}$ 的秩为 r，则由定义 3.3.2 可知 $\boldsymbol{A}$ 存在某个 r 阶子式不等于 0，而所有的 $r+1$ 阶子式（如果存在）都等于 0. 故 $\boldsymbol{A}$ 对应的行标准阶梯形矩阵恰好有 r 个非零行，即其行向量组的秩为 r. 注意到此时 $\boldsymbol{A}^{\mathrm{T}}$ 对应的行标准阶梯形矩阵恰好有 r 个非零行，即其行向量组的秩为 r. 同理，列向量组的秩也为 r.这就完成了定理 1.6.3 的证明 .

习题四

1. 解：$\boldsymbol{A\alpha}=\begin{pmatrix}3&2\\0&-1\end{pmatrix}\begin{pmatrix}-1\\2\end{pmatrix}=\begin{pmatrix}1\\-2\end{pmatrix}=-\begin{pmatrix}-1\\2\end{pmatrix}=-\boldsymbol{\alpha}$,

$$\boldsymbol{A\beta}=\begin{pmatrix}3&2\\0&-1\end{pmatrix}\begin{pmatrix}1\\1\end{pmatrix}=\begin{pmatrix}5\\-1\end{pmatrix}\neq\lambda\begin{pmatrix}1\\1\end{pmatrix}.$$

故 $\boldsymbol{\alpha}$ 是矩阵 $\boldsymbol{A}$ 对应于特征值 λ 的特征向量，但 $\boldsymbol{\beta}$ 不是矩阵 $\boldsymbol{A}$ 对应于特征值 λ 的特征向量，因为 $\boldsymbol{A\beta}$ 不是 $\boldsymbol{\beta}$ 的倍数.

2. 解：$|\lambda\boldsymbol{E}-\boldsymbol{A}|=\begin{vmatrix}\lambda-a&0&\cdots&0\\0&\lambda-a&\cdots&0\\\vdots&\vdots&&\vdots\\0&0&\cdots&\lambda-a\end{vmatrix}=(\lambda-a)^n=0$,

故 $\boldsymbol{A}$ 的特征值为 $\lambda_1=\lambda_2=\cdots=\lambda_n=a$.

把 $\lambda=a$ 代入 $(\lambda \boldsymbol{E}-\boldsymbol{A})\boldsymbol{x}=\boldsymbol{0}$ 得 $0\cdot x_1=0,\quad 0\cdot x_2=0,\cdots,0\cdot x_n=0$. 这个方程组的系数矩阵是零矩阵,所以任意 n 个线性无关的向量都是它的基础解系,取单位向量组

$$\boldsymbol{\varepsilon}_1=\begin{pmatrix}1\\0\\\vdots\\0\end{pmatrix},\boldsymbol{\varepsilon}_2=\begin{pmatrix}0\\1\\\vdots\\0\end{pmatrix},\cdots,\boldsymbol{\varepsilon}_n=\begin{pmatrix}0\\0\\\vdots\\1\end{pmatrix}$$

作为基础解系,于是,$\boldsymbol{A}$ 的全部特征向量为

$$c_1\boldsymbol{\varepsilon}_1+c_2\boldsymbol{\varepsilon}_2+\cdots+c_n\boldsymbol{\varepsilon}_n\quad(c_1,c_2,\cdots,c_n\text{不全为零}).$$

3. 解:$|\lambda \boldsymbol{E}-\boldsymbol{A}|=\begin{vmatrix}\lambda-a_{11} & -a_{12} & \cdots & -a_{1m}\\0 & \lambda-a_{22} & \cdots & -a_{2n}\\\vdots & \vdots & & \vdots\\0 & 0 & \cdots & \lambda-a_{nn}\end{vmatrix}$,

这是一个上三角行列式,因此,

$$|\lambda \boldsymbol{E}-\boldsymbol{A}|=(\lambda-a_{11})(\lambda-a_{22})\cdots(\lambda-a_{nn}),$$

因此 $\boldsymbol{A}$ 的特征值等于 $a_{11},a_{22},\cdots,a_{nn}$.

4. 解:$\boldsymbol{A}$ 的特征多项式

$$|\boldsymbol{A}-\lambda \boldsymbol{E}|=\begin{vmatrix}1-\lambda & 2 & 4\\0 & 3-\lambda & 5\\0 & 0 & 6-\lambda\end{vmatrix}=(1-\lambda)(3-\lambda)(6-\lambda),$$

故 $\boldsymbol{A}$ 的特征值为 $\lambda_1=1,\lambda_2=3,\lambda_3=6$.

当 $\lambda_1=1$ 时,解方程组 $(\boldsymbol{A}-\boldsymbol{E})\boldsymbol{x}=\boldsymbol{0}$. 由

$$\boldsymbol{A}-\boldsymbol{E}=\begin{pmatrix}0 & 2 & 4\\0 & 2 & 5\\0 & 0 & 5\end{pmatrix}\overset{r}{\sim}\begin{pmatrix}0 & 1 & 0\\0 & 0 & 1\\0 & 0 & 0\end{pmatrix},$$

可得基础解系

$$\boldsymbol{p}_1=\begin{pmatrix}1\\0\\0\end{pmatrix},$$

故 $k_1\boldsymbol{p}_1(k_1\neq 0)$ 是属于 $\lambda_1=1$ 的全部特征向量.

当 $\lambda_2=3$ 时,解方程组 $(\boldsymbol{A}-3\boldsymbol{E})\boldsymbol{x}=0$. 由

$$\boldsymbol{A}-3\boldsymbol{E}=\begin{pmatrix}-2 & 2 & 4\\0 & 0 & 5\\0 & 0 & 3\end{pmatrix}\overset{r}{\sim}\begin{pmatrix}1 & -1 & 0\\0 & 0 & 1\\0 & 0 & 0\end{pmatrix},$$

可得基础解系

$$\boldsymbol{p}_2=\begin{pmatrix}1\\1\\0\end{pmatrix},$$

故 $k_2\boldsymbol{p}_2(k_2\neq 0)$是属于 $\lambda_2=3$ 的全部特征向量.

当 $\lambda_3=6$ 时,解方程组$(\boldsymbol{A}-6\boldsymbol{E})\boldsymbol{x}=\boldsymbol{0}$.由

$$\boldsymbol{A}-6\boldsymbol{E}=\begin{pmatrix}-5&2&4\\0&-3&5\\0&0&0\end{pmatrix}\overset{r}{\sim}\begin{pmatrix}-15&0&22\\0&3&-5\\0&0&0\end{pmatrix},$$

可得基础解系

$$\boldsymbol{p}_3=\begin{pmatrix}22\\25\\15\end{pmatrix},$$

故 $k_2\boldsymbol{p}_3(k_2\neq 0)$是属于 $\lambda_3=6$ 的全部特征向量.

5. 解:$\boldsymbol{A}$ 的特征多项式

$$|\boldsymbol{A}-\lambda\boldsymbol{E}|=\begin{vmatrix}1-\lambda&1&1&1\\1&1-\lambda&-1&-1\\1&-1&1-\lambda&-1\\1&-1&-1&1-\lambda\end{vmatrix}=(\lambda+2)(\lambda-2)^3,$$

故 $\boldsymbol{A}$ 的特征值为 $\lambda_1=\lambda_2=\lambda_3=2,\lambda_4=-2$.

当 $\lambda_1=\lambda_2=\lambda_3=2$ 时,解方程组$(\boldsymbol{A}-2\boldsymbol{E})\boldsymbol{x}=\boldsymbol{0}$.由

$$\boldsymbol{A}-2\boldsymbol{E}=\begin{pmatrix}-1&1&1&1\\1&-1&-1&-1\\1&-1&-1&-1\\1&-1&-1&-1\end{pmatrix}\overset{r}{\sim}\begin{pmatrix}1&-1&-1&-1\\0&0&0&0\\0&0&0&0\\0&0&0&0\end{pmatrix}$$

可得基础解系

$$\boldsymbol{p}_1=\begin{pmatrix}1\\1\\0\\0\end{pmatrix},\boldsymbol{p}_2=\begin{pmatrix}1\\0\\1\\0\end{pmatrix},\boldsymbol{p}_3=\begin{pmatrix}1\\0\\0\\1\end{pmatrix}$$

故 $k_1\boldsymbol{p}_1+k_2\boldsymbol{p}_2+k_3\boldsymbol{p}_3(k_1,k_2,k_3$不全为 0)是属于 $\lambda_1=\lambda_2=\lambda_3=2$ 的全部特征向量.

当 $\lambda_4=-2$ 时,解方程组$(\boldsymbol{A}+2\boldsymbol{E})\boldsymbol{x}=\boldsymbol{0}$.由

$$\boldsymbol{A}+2\boldsymbol{E}=\begin{pmatrix}3&1&1&1\\1&3&-1&-1\\1&-1&3&-1\\1&-1&-1&3\end{pmatrix}\overset{r}{\sim}\begin{pmatrix}1&1&0&0\\0&1&-1&0\\0&0&1&-1\\0&0&0&0\end{pmatrix}$$

可得基础解系

$$\boldsymbol{p}_4=\begin{pmatrix}-1\\1\\1\\1\end{pmatrix},$$

故 $k_4\boldsymbol{p}_4(k_4\neq 0)$是属于 $\lambda_4=-2$ 的全部特征向量.

6. 证明：由于一元 n 次方程 $\det(\lambda \boldsymbol{E}-\boldsymbol{A})=0$ 的 n 个根为 λ_1，$\lambda_2,\cdots,\lambda_n$，则

$$\det(\lambda \boldsymbol{E}-\boldsymbol{A})=(\lambda-\lambda_1)(\lambda-\lambda_2)\cdots(\lambda-\lambda_n) \qquad (*)$$

取 $\lambda=0$，则

$$\det(-\boldsymbol{A})=(-1)^n|\boldsymbol{A}|=(-1)^n\lambda_1\lambda_2\cdots\lambda_n=(-1)^n\prod_{i=1}^{n}\lambda_i$$

即证 $\lambda_1\lambda_2\cdots\lambda_n=|\boldsymbol{A}|$.

欲证明 $\lambda_1+\lambda_2+\cdots+\lambda_n=a_{11}+a_{22}+\cdots+a_{nn}=\mathrm{tr}\boldsymbol{A}$，比较式 $(*)$ 两边的 λ^{n-1} 的系数.

由于式 $(*)$ 的左边

$$\det(\lambda \boldsymbol{E}-\boldsymbol{A})=\begin{vmatrix} \lambda-a_{11} & -a_{12} & \cdots & -a_{1n} \\ -a_{21} & \lambda-a_{22} & \cdots & -a_{2n} \\ \vdots & \vdots & & \vdots \\ -a_{n1} & -a_{n2} & \cdots & \lambda-a_{nn} \end{vmatrix}$$

是 λ 的 n 次多项式，其 λ^{n-1} 项的系数为 $-(a_{11}+a_{22}+\cdots+a_{nn})$.

式 $(*)$ 右边 $(\lambda-\lambda_1)(\lambda-\lambda_2)\cdots(\lambda-\lambda_n)$ 的展开式 λ^{n-1} 的系数为 $-\sum_{i=1}^{n}\lambda_i$，由于恒等式两边同次项的系数必相等，所以，即证 $\lambda_1+\lambda_2+\cdots+\lambda_n=a_{11}+a_{22}+\cdots+a_{nn}=\mathrm{tr}\boldsymbol{A}$.

7. 解：由于矩阵 $\boldsymbol{A}=(a_{ij})$ 各行元素之和均为 5，即

$$\begin{cases} a_{11}+a_{12}+a_{13}=5, \\ a_{21}+a_{22}+a_{23}=5, \\ a_{31}+a_{32}+a_{33}=5, \end{cases}$$

用矩阵表示，有

$$\begin{pmatrix} a_{11} & a_{12} & a_{13} \\ a_{21} & a_{22} & a_{23} \\ a_{31} & a_{32} & a_{33} \end{pmatrix}\begin{pmatrix} 1 \\ 1 \\ 1 \end{pmatrix}=\begin{pmatrix} 5 \\ 5 \\ 5 \end{pmatrix},$$

即

$$\boldsymbol{A}\begin{pmatrix} 1 \\ 1 \\ 1 \end{pmatrix}=5\begin{pmatrix} 1 \\ 1 \\ 1 \end{pmatrix}$$

故矩阵 $\boldsymbol{A}$ 必有特征值 $\lambda=5$，可知必有特征向量 $(1,1,1)^{\mathrm{T}}$.

8. 解：(1) $\boldsymbol{A}$ 的特征值为 λ，则 $k\boldsymbol{A}$ 的特征值为 $k\lambda$，所以 $3\boldsymbol{A}$ 的特征值为 $3,-6,9$；

(2) $\boldsymbol{A}$ 的特征值为 λ，则 $\boldsymbol{A}^{-1}$ 的特征值为 $\frac{1}{\lambda}$，所以 $2\boldsymbol{A}^{-1}$ 的特征值为 $2,-1,\frac{2}{3}$.

9. 解:令 $\varphi(\boldsymbol{A})=\boldsymbol{A}^3-5\boldsymbol{A}^2+8\boldsymbol{A}$,则有 $\varphi(\lambda)=\lambda^3-5\lambda^2+8\lambda$,故 $\varphi(\boldsymbol{A})$ 的特征值为

$$\varphi(1)=4,\quad \varphi(2)=4,\quad \varphi(3)=6.$$

于是

$$|\boldsymbol{A}^3-5\boldsymbol{A}^2+8\boldsymbol{A}|=4\times4\times6=96.$$

10. 解:因为 $\boldsymbol{A}$ 的特征值全不为 0,可知 $\boldsymbol{A}$ 可逆,故 $\boldsymbol{A}^*=|\boldsymbol{A}|\boldsymbol{A}^{-1}$.而 $|\boldsymbol{A}|=\lambda_1\lambda_2\lambda_3=-2$,所以

$$\boldsymbol{A}^*+3\boldsymbol{A}+6\boldsymbol{E}=-2\boldsymbol{A}^{-1}+3\boldsymbol{A}+6\boldsymbol{E},$$

把上式记作 $\varphi(\boldsymbol{A})$,则有 $\varphi(\lambda)=-\dfrac{2}{\lambda}+3\lambda+6$,故 $\varphi(\boldsymbol{A})$ 的特征值为

$$\varphi(1)=7,\quad \varphi(-1)=5,\quad \varphi(2)=11.$$

于是

$$|\boldsymbol{A}^*+3\boldsymbol{A}-2\boldsymbol{E}|=7\times5\times11=385.$$

11. 证明:由于 $\boldsymbol{A}^2-5\boldsymbol{A}+6\boldsymbol{E}=\boldsymbol{O}$,即 $(\boldsymbol{A}-2\boldsymbol{E})(\boldsymbol{A}-3\boldsymbol{E})=O$,

则有

$$|\boldsymbol{A}-2\boldsymbol{E}||\boldsymbol{A}-3\boldsymbol{E}|=0,$$

即

$$|\boldsymbol{A}-2\boldsymbol{E}|=0 \text{ 或 } |\boldsymbol{A}-3\boldsymbol{E}|=0,$$

故 $\boldsymbol{A}$ 的特征值只能取 2 或 3.

12. 解:因为 0 是 $\boldsymbol{A}$ 的特征值,故 $|\boldsymbol{A}|=0$,则可以求出 $a=1$.又由于 $|\boldsymbol{A}-\lambda\boldsymbol{E}|=-\lambda(\lambda-2)^2=0$,
所以 $\boldsymbol{A}$ 的特征值为 0,2,2.

13. 解:由于 $\boldsymbol{A}$ 可逆,$\boldsymbol{A}^*\boldsymbol{A}=|\boldsymbol{A}|\boldsymbol{E}$,故 $\boldsymbol{A}^*=|\boldsymbol{A}|\boldsymbol{A}^{-1}$.又因为 λ 为 $\boldsymbol{A}$ 的一个特征值,故 $\boldsymbol{A}^{-1}$ 的特征值为 $\dfrac{1}{\lambda}$,故 $\boldsymbol{A}^*$ 必有的一个特征值为 $\dfrac{|\boldsymbol{A}|}{\lambda}$.

14. 解:由于 $\boldsymbol{Ax}=\boldsymbol{0}$ 有非零解,则 $|\boldsymbol{A}|=0$.又因为 $|\boldsymbol{A}|=\lambda_1\lambda_2\cdots\lambda_n=0$,所以 $\boldsymbol{A}$ 必有一个特征值为 0.

15. 证明:因为 $|\lambda\boldsymbol{E}-\boldsymbol{A}^{\mathrm{T}}|=|(\lambda\boldsymbol{E}-\boldsymbol{A})^{\mathrm{T}}|=|\lambda\boldsymbol{E}-\boldsymbol{A}|$,故 $\boldsymbol{A}^{\mathrm{T}}$ 与 $\boldsymbol{A}$ 的特征值多项式相同,从而 $\boldsymbol{A}^{\mathrm{T}}$ 与 $\boldsymbol{A}$ 的特征值相同.

16. 证明:由于 $|\boldsymbol{A}|\neq0$,则 $\boldsymbol{A}$ 可逆,

$$\boldsymbol{A}^{-1}(\boldsymbol{AB})\boldsymbol{A}=(\boldsymbol{A}^{-1}\boldsymbol{A})(\boldsymbol{BA})=\boldsymbol{BA}$$

则 $\boldsymbol{AB}$ 与 $\boldsymbol{BA}$ 相似.

17. 解:由

$$|\boldsymbol{A}-\lambda\boldsymbol{E}|=\begin{vmatrix}6-\lambda & 2 & 4\\ 2 & 3-\lambda & 2\\ 4 & 2 & 6-\lambda\end{vmatrix}=-(\lambda-11)(\lambda-2)^2,$$

得矩阵 $\boldsymbol{A}$ 的特征值为 11,2,2.

当 $\lambda_1=11$ 时,解方程组 $(\boldsymbol{A}-11\boldsymbol{E})\boldsymbol{x}=\boldsymbol{0}$.由

$$\boldsymbol{A}-11\boldsymbol{E}=\begin{pmatrix}-5&2&4\\2&-8&2\\4&2&-5\end{pmatrix}\overset{r}{\sim}\begin{pmatrix}1&-2&0\\0&-2&1\\0&0&0\end{pmatrix},$$

可得基础解系

$$\boldsymbol{p}_1=\begin{pmatrix}2\\1\\2\end{pmatrix},$$

当 $\lambda_2=\lambda_3=2$ 时,解方程组 $(\boldsymbol{A}-2\boldsymbol{E})\boldsymbol{x}=\boldsymbol{0}$.由

$$\boldsymbol{A}-2\boldsymbol{E}=\begin{pmatrix}4&2&4\\2&1&2\\4&2&4\end{pmatrix}\overset{r}{\sim}\begin{pmatrix}2&1&2\\0&0&0\\0&0&0\end{pmatrix},$$

可得基础解系

$$\boldsymbol{p}_2=\begin{pmatrix}1\\-2\\0\end{pmatrix},\boldsymbol{p}_3=\begin{pmatrix}0\\-2\\1\end{pmatrix}.$$

那么,令 $\boldsymbol{P}=(\boldsymbol{p}_1,\boldsymbol{p}_2,\boldsymbol{p}_3)$ 有 $\boldsymbol{P}^{-1}\boldsymbol{A}\boldsymbol{P}=\begin{pmatrix}11&&\\&2&\\&&2\end{pmatrix}$.

18. 解:由

$$|\boldsymbol{A}-\lambda\boldsymbol{E}|=\begin{vmatrix}2-\lambda&1&1\\3&-\lambda&a\\0&0&3-\lambda\end{vmatrix}=-(\lambda+1)(\lambda-3)^2,$$

得矩阵 $\boldsymbol{A}$ 的特征值 3,3,-1.

当 $\lambda_1=-1$ 时,解方程组 $(\boldsymbol{A}+\boldsymbol{E})\boldsymbol{x}=\boldsymbol{0}$.

$$\boldsymbol{A}+\boldsymbol{E}=\begin{pmatrix}3&1&1\\3&1&a\\0&0&4\end{pmatrix}\overset{r}{\sim}\begin{pmatrix}3&1&0\\0&0&1\\0&0&0\end{pmatrix},$$

可得基础解系

$$\boldsymbol{p}_1=\begin{pmatrix}1\\-3\\0\end{pmatrix}.$$

故矩阵 $\boldsymbol{A}$ 可对角化的充分必要条件是对应二重根 $\lambda_2=\lambda_3=3$,有 2 个线性无关的特征向量,即方程组 $(\boldsymbol{A}-3\boldsymbol{E})\boldsymbol{x}=\boldsymbol{0}$ 有 2 个线性无关的解,故系数矩阵 $\boldsymbol{A}-3\boldsymbol{E}$ 的秩 $R(\boldsymbol{A}-3\boldsymbol{E})=1$.由

$$\boldsymbol{A}-3\boldsymbol{E}=\begin{pmatrix}-1&1&1\\3&-3&a\\0&0&0\end{pmatrix}\overset{r}{\sim}\begin{pmatrix}1&-1&-1\\0&0&a+3\\0&0&0\end{pmatrix},$$

所以 $a=-3$.

那么对于 $\lambda_2=\lambda_3=3$ 时，

$$A-3E=\begin{pmatrix}-1&1&1\\3&-3&-3\\0&0&0\end{pmatrix}\overset{r}{\sim}\begin{pmatrix}1&-1&-1\\0&0&0\\0&0&0\end{pmatrix},$$

可得基础解系

$$p_2=\begin{pmatrix}1\\1\\0\end{pmatrix},p_3=\begin{pmatrix}1\\0\\1\end{pmatrix}.$$

那么，令 $P=(p_1,p_2,p_3)=\begin{pmatrix}1&1&1\\-3&1&0\\0&0&1\end{pmatrix}$ 有 $P^{-1}AP=\begin{pmatrix}-1&&\\&3&\\&&3\end{pmatrix}$.

19. 解：由 $|A-\lambda E|=\begin{vmatrix}1-\lambda&-2&2\\-2&-2-\lambda&4\\2&4&-2-\lambda\end{vmatrix}=-(\lambda-2)^2(\lambda+7)=0$，

得矩阵 A 的特征值 $\lambda_1=\lambda_2=2,\lambda_3=-7$.

将 $\lambda_1=\lambda_2=2$ 代入 $(A-\lambda E)x=0$ 得方程组

$$\begin{cases}-x_1-2x_2+2x_3=0,\\-2x_1-4x_2+4x_3=0,\\2x_1+4x_2-4x_3=0,\end{cases}$$

得基础解系 $p_1=\begin{pmatrix}2\\0\\1\end{pmatrix},\quad p_2=\begin{pmatrix}0\\1\\1\end{pmatrix}$.

同理，对 $\lambda_3=-7$，由 $(A-\lambda_3E)x=0$ 得到基础解系 $p_3=\begin{pmatrix}1\\2\\-2\end{pmatrix}$. 即 A 有 3 个线性无关的特征向量，因而 A 可对角化.

20. 解：因矩阵 A 的特征值互异，知向量组 p_1,p_2,p_3 线性无关，于是若记 $P=(p_1,p_2,p_3)$，则 P 为可逆矩阵，且有

$$P^{-1}AP=\begin{pmatrix}2&&\\&-2&\\&&1\end{pmatrix}\Rightarrow A=P\begin{pmatrix}2&&\\&-2&\\&&1\end{pmatrix}P^{-1},$$

用初等变换的方法求得

$$P^{-1}=\begin{pmatrix}-1&1&0\\1&-1&1\\0&1&-1\end{pmatrix}$$

于是

$$A=\begin{pmatrix}0&1&1\\1&1&1\\1&1&0\end{pmatrix}\begin{pmatrix}2&0&0\\0&-2&0\\0&0&1\end{pmatrix}\begin{pmatrix}-1&1&0\\1&-1&1\\0&1&-1\end{pmatrix}=\begin{pmatrix}-2&3&-3\\-4&5&-3\\-4&4&-2\end{pmatrix}.$$

21. 解:设 $\boldsymbol{p}$ 所对应的特征值为 λ,由题设 $(\boldsymbol{A}-\lambda\boldsymbol{E})\boldsymbol{p}=\mathbf{0}$,即

$$\begin{pmatrix}2-\lambda&-1&2\\5&a-\lambda&3\\-1&b&-2-\lambda\end{pmatrix}\begin{pmatrix}1\\1\\-1\end{pmatrix}=0.$$

于是,解上述方程组得 $\lambda=-1,a=-3,b=0$.

22. 解:由 $|\boldsymbol{A}-\lambda\boldsymbol{E}|=-\lambda(\lambda-1)^2$,得 $\boldsymbol{A}$ 的特征值为 $\lambda_1=\lambda_2=1,\lambda_3=0$.

对应于 $\lambda_1=\lambda_2=1$ 的线性无关的特征向量为 $\boldsymbol{p}_1=(1,2,0)^{\mathrm{T}},\boldsymbol{p}_2=(0,0,1)^{\mathrm{T}}$,

对应于 $\lambda_3=0$ 的特征向量为 $\boldsymbol{p}_3=(1,1,-2)^{\mathrm{T}}$,

令 $\boldsymbol{P}=(\boldsymbol{p}_1,\boldsymbol{p}_2,\boldsymbol{p}_3)=\begin{pmatrix}1&0&1\\2&0&1\\0&1&-2\end{pmatrix}$,则 $\boldsymbol{P}^{-1}\boldsymbol{A}\boldsymbol{P}=\boldsymbol{\Lambda}=\begin{pmatrix}1&0&0\\0&1&0\\0&0&0\end{pmatrix}\Rightarrow\boldsymbol{A}=\boldsymbol{P}\boldsymbol{\Lambda}\boldsymbol{P}^{-1}$,所以 $\boldsymbol{A}^{100}=(\boldsymbol{P}\boldsymbol{\Lambda}\boldsymbol{P}^{-1})^{100}=\boldsymbol{P}\boldsymbol{\Lambda}^{100}\boldsymbol{P}^{-1}$,

又因为 $\boldsymbol{\Lambda}^{100}=\boldsymbol{\Lambda}$,故

$$\boldsymbol{A}^{100}=\boldsymbol{P}\boldsymbol{\Lambda}\boldsymbol{P}^{-1}=\boldsymbol{A}=\begin{pmatrix}-1&1&0\\-2&2&0\\4&-2&1\end{pmatrix}.$$

23. 解:设 $\boldsymbol{c}=\begin{pmatrix}x_1\\x_2\\x_3\end{pmatrix}$,由 $\boldsymbol{c}$ 与 $\boldsymbol{a}$ 正交,故有

$$\boldsymbol{c}^{\mathrm{T}}\cdot\boldsymbol{a}=\mathbf{0}\Rightarrow(x_1,x_2,x_3)\begin{pmatrix}1\\0\\-2\end{pmatrix}=x_1-2x_3=\mathbf{0}\Rightarrow\boldsymbol{c}=\begin{pmatrix}2x_3\\x_2\\x_3\end{pmatrix}$$

再由
$$\boldsymbol{b}=\lambda\boldsymbol{a}+\boldsymbol{c}\Rightarrow\begin{pmatrix}1\\2\\3\end{pmatrix}=\lambda\begin{pmatrix}1\\0\\-2\end{pmatrix}+\begin{pmatrix}2x_3\\x_2\\x_3\end{pmatrix}=\begin{pmatrix}2x_3+\lambda\\x_2\\x_3-2\lambda\end{pmatrix}$$

得
$$\begin{cases}2x_3+\lambda=1,\\x_2=2,\\x_3-2\lambda=3,\end{cases}\Rightarrow\begin{cases}\lambda=-1,\\x_2=2,\\x_3=1,\end{cases}\text{故 }\lambda=-1,\boldsymbol{c}=\begin{pmatrix}2\\2\\1\end{pmatrix}.$$

24. 解:显然,$\boldsymbol{\alpha}_1,\boldsymbol{\alpha}_2,\boldsymbol{\alpha}_3$ 是线性无关的.利用施密特正交化方法,取

$\boldsymbol{\beta}_1=\boldsymbol{\alpha}_1=(1,1,1,1)$,

$\boldsymbol{\beta}_2=\boldsymbol{\alpha}_2-\dfrac{(\boldsymbol{\beta}_1,\boldsymbol{\alpha}_2)}{(\boldsymbol{\beta}_1,\boldsymbol{\beta}_1)}\boldsymbol{\beta}_1=(3,3,-1,-1)-\dfrac{4}{4}(1,1,1,1)=(2,2,-2,-2)$,

$$\boldsymbol{\beta}_3=\boldsymbol{\alpha}_3-\frac{(\boldsymbol{\beta}_1,\boldsymbol{\alpha}_3)}{(\boldsymbol{\beta}_1,\boldsymbol{\beta}_1)}\boldsymbol{\beta}_1-\frac{(\boldsymbol{\beta}_2,\boldsymbol{\alpha}_3)}{(\boldsymbol{\beta}_2,\boldsymbol{\beta}_2)}\boldsymbol{\beta}_2$$

$$=(-2,0,6,8)-\frac{12}{4}(1,1,1,1)-\frac{-32}{16}(2,2,-2,-2)$$

$$=(-1,1,-1,1),$$

$\boldsymbol{\beta}_1,\boldsymbol{\beta}_2,\boldsymbol{\beta}_3$即为所求的正交向量组.

25. 解:显然,$\boldsymbol{\alpha}_1,\boldsymbol{\alpha}_2,\boldsymbol{\alpha}_3$是线性无关的.先正交化,取

$\boldsymbol{\beta}_1=\boldsymbol{\alpha}_1=(1,1,1,1)$,

$\boldsymbol{\beta}_2=\boldsymbol{\alpha}_2-\frac{(\boldsymbol{\beta}_1,\boldsymbol{\alpha}_2)}{(\boldsymbol{\beta}_1,\boldsymbol{\beta}_1)}\boldsymbol{\beta}_1=(1,-1,0,4)-\frac{1-1+4}{1+1+1+1}(1,1,1,1)=(0,-2,-1,3)$,

$$\boldsymbol{\beta}_3=\boldsymbol{\alpha}_3-\frac{(\boldsymbol{\beta}_1,\boldsymbol{\alpha}_3)}{(\boldsymbol{\beta}_1,\boldsymbol{\beta}_1)}\boldsymbol{\beta}_1-\frac{(\boldsymbol{\beta}_2,\boldsymbol{\alpha}_3)}{(\boldsymbol{\beta}_2,\boldsymbol{\beta}_2)}\boldsymbol{\beta}_2$$

$$=(3,5,1,-1)-\frac{8}{4}(1,1,1,1)-\frac{-14}{14}(0,-2,-1,3)$$

$$=(1,1,-2,0),$$

再单位化,得规范正交向量如下:

$$\boldsymbol{e}_1=\frac{\boldsymbol{\beta}_1}{\|\boldsymbol{\beta}_1\|}=\frac{1}{2}(1,1,1,1)=\left(\frac{1}{2},\frac{1}{2},\frac{1}{2},\frac{1}{2}\right),$$

$$\boldsymbol{e}_2=\frac{\boldsymbol{\beta}_2}{\|\boldsymbol{\beta}_2\|}=\frac{1}{\sqrt{14}}(0,-2,-1,3)=\left(0,\frac{-2}{\sqrt{14}},\frac{-1}{\sqrt{14}},\frac{3}{\sqrt{14}}\right),$$

$$\boldsymbol{e}_3=\frac{\boldsymbol{\beta}_3}{\|\boldsymbol{\beta}_3\|}=\frac{1}{\sqrt{6}}(1,1,-2,0)=\left(\frac{1}{\sqrt{6}},\frac{1}{\sqrt{6}},\frac{-2}{\sqrt{6}},0\right).$$

26. 解:(1)考察矩阵的第 1 行和第 2 列,得

$1\times\left(-\frac{1}{2}\right)+\left(-\frac{1}{2}\right)\times1+\frac{1}{3}\times(-\frac{1}{2})\neq0$,所以它不是正交矩阵.

(2)由正交矩阵的定义,得

$$\begin{pmatrix}\frac{1}{\sqrt{6}}&\frac{-1}{\sqrt{3}}&\frac{1}{\sqrt{2}}\\\frac{2}{\sqrt{6}}&\frac{1}{\sqrt{3}}&0\\\frac{-1}{\sqrt{6}}&\frac{1}{\sqrt{3}}&\frac{1}{\sqrt{2}}\end{pmatrix}\begin{pmatrix}\frac{1}{\sqrt{6}}&\frac{2}{\sqrt{6}}&\frac{-1}{\sqrt{6}}\\\frac{-1}{\sqrt{3}}&\frac{1}{\sqrt{3}}&\frac{1}{\sqrt{3}}\\\frac{1}{\sqrt{2}}&0&\frac{1}{\sqrt{2}}\end{pmatrix}=\begin{pmatrix}1&0&0\\0&1&0\\0&0&1\end{pmatrix},$$

所以它是正交矩阵.

27. 证明:因为 $\boldsymbol{A}$ 与 $\boldsymbol{B}$ 都是 n 阶正交矩阵,故 $\boldsymbol{A}^{-1}=\boldsymbol{A}^{\mathrm{T}},\boldsymbol{B}^{-1}=\boldsymbol{B}^{\mathrm{T}}$.

(1)由于$(\boldsymbol{A}^{-1})^{\mathrm{T}}\boldsymbol{A}^{-1}=(\boldsymbol{A}^{-1})^{\mathrm{T}}\boldsymbol{A}^{\mathrm{T}}=(\boldsymbol{A}\boldsymbol{A}^{-1})^{\mathrm{T}}=\boldsymbol{E}^{\mathrm{T}}=\boldsymbol{E}$,

故 $\boldsymbol{A}^{-1}$是正交矩阵.

(2) 由于 $(\boldsymbol{AB})^{\mathrm{T}}(\boldsymbol{AB})=\boldsymbol{B}^{\mathrm{T}}\boldsymbol{A}^{\mathrm{T}}\boldsymbol{AB}=\boldsymbol{B}^{-1}\boldsymbol{A}^{-1}\boldsymbol{AB}=\boldsymbol{E}$,
故 $\boldsymbol{AB}$ 也是正交矩阵.

28. 证明:设 $\boldsymbol{A}$ 为正交矩阵,$\boldsymbol{p}$ 是方阵 $\boldsymbol{A}$ 的对应于特征值 λ 的特征向量,则 $\boldsymbol{Ap}=\lambda\boldsymbol{p}$. 由于

$$(\boldsymbol{Ap})^{\mathrm{T}}\boldsymbol{Ap}=\boldsymbol{p}^{\mathrm{T}}\boldsymbol{A}^{\mathrm{T}}\boldsymbol{Ap}=\boldsymbol{p}^{\mathrm{T}}\boldsymbol{p}=\|\boldsymbol{p}\|^2, \tag{1}$$

$$(\boldsymbol{Ap})^{\mathrm{T}}\boldsymbol{Ap}=(\lambda\boldsymbol{p})^{\mathrm{T}}(\lambda\boldsymbol{p})=\lambda^2\boldsymbol{p}^{\mathrm{T}}\boldsymbol{p}=\lambda^2\|\boldsymbol{p}\|^2, \tag{2}$$

又 $\boldsymbol{p}\neq\boldsymbol{0}$,所以 $\|\boldsymbol{p}\|>0$,式(1)−式(2)得 $\lambda^2=1$,即 $|\lambda|=1$.

29. 解:由 $|\lambda\boldsymbol{E}-\boldsymbol{A}|=\begin{vmatrix}\lambda-4&0&0\\0&\lambda-3&-1\\0&-1&\lambda-3\end{vmatrix}=(\lambda-2)(4-\lambda)^2$,
得矩阵 $\boldsymbol{A}$ 的特征值 $\lambda_1=2,\lambda_2=\lambda_3=4$.

对 $\lambda_1=2$,由 $(2\boldsymbol{E}-\boldsymbol{A})\boldsymbol{x}=\boldsymbol{0}$ 得基础解系 $\boldsymbol{p}_1=\begin{pmatrix}0\\1\\-1\end{pmatrix}$,

对 $\lambda_2=\lambda_3=4$,由 $(4\boldsymbol{E}-\boldsymbol{A})\boldsymbol{x}=\boldsymbol{0}$ 得基础解系 $\boldsymbol{p}_2=\begin{pmatrix}1\\0\\0\end{pmatrix},\boldsymbol{p}_3=\begin{pmatrix}0\\1\\1\end{pmatrix}$.

$\boldsymbol{p}_2$ 与 $\boldsymbol{p}_3$ 恰好正交,所以 $\boldsymbol{p}_1,\boldsymbol{p}_2,\boldsymbol{p}_3$ 两两正交.再将 $\boldsymbol{p}_1,\boldsymbol{p}_2,\boldsymbol{p}_3$ 单位化.

令 $\boldsymbol{\eta}_i=\boldsymbol{p}_i/\|\boldsymbol{p}_i\|(i=1,2,3)$,得

$$\boldsymbol{\eta}_1=\begin{pmatrix}0\\\frac{1}{\sqrt{2}}\\\frac{-1}{\sqrt{2}}\end{pmatrix},\boldsymbol{\eta}_2=\begin{pmatrix}1\\0\\0\end{pmatrix},\boldsymbol{\eta}_3=\begin{pmatrix}0\\\frac{1}{\sqrt{2}}\\\frac{1}{\sqrt{2}}\end{pmatrix}.$$

故所求正交矩阵

$$\boldsymbol{P}=(\boldsymbol{\eta}_1,\boldsymbol{\eta}_2,\boldsymbol{\eta}_3)=\begin{pmatrix}0&1&0\\\frac{1}{\sqrt{2}}&0&\frac{1}{\sqrt{2}}\\\frac{-1}{\sqrt{2}}&0&\frac{1}{\sqrt{2}}\end{pmatrix}\text{且 }\boldsymbol{P}^{-1}\boldsymbol{AP}=\begin{pmatrix}2&0&0\\0&4&0\\0&0&4\end{pmatrix}.$$

30. 解:由 $|\lambda\boldsymbol{E}-\boldsymbol{A}|=\begin{vmatrix}\lambda-3&2&4\\2&\lambda-6&2\\4&2&\lambda-3\end{vmatrix}=(\lambda+2)(\lambda-7)^2$,
得矩阵 $\boldsymbol{A}$ 的特征值 $\lambda_1=\lambda_2=7,\lambda_3=-2$.

对 $\lambda_1=\lambda_2=7$,由 $(7\boldsymbol{E}-\boldsymbol{A})\boldsymbol{x}=\boldsymbol{0}$ 得基础解系 $\boldsymbol{p}_1=\begin{pmatrix}-1\\2\\0\end{pmatrix},\boldsymbol{p}_2=\begin{pmatrix}-1\\0\\1\end{pmatrix}$,

对 $\lambda_3=-2$，由 $(-2\boldsymbol{E}-\boldsymbol{A})\boldsymbol{x}=\boldsymbol{0}$ 得基础解系 $\boldsymbol{p}_3=\begin{pmatrix}2\\1\\2\end{pmatrix}$.

$\boldsymbol{p}_1$ 与 $\boldsymbol{p}_2$ 不正交，运用施密特正交化方法，得

$$\boldsymbol{\beta}_1=\boldsymbol{p}_1=\begin{pmatrix}-1\\2\\0\end{pmatrix},$$

$$\boldsymbol{\beta}_2=\boldsymbol{p}_2-\frac{(\boldsymbol{\beta}_1,\boldsymbol{p}_2)}{(\boldsymbol{\beta}_1,\boldsymbol{\beta}_1)}\boldsymbol{\beta}_1=\begin{pmatrix}-1\\0\\1\end{pmatrix}-\frac{1}{5}\begin{pmatrix}-1\\2\\0\end{pmatrix}=\frac{1}{5}\begin{pmatrix}-4\\-2\\5\end{pmatrix},$$

单位化，有

$$\boldsymbol{\eta}_1=\frac{1}{\sqrt5}\begin{pmatrix}-1\\2\\0\end{pmatrix},\boldsymbol{\eta}_2=\frac{1}{3\sqrt5}\begin{pmatrix}-4\\-2\\5\end{pmatrix},$$

再对 $\boldsymbol{p}_3$ 单位化，有 $\boldsymbol{\eta}_3=\frac{1}{3}\begin{pmatrix}2\\1\\2\end{pmatrix}$.

故所求正交矩阵

$$\boldsymbol{P}=(\boldsymbol{\eta}_1,\boldsymbol{\eta}_2,\boldsymbol{\eta}_3)=\begin{pmatrix}-\frac{1}{\sqrt5} & -\frac{4}{3\sqrt5} & \frac{2}{3}\\ \frac{2}{\sqrt5} & -\frac{2}{3\sqrt5} & \frac{1}{3}\\ 0 & \frac{\sqrt5}{3} & \frac{2}{3}\end{pmatrix}\text{且 }\boldsymbol{P}^{-1}\boldsymbol{A}\boldsymbol{P}=\begin{pmatrix}7&0&0\\0&7&0\\0&0&-2\end{pmatrix}.$$

31. 解：方阵 $\boldsymbol{A}$ 与 $\boldsymbol{\Lambda}$ 相似，则 $\boldsymbol{A}$ 与 $\boldsymbol{\Lambda}$ 的特征多项式相同，即 $|\boldsymbol{A}-\lambda\boldsymbol{E}|=|\boldsymbol{\Lambda}-\lambda\boldsymbol{E}|$，即

$$\begin{vmatrix}1-\lambda & -2 & -4\\ -2 & x-\lambda & -2\\ -4 & -2 & 1-\lambda\end{vmatrix}=\begin{vmatrix}5-\lambda & 0 & 0\\ 0 & y-\lambda & 0\\ 0 & 0 & -4-\lambda\end{vmatrix},$$

求得 $\begin{cases}x=4,\\y=5.\end{cases}$

32. 解：(1)对增广矩阵施行初等行变换，得

$$\overline{\boldsymbol{A}}=(\boldsymbol{A},\boldsymbol{\beta})=\begin{pmatrix}1&1&a&1\\1&a&1&1\\a&1&1&-2\end{pmatrix}\to\begin{pmatrix}1&1&a&1\\0&a-1&1-a&0\\0&0&2-a-a^2&-2-a\end{pmatrix},$$

方程组有解但解不唯一，则一定有 $\boldsymbol{R}(\boldsymbol{A})=\boldsymbol{R}(\overline{\boldsymbol{A}})<n=3$，则 $a=-2$.

(2)$\boldsymbol{A}$ 的全部特征值为 3，−3，0，所对应的特征向量分别为

$$\begin{pmatrix}1\\0\\-1\end{pmatrix},\begin{pmatrix}1\\-2\\1\end{pmatrix},\begin{pmatrix}1\\1\\1\end{pmatrix},$$

特征向量两两正交,单位化得正交矩阵

$$\boldsymbol{Q}=\begin{pmatrix}\frac{1}{\sqrt{2}} & \frac{1}{\sqrt{6}} & \frac{1}{\sqrt{3}}\\ 0 & -\frac{2}{\sqrt{6}} & \frac{1}{\sqrt{3}}\\ -\frac{1}{\sqrt{2}} & \frac{1}{\sqrt{6}} & \frac{1}{\sqrt{3}}\end{pmatrix}$$

使 $\boldsymbol{Q}^{\mathrm{T}}\boldsymbol{A}\boldsymbol{Q}=\begin{pmatrix}3 & & \\ & -3 & \\ & & 0\end{pmatrix}$为对角阵.

33. 解:设 $\boldsymbol{A}=\begin{pmatrix}x_1 & x_2 & x_3\\ x_2 & x_4 & x_5\\ x_3 & x_5 & x_6\end{pmatrix}$,则 $\boldsymbol{A}\boldsymbol{p}_1=\boldsymbol{p}_1,\boldsymbol{A}\boldsymbol{p}_2=-\boldsymbol{p}_2$,即

$$\begin{cases}x_1+2x_2+2x_3=1,\\ x_2+2x_4+2x_5=2,\\ x_3+2x_5+2x_6=2,\end{cases}\tag{1}$$

$$\begin{cases}2x_1+x_2-2x_3=-2,\\ 2x_2+x_4-2x_5=-1,\\ 2x_3+x_5-2x_6=2,\end{cases}\tag{2}$$

再由特征值的性质有 $\quad x_1+x_4+x_6=\lambda_1+\lambda_2+\lambda_3=0,\qquad(3)$

由式(1)~式(3)解得 $\quad x_1=-\frac{1}{3}-\frac{1}{2}x_6,x_2=\frac{1}{2}x_6,x_3=\frac{2}{3}-\frac{1}{4}x_6,$

$$x_4=\frac{1}{3}-\frac{1}{2}x_6,x_5=\frac{2}{3}+\frac{1}{4}x_6,$$

令 $x_6=0$,得 $x_1=-\frac{1}{3},x_2=0,x_3=\frac{2}{3},x_4=\frac{1}{3},x_5=\frac{2}{3}$.

因此
$$\boldsymbol{A}=\frac{1}{3}\begin{pmatrix}-1 & 0 & 2\\ 0 & 1 & 2\\ 2 & 2 & 0\end{pmatrix}$$

习题五

1. 解:(1)$f(x_1,x_2,x_3)=(x_1,x_2,x_3)\begin{pmatrix}5 & -1 & 2\\ -1 & 1 & 0\\ 2 & 0 & 7\end{pmatrix}\begin{pmatrix}x_1\\x_2\\x_3\end{pmatrix}$;

$$(2)f(x_1,x_2,x_3,x_4)=(x_1,x_2,x_3,x_4)\begin{pmatrix}1&0&0&1\\0&0&-\frac{1}{2}&0\\0&-\frac{1}{2}&0&0\\1&0&0&0\end{pmatrix};$$

$$(3)f(x,y,z)=(x,y,z)\begin{pmatrix}1&-1&0\\-1&1&0\\0&0&-7\end{pmatrix}\begin{pmatrix}x\\y\\z\end{pmatrix}.$$

2. 解:对应的二次型为$f(x_1,x_2,x_3,x_4)=x_1^2-2x_3^2+\sqrt{2}x_4^2-2x_1x_2+4x_1x_4+\frac{2}{3}x_3x_4$.

3. 解:该二次型对应的矩阵为$\boldsymbol{A}=\begin{pmatrix}2&-2&1\\-2&0&1\\1&1&0\end{pmatrix}$,对$\boldsymbol{A}$进行初等变换得

$$\boldsymbol{A}=\begin{pmatrix}2&-2&1\\-2&0&1\\1&1&0\end{pmatrix}\to\begin{pmatrix}1&1&0\\0&2&1\\0&-2&2\end{pmatrix}\to\begin{pmatrix}1&1&0\\0&2&1\\0&0&3\end{pmatrix},$$

即$R(\boldsymbol{A})=3$,所以二次型的秩等于3.

4. 解:(1)$f(x_1,x_2,x_3)=2x_1^2+x_2^2-4x_1x_2-4x_2x_3$

$$=2(x_1^2-2x_1x_2+x_2^2)-x_2^2-4x_2x_3$$

$$=2(x_1-x_2)^2-(x_2+2x_3)^2+4x_3^2,$$

令$\begin{cases}y_1=x_1-x_2,\\y_2=x_2+2x_3,\\y_3=x_3,\end{cases}$ 即$\begin{cases}x_1=y_1+y_2-2y_3,\\x_2=y_2-2y_3,\\x_3=y_3.\end{cases}$

得到原二次型的标准形为$f(y_1,y_2,y_3)=2y_1^2-y_2^2+4y_3^2$.

所用的可逆变换的矩阵为$\boldsymbol{P}=\begin{pmatrix}1&1&-2\\0&1&-2\\0&0&1\end{pmatrix}$.

(2)由于所给二次型中不含平方项,可令

$$\begin{cases}x_1=y_1+y_2,\\x_2=y_1-y_2,\text{即}\boldsymbol{x}=\boldsymbol{P}_1\boldsymbol{y},\text{其中}\boldsymbol{P}_1=\begin{pmatrix}1&1&0\\1&-1&0\\0&0&1\end{pmatrix}.\\x_3=y_3,\end{cases}$$

代入原二次型得$f(y_1,y_2,y_3)=2y_1^2-2y_2^2-4y_1y_3+8y_2y_3$.

再配方得到$f(y)=2(y_1-y_3)^2-2(y_2-2y_3)^2+6y_3^2$.

令$\begin{cases}z_1=y_1-y_3,\\ z_2=y_2-2y_3,\\ z_3=y_3.\end{cases}$即$\begin{cases}y_1=z_1+z_3,\\ y_2=z_2+2z_3,\\ y_3=z_3,\end{cases}$也即 $\boldsymbol{y}=\boldsymbol{P}_2\boldsymbol{z}$，其中 $\boldsymbol{P}_2=\begin{pmatrix}1&0&1\\0&1&2\\0&0&1\end{pmatrix}$.

代入原二次型，得标准形　　$f(z_1,z_2,z_3)=2z_1^2-2z_2^2+6z_3^2.$

所用的可逆变换矩阵为 $\boldsymbol{P}=\boldsymbol{P}_1\boldsymbol{P}_2=\begin{pmatrix}1&1&0\\1&-1&0\\0&0&1\end{pmatrix}\begin{pmatrix}1&0&1\\0&1&2\\0&0&1\end{pmatrix}=$

$\begin{pmatrix}1&1&3\\1&-1&-1\\0&0&1\end{pmatrix}$.

5. 解：记二次型对应的矩阵为 $\boldsymbol{A}$，则

$$\begin{pmatrix}\boldsymbol{A}\\\boldsymbol{E}\end{pmatrix}=\begin{pmatrix}1&2&-2\\2&5&0\\-2&0&3\\1&0&0\\0&1&0\\0&0&1\end{pmatrix}\xrightarrow[\substack{c_2-2c_1\\c_3+2c_1}]{\substack{r_2-2r_1\\r_3+2r_1}}\begin{pmatrix}1&0&0\\0&1&4\\0&4&-1\\1&-2&2\\0&1&0\\0&0&1\end{pmatrix}\xrightarrow{\substack{r_3-4r_2\\c_3-4c_2}}\begin{pmatrix}1&0&0\\0&1&0\\0&0&-17\\1&-2&10\\0&1&-4\\0&0&1\end{pmatrix},$$

取

$$\boldsymbol{C}=\begin{pmatrix}1&-2&10\\0&1&-4\\0&0&1\end{pmatrix}.$$

显然 $|\boldsymbol{C}|\neq0$，即 $\boldsymbol{C}$ 可逆，又由于 $\boldsymbol{D}=\begin{pmatrix}1&0&0\\0&1&0\\0&0&-17\end{pmatrix}$，即得 $\boldsymbol{C}^{\mathrm{T}}\boldsymbol{A}\boldsymbol{C}=\boldsymbol{D}$.

所求的二次型的标准形为 $f(y_1,y_2,y_3)=y_1^2+y_2^2-17y_3^2$.

6. 解：二次型矩阵 $\boldsymbol{A}=\begin{pmatrix}5&-1&3\\-1&5&-3\\3&-3&3\end{pmatrix}$，由 $|\lambda\boldsymbol{E}-\boldsymbol{A}|=\begin{vmatrix}\lambda-5&1&-3\\1&\lambda-5&3\\-3&3&\lambda-3\end{vmatrix}=$

$\lambda(\lambda-4)(\lambda-9)=0$,

求得 $\boldsymbol{A}$ 的特征值为 $\lambda_1=0,\lambda_2=4,\lambda_3=9$，与此对应的特征向量分别为

$$\boldsymbol{\alpha}_1=\begin{pmatrix}-1\\1\\2\end{pmatrix},\boldsymbol{\alpha}_2=\begin{pmatrix}1\\1\\0\end{pmatrix},\boldsymbol{\alpha}_3=\begin{pmatrix}1\\-1\\1\end{pmatrix}.$$

单位化 $\boldsymbol{\alpha}_1,\boldsymbol{\alpha}_2,\boldsymbol{\alpha}_3$ 得

$$\boldsymbol{p}_1=\frac{1}{\sqrt{6}}\begin{pmatrix}-1\\1\\2\end{pmatrix},\boldsymbol{p}_2=\frac{1}{\sqrt{2}}\begin{pmatrix}1\\1\\0\end{pmatrix},\boldsymbol{p}_3=\frac{1}{\sqrt{3}}\begin{pmatrix}1\\-1\\1\end{pmatrix}.$$

得正交矩阵 $\boldsymbol{P}=(\boldsymbol{p}_1,\boldsymbol{p}_2,\boldsymbol{p}_3)=\begin{pmatrix}-\frac{1}{\sqrt{6}} & \frac{1}{\sqrt{2}} & \frac{1}{\sqrt{3}}\\ \frac{1}{\sqrt{6}} & \frac{1}{\sqrt{2}} & -\frac{1}{\sqrt{3}}\\ \frac{2}{\sqrt{6}} & 0 & \frac{1}{\sqrt{3}}\end{pmatrix}$，且有 $\boldsymbol{P}^{\mathrm{T}}\boldsymbol{AP}$

$$=\begin{pmatrix}0 & & \\ & 4 & \\ & & 9\end{pmatrix}.$$

即经过正交变换 $\boldsymbol{x}=\boldsymbol{Py}$，可得标准形为 $f(y_1,y_2,y_3)=4y_2^2+9y_3^2$.

7.解：由题意知，二次型 $f(x_1,x_2,x_3)$ 的矩阵 $\boldsymbol{A}=\begin{pmatrix}1 & b & 1\\ b & a & 1\\ 1 & 1 & 1\end{pmatrix}$ 的特征值分别是 $\lambda_1=1,\lambda_2=0,\lambda_3=4$，于是有 $|\lambda_i\boldsymbol{E}-\boldsymbol{A}|=0(i=1,2,3)$.

即 $|\lambda_1\boldsymbol{E}-\boldsymbol{A}|=\begin{vmatrix}0 & -b & -1\\ -b & 1-a & -1\\ -1 & -1 & 0\end{vmatrix}=-(2b+1-a)=0$,

$$|\lambda_2\boldsymbol{E}-\boldsymbol{A}|=\begin{vmatrix}-1 & -b & -1\\ -b & -a & -1\\ -1 & -1 & -1\end{vmatrix}=(b-1)^2=0,$$

解得 $b=1,a=3$.

8. 解：(1)二次型矩阵 $\boldsymbol{A}=\begin{pmatrix}2 & -1 & 0\\ -1 & 6 & -2\\ 0 & -2 & 4\end{pmatrix}$.

由于顺序主子式

$$D_1=2>0,D_2=\begin{vmatrix}2 & -1\\ -1 & 6\end{vmatrix}=11>0,D_3=|\boldsymbol{A}|=36>0,$$

故该二次型为正定.

(2)二次型矩阵 $\boldsymbol{A}=\begin{pmatrix}1 & 0 & 3 & 1\\ 0 & 1 & -2 & 0\\ 3 & -2 & 4 & 2\\ 1 & 0 & 2 & 5\end{pmatrix}$.

由于顺序主子式

$$D_1=1>0,D_2=\begin{vmatrix}1 & 0\\ 0 & 1\end{vmatrix}>0,D_3=\begin{vmatrix}1 & 0 & 3\\ 0 & 1 & -2\\ 3 & -2 & 4\end{vmatrix}=-9<0,$$

故该二次型为非正定.

9. 解:二次型矩阵 $A=\begin{pmatrix}1&t&0\\t&4&1\\0&1&5\end{pmatrix}$,由顺序主子式 $\begin{vmatrix}1&t\\t&4\end{vmatrix}>0$,

$\begin{vmatrix}1&t&0\\t&4&1\\0&1&5\end{vmatrix}>0$,得$\begin{cases}4-t^2>0,\\19-5t^2>0,\end{cases}$ 解得$\frac{\sqrt{95}}{5}<t<2$ 或,即当$-2<t<-\frac{\sqrt{95}}{5}$时,该二次型为正定.

10. 解:$f=x_1^2+3x_2^2+x_3^2+2x_1x_2+4x_2x_3=(x_1+x_2)^2+2(x_2+x_3)^2-x_3^2$,令

$$\begin{cases}y_1=x_1+x_2,\\y_2=x_2+x_3,\\y_3=x_3,\end{cases}$$

得 $f=y_1^2+2y_2^2-y_3^2$ 为规范形,且正惯性指数 $p=2$,负惯性指数 $q=1$.

11. 证明:因为方阵 A_1 与方阵 B_1 合同,所以存在可逆矩阵 C_1,使 $B_1=C_1^{\mathrm{T}}AC_1$.同理存在

可逆矩阵 C_2,使 $B_2=C_2^{\mathrm{T}}AC_2$.令 $C=\begin{pmatrix}C_1&\\&C_2\end{pmatrix}$,则 C 可逆.于是有

$\begin{pmatrix}B_1&\\&B_2\end{pmatrix}=\begin{pmatrix}C_1^{\mathrm{T}}A_1C_1&\\&C_2^{\mathrm{T}}A_2C_2\end{pmatrix}=\begin{pmatrix}C_1&\\&C_2\end{pmatrix}^{\mathrm{T}}\begin{pmatrix}A_1&\\&A_2\end{pmatrix}\begin{pmatrix}C_1&\\&C_2\end{pmatrix}=$
$C^{\mathrm{T}}\begin{pmatrix}A_1&\\&A_2\end{pmatrix}C$,即$\begin{pmatrix}A_1&\\&A_2\end{pmatrix}$与$\begin{pmatrix}B_1&\\&B_2\end{pmatrix}$合同.

12. 证明:由于$(tE+A)^{\mathrm{T}}=tE+A$ 知,它是实对称阵.由 A 对称知,A 的特征值 $\lambda_i(i=1,2,\cdots,n)$ 全是实数.又由于 $\lambda E-A\Leftrightarrow(\lambda+t)E-(tE+A)$,即 λ 是 A 的特征值等价于 $\lambda+t$ 是 $tE+A$ 的特征值.由于 λ 是实数,故只要 t 充分大后,必可使 $\lambda+t>0$.也即,当 t 充分大后,$tE+A$ 的所有特征值全大于零,则 $tE+A$ 正定.

13. 证明:必要性.若 A 正定,则 A 合同于单位矩阵 E,故存在可逆矩阵 P,使得 $P^{\mathrm{T}}P=P^{\mathrm{T}}EP=A$.

充分性.若 $A=P^{\mathrm{T}}P$,其中 P 可逆,则 $A=P^{\mathrm{T}}EP$,即 A 与 E 合同,故 A 正定.

14. 证明:设 λ 是 A 的特征值,x 是 A 的属于 λ 的特征向量,则

$$(A^2-3A+2E)x=(\lambda^2-3\lambda+2)x=0.$$

由于 $x\neq 0$,故有 $\lambda^2-3\lambda+2=0$,解得 $\lambda=1,2$,即 A 的特征值均为正.故 A 为正定矩阵.

15. 解:(1)设 λ 是 A 的特征值,x 是 A 的属于 λ 的特征向量,则

$$(A^2+3A)x=(\lambda^2+3\lambda)x=0.$$

由于 $x\neq 0$,故有 $\lambda^2+3\lambda=0$,解得 $\lambda=-3$,或 $\lambda=0$.

由于 A 是实对称矩阵,故存在一个正交矩阵 P,使

$$P^{-1}AP=\begin{pmatrix}\lambda_1 & & \\ & \lambda_2 & \\ & & \lambda_3\end{pmatrix},$$其中 $\lambda_1,\lambda_2,\lambda_3$ 为 A 的全部特征值.

又因为 A 的秩为 2,与 A 相似的对角矩阵的秩也是 2,所以 A 的全部特征值为-3,-3,0.

(2)因为 A 为实对称矩阵,所以 $A+kE$ 也是实对称矩阵,且特征值为 $k-3,k-3,k$.故当 $k>3$ 时,$A+kE$ 的特征值全大于 0,$A+kE$ 为正定矩阵.

习题六

1. 解:(1)对任意 $\alpha=a(1,2,3)^T\in V_1,\beta=b(1,2,3)^T\in V_1$,易知 $\alpha+\beta=(a+b)(1,2,3)^T\in V_1,k\alpha=ka(1,2,3)^T\in V_1$,所以 V_1是向量空间;

(2)对任意 $\alpha,\beta\in V_2$,有 $\alpha\cdot(1,2,3)^T=0,\beta\cdot(1,2,3)^T=0$,因此,$(\alpha+\beta)\cdot(1,2,3)^T=\alpha\cdot(1,2,3)^T+\beta\cdot(1,2,3)^T=0,k\alpha\cdot(1,2,3)^T=0$,所以 V_2是向量空间.

2. 解:易知 $|\alpha_1,\alpha_2|=\begin{vmatrix}1 & 1\\ 1 & -1\end{vmatrix}=-2\neq 0$,所以 $\{\alpha_1,\alpha_2\}$ 是 $\mathbf{R}^2$ 的一组基底。令 $\alpha=x\alpha_1+y\alpha_2$,易解得 $(x,y)=\left(-\frac{1}{2},\frac{3}{2}\right)$.

3. 解:(1)是;(2)全体 n 阶实可逆矩阵对矩阵加法不封闭,不是线性空间;(3)$\mathbf{R}^3$中与向量$(0,0,1)^T$不平行的全体向量对于向量的加法不封闭,不是线性空间;(4)是.

4. 解:易知,$|\alpha_1,\alpha_2,\alpha_3|=\begin{vmatrix}1 & 0 & 1\\ 1 & 1 & 0\\ -1 & -2 & -1\end{vmatrix}=-2\neq 0$,

$$|\beta_1,\beta_2,\beta_3|=\begin{vmatrix}2 & 0 & 1\\ 1 & -1 & 2\\ 5 & 3 & 3\end{vmatrix}=-10\neq 0,$$

所以 $\{\alpha_1,\alpha_2,\alpha_3\}$ 和 $\{\beta_1,\beta_2,\beta_3\}$ 都是 $\mathbf{R}^3$ 的一组基底。$\{\alpha_1,\alpha_2,\alpha_3\}$ 到 $\{\beta_1,\beta_2,\beta_3\}$ 的过渡矩阵为

$$P=\begin{pmatrix}1 & 0 & 1\\ 1 & 1 & 0\\ -1 & -2 & -1\end{pmatrix}^{-1}\begin{pmatrix}2 & 0 & 1\\ 1 & -1 & 2\\ 5 & 3 & 3\end{pmatrix}=\begin{pmatrix}\frac{9}{2} & \frac{1}{2} & 4\\ -\frac{7}{2} & -\frac{3}{2} & -2\\ -\frac{5}{2} & -\frac{1}{2} & -3\end{pmatrix}.$$

5. 解:注意到$(\boldsymbol{\alpha}_1,\boldsymbol{\alpha}_2,\boldsymbol{\alpha}_3)=(1,x,x^2)\begin{pmatrix}1&-1&-1\\0&1&-1\\0&0&1\end{pmatrix}$,$(\boldsymbol{\beta}_1,\boldsymbol{\beta}_2,\boldsymbol{\beta}_3)=(1,x,x^2)\begin{pmatrix}1&0&0\\1&1&0\\-1&-1&-1\end{pmatrix}$,则

$$(\boldsymbol{\beta}_1,\boldsymbol{\beta}_2,\boldsymbol{\beta}_3)=(\boldsymbol{\alpha}_1,\boldsymbol{\alpha}_2,\boldsymbol{\alpha}_3)\begin{pmatrix}1&-1&-1\\0&1&-1\\0&0&1\end{pmatrix}^{-1}\begin{pmatrix}1&0&0\\1&1&0\\-1&-1&-1\end{pmatrix}=$$

$(\boldsymbol{\alpha}_1,\boldsymbol{\alpha}_2,\boldsymbol{\alpha}_3)\begin{pmatrix}0&-1&-2\\0&0&-1\\-1&-1&-1\end{pmatrix}$.

则坐标变换公式为

$$\begin{pmatrix}x_1\\x_2\\x_3\end{pmatrix}=\begin{pmatrix}0&-1&-2\\0&0&-1\\-1&-1&-1\end{pmatrix}\begin{pmatrix}y_1\\y_2\\y_3\end{pmatrix}\quad\text{或}\quad\begin{pmatrix}y_1\\y_2\\y_3\end{pmatrix}=\begin{pmatrix}1&-1&-1\\-1&2&0\\0&-1&0\end{pmatrix}\begin{pmatrix}x_1\\x_2\\x_3\end{pmatrix}.$$

6. 解:基底$\{\boldsymbol{\alpha}_1,\boldsymbol{\alpha}_2,\boldsymbol{\alpha}_3\}$到基底$\{\boldsymbol{\beta}_1,\boldsymbol{\beta}_2,\boldsymbol{\beta}_3\}$的过渡矩阵$\boldsymbol{P}=\begin{pmatrix}1&2&1\\1&1&0\\0&3&1\end{pmatrix}$,即有$(\boldsymbol{\beta}_1,\boldsymbol{\beta}_2,\boldsymbol{\beta}_3)=(\boldsymbol{\alpha}_1,\boldsymbol{\alpha}_2,\boldsymbol{\alpha}_3)\boldsymbol{P}$.向量$\boldsymbol{\xi}$在基底$\{\boldsymbol{\alpha}_1,\boldsymbol{\alpha}_2,\boldsymbol{\alpha}_3\}$下的坐标为$(1,0,2)^{\mathrm{T}}$,即$\boldsymbol{\xi}=(\boldsymbol{\alpha}_1,\boldsymbol{\alpha}_2,\boldsymbol{\alpha}_3)(1,0,2)^{\mathrm{T}}$,从而,$\boldsymbol{\xi}=(\boldsymbol{\beta}_1,\boldsymbol{\beta}_2,\boldsymbol{\beta}_3)\boldsymbol{P}^{-1}(1,0,2)^{\mathrm{T}}$,即向量$\boldsymbol{\xi}$在基底$\{\boldsymbol{\beta}_1,\boldsymbol{\beta}_2,\boldsymbol{\beta}_3\}$下的坐标为$\boldsymbol{P}^{-1}(1,0,2)^{\mathrm{T}}=\left(-\frac{1}{2},\frac{1}{2},\frac{1}{2}\right)^{\mathrm{T}}$.

7. 解:(1)令$\boldsymbol{A}=\begin{pmatrix}1&1&1\\0&1&0\\1&0&0\end{pmatrix}$,$\boldsymbol{B}=\begin{pmatrix}1&0&1\\1&1&1\\1&1&0\end{pmatrix}$,则从基底$\{\boldsymbol{\alpha}_1,\boldsymbol{\alpha}_2,\boldsymbol{\alpha}_3\}$到基底$\{\boldsymbol{\beta}_1,\boldsymbol{\beta}_2,\boldsymbol{\beta}_3\}$的过渡矩阵$\boldsymbol{P}=\boldsymbol{A}^{-1}\boldsymbol{B}=\begin{pmatrix}1&1&0\\1&1&1\\-1&-2&0\end{pmatrix}$;

(2)设$\boldsymbol{\xi}=(x,y,z)^{\mathrm{T}}$在这两组基底下具有相同的坐标,则$\boldsymbol{A}(x,y,z)^{\mathrm{T}}=\boldsymbol{B}(x,y,z)^{\mathrm{T}}$,易得$(x,y,z)^{\mathrm{T}}=(-a,0,a)^{\mathrm{T}}$,$a$为任意常数.

8. 解:(1)不满足非负性,$(\boldsymbol{\alpha},\boldsymbol{\alpha})=0,\boldsymbol{\alpha}\neq\boldsymbol{0}$,因此不是欧氏空间;(2)不满足齐次性,因此不是欧氏空间.

9. 解:利用施密特正交化方法,$\boldsymbol{\beta}_1=1$,$\boldsymbol{\beta}_2=x-\frac{(1,x)}{(1,1)}1=x$,

$$\boldsymbol{\beta}_3=x^2-\frac{(1,x^2)}{(1,1)}1-\frac{(x,x^2)}{(x,x)}x=x^2-\frac{1}{3},$$

把$\{\beta_1,\beta_2,\beta_3\}$单位化即得标准正交基$\left\{\dfrac{1}{\sqrt{2}},\dfrac{x}{\sqrt{\dfrac{2}{3}}},\dfrac{x^2-\dfrac{1}{3}}{\sqrt{\dfrac{8}{45}}}\right\}$.

10. 证明：$(\boldsymbol{\alpha}+t\boldsymbol{\beta},\boldsymbol{\alpha}+t\boldsymbol{\beta})=(\boldsymbol{\alpha},\boldsymbol{\alpha})+2t(\boldsymbol{\alpha},\boldsymbol{\beta})+t^2(\boldsymbol{\beta},\boldsymbol{\beta})$,

必要性：设$\boldsymbol{\alpha}$与$\boldsymbol{\beta}$正交，对任意的实数t，则

$$(\boldsymbol{\alpha}+t\boldsymbol{\beta},\boldsymbol{\alpha}+t\boldsymbol{\beta})=(\boldsymbol{\alpha},\boldsymbol{\alpha})+t^2(\boldsymbol{\beta},\boldsymbol{\beta})\geqslant(\boldsymbol{\alpha},\boldsymbol{\alpha}),$$

所以$|\boldsymbol{\alpha}+t\boldsymbol{\beta}|\geqslant|\boldsymbol{\alpha}|$.

充分性：当$\boldsymbol{\beta}=\mathbf{0}$时，结论成立.

当$\boldsymbol{\beta}\neq\mathbf{0}$时，取$t_0=-\dfrac{(\boldsymbol{\alpha},\boldsymbol{\beta})}{|\boldsymbol{\beta}|^2}$，则

$$(\boldsymbol{\alpha}+t_0\boldsymbol{\beta},\boldsymbol{\alpha}+t_0\boldsymbol{\beta})=(\boldsymbol{\alpha},\boldsymbol{\alpha})-\frac{(\boldsymbol{\alpha},\boldsymbol{\beta})^2}{|\boldsymbol{\beta}|^2}.$$

由已知

$$(\boldsymbol{\alpha}+t_0\boldsymbol{\beta},\boldsymbol{\alpha}+t_0\boldsymbol{\beta})\geqslant(\boldsymbol{\alpha},\boldsymbol{\alpha}),$$

故$\dfrac{(\boldsymbol{\alpha},\boldsymbol{\beta})^2}{|\boldsymbol{\beta}|^2}=0$，所以$(\boldsymbol{\alpha},\boldsymbol{\beta})=0$.即$\boldsymbol{\alpha},\boldsymbol{\beta}$正交.

11. (1) $T(\boldsymbol{\alpha})=\boldsymbol{\alpha}+\boldsymbol{\alpha}_0$, $T(\boldsymbol{\beta})=\boldsymbol{\beta}+\boldsymbol{\alpha}_0$ $(\forall\boldsymbol{\alpha},\boldsymbol{\beta}\in V)$，因此，

$$T(\boldsymbol{\alpha}+\boldsymbol{\beta})=\boldsymbol{\alpha}+\boldsymbol{\beta}+2\boldsymbol{\alpha}_0,\ T(k\boldsymbol{\alpha})=k\boldsymbol{\alpha}+\boldsymbol{\alpha}_0,$$

只有当$\boldsymbol{\alpha}_0=\mathbf{0}$时，$T(\boldsymbol{\alpha}+\boldsymbol{\beta})=T(\boldsymbol{\alpha})+T(\boldsymbol{\beta})$，$T(k\boldsymbol{\alpha})=kT(\boldsymbol{\alpha})$，$T$是线性变换，$\boldsymbol{\alpha}_0\neq\mathbf{0}$时，不是线性变换；

(2)类似(1)的讨论可知，$\boldsymbol{\alpha}_0=\mathbf{0}$时，是线性变换，$\boldsymbol{\alpha}_0\neq 0$时，不是线性变换.

12. (1)是；(2)否；(3)是；(4)否.

13. 设T在$\boldsymbol{\varepsilon}_1=\begin{pmatrix}1\\0\\0\end{pmatrix}$，$\boldsymbol{\varepsilon}_2=\begin{pmatrix}0\\1\\0\end{pmatrix}$，$\boldsymbol{\varepsilon}_3=\begin{pmatrix}0\\0\\1\end{pmatrix}$下的矩阵为$\boldsymbol{B}$，则

$$T(\boldsymbol{\alpha}_1,\boldsymbol{\alpha}_2,\boldsymbol{\alpha}_3)=(\boldsymbol{\alpha}_1,\boldsymbol{\alpha}_2,\boldsymbol{\alpha}_3)\boldsymbol{A},\qquad(1)$$

$$\mathrm{T}(\boldsymbol{\beta}_1,\boldsymbol{\beta}_2,\boldsymbol{\beta}_3)=(\boldsymbol{\beta}_1,\boldsymbol{\beta}_2,\boldsymbol{\beta}_3)\boldsymbol{B},\qquad(2)$$

同时，设$(\boldsymbol{\alpha}_1,\boldsymbol{\alpha}_2,\boldsymbol{\alpha}_3)=(\boldsymbol{\varepsilon}_1,\boldsymbol{\varepsilon}_2,\boldsymbol{\varepsilon}_3)\boldsymbol{P}=\boldsymbol{P}=\begin{pmatrix}-1&-1&0\\1&0&1\\0&1&1\end{pmatrix}$，代入式(1)得到

$$\boldsymbol{T}(\boldsymbol{\varepsilon}_1,\boldsymbol{\varepsilon}_2,\boldsymbol{\varepsilon}_3)\boldsymbol{P}=(\boldsymbol{\varepsilon}_1,\boldsymbol{\varepsilon}_2,\boldsymbol{\varepsilon}_3)\boldsymbol{PA},$$

于是$T(\boldsymbol{\varepsilon}_1,\boldsymbol{\varepsilon}_2,\boldsymbol{\varepsilon}_3)=(\boldsymbol{\varepsilon}_1,\boldsymbol{\varepsilon}_2,\boldsymbol{\varepsilon}_3)\boldsymbol{PAP}^{-1}$，与式(2)对比得到

$$\boldsymbol{B}=\boldsymbol{PAP}^{-1}=\begin{pmatrix}1&-1&0\\0&0&2\\-1&-1&2\end{pmatrix}.$$

14. (1) 易得, $T(\boldsymbol{\varepsilon}_1,\boldsymbol{\varepsilon}_2,\boldsymbol{\varepsilon}_3)=\begin{pmatrix}1&0&0\\0&1&1\\0&1&-1\end{pmatrix}=(\boldsymbol{\varepsilon}_1,\boldsymbol{\varepsilon}_2,\boldsymbol{\varepsilon}_3)$ $\begin{pmatrix}1&0&0\\0&1&1\\0&1&-1\end{pmatrix}$,因此 T 在标准正交基 $\boldsymbol{\varepsilon}_1=(1,0,0)^{\mathrm{T}},\boldsymbol{\varepsilon}_2=(0,1,0)^{\mathrm{T}},\boldsymbol{\varepsilon}_3=(0,0,1)^{\mathrm{T}}$下的矩阵表示为$\begin{pmatrix}1&0&0\\0&1&1\\0&1&-1\end{pmatrix}$.

(2)易得 $T(\boldsymbol{\beta}_1,\boldsymbol{\beta}_2,\boldsymbol{\beta}_3)=\begin{pmatrix}1&1&1\\0&1&2\\0&1&0\end{pmatrix}=(\boldsymbol{\beta}_1,\boldsymbol{\beta}_2,\boldsymbol{\beta}_3)\boldsymbol{B}$,$T$ 在基底 $\boldsymbol{\beta}_1=(1,0,0)^{\mathrm{T}},\boldsymbol{\beta}_2=(1,1,0)^{\mathrm{T}},\boldsymbol{\beta}_3=(1,1,1)^{\mathrm{T}}$ 下的矩阵表示 $\boldsymbol{B}=\begin{pmatrix}1&1&1\\0&1&1\\0&0&1\end{pmatrix}^{-1}\begin{pmatrix}1&1&1\\0&1&2\\0&1&0\end{pmatrix}=\begin{pmatrix}1&0&-1\\0&0&2\\0&1&0\end{pmatrix}$.

15. 令 $\boldsymbol{A}=(\boldsymbol{\alpha}_1,\boldsymbol{\alpha}_2,\boldsymbol{\alpha}_3)=\begin{pmatrix}1&1&0\\0&1&1\\1&0&1\end{pmatrix}$,

$\boldsymbol{B}=(\boldsymbol{\beta}_1,\boldsymbol{\beta}_2,\boldsymbol{\beta}_3)=\begin{pmatrix}1&2&2\\2&2&-1\\-1&-1&-1\end{pmatrix}$.

(1)由基底$\{\boldsymbol{\alpha}_1,\boldsymbol{\alpha}_2,\boldsymbol{\alpha}_3\}$到$\{\boldsymbol{\beta}_1,\boldsymbol{\beta}_2,\boldsymbol{\beta}_3\}$的过渡矩阵

$$\boldsymbol{P}=\boldsymbol{A}^{-1}\boldsymbol{B}=\begin{pmatrix}-1&-0.5&1\\2&2.5&1\\0&-0.5&-2\end{pmatrix};$$

(2)$T(\boldsymbol{\alpha}_1,\boldsymbol{\alpha}_2,\boldsymbol{\alpha}_3)=(\boldsymbol{\beta}_1,\boldsymbol{\beta}_2,\boldsymbol{\beta}_3)=(\boldsymbol{\alpha}_1,\boldsymbol{\alpha}_2,\boldsymbol{\alpha}_3)\boldsymbol{Q}$,$T$ 在基底$\{\boldsymbol{\alpha}_1,\boldsymbol{\alpha}_2,\boldsymbol{\alpha}_3\}$下的矩阵

$$\boldsymbol{Q}=\boldsymbol{A}^{-1}\boldsymbol{B}=\begin{pmatrix}-1&-0.5&1\\2&2.5&1\\0&-0.5&-2\end{pmatrix};$$

(3)$T(\boldsymbol{\beta}_1,\boldsymbol{\beta}_2,\boldsymbol{\beta}_3)=T(\boldsymbol{\alpha}_1,\boldsymbol{\alpha}_2,\boldsymbol{\alpha}_3)\boldsymbol{P}=(\boldsymbol{\beta}_1,\boldsymbol{\beta}_2,\boldsymbol{\beta}_3)\boldsymbol{P}$,$T$ 在基底$\{\boldsymbol{\beta}_1,\boldsymbol{\beta}_2,\boldsymbol{\beta}_3\}$下的矩阵正好也是 $\boldsymbol{P}=\begin{pmatrix}-1&-0.5&1\\2&2.5&1\\0&-0.5&-2\end{pmatrix}$;

(4)向量 $\boldsymbol{\gamma}=(2,1,3)^{\mathrm{T}}$在基$\{\boldsymbol{\beta}_1,\boldsymbol{\beta}_2,\boldsymbol{\beta}_3\}$下的坐标为 $\boldsymbol{B}^{-1}\boldsymbol{\gamma}=(-8,22/3,-7/3)^{\mathrm{T}}$.

数学实验参考答案

数学实验一

1. Octave/MATLAB 程序如下，见 ex1_1. m：

```
% 数学实验一第 1 题
alpha=[2,0,-1,3]'  % 注意添加转置符号,使其变成列向量
beta=[1,7,4,-2]'
gamma=[0,1,0,1]'
disp('2*alpha+beta-3*gamma=')
disp(2*alpha + beta -3*gamma)  % 注意数乘需要使用乘号'*'
```

运行结果如下：

```
>> ex1_1

alpha=

   2
   0
  -1
   3

beta=

   1
   7
   4
  -2

gamma=

   0
   1
   0
   1
```

```
2*alpha+beta-3*gamma=

    5
    4
    2
    1
```

即 $2\boldsymbol{\alpha}+\boldsymbol{\beta}-3\boldsymbol{\gamma}=(5,4,2,1)$.

2. Octave/MATLAB 程序如下,见 ex1_2. m:

```
% 数学实验一第 2 题,增广矩阵的初等行变换
A=[0,1,1;1,1,2;1,3,1];
b=[1,0,2]';
A1=[A,b]  % 增广矩阵
A1([1,2],:)=A1([2,1],:)  % 互换第 1 和第 2 个方程的位置,即第 1,2 行交换
A1(3,:)=A1(3,:)+(-1)*A1(1,:)  % 将第 1 个方程乘以-1,加到第 3 个方程
A1(3,:)=A1(3,:)+(-2)*A1(2,:)  % 将第 2 个方程乘以-2,加到第 3 个方程
A1(1,:)=A1(1,:)+(-1)*A1(2,:)  % 将第 2 个方程乘以-1,加到第 1 个方程
A1(3,:)=(-1/3)*A1(3,:)  % 将第 3 个方程乘以-1/3
% 将第 3 个方程乘以-1,依次加到第 1 和第 2 个方程
A1(1,:)=A1(1,:)+(-1)*A1(3,:)
A1(2,:)=A1(2,:)+(-1)*A1(3,:)
```

运行结果如下:

```
>> ex1_2
A1 =

  0  1  1  1
  1  1  2  0
  1  3  1  2

A1 =

  1  1  2  0
  0  1  1  1
  1  3  1  2
```

```
A1 =

  1  1  2  0
  0  1  1  1
  0  2 -1  2

A1 =

  1  1  2  0
  0  1  1  1
  0  0 -3  0

A1 =

  1  0  1 -1
  0  1  1  1
  0  0 -3  0

A1 =

  1  0  1 -1
  0  1  1  1
  0  0  1  0

A1 =

  1  0  0 -1
  0  1  1  1
  0  0  1  0

A1 =

  1  0  0 -1
  0  1  0  1
  0  0  1  0
```

3. Octave/MATLAB 程序如下，见 ex1_3. m：

```
% 数学实验一第 3 题:化标准行阶梯形矩阵
format rat  % 结果显示为有理数
% 第 1 种方法:手动变形
A=[1,-2,3,-1,1;3,-1,5,-3,0;2,1,2,-2,0]
A(2,:)=A(2,:)-3*A(1,:);  % 第 2 行减去第 1 行的 3 倍
A(3,:)=A(3,:)-2*A(1,:)  % 第 3 行减去第 1 行的
2 倍
A(3,:)=A(3,:)-A(2,:)  % 第 3 行减去第 2 行
```

```
A(2,:)=A(2,:)/5  % 第2行除以5
A(1,:)=A(1,:)+2*A(2,:)  % 第2行的2倍加到第1行
A(1,:)=A(1,:)+A(3,:)/5  % 第3行的1/5加到第1行
A(2,:)=A(2,:)+3*A(3,:)/5  % 第3行的3/5加到第2行
% 第2种方法:直接使用Octave的函数rref
A=[1,-2,3,-1,1;3,-1,5,-3,0;2,1,2,-2,0]
disp('rref(A)=')
disp(rref(A))
format short  % 恢复默认显示格式
```

运行结果如下:

```
>> ex1_3
A =

    1      -2       3      -1       1
    3      -1       5      -3       0
    2       1       2      -2       0

A =

    1      -2        3       -1        1
    0       5       -4        0       -3
    0       5       -4        0       -2

A =

    1      -2        3       -1        1
    0       5       -4        0       -3
    0       0        0        0        1

A =

    1      -2          3       -1          1
    0       1       -4/5        0       -3/5
    0       0          0        0          1

A =

    1       0        7/5      -1      -1/5
    0       1       -4/5       0      -3/5
    0       0          0       0         1
```

```
A =

    1      0       7/5     -1         0
    0      1      -4/5      0      -3/5
    0      0         0      0         1

A =

    1      0       7/5     -1      0
    0      1      -4/5      0      0
    0      0         0      0      1

A =

    1     -2       3      -1      1
    3     -1       5      -3      0
    2      1       2      -2      0

rref(A) =

    1     0      7/5     -1     0
    0     1     -4/5      0     0
    0     0        0      0     1
```

即

$$\begin{pmatrix}1 & -2 & 3 & -1 & 1\\ 3 & -1 & 5 & -3 & 0\\ 2 & 1 & 2 & -2 & 0\end{pmatrix} \sim \begin{pmatrix}1 & 0 & \dfrac{7}{5} & -1 & 0\\ 0 & 1 & -\dfrac{4}{5} & 0 & 0\\ 0 & 0 & 0 & 0 & 1\end{pmatrix}.$$

4. Octave/MATLAB 程序如下，见 ex1_4. m：

```
% 数学实验一第 4 题:求齐次线性方程组的基础解系
A=[-2,1,1;1,-1,1;1,0,-2];
disp('rref(A)')
disp(rref(A))  % 观察行最简形矩阵
disp('nullrat(A)')  % 用改造的 nullrat 函数求基础解系,见附录 A.5.3
disp(nullrat(A))    % MATLAB 中用 null(A,'r')代替
```

运行结果如下：

```
>> ex1_4

rref(A)
```

```
      1   0   -2
      0   1   -3
      0   0    0
nullrat(A)
      2.0000
      3.0000
      1.0000
```

故方程组的通解为$\begin{pmatrix}2\\3\\1\end{pmatrix}$.

5. Octave/MATLAB 程序如下，见 ex1_5. m：

```
% 数学实验一第 5 题:求齐次线性方程组的基础解系
A=[-2,1,1;1,-1,1;1,0,-2];
b=[0,3,-3]';
A1=[A,b];
disp('the reduced row echelon form of A1')
disp(rref(A1))
disp('fundamental system of solutions of Ax=0')
disp(nullrat(A))
disp('particular solution is ')
disp(rref(A1)(:,end))运行结果为:
```

运行结果如下：

```
>> ex1_5
the reduced row echelon form of A1
    1   0   -2   -3
    0   1   -3   -6
    0   0    0    0
fundamental system of solutions of Ax=0
    2.0000
    3.0000
    1.0000
particular solution is
    -3
    -6
     0
```

所以,方程组的通解为$\begin{pmatrix}x_1\\x_2\\x_3\end{pmatrix}=c\begin{pmatrix}2\\3\\1\end{pmatrix}+\begin{pmatrix}-3\\-6\\0\end{pmatrix}$.

6. 分析:如果$\boldsymbol{\beta}$能用$\boldsymbol{\alpha}_1,\boldsymbol{\alpha}_2,\boldsymbol{\alpha}_3$表示出来,则存在$\boldsymbol{\beta}=\lambda_1\boldsymbol{\alpha}_1+\lambda_2\boldsymbol{\alpha}_2+\lambda_3\boldsymbol{\alpha}_3$,其中,$\lambda_1,\lambda_2,\lambda_3$为待定常数,将$\boldsymbol{\alpha}_1,\boldsymbol{\alpha}_2,\boldsymbol{\alpha}_3$和$\boldsymbol{\beta}$改写为列向量,则有线性方程组

$$\begin{cases}\lambda_1 \quad\quad +\lambda_3 = 0,\\ 2\lambda_1+\lambda_2 = 4,\\ 3\lambda_1+\lambda_2+2\lambda_3=3,\end{cases}$$

问题即为解上述线性方程组. Octave/MATLAB 程序如下,见 ex1_6. m:

```
% 数学实验一第 6 题:判断一个向量是否能由其他 3 个向量线性表示
% 转化为求解线性方程组问题
format rat
A=[1,0,1;2,1,0;3,1,2];
b=[0,4,3]';
A1=[A,b];
disp('rref(A1)=')
rref(A1)
format short
```

运行结果为:

```
>> ex1_6
rref(A1)=
ans=

   1    0    0    1
   0    1    0    2
   0    0    1   -1
```

所以,$\boldsymbol{\beta}$可以表示为$\boldsymbol{\alpha}_1,\boldsymbol{\alpha}_2,\boldsymbol{\alpha}_3$的线性组合,它的表示式为$\boldsymbol{\beta}=\boldsymbol{\alpha}_1+2\boldsymbol{\alpha}_2-\boldsymbol{\alpha}_3$.

7. 分析:将向量组$\boldsymbol{\alpha}_1,\boldsymbol{\alpha}_2,\boldsymbol{\alpha}_3,\boldsymbol{\alpha}_4$转置成列向量,对矩阵$(\boldsymbol{\alpha}_1^{\mathrm{T}},\boldsymbol{\alpha}_2^{\mathrm{T}},\boldsymbol{\alpha}_3^{\mathrm{T}},\boldsymbol{\alpha}_4^{\mathrm{T}})$进行行化简,再观察向量组的线性相关性,求秩和极大无关组. Octave/MATLAB 程序如下,见 ex1_7. m:

```
% 数学实验一第 7 题:判断向量组是否线性相关
format rat
A=[1,2,4,1;2,-1,3,2;-1,1,-1,1;5,1,1,5];
```

```
disp('rref(A)')
disp(rref(A))
disp('rank(A)=')
disp(rank(A))
format short
```

运行结果如下:

```
>> ex1_7
rref(A)
        1    0    2    0
        0    1    1    0
        0    0    0    1
        0    0    0    0
rank(A)
3
```

所以,向量组 $\boldsymbol{\alpha}_1,\boldsymbol{\alpha}_2,\boldsymbol{\alpha}_3$线性相关,而向量组 $\boldsymbol{\alpha}_1,\boldsymbol{\alpha}_2,\boldsymbol{\alpha}_4$线性无关. $\boldsymbol{\alpha}_1,\boldsymbol{\alpha}_2,\boldsymbol{\alpha}_3,\boldsymbol{\alpha}_4$的秩为 3,极大线性无关组为 $\boldsymbol{\alpha}_1,\boldsymbol{\alpha}_2,\boldsymbol{\alpha}_4$.

8. 分析:向量组的线性相关性可由其行最简形矩阵来判断,也可由其秩来判断. 而向量组的秩就是由向量组构成的矩阵的秩. Octave/MATLAB 程序如下,见 ex1_8. m:

```
% 数学实验一第 8 题:判断向量组的线性相关性
A=[2 3 1;2 -1 1;7 2 3;-1 4 1];
disp('rref(A)')
disp(rref(A))
disp('rank(A)')
disp(rank(A))
```

运行结果如下:

```
>> ex1_8
rref(A)
      1  0  0
      0  1  0
      0  0  1
      0  0  0
rank(A)
3
```

9. 分析:因为向量组 A 与向量组 B 等价的充分必要条件是 $R(\boldsymbol{A})=R(\boldsymbol{B})=R(\boldsymbol{A},\boldsymbol{B})$,所以要证明向量组$(\boldsymbol{\alpha}_1,\boldsymbol{\alpha}_2,\boldsymbol{\alpha}_4)$和向量组$(\boldsymbol{\alpha}_1,\boldsymbol{\alpha}_3,\boldsymbol{\alpha}_5)$等价,只需证明向量组$(\boldsymbol{\alpha}_1,\boldsymbol{\alpha}_2,\boldsymbol{\alpha}_4)$、向量组$(\boldsymbol{\alpha}_1,\boldsymbol{\alpha}_3,\boldsymbol{\alpha}_5)$和向量组$(\boldsymbol{\alpha}_1,\boldsymbol{\alpha}_2,\boldsymbol{\alpha}_3,\boldsymbol{\alpha}_4,\boldsymbol{\alpha}_5)$的秩相等即可．这可以由行最简形矩阵观察得到,也可以直接求秩得到. Octave/MATLAB 程序如下,见ex1_9. m:

```
% 数学实验一第 9 题:证明向量组等价
A=[2 -1 -1 1 2;1 1 -2 1 4;4 -6 2 -2 4;3 6 -9 7 9];
A1=A(:,[1,2,4]);
A2=A(:,[1,3,5]);
disp('rref(A)')
disp(rref(A))
disp('rank(A)')
disp(rank(A))
disp('rank(A1)')
disp(rank(A1))
disp('rank(A)')
disp(rank(A2))
```

程序运行结果如下:

```
>> ex1_9
rref(A)
 1.00000 0.00000 -1.00000 0.00000  4.00000
 0.00000 1.00000 -1.00000 0.00000  3.00000
 0.00000 0.00000  0.00000 1.00000 -3.00000
 0.00000 0.00000  0.00000 0.00000  0.00000
rank(A)
 3
rank(A1)
 3
rank(A)
 3
```

由上可知,向量组$(\boldsymbol{\alpha}_1,\boldsymbol{\alpha}_2,\boldsymbol{\alpha}_4)$和向量组$(\boldsymbol{\alpha}_1,\boldsymbol{\alpha}_3,\boldsymbol{\alpha}_5)$等价.

10. 分析:设三次多项式为 $y=a_3x^3+a_2x^2+a_1x+a_0$,若三次多项式经过点(x_1,y_1),(x_2,y_2),(x_3,y_3),(x_4,y_4),则有

$$\begin{cases} a_3x_1^3+a_2x_1^2+a_1x_1+a_0=y_1 \\ a_3x_2^3+a_2x_2^2+a_1x_2+a_0=y_2 \\ a_3x_3^3+a_2x_3^2+a_1x_3+a_0=y_3 \\ a_3x_4^3+a_2x_4^2+a_1x_4+a_0=y_4 \end{cases}$$

上式可看做以 a_3, a_2, a_1, a_0 为未知数的方程组，求三次多项式即求解上述方程组。

Octave/MATLAB 程序如下，见 ex1_10. m：

```
% 数学实验一第 10 题:插值问题
x = [0.25, 0.30, 0.39, 0.45]';
y = [0.50, 0.5477, 0.6245, 0.6708]';
A = [x.^3, x.^2, x, ones(4,1)];
disp('the  coefficients of the interpolation
polynomial:')
p = A\y
disp('f(0.41) = ')
disp(polyval(p,0.41))
```

运行结果如下：

```
the  coefficients of the interpolation polynomial:
p =

   0.87302
  -1.53968
   1.60221
   0.18204

f(0.41) =
0.64029
```

所以，所求的三次多项式为 $y=0.87302x^3-1.53968x^2+1.60221x+0.18204$，估算得 $f(0.41)$ 的值为 0.64029.

11. 分析：假设两种溶液中的 3 种溶质的质量分数分别为 x_1, x_2, x_3 和 y_1, y_2, y_3，则取质量分别为 k_1 和 k_2 的两种溶液混合后，3 种溶质的质量分数分别为

$$z_1=\frac{k_1x_1+k_2y_1}{k_1+k_2}, z_2=\frac{k_1x_2+k_2y_2}{k_1+k_2}, z_3=\frac{k_1x_3+k_2y_3}{k_1+k_2}.$$

显然，向量 (z_1, z_2, z_3) 可以表示为向量 (x_1, x_2, x_3) 和 (y_1, y_2, y_3) 的线性组合。上述问题即转化为质量分数 0.9%，1.3%，0.7%是否可以表示为 0.5%，1.5%，0.5%和 1.5%，1.0%，1.0%的线性组合。

Octave/MATLAB 程序如下，见 ex1_11. m：

```
% 数学实验一第 11 题:溶液混合问题
format rat
A = [0.5, 1.5, 0.5; 1.5, 1.0, 1.0]';
b = [0.9, 1.3, 0.7]';
A1 = [A,b];
disp('rref(A1)= ')
disp(rref(A1))
format short
```

运行结果如下:

```
rref(A1)=
        1       0       3/5
        0       1       2/5
        0       0         0
```

所以,另一种溶液可由 60%的第 1 种溶液和 40%的第 2 种溶液混合而成。

数学实验二

1. Octave/MATLAB 程序如下,见 ex2_1.m:

```
% 数学实验二第 1 题,矩阵乘法
A=[1 0 3 -1;1 1 0 2];
B=[4 1 0;-1 1 3;2 0 1;0 3 4];
% 以下直接用乘号运算
disp('matrix multiply using"*"')
disp('A*B=')
disp(A*B)
% 以下按矩阵乘法含义用循环执行
disp('matrix multiply using iterative ')
[rA,cA]=size(A);
[rB,cB]=size(B);
if cA ~=rB  % 检验两个矩阵相乘 A*B 是否合法
     error ( ' inner matrix dimensions must a-
     gree! ')
end
C=zeros(rA,cB);% 对乘积矩阵初始化
for m=1:rA
  for n=1:cB
```

```
    for k=1:cA
      C(m,n)=C(m,n)+A(m,k)*B(k,n);
    end
  end
end
disp('A*B=')
disp(C)
```

运行结果如下：

```
>> ex2_1

matrix multiply using"*"
A*B=
  10  -2  -1
   3   8  11
matrix multiply using iterative
A*B=
  10  -2  -1
   3   8  11
```

2. 本题的代码很短，可以直接在命令窗口中输入执行. Octave/MATLAB 程序如下：

```
% 数学实验二第 2 题,矩阵乘法
A=[1,2,3];B=[3 2 1]';
disp('AB=')
disp(A*B)
disp('BA=')
disp(B*A)
```

运行结果如下：

```
>> ex2_2

AB=
  10
BA=
  3  6  9
  2  4  6
  1  2  3
```

3. Octave/MATLAB 程序如下，见 ex2_3. m：

```
% 数学实验二第 3 题,检验矩阵乘法的转置
A=[1 0 1;1 1 0;0 1 1];
B=[1 1;0 0;-1 1];
disp('(AB)''=')
disp((A*B)')
disp('B''A''=')
disp(B'*A')
```

运行结果如下:

```
>> ex2_3
(AB)'=
     0  1  -1
     2  1   1
B'A'=
     0  1  -1
     2  1   1
```

4. 分析:因为 $\boldsymbol{AP}=\boldsymbol{PL}$,则 $\boldsymbol{A}=\boldsymbol{PLP}^{-1}$,可以直接求 $\boldsymbol{A}^{100}$,也可以由 $\boldsymbol{A}^{100}=\boldsymbol{PL}^{100}\boldsymbol{P}^{-1}$通过求 $\boldsymbol{L}^{100}$来求 $\boldsymbol{A}^{100}$.

Octave/MATLAB 程序如下,见 ex2_4. m:

```
% 数学实验二第 4 题,利用对角阵求幂
pkg load symbolic  % Octave 载入符号运算包,
MATLAB 中不需该语句
P=sym([1 3;2 4]);
L=sym([1 0;0 2]);
A=P*L/P;  % or:A=P*L*inv(P);
disp('A^100=')
disp(A^100)
disp('calculate A^100 by L^100')
disp('A^100=P*(L^100)/P=')
disp(P*(L^100)/P)
```

运行结果如下:

```
>> ex2_4
A^100=
  [3802951800684688204490109616126  -380
  2951800684688204490109616125/2]
  [                                    ]
```

```
  [507060240091291760598681282150O  -25353012
  0045645880299340641O749]
calculate A^100 by L^100
A^100 = P*(L^100)/P =
  [3802951800684688204490109616126  -38029518
  00684688204490109616125/2]
  [                                            ]
  [507060240091291760598681282150O  -253530
  1200456458802993406410749]
```

5. Octave/MATLAB 程序如下,见 ex2_5. m:

```
% 数学实验二第 5 题,分块对角阵的逆矩阵与各分块的逆矩阵的关系
format rat  % 分数形式显示运算结果
A1 = [3 1;2 4];
A2 = [2 5;1 3];
A = [A1,zeros(2);zeros(2),A2];
disp('inverse of A1:')
disp(inv(A1))
disp('inverse of A2:')
disp(inv(A2))
disp('inverse of A:')
disp(inv(A))
format short  % 恢复默认的显示格式
```

运行结果如下:

```
>> ex2_5

inverse of A1:
         2/5   -1/10
        -1/5    3/10
inverse of A2:
         3      -5
        -1       2
inverse of A:
         2/5     -1/10      0      -0
        -1/5      3/10      0      -0
           0         0      3      -5
           0         0     -1       2
```

6. 分析：$(\boldsymbol{A}-2\boldsymbol{E},\boldsymbol{E})$通过初等行变换变成$(\boldsymbol{E},(\boldsymbol{A}-2\boldsymbol{E})^{-1})$，而$(\boldsymbol{A}-2\boldsymbol{E},\boldsymbol{A})$通过初等变换可变成$(\boldsymbol{E},(\boldsymbol{A}-2\boldsymbol{E})^{-1}\boldsymbol{A})$.

Octave/MATLAB 程序如下，见 ex2_5. m：

```
% 数学实验二第 6 题,通过初等行变换求逆矩阵
A=[0 3 3;1 1 0;- 1 2 3];
E=eye(3);
A2E=A - 2*E;
A1=[A2E,E];
format rat   % 分数形式显示运算结果
disp('reduced row echelon form of A1:')
disp(rref(A1))
disp('inverse of A-2E:')
disp(inv(A2E))
A2=[A2E,A];
disp('reduced row echelon form of A2:')
disp(rref(A2))
disp('inverse of A-2E multiply with A:')
disp(inv(A2E)*A)
format short   % 恢复默认的显示格式
```

运行结果如下：

```
>> ex2_6

reduced row echelon form of A1:
   1    0    0    -1/2    3/2    3/2
   0    1    0    -1/2    1/2    3/2
   0    0    1     1/2    1/2   -1/2
inverse of A-2E:
   -1/2      3/2      3/2
   -1/2      1/2      3/2
    1/2      1/2     -1/2
reduced row echelon form of A2:
   1     0     0     0      3      3
   0     1     0    -1      2      3
   0     0     1     1      1      0
inverse of A-2E multiply with A:
   0     3     3
  -1     2     3
   1     1     0
```

数学实验三

1. Octave/MATLAB 程序如下,见 ex3_1. m:

```
% 数学实验三第 1 题,求逆序数
x=[3,2,5,1,6,4];
len=length(x);
num=0;  % 逆序数的初值
for m=1:len-1
    for n=m+1:len
        num=num +(x(n)<x(m));
    end
end
disp('the sequence x:')
disp(x)
disp(['inverse order of x is ',num2str(num)])
```

运行结果如下:

```
>> ex3_1
the sequence x:
  3   2   5   1   6   4
inverse order of x is 6
```

2. 分析:①求行列式可以用初等行变换将矩阵化为一个上三角阵,则对角元素的乘积就是矩阵的行列式;②这一过程可以自己按行变换的过程编写代码,也可以使用矩阵的 LU 分解,分解后 L 是一个单位下三角阵,其对角元均为 1,U 是一个上三角阵,其对角元之积即为行列式.③也可以直接用 Octave/MATLAB 中的 det 函数.④还可以用特征值求解,见第 4 章实验第 2 题.

Octave/MATLAB 程序如下,见 ex3_2. m:

```
% 数学实验三第 2 题,多种方法求矩阵行列式
A=ones(4)+ 2*eye(4);
disp('method 1:return the upper triangular of A
by elementary transformation ')
A([1,4],:)=A([4,1],:);  % 交换第 1,4 行
A(1,:)=-A(1,:);  % 第 1 行取负,抵消交换 1,4 行造成
的取负
A(2,:)=A(2,:)+A(1,:);  A(3,:)=A(3,:)+A(1,:);
A(4,:)=A(4,:)+3*A(1,:);
```

```
A(4,:)=A(4,:)+A(2,:);  A(4,:)=A(4,:)+A(3,:);
A
disp('det(A)=')
disp(prod(diag(A)))
disp ('method 2: Compute the LU decomposition
of A')
A=ones(4)+2*eye(4);
[L,U]=lu(A);
U
disp('det(A)=')
disp(prod(diag(U)))
disp('method 3:compute the determint of A by
det()')
disp('det(A)=')
disp(det(A))
```

运行结果如下：

```
>> ex3_2
method 1:return the upper triangular of A by el-
ementary transformation
A=

  -1   -1   -1   -3
   0    2    0   -2
   0    0    2   -2
   0    0    0  -12

det(A)=
  48
method 2:Compute the LU decomposition of A
U=

   3.00000    1.00000    1.00000    1.00000
   0.00000    2.66667    0.66667    0.66667
   0.00000    0.00000    2.50000    0.50000
   0.00000    0.00000    0.00000    2.40000

det(A)=
  48
method 3:compute the determint of A by det()
```

```
det(A)=
  48.000
```

3. 分析:矩阵的秩等于其行秩、列秩. 可以对矩阵进行初等行变换,以判断其秩. 或者直接使用 Octave/MATLAB 函数 rank( )求矩阵的秩.

Octave/MATLAB 程序如下,见 ex3_3. m:

```
% 数学实验三第 3 题,求矩阵的秩
A=[1 2 3 4;1 2 2 4;1 1 3 4];
disp('reduced row echelon form of A:')
disp(rref(A))  % 矩阵 A 的行最简形
disp('the number of nonzero rows is ')
disp(sum(sum(abs(rref(A)),2)~=0))  % 计算非零行的数目
disp('rank(A)=')
disp(rank(A))
```

运行结果如下:

```
>> ex3_3

reduced row echelon form for A:
  1  0   0   4
  0  1  -0  -0
  0  0   1  -0
the number of nonzero rows is
  3
rank(A)=
  3
```

4. 分析:若所给齐次线性方程组有非零解,则其系数行列式 $D=0$,由此可求出 λ 的值.

Octave/MATLAB 程序如下,见 ex3_4. m:

% 数学实验三第 4 题,判断含参数齐次线性方程组是否有非零解

```
pkg load symbolic
syms lambda;
A=[1-lambda,-2,2;2,lambda,0;2,0,lambda];
disp('the determinant of A:')
D=det(A)
disp('solve D=0:')
```

```
p=solve(D)
% 代入p中的值,检验是否有非零解
for k =1:length(p)
      A1=subs(A,'lambda ',p(k));
      disp(['if lambda=',num2str(double(p(k)))])
      disp('A=')
      disp(A1)
      disp('the nonzero solutions:')
      disp(null(A1))
end
```

运行结果如下：

```
>> ex3_4

the determinant of A:
D=(sym)
          2
  lambda *(-lambda + 1)

solve D=0:
p=(sym 2x1 matrix)

  [0]
  [ ]
  [1]

if lambda=0
A=
  [1  -2  2]
  [        ]
  [2   0  0]
  [        ]
  [2   0  0]
the nonzero solutions:
  [0]
  [ ]
  [1]
  [ ]
  [1]
```

```
if lambda=1
A=
  [0  -2  2]
  [        ]
  [2   1  0]
  [        ]
  [2   0  1]
the nonzero solutions:
  [-1/2]
  [    ]
  [1   ]
  [    ]
  [1   ]
```

5. Octave/MATLAB 程序如下,见 ex3_5. m:

```
% 数学实验三第 5 题,克拉默法则求线性方程组的解
A=[1 1 -1 1;1 -3 0 -6;0 2 -3 2;1 1 -1 2];
b=[1 1 -2 0]';
x=zeros(4,1);
A1=A;A2=A;A3=A;A4=A;
A1(:,1)=b;A2(:,2)=b;A3(:,3)=b;A4(:,4)=b;
D=det(A);D1=det(A1);D2=det(A2);D3=det(A3);
D4=det(A4);
x(1)=D1/D;x(2)=D2/D;x(3)=D3/D;x(4)=D4/D;
disp('solving a linear system by Cramer''s
rule')
disp('x=')
disp(x)
```

运行结果如下:

```
>> ex3_5
solving a linear system by Cramer's rule
x=
    1.3000
    2.1000
    1.4000
   -1.0000
```

数学实验四

1. Octave/MATLAB 程序如下，见 ex4_1.m：

```
% 数学实验四第 1 题，求特征值和特征向量
pkg load symbolic
A=[2 0 1;0 3 -2;0 2 -1];
% 由定义求特征值和特征向量
A=sym(A);
syms lambda
B=lambda*eye(3)-A;
p=solve(det(B));  % 求特征值
disp('eigenvalues of A:')
disp(p)
for k=1:length(p)
    B1=subs(B,'lambda',p(k));
    disp(['the eigenvector(s)corresponding to
eigenvalue ',num2str(double(p(k)))])
    disp(null(B1))
end
% 直接用 eig 函数求特征值和特征向量
disp('compute eigenvalues and eigenvectors by
eig()')
[V,D]=eig(A)
```

运行结果如下：

```
>> ex4_1

eigenvalues of A:
  [1]
  [ ]
  [2]
the   eigenvector   ( s )   corresponding   to
eigenvalue 1
  [-1]
  [  ]
  [1 ]
  [  ]
  [1 ]
```

```
the eigenvector(s)corresponding to eigenvalue 2
  [1]
  [ ]
  [0]
  [ ]
  [0]
compute eigenvalues and eigenvectors by eig()
V=(sym 3x3 matrix)

  [-1  -1  1]
  [         ]
  [ 1   1  0]
  [         ]
  [ 1   1  0]

D=(sym 3x3 matrix)

  [1  0  0]
  [       ]
  [0  1  0]
  [       ]
  [0  0  2]
```

即得到特征值 1 及其特征向量(-1,1,1),与特征值 2 及其特征向量(1,0,0).

2. Octave/MATLAB 程序如下,见 ex4_2. m:

```
disp('the trace of A is ')
disp(trace(A))
disp('the sum of eigenvalues of A is ')
disp(sum(diag(D)))
disp('the determinant of A is ')
disp(det(A))
disp('the product of eigenvalues of A is ')
disp(prod(diag(D)))
A=ones(4)+2*eye(4);
[V,D]=eig(A);
disp('the eigenvalues of A:')
disp(D)
```

运行结果如下:

```
>> ex4_2
the eigenvalues of A:
Diagonal Matrix

  2.0000       0           0           0
  0            2.0000      0           0
  0            0           2.0000      0
  0            0           0           6.0000
the trace of A is
  12
the sum of eigenvalues of A is
  12
the determinant of A is
  48.000
the product of eigenvalues of A is
  48.000
```

3. 分析：A 是一个对称矩阵，故一定存在正交矩阵 P，使 $P^{-1}AP$ 为对角矩阵. P 是 A 的特征向量组的单位化.

Octave/MATLAB 程序如下，见 ex4_3. m：

```
% 数学实验四第 3 题，求正交矩阵，使 A 变为对角矩阵
pkg load symbolic
  A=[ 0 -1 1;-1 0 1;1 1 0];
  [V,D]=eig(sym(A))
  P=orth(V)
  disp('P*A*P^(-1)=')
  disp(P\A*P)
```

运行结果如下：

```
>> ex4_3
V=(sym 3x3 matrix)

  [-1  -1  1]
  [         ]
  [-1   1  0]
  [         ]
  [ 1   0  1]
D=(sym 3x3 matrix)

  [-2   0  0]
```

```
  [          ]
  [0  1  0]
  [          ]
  [0  0  1]
P=(sym 3x3 matrix)
  [   ___        ___     ___]
  [-\/ 3     -\/ 2     \/ 6 ]
  [------  ------  ------]
  [  3        2       6  ]
  [                      ]
  [   ___      ___     ___]
  [-\/ 3     \/ 2    \/ 6 ]
  [------  ------  ------]
  [  3        2       6  ]
  [                      ]
  [   ___              ___]
  [ \/ 3             \/ 6 ]
  [------    0    ------]
  [  3               3  ]
P*A*P^(-1)=
  [-2  0  0]
  [          ]
  [ 0  1  0]
  [          ]
  [ 0  0  1]
```

所以,正交矩阵

$$\boldsymbol{P}=\begin{pmatrix} -\dfrac{1}{\sqrt{3}} & -\dfrac{1}{\sqrt{2}} & \dfrac{1}{\sqrt{6}} \\ -\dfrac{1}{\sqrt{3}} & \dfrac{1}{\sqrt{2}} & \dfrac{1}{\sqrt{6}} \\ \dfrac{1}{\sqrt{3}} & 0 & \dfrac{2}{\sqrt{6}} \end{pmatrix}.$$

4. 分析:方法一,按施密特正交化过程做向量运算;方法二,直接使用 orth( ) 函数或 qr( ) 函数. 使用符号计算能得到准确解.

Octave/MATLAB 程序如下,见 ex4_4. m:

```
% 数学实验四第4题,施密特正交化过程
pkg load symbolic
A=sym([1 1 1;2 3 2;1 1 3]);
disp('Gram-Schmidt orthogonalization:')
O=sym(zeros(size(A)));
O(:,1)=A(:,1);
  for m=2:size(A,2)
    O(:,m)=A(:,m);
    for n=1:m-1
        O(:,m)=O(:,m)-dot(A(:,m),O(:,n))/dot
        (O(:,n),O(:,n))*O(:,n);
    end
end
disp('the Orthogonal system:')
disp(O)
for k=1:size(O,2)
    O(:,k)=O(:,k)/sqrt(dot(O(:,k),O(:,k)));
end
disp('the orthonormal:')
disp(O)
disp('orth(A)=')
disp(orth(sym(A)))
```

运行结果如下:

```
>> ex4_4

Gram-Schmidt orthogonalization:
the Orthogonal system:
  [1  -1/3  -1]
  [           ]
  [2   1/3   0]
  [           ]
  [1  -1/3   1]
the orthonormal:
  [   ___     ___       ___ ]
  [ V 6   -V 3     -V 2   ]
  [------  ------  ------]
  [  6       3         2  ]
  [                       ]
```

```
  [   ___    ___          ]
  [\/ 6    \/ 3           ]
  [------  ------    0    ]
  [  3       3            ]
  [                       ]
  [   ___    ___      ___ ]
  [\/ 6  -\/ 3      \/ 2  ]
  [------  ------  ------]
  [  6       3       2   ]
orth(A)=
  [   ___    ___      ___ ]
  [\/ 6  -\/ 3     -\/ 2  ]
  [------  ------  ------]
  [  6       3       2   ]
  [                       ]
  [   ___    ___          ]
  [\/ 6    \/ 3           ]
  [------  ------    0    ]
  [  3       3            ]
  [                       ]
  [   ___    ___      ___ ]
  [\/ 6  -\/ 3      \/ 2  ]
  [------  ------  ------]
  [  6       3       2   ]
```

所以,这组向量的标准正交组为:

$$\left(\frac{\sqrt{6}}{6},\frac{\sqrt{6}}{3},\frac{\sqrt{6}}{6}\right)^{\mathrm{T}},\left(-\frac{\sqrt{3}}{3},\frac{\sqrt{3}}{3},\frac{\sqrt{3}}{3}\right)^{\mathrm{T}},\left(-\frac{\sqrt{2}}{2},0,\frac{\sqrt{2}}{2}\right)^{\mathrm{T}}$$

数学实验五

1. 分析:用正交变换法将下列二次型化为标准形,即将对应的实对称系数矩阵对角化,可通过求特征向量得到正交变换矩阵.

Octave/MATLAB 程序如下,见 ex5_1.m:

```
% 数学实验五第 1 题,用正交变换法将二次型化为标准形
pkg load symbolic
f1 =sym([0 1 1;1 0 -1;1 -1 0]);
f2 =sym([2 0 0;0 3 2;0 2 3]);
f3 =sym([3 1 1;1 2 0;1 0 2]);
```

```
syms y1 y2 y3
[V1,D1]=eig(f1);
disp('f1''s standard model:')
f1=[y1,y2,y3]*D1*[y1;y2;y3]
[V2,D2]=eig(f2);
disp('f2''s standard model:')
f2=[y1,y2,y3]*D2*[y1;y2;y3]
[V3,D3]=eig(f3);
disp('f3''s standard model:')
f3=[y1,y2,y3]*D3*[y1;y2;y3]
```

运行结果如下:

```
>> ex5_1

f1's standard model:
f1=(sym)
      2     2     2
 -2*y1  + y2  + y3

f2's standard model:
f2=(sym)

  2       2       2
 y1  + 2*y2  + 5*y3
f3's standard model:

f3=(sym)

  2       2       2
 y1  + 2*y2  + 4*y3
```

即(1)$f=-2y_1^2+y_2^2+y_3^2$;(2)$f=y_1^2+2y_2^2+5y_3^2$;(3)$f=y_1^2+2y_2^2+4y_3^2$.

2. 分析:判断二次型的正定性只需考察二次型的系数矩阵的特征值的正负情况.

Octave/MATLAB 程序如下,见 ex5_2. m:

```
% 数学实验五第 2 题,判断二次型的正定性
f1=[-1 1 1;1 -3 0;1 0 -4];
f2=[1 2 1/2;2 -1 1;1/2 1 5];
f3=[10 1 -2;1 4 -1;-2 -1 1];
D1=eig(f1)
D2=eig(f2)
D3=eig(f3)
```

运行结果如下：

```
>> ex5_2
D1 =

  -4.37720
  -3.27389
  -0.34891

D2 =

  -2.2848
   1.9476
   5.3373

D3 =

   0.40373
   3.95811
  10.63816
```

由矩阵特征值的正负可以看出，上述 3 个二次型分别是负定的、不定的、正定的.

3. Octave/MATLAB 程序如下，见 ex5_3. m：

```
% 数学实验五第 3 题，求一个正交变换将二次型化为标准形
pkg load symbolic
f=sym([2 -2 0;-2 1 -2;0 -2 0]);
[V,D]=eig(f)
syms y1 y2 y3
f=[y1 y2 y3]*D*[y1;y2;y3]
```

运行结果如下：

```
>> ex5_3
V=(sym 3x3 matrix)

  [1/2  -1     2 ]
  [              ]
  [ 1  -1/2  -2 ]
  [              ]
  [ 1    1     1 ]

D=(sym 3x3 matrix)

  [-2  0  0]
```

```
  [          ]
  [0  1  0]
  [          ]
  [0  0  4]
f=(sym)
       2      2         2
-2*y1  +y2  +4*y3
```

由程序运行结果可知,正交变换的矩阵为$\begin{pmatrix} \frac{1}{2} & -1 & 2 \\ 1 & -\frac{1}{2} & -2 \\ 1 & 1 & 1 \end{pmatrix}$,二次曲面方程在变换后可化为标准方程$-2y_1^2+y_2^2+4y_3^2=1$,这是一个单叶双曲面.

数学实验六

1. 分析:要证$\boldsymbol{\alpha}_1,\boldsymbol{\alpha}_2,\boldsymbol{\alpha}_3$是$\mathbf{R}^3$的一组基,只需证明三维基本单位向量$\boldsymbol{\varepsilon}_1,\boldsymbol{\varepsilon}_2,\boldsymbol{\varepsilon}_3$能被$\boldsymbol{\alpha}_1,\boldsymbol{\alpha}_2,\boldsymbol{\alpha}_3$线性表示.设$\boldsymbol{A}=(\boldsymbol{\alpha}_1,\boldsymbol{\alpha}_2,\boldsymbol{\alpha}_3)$,则只需证明存在系数矩阵$\boldsymbol{C}$使得$\boldsymbol{AC}=\boldsymbol{E}$,也就是只需证明$\boldsymbol{A}$可逆,即$\boldsymbol{A}$的行列式不等于0.

求$\boldsymbol{\beta}_1,\boldsymbol{\beta}_2,\boldsymbol{\beta}_3$在此基下的坐标即求解一个线性方程组.

Octave/MATLAB 程序如下,见 ex6_1. m:

```
% 数学实验六第1题,证明向量组是三维线性空间的一组基,并求某向量组在此基下的坐标
A=[1 3 -7;2 1 1;-1 0 2];
B=[0 -3 -1;5 -11 3;-3 6 2];
disp('determinant of A is:')
disp(det(A))
disp('beta''s coordinates under the base alpha:')
X=A\B
```

运行结果如下:

```
>> ex6_1

determinant of A is:
-20
```

```
beta 's coordinates under the base alpha:
X =

   3    -6    0
  -1     1    2
   0     0    1
```

由运行结果知：$\boldsymbol{A}$ 的行列式不等于 0，是 $\mathbf{R}^3$ 的一组基．$\boldsymbol{\beta}_1,\boldsymbol{\beta}_2,\boldsymbol{\beta}_3$ 在基 $\boldsymbol{\alpha}_1,\boldsymbol{\alpha}_2,\boldsymbol{\alpha}_3$ 下的坐标分别是 $(3,-1,0)^{\mathrm{T}},(-6,1,0)^{\mathrm{T}},(0,2,1)^{\mathrm{T}}$.

2. 分析：上题求出的矩阵 $\boldsymbol{X}$，即过渡矩阵 $\boldsymbol{P}$，由定理 6.3.2 可利用过渡矩阵 $\boldsymbol{P}$ 求向量在 $\boldsymbol{\beta}_1,\boldsymbol{\beta}_2,\boldsymbol{\beta}_3$ 下的坐标向量 $\boldsymbol{y}$.

Octave/MATLAB 程序如下，见 ex6_2.m：

```
% 数学实验六第 2 题,利用过渡矩阵求向量在某组基下的坐标
A=[1 3 -7;2 1 1;-1 0 2];
B=[0 -3 -1;5 -11 3;-3 6 2];
alpha=[-66,18,12]';
disp('alpha''s coordinate under the base A')
x=A\alpha
disp('transition matrix P from A to B is:')
P=A\B
disp('alpha''s coordinate under the base B')
y=P\x  % 过渡矩阵
y=B\alpha  % 直接解方程组
```

运行结果如下：

```
>> ex6_2
alpha 's coordinate under the base A
x =
   6
  -3
   9
transition matrix P from A to B is:
P =

   3   -6    0
  -1    1    2
   0    0    1

alpha 's coordinate under the base B
```

```
y =

  40
  19
   9

y =

  40.0000
  19.0000
   9.0000
```

3. 分析:要使 $\boldsymbol{\alpha}_1,\boldsymbol{\alpha}_2,\boldsymbol{\alpha}_3$成为 $\mathbf{R}^3$ 的一组正交基,则 $\boldsymbol{\alpha}_3$与 $\boldsymbol{\alpha}_1,\boldsymbol{\alpha}_2$正交,即$\begin{pmatrix}1 & 1 & 1\\ 1 & 0 & -1\end{pmatrix}\boldsymbol{\alpha}_3=\begin{pmatrix}0\\0\end{pmatrix}$,这相当于求解一个齐次线性方程组的非零解.

Octave/MATLAB 程序如下,见 ex6_3. m:

```
% 数学实验六第 3 题,求一个向量,使其所在向量组是一个
正交基
a1 =[1 1 1]';a2 =[1 0 -1]';
a3 =nullrat([a1';a2'])
A =[a1,a2,a3];
disp('test orthogonality of the base:')
A '*A
```

运行结果如下:

```
>> ex6_3

a3 =

   1.0000
  -2.0000
   1.0000

test orthogonality of the base:
ans =

   3.00000  0.00000  0.00000
   0.00000  2.00000  0.00000
   0.00000  0.00000  6.00000
```

4. 已知 $\boldsymbol{\alpha}_1=(1,0,0)^{\mathrm{T}},\boldsymbol{\alpha}_2=(1,1,0)^{\mathrm{T}},\boldsymbol{\alpha}_3=(1,1,1)^{\mathrm{T}}$是 $\mathbf{R}^3$的一组基,将它标准正交化.

分析:本题与数学实验四第 4 题相似,解答参考 ex4_4. m.

附录 A

Octave 使用简介

A.1 Octave 基本操作

A.1.1 界面

Octave 有中文界面,默认界面中有多个子窗口,如图 A-1 所示.

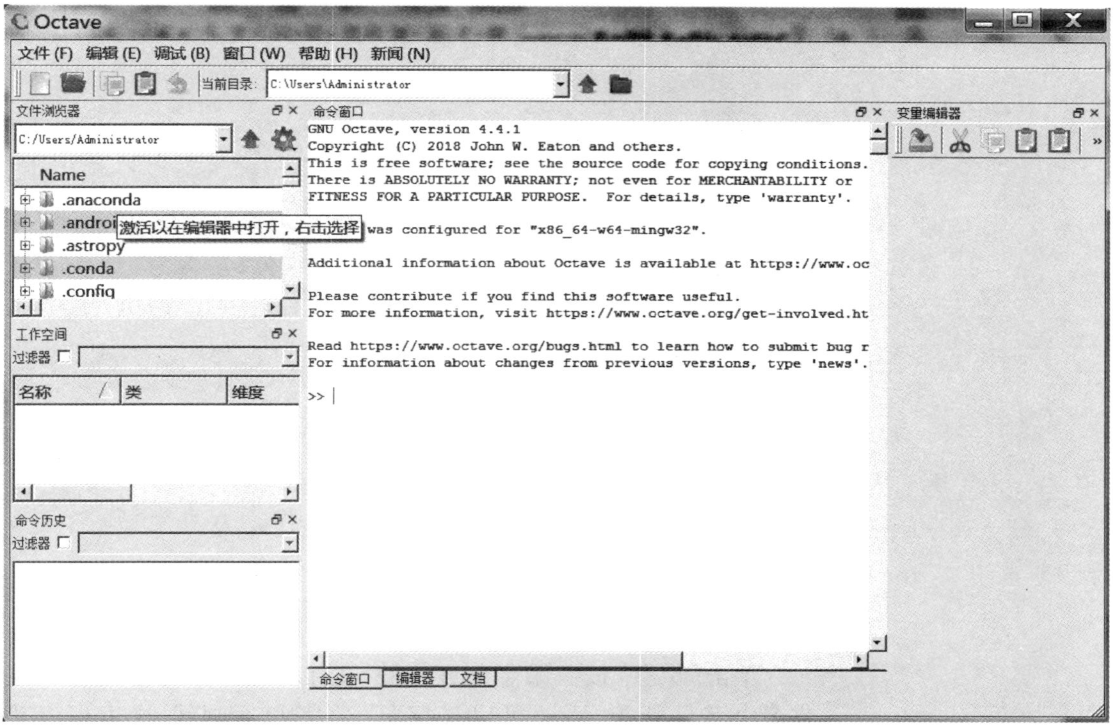

图 A-1 Octave 主界面

文件浏览器:用来显示当前目录下的文件;

工作空间:显示内存中的变量的名称、类、维度、值、属性等;

命令历史:显示命令窗口中输入的命令的历史记录;

命令窗口:接受键盘的输入命令,回车即执行命令,命令和结果也显示在该窗口中;

变量编辑器:双击工作空间中的变量,可在变量编辑器中观察和修改变量中的取值.

另外,命令窗口下方有 3 个标签,分别是命令窗口、编辑器、文档.其中编辑器用于脚本文件和函数文件的编辑、运行及调试.文档用于显示 Octave 的帮助文档.

在主界面中,可以自己调整子窗口的显示方式.有 2 种方法可以用来操纵子窗口.通过各子窗口右上角"关闭"按钮可以隐藏该子窗口,而在"窗口"菜单上可以选择显示这些子窗口.另外,可以通过子窗口上方的标题栏拉动子窗口,调整其位置.

A.1.2 使用方式

Octave 的使用存在两种方式:命令行方式和脚本文件方式.

1. 在命令窗口的提示符">>"后,你可以直接输入命令,回车执行,得到结果.最简单的情况下,可以将 Octave 当作一个超级计算器使用.如:

```
>> 12 + 34
ans =  46
>> disp('Hello,World! ')
Hello,World!
```

2. 在编辑器中编写程序并保存为脚本文件(后缀为'.m'),然后单击"运行按钮"或回到命令窗口中输入文件名,回车即执行脚本文件的代码.见下列步骤:

在编辑器中输入下列代码:

```
% My first program in Octave

str1 ='Hello,World! ';
disp(str1)     % 输出字符串
disp('12 + 34 =')
disp(12+34)  % 输出计算结果
```

单击"保存"按钮保存为 m 文件,文件名可自己设置,合法的文件名由字母开头,后面可以接字母、数字和下画线.这里保存为"test1.m",单击"运行"按钮,即可执行,在命令窗口中将显示:

```
>> test1
Hello,World!
12 + 34 =
46
```

或者，在命令窗口中输入：test1，回车，也会出现上面的输出结果.通常，简单的任务用第 1 种方式，更复杂的任务用第 2 种方式以便修改和多次执行.

A.1.3 基本操作

1. 命令窗口常用操作指令

常见的通用操作指令见表 A-1.

表 A-1　常见的通用操作指令

指令	含　义	指令	含　义
cd	改变当前工作目录	exit / quit	退出 Octave
clc	清空命令窗口	format	命令窗口数值的显示格式
clear	清除工作空间变量	help	输出某函数的帮助信息
close	关闭图形窗口	who	显示工作空间的变量名
edit	在编辑器中打开文件以编辑	whos	显示工作空间的变量的信息

2. 命令窗口操作快捷键

在 Octave 中，有几个特殊的常用键盘操作快捷键，见表 A-2.

表 A-2　常用的键盘操作快捷键

键名	作　用	键名	作　用
↑	向前搜索，调回已输入过的命令行	↓	向后搜索，调回已输入过的命令行
home	回到行首	end	回到行末

3. 注释

注释用于帮助理解程序中的语句的作用，不被执行。注释语句使用“%”开头，“%”符号后面同一行的部分都被视为注释.如：

```
% My first program in Octave
```

4. 帮助

Octave 的内置帮助系统提供了当前已安装包中所有函数的细节以及使用示例.如：想获得函数 disp 的使用方法，可在命令行中输入 help disp，则会在命令窗口中显示相应的帮助文档.也可单击命令窗口下方的“文档”标签，在“目录”的搜索栏中输入“disp”，双击相关的条目，即可显示“disp”的使用方法.

5. 搜索路径和当前目录

为方便使用,Octave 提供了很多库函数.所谓函数,是指能完成一定任务的程序模块,往往被保存为单个文件,可通过文件名调用函数.Octave 通过事先设定的搜索路径可以找到这些函数,以及一些图像、数据文件等.

要查看搜索路径中所有的目录,可以在命令行中输入:

```
>> path
```

可以将自己编写的一些函数放在一个文件夹中,然后将其添加到搜索路径.例如:想添加"D:\myOctave"文件夹到搜索路径中,可在命令行输入:

```
>> addpath('D:\myOcatve')
```

当前目录即 Octave 的当前工作目录,在读取文件或调用函数时,如果没有给定路径,则默认先在当前目录查找,再在搜索路径中查找.保存文件时,如果没有给定路径,也是直接保存到当前目录中.可以通过主界面上方的"浏览目录"按钮改变当前目录.或者,在命令行中通过命令"cd"改变当前目录,如:

```
>> cd C:\Users\Administrator
```

遗憾的是,目前 Octave 并不支持中文目录,而 MATLAB 支持中文目录.

6. 工作空间

工作空间是 Octave 保存变量的内存空间,可以通过主界面的"工作空间"子窗口查看内存中的 Octave 变量.也可以通过在命令行输入命令 who 或 whos,查看工作空间中的变量.工作空间中的变量可以使用命令 save 保存为".mat"文件,下次使用时可以通过命令 load 重新将上次保存的变量导入工作空间.而当工作空间的变量很多时,可以通过命令 clear 清除部分或全部变量.见下例:

```
>> whos
Variables in the current scope:

  Attr  Name       Size          Bytes  Class
  ====  ====       ====          =====  =====
        ans      1x1                 8  double
        str1       1x13             13  char

Total is 14 elements using 21 bytes

>> save data1.mat str1   % 保存变量 str1 至文件 da-
ta1.m
```

```
>> save data2.mat     % 保存全部变量至文件 data2.m
>> clear str1        % 清除变量 str1
>> who        % 显示工作空间变量
Variables in the current scope:

ans

>> clear     % 清除工作空间所有变量
>> who
>> load data1      % 导入 data1.mat 文件保存的变量
>> who
Variables in the current scope:

str1

>> load data2      % 导入 data2.mat 文件保存的变量
>> who
Variables in the current scope:

ans  str1
```

7. 命令窗口数值的显示格式

Octave 使用命令"format"改变命令窗口中数值的显示格式.需要注意的是,这一命令只改变显示格式,内部的数值计算仍是双精度的.format 的主要用法如下:

format short　默认显示格式,显示 5 位有效数字;

format long　显示 16 位有效数字;

format rat　用近似有理数表示,显示分式.

见下例:

```
>> disp(pi)
  3.1416
>> format long
>> disp(pi)
  3.141592653589793
>> format rat
>> disp(pi)
355/113
```

8. 更多的模块

Octave 中提供的众多的函数分属不同的模块(包),每个模块提供不同的功能.例如,general 提供通用功能,image 提供图像处理功能,linear-algebra 提供额外的线性代数运算功能等.在安装 Octave 时已包含了几十个常用的包,要了解自己的机器上安装了哪些包,可以在命令窗口输入： pkg list,即会显示已安装的包的名称、版本号和安装目录.

有时可能需要已安装包之外的其他功能,如符号计算、并行计算、3D 图形等.可至 https://octave.sourceforge.io/packages.php 查看可用的包,可以自由下载安装.

A.2 Octave 基本数据结构

Octave 中的基本数据类型有:整数、浮点数、复数、逻辑型数据、字符等.

Octave 的基本数据结构有:数组(包括向量和矩阵)、结构体、单元数组、稀疏矩阵等.

要产生和使用上述数据结构,需向变量赋值.

A.2.1 变量与赋值

变量:编程语言中,将代表各种数据的对象统称为变量,通过变量名来访问,占据一定的内存空间,其存储内容是可变的.Octave 中有效的变量名由字母开头,后可跟字母、数字、下画线,不能包含其他字符.Octave 中的变量名是区分大小写的.

赋值:将某一表达式的值赋给某个变量的过程,称为赋值.

我们可以通过直接向变量赋值来创建向量和矩阵,并且不必事先声明变量的类型,由系统根据输入的值判断并分配内存空间.

赋值语句后面可以加上分号,则右边的表达式的运算结果不在命令行中显示.如：

```
>> x=12 + 34;
>> x=12 + 34
x=  46
```

Octave 中定义了一些专用的变量用于表示特殊数值.见表 A-3.在定义变量时尽量不使用下列 Octave 常用的专有变量名.

表 A-3 Octave 为特殊数值定义的专有变量名

专用变量名	代表的特殊值	专用变量名	代表的特殊值
ans	给表达式自动指定的变量	eps	浮点数运算的机器精度
i 或 j	虚数单位 i*i=j*j=-1	NaN 或 nan	Not a number: 0/0 或 Inf-Inf 等
Inf 或 inf	无穷大	pi	圆周率
intmax	机器中能表示的最大整数	realmax	机器中能表示的最大正实数
intmin	机器中能表示的最小整数	realmin	机器中能表示的最小正实数

A.2.2 数组

在 Octave 中,数据的基本单元不是标量,而是数组,标量被当作 1 行 1 列的矩阵;运算的基本单元和很多函数的作用单元也不是标量,而是数组.一维数组按向量的规则实施运算,二维数组按矩阵的运算规则实施运算.此外,还可以创建和操作高维数组.

下面简单介绍向量和矩阵的创建和访问.

1. 向量的创建

Octave 中创建向量最简单的方法就是直接输入.将向量的元素依次放在一对中括号[ ]的内部,如果是行向量,元素之间用空格或逗号隔开;如果是列向量,元素之间用分号隔开.如下所示:

```
>> v1 =[3,5,2 1 0,4]
v1 =

  3  5  2  1  0  4

>> v2 =[2;4;1]
v2 =

  2
  4
  1
```

如果向量的元素之间是等间距排列的,则可以用冒号表达式或 linspace 函数创建向量.具体用法见下面的例子.

```
>> v3 =2:6     % 产生以 2 为起点,6 为终点,间距为 1 的向量
v3 =

  2  3  4  5  6

>> v4 =1:0.5:3   % 产生以 1 为起点,3 为终点,间距为
0.5 的向量
v4 =

  1.0000  1.5000  2.0000  2.5000  3.0000

>> v5 =linspace(0,1,6)  % [0,1]平均划分出 6 个点
(包括端点)
v5 =

  0.00000  0.20000  0.40000  0.60000  0.80000
  1.00000
```

2. 矩阵的创建

创建矩阵也可以直接输入.将所有元素放在一对中括号[ ]的内部,同一行元素之间用空格或逗号隔开,不同行之间用分号隔开,并保证每行的元素数量一致.如下所示:

```
>> A=[3 4 5 6;0,1,2,3;3,5,7,9]
A=

  3  4  5  6
  0  1  2  3
  3  5  7  9
```

通过函数也可以创建一些特殊矩阵.常用的有:

(1)全1矩阵. A=ones(n); %创建n*n的全1矩阵
A=ones(m,n); % 创建m*n的全1矩阵

(2)全0矩阵. A=zeros(n); %创建n*n的全0矩阵
A=zeros(m,n); % 创建m*n的全0矩阵

(3)单位阵. A=eye(n); %创建n*n的单位阵

(4)对角阵. D=diag(A); %若A为矩阵,则D是由A的主对角元素组成的列向量
%若A为向量,则D是以A的元素为主对角元素的对角阵

(5)随机矩阵. A=rand(n); %创建[0,1]上均匀分布的大小为n*n的随机矩阵

也可以像分块矩阵一样,对矩阵进行拼接、复制,形成更大的矩阵.

(1)将矩阵作为分块矩阵的分块,拼成一个更大的矩阵,同一行的分块间用空格或逗号分开,不同行之间用分号分开.

(2)B=repmat(A,m,n); % 将矩阵A作为分块,按m行n列拼成一个大矩阵

```
>> A=[ones(2),eye(2);eye(2),zeros(2)]
A=
    1    1    1    0
    1    1    0    1
    1    0    0    0
    0    1    0    0
>> B=repmat([1,2;3,4],2,2)
B=
    1    2    1    2
    3    4    3    4
    1    2    1    2
    3    4    3    4
```

3. 数组元素的编址与访问

(1)获取数组的结构参数

Octave 中,下列函数可以获取数组的结构参数.

① n=ndims(A)　% n 为数组 A 的维数;

② [m,n]=size(A)　% 对数组 A,[m,n]为 A 的行数和列数;

③ n=length(A)　% 对数组 A,n 为 A 的各维长度的最大值;

④ n=numel(A)　% n 为数组 A 的元素个数.

注:以上函数也可用于标量和向量,标量可看作 1 行 1 列的矩阵,向量可看作只有 1 行或 1 列的矩阵.

(2)数组元素的访问

数组元素行列的索引都从位置 1 开始,用圆括号( )中的数字表示.矩阵中的元素有两种编址方式:全下标编址和单序号编址.向量可看作特殊的矩阵.以一个 5 行 6 列大小的矩阵 $\boldsymbol{A}$ 为例,其全下标编址具体如下:

A(1,1)	A(1,2)	A(1,3)	A(1,4)	A(1,5)	A(1,6)
A(2,1)	A(2,2)	A(2,3)	A(2,4)	A(2,5)	A(2,6)
A(3,1)	A(3,2)	A(3,3)	A(3,4)	A(3,5)	A(3,6)
A(4,1)	A(4,2)	A(4,3)	A(4,4)	A(4,5)	A(4,6)
A(5,1)	A(5,2)	A(5,3)	A(5,4)	A(5,5)	A(5,6)

其单序号编址具体如下,Octave 中数组元素按列放置.

A(1)	A(6)	A(11)	A(16)	A(21)	A(26)
A(2)	A(7)	A(12)	A(17)	A(22)	A(27)
A(3)	A(8)	A(13)	A(18)	A(23)	A(28)
A(4)	A(9)	A(14)	A(19)	A(24)	A(29)
A(5)	A(10)	A(15)	A(20)	A(25)	A(30)

在访问矩阵元素时,既可按元素的行标、列标访问,也可按其顺序编码访问.冒号表达式也可以表示行标和列标,且单个的冒号放在行(列)标位置表示所有行(列).见下例:

```
x=[3 6 1 7 5 10 8 4 9];
>> x(3)
ans =   1
>> x([1,2,4])  % 向量 x 的第 1,2,4 个元素
```

```
ans=

  3  6  7

>> A=[3 4 5 6;0,1,2,3;3,5,7,9]
A=

  3  4  5  6
  0  1  2  3
  3  5  7  9

>> A(2,3)  % 矩阵A的第2行第3列元素
ans=  2
>> A(6)  % 矩阵按列存放的第6个元素
ans=  5
>> A(1:2,[2,4])  % 矩阵的分块,由第1,2行,第2,4列元素组成
ans=

  4  6
  1  3

>> A(:,2)  % 矩阵A的第2列
ans=

  4
  1
  5

>> A(2,:)  % 矩阵A的第2行
ans=

  0  1  2  3

>> A(3,:)=1  % 矩阵A的第3行赋值为1
A=

  3  4  5  6
  0  1  2  3
  1  1  1  1

>> A(:,end)=[]  % 矩阵A的最后一列删除
A=

  3  4  5
  0  1  2
  1  1  1
```

4. 数组的通用结构操作函数

(1)转置　在 Octave 中,单引号 ' 用于矩阵的转置;

(2)reshape(A,m,n)　矩阵变维:将矩阵 A 的元素重新按列存放,变成 m 行 n 列的矩阵;

(3)flipud(A)　将矩阵 A 上下翻转;

(4)fliplr(A)　将矩阵 A 左右翻转;

(5)rot90(A,n)　将矩阵 A 逆时针方向旋转 90°的 n 倍,缺省时 n 值为 1.

5. 字符串

在 Octave 中,用单引号括起来的字符序列称为字符串.字符串可以当作一个行向量,每个元素对应一个字符,其编址、访问方法和数值向量相同.也可以由几个字符串横向拼接成更长的字符串.如:str=[str1,str2,…,strn];

在 Octave 中,有几个常用的字符串函数,用法如下:

disp('string')　在命令窗口显示字符串 string,注意单引号必须在英文状态输入.

num2str(num)　将数值数据 num 转换成数值字符串.

str2num(str)　将字符串格式的数值字符 str 转换成数值数据.

strcmp(str1,str2)　比较两个字符串 str1,str2 是否相同.

strcat(str1,str2,...)　横向连接字符串 str1,　str2,…

注:字符串中出现的单引号要用两个单引号代替.如 str='It''s a reference book.'

A.3 Octave 线性代数运算

A.3.1 运算符

Octave 的运算符是为数组运算设计的.单个的数值也可以看作 1 行 1 列的矩阵,使用这些运算符.

表 A-4　Octave 的各种运算符

矩阵运算规则	算术运算 Arithmetic Operations	名称	加	减	矩阵乘	矩阵左除	矩阵右除	矩阵幂
		算符	+	−	*	\	/	^
数组运算规则	算术运算 Arithmetic Operations	算符			.*	.\ 或 ./		.^
		名称	加	减	数组对应元素相乘	数组左除或数组右除		数组幂

（续）

数组运算规则	关系运算 Relational Operations	算符	>	<	>=	<=	==	~=
		名称	大于	小于	大于等于	小于等于	等于	不等于
	逻辑运算 Logical Operations	算符	&	|	~	xor	—	
		名称	与	或	非	异或		

向量的基本算术运算见下例及其注释：

```
>> a=11:15;
>> b=0.1:0.1:0.5;
>> a-5      % 向量与数的加减
ans =

6   7   8   9   10

>> b10=10*b      % 向量的数乘
b10 =

  1   2   3   4   5

>> a + b   % 同维的向量相加
ans =

  11.100  12.200  13.300  14.400  15.500

>> a*b'  % 行向量乘列向量
ans =  20.500
>> a.*b      % 两个同维的向量的对应元素相乘
ans =

  1.1000  2.4000  3.9000  5.6000  7.5000

>> a./b      % 两个同维的向量的对应元素相除
ans =

  110.000  60.000  43.333  35.000  30.000

>> 1./a      % 向量 a 的每个元素取倒数
ans =

  0.090909  0.083333  0.076923  0.071429  0.066667

>> a.^2      % 向量 a 的每个元素求平方
ans =

  121  144  169  196  225
```

矩阵的基本算术运算见下例及其注释：

```
>> A=reshape(1:12,3,4)     % 创建矩阵 A
A =

   1    4    7    10
   2    5    8    11
   3    6    9    12

>> disp(A+2)      % 矩阵 A 与数的加法
   3    6    9    12
   4    7   10    13
   5    8   11    14
>> disp(A*2)      % 矩阵 A 的数乘
   2    8   14    20
   4   10   16    22
   6   12   18    24
>> disp(2./A)  % 用 2 除以矩阵 A 的每个元素
   2.00000  0.50000  0.28571  0.20000
   1.00000  0.40000  0.25000  0.18182
   0.66667  0.33333  0.22222  0.16667
>> disp(A.^2)   % 矩阵 A 的每个元素分别平方
   1    16    49  100
   4    25    64  121
   9    36    81  144
>> B=2*ones(3,4)   % 产生矩阵 B
B =

   2    2    2    2
   2    2    2    2
   2    2    2    2
>> disp(A+B)      % 两个同维的矩阵相加
   3    6    9   12
   4    7   10   13
   5    8   11   14
>> disp(A.*B)      % 两个同维的矩阵的对应元素相乘
   2    8   14   20
   4   10   16   22
   6   12   18   24
>> disp(A./B)     % 两个同维的矩阵的对应元素相除
   0.50000  2.00000  3.50000  5.00000
```

```
  1.00000  2.50000  4.00000  5.50000
  1.50000  3.00000  4.50000  6.00000
>> disp(A*B)     % 两个矩阵相乘,因第 1 个矩阵的列数不等于第 2 个矩阵的行数而出错
error:operator *:nonconformant arguments(op1 is 3x4,op2 is 3x4)
>> disp(A*B')     % B 转置后变成 4 行 3 列的矩阵,两个矩阵可以相乘
  44  44  44
  52  52  52
  60  60  60
>> disp(A'*B)     % A 转置后变成 4 行 3 列的矩阵,两个矩阵可以相乘
  12  12  12  12
  30  30  30  30
  48  48  48  48
  66  66  66  66
```

A.3.2 常用数组函数

(1)x=min(A) 求数组 A 的最小值;

(2)x=max(A) 求数组 A 的最大值,具体用法与 min 函数一致;

(3)x=mean(A) 求数组 A 的平均值;

(4)x=sum(A) 对数组 A 的元素求和;

(5)x=prod(A) 对数组 A 的元素求乘积;

(6)x=cumsum(A) 对数组 A 的元素依次求和,x 是与 A 同维的数组;

(7)x=cumprod(A) 对数组 A 的元素依次求乘积,x 是与 A 同维的数组;

(8)x=sort(A) 对数组 A 的元素排序.

以上函数既可用于向量,也可用于矩阵,但含义不同.具体使用细节见下例及其注释:

```
>> x=[4 9 7 2 1 8 5 6 3];
>> A=[3 4 5 6;0,1,2,3;3,5,7,9]
A=

  3  4  5  6
  0  1  2  3
  3  5  7  9
```

```
>> disp(min(x))% 向量 x 的最小值
   1
>> disp(min(x,5))  % 向量 x 的元素和 5 相比的最小值
  4  5  5  2  1  5  5  5  3
>> disp(min(A))     % 矩阵 A 的各列元素的最小值
  0  1  2  3
>> disp(min(A,5))  % 矩阵 A 的元素与 5 相比的最小值
  3  4  5  5
  0  1  2  3
  3  5  5  5
>> disp(min(A,[],2))  % 矩阵 A 的各行的最小值,第 3 个参数 2 表示按行求
  3
  0
  3
>> disp(mean(x))  % 向量 x 的平均值
5
>> disp(mean(A))  % 矩阵 A 的各列元素的平均值
  2.0000  3.3333  4.6667  6.0000
>> disp(mean(A,2))  % 矩阵 A 的各行元素的平均值
  4.5000
  1.5000
  6.0000
>> disp(sum(x))  % 向量 x 的全体元素之和
53
>> disp(prod(x))  % 向量 x 的全体元素之积
1814400
>> disp(sum(A))  % 矩阵 A 的各列元素之和
  6  10  14  18
>> disp(sum(A,2))  % 矩阵 A 的各行元素之和,第 2 个参数 2 表示按行求
  18
   6
  24
>> disp(prod(A))  % 矩阵 A 的各列元素之积
  0    20    70  162
```

```
>> disp(prod(A,2))  % 矩阵 A 的各行元素之积
  360
    0
  945
>> disp(cumsum(x))  % 向量 x 的元素依次累加
  3  9  10  17  22  32  40  44  53
>> disp(cumsum(A))  % 矩阵 A 的各列元素依次累加
  3   4   5   6
  3   5   7   9
  6  10  14  18
>> disp(cumsum(A,2))  % 矩阵 A 的各行元素依次累加
  3   7  12  18
  0   1   3   6
  3   8  15  24
>> disp(cumprod(x))  % 向量 x 的元素依次累乘
  3   18   18   126   630   6300   50400
  201600  1814400
>> disp(cumprod(A))  % 矩阵 A 的各列元素依次累乘
  3   4   5    6
  0   4  10   18
  0  20  70  162
>> disp(cumprod(A,2))  % 矩阵 A 的各行元素依次
累乘
  3  12   60  360
  0   0    0    0
  3  15  105  945
>> disp(sort(x))  % 向量 x 的元素从小到大排序
  1   3   4   5   6   7   8   9  10
>> disp(sort(A))  % 矩阵 A 的每列元素从小到大排序
  0  1  2  3
  3  4  5  6
  3  5  7  9
```

A.3.3 矩阵专用函数

(1) d=det(A)　求方阵 A 的行列式;

(2) X=inv(A)　求方阵 A 的逆矩阵 A^{-1};

(3) X=A\B　相当于 $X=A^{-1}B$,可用于求矩阵方程 $AX=B$ 的解 X;

(4) Y=B/A　相当于 $Y=BA^{-1}$,可用于求矩阵方程 YA=B 的解 Y;

(5) t=trace(A)　求矩阵 A 的迹;

(6) r=rank(A)　求矩阵 A 的秩;

(7) [V,D]=eig(A)　求矩阵 A 的特征值和特征向量;D 是由特征值构成的对角阵;V 的列向量是对应的特征向量;

(8) R=rref(A)　求矩阵 A 对应的行阶梯形矩阵;

(9) N=null(A)　求矩阵 A 的零空间的正交基,N 的列向量构成 **AX=0** 的基础解系;

(10) O=orth(A)　求矩阵 A 的列空间的正交基;

(11) [Q,R]=qr(A)　求矩阵 A 的 QR 分解,这里 Q 为 A 的列向量的施密特正交化,R 为上三角阵.

A.4 Octave 符号代数运算

以上的 Octave 运算都是数值计算.在数值计算中,计算机处理的对象和得到的结果都是数值;而在符号计算中,计算机处理的数据和得到的结果都是符号.这种符号可以是字母、公式,也可以是数值.

符号计算凭借一系列恒等式、数学定理,通过推理和演绎,获得问题的解析结果.这种计算建立在数值完全准确表达和推演严格解析的基础之上,因此所得结果是完全准确的.它与纯数值计算在处理方法、处理范围、处理特点等方面有较大的区别.

例如:求解 $\sin\frac{\pi}{3}$,符号计算结果为$\frac{\sqrt{3}}{2}$,而数值计算结果为近似值 0.8660…;求 2 的平方根,符号计算结果为$\sqrt{2}$,而数值计算结果为 1.4142….

在线性代数的运算中,有时为了体现各运算方法的过程和准确结果,希望能模拟手工计算,这时就必须用到符号计算.

与 MATLAB 自带符号计算工具箱 Symbolic Math Toolbox 不同,Octave4.4.1 的安装包中没有符号计算工具包.要使用符号计算,需到 Octave Forge 下载 symbolic 工具包.这个符号计算包需使用 Python 环境下的 Sympy 包.如果你的电脑已安装 Python 以及 Sympy 包,则只需在 Octave 的命令行输入:pkg install -forge symbolic,即可安装符号计算工具包 symbolic.否则,需先下载 symbolic-win-py-bundle-2.7.0.zip,这个包内嵌了所需的 Python 解释器和 Sympy 包.下载后,将其放到当前目录,或者将当前目录改成下载文件所在的目录,然后在命令窗口中输入:pkg install symbolic-win-py-bundle-2.7.0.zip,待安装完成后,再输入 pkg load symbolic,就可以使用符号计算工具包了.以后每次重启 Octave,在使用符号计算前都先输入 pkg load symbolic,将 symbolic 包载入内存方可使用.

A.4.1 符号对象的建立

为了进行符号计算,Octave 引入了符号对象,这种数据类型包括符号数值、符号变量、符号表达式,还包括由这些建立的向量、矩阵、多维数组.

对于数值计算的对象,不需要事先定义类型,而对符号计算,需事先定义参与符号计算的基本符号.Octave 通过基本指令函数 sym 和 syms 来声明符号对象.

声明符号变量基本语法是:

sym 变量名 可选项

syms 变量 1 变量 2 ...   % 可声明多个变量,变量间用空格隔开.

如

```
>> sym x real
ans = (sym) x
>> syms a b c
```

声明符号表达式,符号数值的语法为:sym('表达式'),如:

```
>> x = sym(2)
x = (sym) 2
>> f = sym('a^3+sqrt(2)')
f = (sym)

  3
 a  + √2
```

A.4.2 符号运算

符号表达式的四则运算与数值运算一样,用 +、-、*、/、^ 等运算符实现,其结果还是一个符号表达式.

符号表达式可以进行各种代数变形,如合并同类项:collect()、因式分解:factor()、展开:expand()、化简:simplify()等.

符号运算包 symbolic 提供了大量线性代数函数,如求行列式 det(),求逆矩阵 inv(),求矩阵的秩 rank(),矩阵化为行阶梯形 rref(),求矩阵的特征多项式 charpoly(),求矩阵的若尔当标准形 jordan(),求非线性方程组 solve()等.见下例:

```
>> syms a b c d real
>> A = [a,b;c,d]
A = (sym 2x2 matrix)
```

```
  [a  b]
  [     ]
  [c  d]
>> D=det(A)
D=(sym)a*d - b*c
>> B=inv(A)
B=(sym 2x2 matrix)
  [    d         -b     ]
  [---------  ---------]
  [a*d - b*c  a*d - b*c]
  [                     ]
  [    -c         a     ]
  [---------  ---------]
  [a*d -b*c  a*d -b*c]
>> f=charpoly(A,'x')
f=(sym)
                 2
a*d -b*c + x   + x*(-a - d)
>> g=factor(f-D)
g=(sym)x*(-a - d + x)
>> h=expand(g)
h=(sym)
                 2
-a*x - d*x + x
```

A.5 Octave 程序控制

Octave 也可以像其他程序设计语言一样,用于编写程序,完成复杂的任务.这时,需要将代码保存为 m 文件形式,以便修改和保存,并能多次使用.

为实现复杂的情况,程序需要使用选择语句和循环语句等控制结构.对于常用的实现特定功能的代码段,通常保存为函数文件,以便被其他程序调用,而不用重复书写.

A. 5. 1 if 语句

在 Octave/MATLAB 中,if 语句有 3 种格式.

(1)单分支 if 语句:

```
if  条件
    语句组
end
```

当条件成立时,则执行语句组,执行完之后继续执行 if 语句的后继语句,若条件不成立,则直接执行 if 语句的后续语句.

(2)双分支 if 语句:

```
if  条件
    语句组 1
else
    语句组 2
  end
```

当条件成立时,执行语句组 1,否则执行语句组 2,语句组 1 或语句组 2 执行后,再执行 if 语句的后续语句.

(3)多分支 if 语句:

```
if  条件 1
      语句组 1
  elseif  条件 2
      语句组 2
    …
  elseif  条件 m
      语句组 m
  else
      语句组 n
  end
```

多分支 if 语句用于实现多个选择的问题.

A. 5. 2 for 循环

for 语句的格式为:

```
for 循环变量=表达式 1:表达式 2:表达式 3
   循环体语句
end
```

其中表达式 1 的值为循环变量的初值,表达式 2 的值为步长,表达式 3 的值为循环变量的终值.步长为 1 时,表达式 2 可以省略.

A.5.3 函数文件

1. 函数文件格式

function [输出变量组] = 函数名(输入变量组)
　注释说明部分
　函数体
end

其中函数名的命名规则与变量名相同，函数名与保存的 m 文件名应一致.

2. 函数调用的一般格式是

[输出实参表] = 函数名(输入实参表)

要注意的是，函数调用时各实参出现的顺序、个数，应与函数定义时右边输入参数的顺序、个数一致，否则会出错. 函数调用时，先将实参传递给相应的形参，然后再执行函数的功能.

Octave 和 MATLAB 中都有 null( ) 函数，用于求齐次线性方程组的基础解系. 例如：求矩阵 A = [-2,1,1;1,-1,1;1,0,-2] 作为系数矩阵的方程组的基础解系.

```
>> A=[-2,1,1;1,-1,1;1,0,-2];
>> disp(null(A))
  0.53452
  0.80178
  0.26726
```

以上的基础解系的列向量都是单位向量，而有时手工计算常会取其中一个为 1，则其大小关系更清晰. MATLAB 中 null(A,'r') 即提供这一结果.

```
>> A=[-2,1,1;1,-1,1;1,0,-2];
>> disp(null(A,'r'))
   2
   3
   1
```

而 Octave 不提供这一选项，但我们可以自己按手工计算的规则将其中的一个元素变为 1，在函数 null( ) 的基础上实现这一功能如下：

```
function retval=nullrat(A,tol)
  % 模拟 Matlab 中的 null(A,'r')
    if nargin==2
      retval=null(A,tol);
```

```
    elseif nargin==1
      retval=null(A);
    else
      error('input arguments error!')
    end
    [m,n]=size(retval);
    for k=1:n
      retval(:,k)=retval(:,k)/retval(m+1-k,k);
  end
end
```

调用函数 nullrat 的结果为

```
>> A=[-2,1,1;1,-1,1;1,0,-2];
>> disp(nullrat(A))
   2.0000
   3.0000
   1.0000
```

A.6 Octave/MATLAB 常用数学函数

表 A-5 常用数学函数

函数名	含义	函数名	含义
sin(x)	正弦(变量的单位为 rad)	sind(x)	正弦(变量的单位为°)
cos(x)	余弦(变量的单位为 rad)	cosd(x)	余弦(变量的单位为°)
tan(x)	正切(变量的单位为 rad)	tand(x)	正切(变量的单位为°)
cot(x)	余切(变量的单位为 rad)	cotd(x)	余切(变量的单位为°)
asin(x)	反正弦(变量的单位为 rad)	asind(x)	反正弦(变量的单位为°)
acos(x)	反余弦(变量的单位为 rad)	acosd(x)	反余弦(变量的单位为°)
atan(x)	反正切(变量的单位为 rad)	atand(x)	反正切(变量的单位为°)
acot(x)	反余切(变量的单位为 rad)	acotd(x)	反余切(变量的单位为°)
exp(x)	e 为底的指数函数	log(x)	e 为底的对数函数,自然对数
pow2(x)	2 为底的指数函数	log2(x)	2 为底的对数函数
abs(x)	取绝对值,虚数的模	log10(x)	10 为底的对数函数,常用对数
sqrt(x)	平方根	realsqrt(x)	返回非负平方根
rat(x)	将实数 x 用分数表示	sign(x)	符号函数,取值 1,0,-1
round(x)	四舍五入	fix(x)	截尾取整
floor(x)	向负方向取整	ceil(x)	向正方向取整
gcd(x,y)	最大公因数	lcm(x,y)	最小公倍数
mod(x,y)	返回 x/y 的正余数	rem(x,y)	返回 x/y 有正、负号的余数

参考文献

[1] 北京大学数学系几何与代数教研室前代数小组．高等代数[M].3 版．北京:高等教育出版社,2003.

[2] 陈建龙,周建华,韩瑞珠,等．线性代数 [M]．北京:科学出版社,2007.

[3] 董晓波．线性代数[M]．北京:机械工业出版社,2012.

[4] 高宗升,周梦,李红裔．线性代数[M].2 版．北京:北京航空航天大学出版社,2009.

[5] 俞南雁．线性代数简明教程[M]．北京:机械工业出版社,2007.

[6] 同济大学数学系．线性代数 [M].5 版．北京:高等教育出版社,2007.

[7] 杨洪礼,蔺香运．线性代数[M]．北京:北京邮电大学出版社,2009.

[8] LAY D C. Linear Algebra and its Applications[M]. 2nd ed. Boston:Addsion Wesley Longman Inc. ,2000.